高等职业教育 土建施工类专业教材

GAODENG ZHIYE JIAOYU TUJIAN SHIGONG LEI ZHUANYE JIAOCAI

建筑工程质量与安全管理

JIANZHU GONGCHENG ZHILIANG
YU ANQUAN GUANLI

（第2版）

主　编　向亚卿　龙立华　董　伟
副主编　刘　飞　方瑞桂　辰　马云飞
主　审　钟汉华

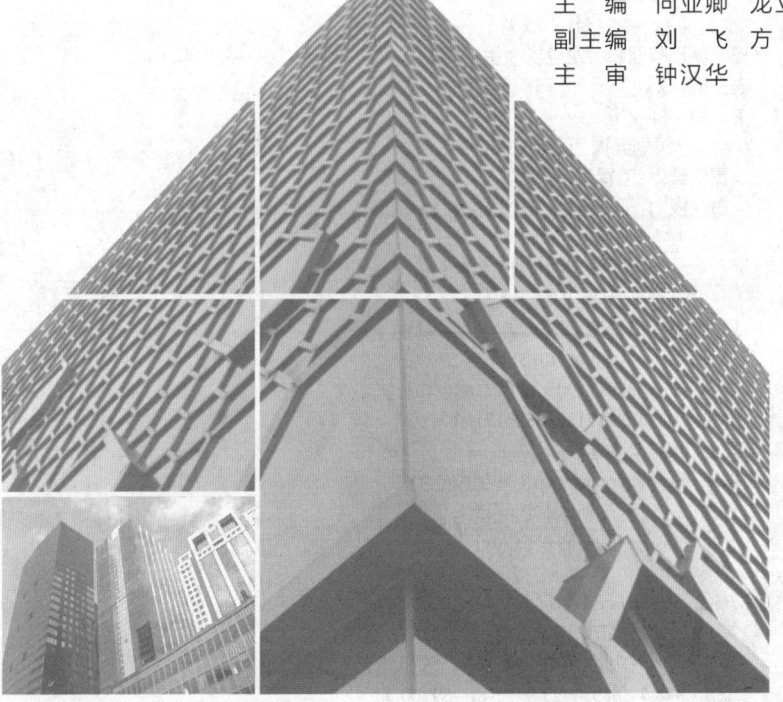

重庆大学出版社

内容提要

本书是按照高等职业教育土建类专业对本课程的要求，以国家现行建筑工程标准、规范、规程为依据，根据编者多年来的工作经验和教学实践，在自编教材的基础上修改、补充编写而成。本书对建筑工程质量与安全管理的理论、方法、要求等作了详细的阐述，坚持以就业为导向，突出实用性、实践性。全书共分11个单元，包括建筑工程项目质量管理基础、质量管理体系的建立、施工项目质量控制的方法和手段、施工质量控制措施、工程质量评定及验收、施工质量事故处理、建筑工程项目安全管理基础、职业健康安全管理、现场安全生产管理、施工现场消防安全、施工安全事故处理及应急救援等。

本书可作为高等职业教育土建类各专业的教学用书，也可供建设单位项目管理人员、建筑安装施工企业管理人员学习参考。

图书在版编目(CIP)数据

建筑工程质量与安全管理 / 向亚卿，龙立华，董伟主编. -- 2版. -- 重庆：重庆大学出版社，2024.1
高等职业教育土建施工类专业教材
ISBN 978-7-5689-4323-9

Ⅰ.①建… Ⅱ.①向… ②龙… ③董… Ⅲ.①建筑工程—工程质量—质量管理—高等职业教育—教材②建筑工程—安全管理—高等职业教育—教材 Ⅳ.①TU71

中国国家版本馆 CIP 数据核字(2023)第 251233 号

高等职业教育土建施工类专业教材
建筑工程质量与安全管理
（第2版）

主　编　向亚卿　龙立华　董　伟
副主编　刘　飞　方　瑞　桂　辰　马云飞
主　审　钟汉华

策划编辑：范春青　林青山

责任编辑：范春青　　版式设计：范春青
责任校对：王　倩　　责任印制：赵　晟

*

重庆大学出版社出版发行
出版人：陈晓阳
社址：重庆市沙坪坝区大学城西路21号
邮编：401331
电话：(023)88617190　88617185(中小学)
传真：(023)88617186　88617166
网址：http://www.cqup.com.cn
邮箱：fxk@cqup.com.cn(营销中心)
全国新华书店经销
重庆正光印务股份有限公司印刷

*

开本:787mm×1092mm　1/16　印张:24.25　字数:608千
2015年9月第1版　2024年1月第2版　2024年1月第6次印刷
印数：7 301—10 300
ISBN 978-7-5689-4323-9　定价：59.00元

本书如有印刷、装订等质量问题，本社负责调换
版权所有，请勿擅自翻印和用本书
制作各类出版物及配套用书，违者必究

前 言

本书是根据国务院颁布的《关于大力发展职业教育的决定》和教育部颁布的《职业院校教材管理办法》《关于加强高职高专人才培养工作意见》等文件要求,在党的二十大精神的指导下,以培养高素质技术技能型人才为目标,以国家现行建设工程标准、规范、规程为依据,参照现行建造师考试大纲,根据编者多年工作经验和教学实践,在自编教材基础上修改、补充编写而成的。

本书的主要特色:内容精练,文字通俗易懂;侧重工程施工阶段的质量安全管理;注重建筑工程施工质量与安全管理的理论和实际的结合,旨在提高建筑施工管理人员的实际操能力;注重教材的科学性和政策性,与监理员、监理工程师考试大纲相结合,与现行的法律、法规相结合。本书按最新的《建设工程监理规范》《建设工程施工合同(示范文本)》《建设工程监理合同(示范文本)》以及相关施工规范进行编写。在编写过程中,努力体现高等职业教育教学特点,并结合现行建筑工程质量安全管理特点精选内容,以贯彻理论联系实际、注重实践能力的整体要求。本书突出针对性和实用性,便于学生学习。同时,我们还适当照顾了不同地区的特点和要求,力求反映建筑工程质量安全管理的先进经验和技术手段。

本书由向亚卿、龙立华、董伟任主编,刘飞、方瑞、桂辰、马云飞任副主编,由钟汉华任主审。具体编写分工如下:单元1、单元2、单元3由湖北水利水电职业技术学院向亚卿编写,单元4、单元6由湖北水利水电职业技术学院龙立华编写,单元5、单元10由湖北水利水电职业技术学院董伟编写,单元7由湖北水利水电职业技术学院刘飞编写,单元8由中建三局第二建设工程有限责任公司方瑞编写,单元9由湖北志宏水利水电设计公司桂辰编写,单元11由湖北志宏水利水电设计公司马云飞编写。

本书在编写过程中大量引用了一些专业文献和资料,未在书中一一注明出处,在此对有关文献的作者表示感谢。由于编者水平有限,难免存在错误和不足之处,诚恳地希望读者批评指正。

编 者
2023年6月

目 录

单元 1　建筑工程项目质量管理基础 ………………………………………………… 1
　项目 1.1　认知质量和建设工程质量概念 ……………………………………………… 1
　项目 1.2　认知质量管理与质量控制概念 ……………………………………………… 5
　项目 1.3　建设工程项目质量控制系统 ………………………………………………… 12
　单元训练 …………………………………………………………………………………… 28

单元 2　质量管理体系的建立 ………………………………………………………… 29
　项目 2.1　ISO 质量保证体系认证 ……………………………………………………… 29
　项目 2.2　认知全面质量管理 …………………………………………………………… 37
　项目 2.3　质量保证体系的建立 ………………………………………………………… 46
　单元训练 …………………………………………………………………………………… 48

单元 3　施工项目质量控制的方法和手段 …………………………………………… 49
　项目 3.1　施工项目质量控制内容 ……………………………………………………… 49
　项目 3.2　施工项目质量控制方法 ……………………………………………………… 59
　项目 3.3　施工项目质量控制手段 ……………………………………………………… 73
　单元训练 …………………………………………………………………………………… 76

单元 4　施工质量控制措施 …………………………………………………………… 77
　项目 4.1　地基与基础工程质量控制 …………………………………………………… 77
　项目 4.2　钢筋混凝土结构工程质量控制 ……………………………………………… 84
　项目 4.3　砌筑工程质量控制 …………………………………………………………… 100
　项目 4.4　装饰工程质量控制 …………………………………………………………… 104
　项目 4.5　防水工程质量控制 …………………………………………………………… 113
　单元训练 …………………………………………………………………………………… 117

单元 5　工程质量评定及验收 ………………………………………………………… 119
　项目 5.1　工程质量评定及验收基础知识 ……………………………………………… 119
　项目 5.2　建筑工程施工质量验收的基本规定 ………………………………………… 122
　项目 5.3　建筑工程施工质量验收的划分 ……………………………………………… 124
　项目 5.4　建筑工程施工质量验收 ……………………………………………………… 132
　项目 5.5　建筑工程质量验收的程序和组织 …………………………………………… 144
　单元训练 …………………………………………………………………………………… 147

单元 6　施工质量事故处理 …………………………………………………………… 148
　项目 6.1　工程质量问题及处理 ………………………………………………………… 148
　项目 6.2　工程质量事故的特点及分类 ………………………………………………… 152

项目 6.3　工程质量事故处理的依据和程序 ……………………… 153
　　项目 6.4　工程质量事故处理方案的确定及鉴定验收 …………… 160
　　项目 6.5　质量通病及其防治 ……………………………………… 163
　　单元训练 ……………………………………………………………… 166

单元 7　建筑工程项目安全管理基础 167
　　项目 7.1　安全管理的基本常识 …………………………………… 167
　　项目 7.2　建设工程安全生产管理各方责任 ……………………… 172
　　项目 7.3　安全生产管理主要内容 ………………………………… 180
　　项目 7.4　安全生产管理机构 ……………………………………… 186
　　项目 7.5　建筑工程安全生产管理制度 …………………………… 188
　　单元训练 ……………………………………………………………… 193

单元 8　职业健康安全管理 194
　　项目 8.1　职业健康安全管理体系原理 …………………………… 194
　　项目 8.2　建筑工程施工现场安全生产保证体系 ………………… 201
　　单元训练 ……………………………………………………………… 204

单元 9　现场安全生产管理 205
　　项目 9.1　土方工程施工安全措施 ………………………………… 205
　　项目 9.2　主体结构施工安全措施 ………………………………… 213
　　项目 9.3　装饰工程施工安全措施 ………………………………… 231
　　项目 9.4　高处作业安全技术 ……………………………………… 235
　　项目 9.5　施工现场临时用电安全管理 …………………………… 239
　　项目 9.6　施工机械使用安全措施 ………………………………… 258
　　单元训练 ……………………………………………………………… 278

单元 10　施工现场消防安全 279
　　项目 10.1　总平面布局 …………………………………………… 279
　　项目 10.2　建筑防火 ……………………………………………… 281
　　项目 10.3　临时消防设施 ………………………………………… 283
　　项目 10.4　防火管理 ……………………………………………… 287
　　单元训练 ……………………………………………………………… 290

单元 11　施工安全事故处理及应急救援 291
　　项目 11.1　施工安全事故分类及处理 …………………………… 291
　　项目 11.2　施工安全事故的应急救援 …………………………… 300
　　单元训练 ……………………………………………………………… 307

附录 309
　　附录 1　施工企业安全生产评价表 ………………………………… 309
　　附录 2　建筑施工安全检查评分表 ………………………………… 316
　　附录 3　安全技术交底（摘选） …………………………………… 349
　　附录 4　施工现场检查评分记录 …………………………………… 371

参考文献 381

单元 1
建筑工程项目质量管理基础

项目 1.1 认知质量和建设工程质量概念

1.1.1 质量

《质量管理体系 基础和术语》(GB/T 19000—2016/ISO 9000:2015)标准中,质量定义为:"客体的一组固有特性满足要求的程度。"上述定义可从以下 4 个方面去理解:

①质量不仅指产品质量,也可以是某项活动或过程的工作质量,还可以是质量管理体系运行的质量。质量由一组固有特性组成,这些固有特性是指满足顾客和其他相关方的要求的特性,并由其满足要求的程度加以表征。

②特性是指区分的特征。特性可以是固有的或赋予的,也可以是定性的或定量的。特性有多种类型:物质特性(如机械的、电的、化学的或生物的特性)、感官特性(如嗅觉、触觉、味觉、视觉及感觉方面的特性)、行为特性(如礼貌、诚实、正直)、人体工效特性(如语言或生理特性、人身安全特性)、功能特性(如飞机的航程、速度)。质量特性是固有的特性,是指通过产品、过程或体系设计和开发及其在实现过程中形成的属性。固有的意思是指在某事物中本来就有的,尤其是永久的特性。赋予的特性(如某一产品的价格)并非产品、过程或体系的固有特性,也不是它们的质量特性。

③满足要求就是应满足明示的(如合同、规范、标准、技术、文件、图纸中明确规定的)、通常隐含的(如组织的惯例、一般习惯)或必须履行的(如法律、法规、行业规则)需要和期望。与要求相比较,满足要求的程度才反映为质量的好坏。对质量的要求除考虑满足顾客的需要外,还应考虑其他相关方即组织自身利益、提供原材料和零部件等供方的利益和社会的利益等多种需求,例如,需考虑安全性、环境保护、节约能源等外部的强制要求。只有全面满足这些要求,才能评定为好的质量或优秀的质量。

④顾客和其他相关方对产品、过程或体系的质量要求是动态的、发展的和相对的。质量要求随着时间、地点、环境的变化而变化。如随着技术的进步、生活水平的提高,人们对产品、过程或体系会提出新的质量要求。因此,应定期评定质量要求、修订规范标准,不断开发新产品、改进老产品,以满足已变化的质量要求。另外,不同国家、地区因自然环境条件、技术发达程度、消费水平和民俗习惯等的不同会对产品提出不同的要求,产品应具有这种环境的适应性,对不同地区应提供不同性能的产品,以满足该地区用户的要求。

1.1.2 建设工程质量

建设工程质量简称工程质量。工程质量是指工程满足业主需要的,符合国家法律、法规、技术规范标准、设计文件及合同规定的特性综合。

建设工程作为一种特殊的产品,除具有一般产品共有的质量特性,如性能、寿命、可靠性、安全性、经济性等满足社会需要的使用价值及其属性外,还具有特定的内涵。

建设工程质量的特性主要表现在以下6个方面:

(1)适用性

适用性即功能,是指工程满足使用目的的各种性能。适用性包括以下几个方面:

①理化性能:如尺寸、规格、保温、隔热、隔音等物理性能,耐酸、耐碱、耐腐蚀、防火、防风化、防尘等化学性能。

②结构性能:地基基础牢固程度,结构的足够强度、刚度和稳定性。

③使用性能:如民用住宅工程要能使居住者安居,工业厂房要能满足生产活动需要,道路、桥梁、铁路、航道要能通达便捷等。建设工程的组成部件、配件,水、暖、电、卫器具、设备也要能满足其使用功能。

④外观性能:建筑物的造型、布置、室内装饰效果、色彩等美观大方、协调等。

(2)耐久性

耐久性即寿命,是指工程在规定的条件下,满足规定功能要求使用的年限,也就是工程竣工后的合理使用寿命周期。由于建筑物本身的结构类型不同、质量要求不同、施工方法不同、使用性能不同的个性特点,如民用建筑主体结构耐用年限分为4级(15~30年,30~50年,50~100年,100年以上);公路工程设计年限一般按等级控制在10~20年;城市道路工程设计年限视不同道路构成和所用的材料,设计的使用年限也有所不同。

(3)安全性

安全性是指工程建成后在使用过程中保证结构安全、保证人身和环境免受危害的程度。建设工程产品的结构安全度、抗震、耐火及防火能力,人民防空的抗辐射、抗核污染、抗爆炸波等能力,是否能达到特定的要求,都是安全性的重要标志。工程交付使用之后,必须保证人身财产、工程整体都能免遭工程结构破坏及外来危害的伤害。工程组成部件,如阳台栏杆、楼梯扶手、电器产品漏电保护、电梯及各类设备等,也要保证使用者的安全。

(4)可靠性

可靠性是指工程在规定的时间和规定的条件下完成规定功能的能力。工程不仅要求在交工验收时要达到规定的指标,而且在一定的使用时期内要保持应有的正常功能。如工程上的防洪与抗震能力,防水隔热、恒温恒湿措施,工业生产用的管道防"跑、冒、滴、漏"等,都属可靠性的质量范畴。

(5) 经济性

经济性是指工程从规划、勘察、设计、施工到整个产品使用寿命周期内的成本和消耗的费用。工程经济性具体表现为设计成本、施工成本、使用成本三者之和,包括从征地、拆迁、勘察、设计、采购(材料、设备)、施工、配套设施等建设全过程的总投资和工程使用阶段的能耗、水耗、维护、保养乃至改建更新的使用维修费用。

(6) 与环境的协调性

与环境的协调性是指工程与其周围生态环境协调、与所在地区经济环境协调以及与周围已建工程相协调,以适应可持续发展的要求。

上述6个方面的质量特性彼此之间是相互依存的,都是必须达到的基本要求,缺一不可。

1.1.3 工程质量形成过程与影响因素分析

1) 工程建设各阶段对质量形成的作用与影响

建设工程项目质量的形成过程,贯穿于整个建设项目的决策过程和各个工程项目设计与施工过程,体现了建设工程项目质量从目标决策、目标细化到目标实现的系统过程。因此,必须分析工程建设各个阶段的质量要求,以便采取有效的措施控制工程质量。

(1) 建设项目决策阶段

决策阶段包括建设项目发展规划、项目可行性研究、建设方案论证和投资决策等工作。决策阶段的任务在于识别业主的建设意图和需求,对建设项目的性质、建设规模、使用功能、系统构成和建设标准要求等进行策划、分析、论证,对整个建设项目的质量目标,以及建设项目内各个建设工程项目的质量目标提出明确要求。

(2) 建设工程设计阶段

建设工程设计是通过建筑设计、结构设计、设备设计使质量目标具体化,并指出实现工程质量目标的途径和具体方法。这一阶段是建设工程项目质量目标的具体定义过程。通过建设工程的方案设计、扩大初步设计、技术设计和施工图设计等环节,明确定义建设工程项目各细部的质量特性指标,为项目的施工安装作业活动及质量控制提供依据。

(3) 建筑施工阶段

施工阶段是建设工程项目质量目标的实现过程,是影响建设工程项目质量的关键环节,包括施工准备工作和施工作业活动。通过严格按照施工图纸施工,实施目标管理、过程监控、阶段考核、持续改进等方法,将质量目标和质量计划付诸实施。

(4) 竣工验收及保修阶段

竣工验收是对建设工程项目质量目标完成程度的检验、评定和考核过程,它体现了建设工程质量水平的最终结果。此外,一个建设工程项目不是经过竣工验收就结束了的,还要经过使用保修阶段,需要在使用过程中对施工遗留问题及新发现的质量问题进行改进。只有严格把握好这两个环节,才能最终保证建设工程项目的质量。

2) 影响工程质量的因素

影响建设工程项目质量的因素有很多,通常可以归纳为5个方面,即4M1E,具体内容是指：人（Man）、材料（Material）、机械（Machine）、方法（Method）和环境（Environment）。事前对这 5 个方面的因素严加控制，是保证建设工程项目质量的关键。

(1) 人

人是生产经营活动的主体，也是直接参与施工的组织者、指挥者及直接参与施工作业活动的具体操作者。人员素质，即人的文化、技术、决策、组织、管理等能力的高低直接或间接地影响工程质量。此外，人作为控制的对象，要避免产生失误；作为控制的动力，要充分调动人的积极性，发挥人的主导作用。

为此，除了加强政治思想、劳动纪律、职业道德等教育和专业技术培训，健全岗位责任制，改善劳动条件，公平合理地激励劳动热情以外，还需要根据工程特点，从确保质量出发，从人的技术水平、生理缺陷、心理行为、错误行为等方面控制人员的安排。因此，建筑行业实行经营资质管理和各类行业从业人员持证上岗制度是保证人员素质的重要措施。

(2) 材料

材料包括原材料、成品、半成品、构配件等，它是工程建设的物质基础，也是工程质量的基础。要通过严格检查验收，正确合理地使用，建立管理台账，进行收、发、储、运等各环节的技术管理，避免混料和将不合格的原材料使用到工程上。

(3) 机械

机械包括施工机械设备、工具等，是施工生产的手段。要根据不同工艺特点和技术要求，选用合适的机械设备；要正确使用、管理和保养好机械设备。工程机械的质量与性能直接影响建设工程项目的质量。为此，要健全"人机固定"制度、"操作证"制度、岗位责任制度、交接班制度、技术保养制度、安全使用制度、机械设备检查制度等，确保机械设备处于最佳使用状态。

(4) 方法

方法包含施工方案、施工工艺、施工组织设计、施工技术措施等。在工程中，方法是否合理，工艺是否先进，操作是否得当，都会对施工质量产生重大影响。应通过分析、研究、对比，在确认可行的基础上，切合工程实际，选择能解决施工难题、技术可行、经济合理，有利于保证质量、加快进度、降低成本的方法。

(5) 环境

影响工程质量的环境因素较多：有工程技术环境，如工程地质、水文、气象等；工程管理环境，如质量保证体系、质量管理制度等；劳动环境，如劳动组合、作业场所、工作面等；法律环境，如建设法律法规等；社会环境，如建筑市场规范程度、政府工程质量监督和行业监督成熟度等。环境因素对工程质量的影响具有复杂多变的特点，如气象条件变化万千，温度、湿度、大风、暴雨、酷暑、严寒都直接影响工程质量。又如前一工序往往是后一工序的环境，前一分项、分部工程也是后一分项、分部工程的环境。因此，加强环境管理，改进作业条件，把握好环境，是控制环境对质量影响的重要保证。

1.1.4 建设工程质量的特点

建设工程质量的特点是由建设工程本身和建设生产的特点决定的。建设工程（产品）及其生产的特点：一是产品的固定性，生产的流动性；二是产品的多样性，生产的单件性；三是产品形体庞大、投入高、生产周期长,具有风险性;四是产品的社会性,生产的外部约束性。正是由于上述建设工程的特点形成了工程质量的特点。

1)影响因素多

建设工程质量受多种因素的影响,如决策、设计、材料、机具设备、施工方法、施工工艺、技术措施、人员素质、工期、工程造价等,这些因素直接或间接地影响建设工程项目质量。

2)质量波动大

由于建筑生产的单件性、流动性,不像一般工业产品的生产那样,有固定的生产流水线、有规范化的生产工艺和完善的检测技术、有成套的生产设备和稳定的生产环境,所以工程质量容易产生波动且波动大。同时,由于影响工程质量的偶然性因素和系统性因素比较多,其中任一因素发生变动,都会使工程质量产生波动。为此,要严防出现系统性因素的质量变异,要把质量波动控制在偶然性因素的范围内。

3)质量隐蔽性

建设工程在施工过程中,分项工程交接多、中间产品多、隐蔽工程多,因此质量存在隐蔽性。若在施工中不及时进行质量检查,事后只能从表面上检查,就很难发现内在的质量问题。

4)终检的局限性

工程项目建成后不可能像一般工业产品那样依靠终检来判断产品质量,或将产品拆卸、解体来检查其内在质量,或对不合格的零部件进行更换。而工程项目的终检(竣工验收)无法进行工程内在质量的检验,无法发现隐蔽的质量缺陷。因此,工程项目的终检存在一定的局限性。这就要求工程质量控制应以预防为主,防患于未然。

5)评价方法的特殊性

工程质量的检查评定及验收是按检验批、分项工程、分部工程、单位工程进行的。工程质量是在施工单位按合格质量标准自行检查评定的基础上,由监理工程师(或建设单位项目负责人)组织有关单位、人员进行检验确认验收。这种评价方法体现了"验评分离、强化验收、完善手段、过程控制"的指导思想。

项目1.2 认知质量管理与质量控制概念

1.2.1 质量管理与质量控制的关系

质量是建设工程项目管理的重要任务目标。建设工程项目质量目标的确定和实现过程,需要系统有效地应用质量管理和质量控制的基本原理和方法,通过建设工程项目各参与方的质量责任和职能活动的实施来达到。

1)质量管理

《质量管理体系 基础和术语》(GB/T 19000—2016/ISO 9000:2015)标准中,质量管理定义为:"质量管理可包括制定质量方针和质量目标,以及通过质量策划、质量保证、质量控制和质量改进实现这些质量目标的过程。"

作为组织,应当建立质量管理体系实施质量管理。具体来说,组织首先应当制订能够反映组织最高管理者的质量宗旨、经营理念和价值观的质量方针,然后在该方针指导下,通过组织的质量手册、程序性管理文件和质量记录,组织制度的落实,管理人员与资源的配置,质量活动的责任分工与权限界定等,最终形成组织质量管理体系的运行机制。

2)质量控制

《质量管理体系 基础和术语》(GB/T 19000—2016/ISO 9000:2015)标准中,质量控制定义为:"质量管理的一部分,致力于满足质量要求"。

建设工程项目的质量要求是由业主(或投资者、项目法人)提出来的,是业主的建设意图通过项目策划,包括项目的定义及建设规模、系统构成、使用功能和价值、规格档次标准等的定位策划和目标决策来确定的。它主要表现为工程合同、设计文件、技术规范规定和质量标准等。因此,在建设项目实施的各个阶段的活动和各阶段质量控制均是围绕着致力于业主要求的质量总目标展开的。

质量控制所致力的活动,是为了达到质量要求所采取的作业技术活动和管理活动。这些活动包括:确定控制对象,例如一道工序、设计过程、制造过程等;规定控制标准,即详细说明控制对象应达到的质量要求;制订具体的控制方法,例如工艺规程;明确所采用的检验方法,包括检验手段;实际进行检验;说明实际与标准之间有差异的原因;为了解决差异而采取的行动。质量控制贯穿于质量形成的全过程、各环节,要排除这些环节的技术、活动偏离有关规范的现象,使其恢复正常,达到控制的目的。

质量控制是质量管理的一部分而不是全部。二者的区别在于概念不同、职能范围不同和作用不同。质量控制是在明确的质量目标和具体的条件下,通过行动方案和资源配置的计划、实施、检查和监督,进行质量目标的事前预控、事中控制和事后纠偏控制,实现预期质量目标的系统过程。

1.2.2 质量管理

质量管理是指为了实现质量目标而进行的所有管理性质的活动。在质量方面的指挥和控制活动,通常包括制订质量方针和质量目标,以及质量策划、质量控制、质量保证和质量改进。

1)质量管理的发展

质量管理的发展大致经历了3个阶段。

(1)质量检验阶段

20世纪以前,产品质量主要依靠操作者本人的技艺水平和经验来保证,属于"操作者的质量管理"。20世纪初,以F. W. 泰勒为代表的科学管理理论的产生,促使产品的质量检验从加工制造中分离出来,质量管理的职能由操作者转移给工长,是"工长的质量管理"。随着企业生产规模的扩大和产品复杂程度的提高,产品有了技术标准(技术条件),公差制度也日趋完善,各种检验工具和检验技术也随之发展,大多数企业开始设置检验部门,有的直属于厂长领导,这时是"检验员的质量管理"。上述几种做法都属于事后检验的质量管理方式。

(2) 统计质量控制阶段

1924年,美国数理统计学家休哈特提出控制和预防缺陷的概念。他运用数理统计的原理提出了在生产过程中控制产品质量的"6σ"法,绘制出第一张控制图并建立了一套统计卡片。与此同时,美国贝尔研究所提出关于抽样检验的概念及其实施方案,成为运用数理统计理论解决质量问题的先驱,但当时并未被普遍接受。以数理统计理论为基础的统计质量控制的推广应用始于第二次世界大战。由于事后检验无法控制武器弹药的质量,美国国防部决定把数理统计法用于质量管理,并由标准协会制订有关数理统计方法应用于质量管理方面的规划,成立了专门委员会,并于1941—1942年陆续公布了一批美国战时的质量管理标准。

(3) 全面质量管理阶段

20世纪50年代以来,随着生产力的迅速发展和科学技术的日新月异,人们对产品的质量从注重产品的一般性能发展为注重产品的耐用性、可靠性、安全性、维修性和经济性等。在生产技术和企业管理中要求运用系统的观点来研究质量问题。在管理理论上也有新的发展,突出重视人的因素,强调依靠企业全体人员的努力来保证质量以外,还有"保护消费者利益"运动的兴起,企业之间的市场竞争越来越激烈。在这种情况下,美国费根堡姆于20世纪60年代初提出全面质量管理的概念。他提出,全面质量管理是"为了能够在最经济的水平上,并考虑到充分满足顾客要求的条件下进行生产和提供服务,并把企业各部门在研制质量、维持质量和提高质量方面的活动构成为一体的一种有效体系"。

我国自1978年开始推行全面质量管理,并取得了一定的成效。

2) 质量管理相关特性

质量管理的发展与工业生产技术和管理科学的发展密切相关。现代关于质量的概念包括对社会性、经济性和系统性3个方面的认识。

(1) 质量的社会性

质量的好坏不仅从直接的用户,还要从整个社会的角度来评价,尤其关系到生产安全、环境污染、生态平衡等问题时更是如此。

(2) 质量的经济性

质量不仅从某些技术指标来考虑,还从制造成本、价格、使用价值和消耗等几个方面来综合评价。在确定质量水平或目标时,不能脱离社会的条件和需要,不能单纯追求技术上的先进性,还应考虑使用上的经济合理性,使质量和价格达到合理的平衡。

(3) 质量的系统性

质量是一个受到设计、制造、使用等因素影响的复杂系统。例如,汽车是一个复杂的机械系统,同时又是涉及道路、司机、乘客、货物、交通制度等特点的使用系统。产品质量应达到多维评价的目标。费根堡姆认为,质量系统是指具有确定质量标准的产品和为交付使用所必需的管理上和技术上的步骤的网络。

质量管理发展到全面质量管理,是质量管理工作的又一个大的进步,统计质量管理着重于应用统计方法控制生产过程质量,发挥预防性管理作用,从而保证产品质量。然而,产品质量的形成过程不仅与生产过程有关,还与其他许多过程、许多环节和因素相关联,这不是单纯依靠统计质量管理所能解决的。全面质量管理相对更加适应现代化大生产对质量管理整体性、综合性的客观要求,从过去限于局部性的管理进一步走向全面性、系统性的管理。

3)质量管理发展原因

统计质量管理向全面质量管理过渡的原因主要有3个方面:

第一,它是生产和科学技术发展的产物。20世纪50年代以来,随着社会生产力的迅速发展,科学技术日新月异,工业生产技术手段越来越现代化,工业产品更新换代日益频繁,出现了许多大型产品和复杂的系统工程,如美国"曼哈顿计划"研制的原子弹(早在20世纪40年代就已开始)、海军研制的"北极星导弹潜艇"、火箭发射、人造卫星以及阿波罗宇宙飞船等。对这些大型产品和系统工程的质量要求大大提高,特别对安全性、可靠性提出的要求是空前的。安全性、可靠性在产品质量概念中占有越来越重要的地位。例如,宇航工业产品的可靠性和完善率要求达到99.9999%,即这项极为复杂的系统工程在100万次动作中,只允许有一次失灵。它们所用的电子元件、器件、机械零件等,持续安全运转工作时间要在1亿h至10亿h。以"阿波罗"飞船和"水星五号"运载火箭为例,它共有零件560万个,它们的完善率假如只有99.9%,则飞行中将有5600个机件发生故障,后果不堪设想。又如,美国某项航天工程,仅仅由于高频电压测量不准,一连发射4次都没有成功。对于产品质量如此高标准、高精度的要求,单纯依靠统计质量控制显然已无法满足要求。因为,即使制造过程的质量控制得再好,每道工序都符合工艺要求,而试验研究、产品设计、试制鉴定、准备过程、辅助过程、使用过程等方面工作不纳入质量管理轨道,导致衔接配合不好、协调无序,仍然无法确保产品质量,也不能有效地降低质量成本,提高产品在市场上的竞争力。这就从客观上提出了向全面质量管理发展的新要求。而电子计算机这个管理现代化工具的出现及其在管理中的广泛应用,又为综合系统地研究质量管理提供了有效的物质技术基础,进一步促进了它的实现。

第二,随着资本主义固有矛盾的加深与发展,随着工人文化知识和技术水平的提高,以及工人运动的兴起等,为了缓和日益尖锐的阶级矛盾,资本家对工人的态度和管理办法也有了新的变化,资产阶级管理理论又有了新的发展,在管理科学中引进了行为科学的概念和理论,进入了"现代管理"阶段。"现代管理"的主要特点就是为了实现更巧妙的剥削,必须首先要管好人,必须更加注意人的因素和发挥人的作用。认为过去的"科学管理"理论是把人作为机器的一个环节发挥作用,把工人只看成一个有意识的器官,如同机器附件一样,放在某个位置上来研究管理,忽视了人的主观能动作用。现在则要把人作为一个独立的能动者在生产中发挥作用,要求从人的行为的本质中激发出动力,从人的本性出发来研究如何调动人的积极性。而人是受心理因素、生理因素、社会环境等方面影响的,因此必须从社会学、心理学的角度研究社会环境、人的相互关系以及个人利益对提高工效和产品质量的影响,尽量采取能够调动人的积极性的管理办法。在这个理论基础上,提出了形形色色的所谓"工业民主""参与管理""刺激规划""共同决策""目标管理"等新办法。这种管理理论的发展对企业各方面管理工作都带来了重大影响,在质量管理中相应出现了组织工人"自我控制"的无缺陷运动、质量管理小组活动、质量提案制度、"自主管理活动"的质量管理运动等,使质量管理从过去限于技术、检验等少数人的管理逐步走向多数人参加的管理活动。

第三,在资本主义市场激烈竞争下,广大消费者为了保护自己的利益,买到质量可靠、价廉物美的产品,抵制资本家不负责任的"广告战"和推销的"滑头货",成立了各种消费者组织,出现了"保护消费者利益"的运动,迫使政府制定法律,制止企业生产和销售质量低劣、影响安全、危害健康等的劣质品,要企业对提供的产品质量承担法律责任和经济责任。制造者提供的产品不仅要求性能符合质量标准规定,而且要保证在产品售后的正常使用期限内,使用效果良好、可靠、安全、经济,不出质量问题。这就在质量管理中提出了质量保证和质量责任的问题,要求制造厂建立贯穿全过程的质量保证体系,把质量管理工作转到质量保证的目标上来。

4) 质量管理历程

- 工业革命前

产品质量由各个工匠或手艺人自己控制。

- 1875 年

泰勒制诞生——科学管理的开端。

最初的质量管理——检验活动与其他职能分离,出现了专职的检验员和独立的检验部门。

- 1925 年

休哈特提出统计过程控制(SPC)理论——应用统计技术对生产过程进行监控,以减少对检验的依赖。

- 20 世纪 30 年代

道奇和罗明提出统计抽样检验方法。

- 20 世纪 40 年代

美国贝尔电话公司应用统计质量控制技术取得成效。

美国军方物资供应商在军需物中推进统计质量控制技术的应用。

美国军方制定了战时标准 Z1.1,Z1.2,Z1.3——最初的质量管理标准。3 个标准以休哈特、道奇、罗明的理论为基础。

- 20 世纪 50 年代

戴明提出质量改进的观点——在休哈特之后系统科学地提出用统计学的方法进行质量和生产力的持续改进;强调大多数质量问题是生产和经营系统的问题;强调最高管理层对质量管理的责任。此后,戴明不断完善他的理论,最终形成了对质量管理产生重大影响的"戴明十四法"。

开始开发提高可靠性的专门方法——可靠性工程开始形成。

- 1958 年

美国军方制定了 MIL-Q-8958A 等系列军用质量管理标准——在 MIL-Q-8958A 中提出"质量保证"的概念,并对西方工业社会产生影响。

- 20 世纪 60 年代初

朱兰、费根堡姆提出全面质量管理的概念——他们提出,为了生产具有合理成本和较高质量的产品,以适应市场的要求,只注意个别部门的活动是不够的,需要对覆盖所有职能部门的质量活动进行策划。

戴明、朱兰、费根堡姆的全面质量管理理论在日本被普遍接受。日本企业创造了全面质量控制(TQC)的质量管理方法。统计技术,特别是因果图、流程图、直方图、检查单、散点图、排列图、控制图等被称为"老七种"工具的方法,被普遍用于质量改进。

- 20 世纪 60 年代中

北大西洋公约组织(NATO)制定了 AQAP 质量管理系列标准——AQAP 标准以 MIL-Q-8958A 等质量管理标准为蓝本,所不同的是,AQAP 引入了设计质量控制的要求。

- 20 世纪 70 年代

TQC 使日本企业的竞争力极大地提高,其中,轿车、家用电器、手表、电子产品等占领了大批国际市场,促进了日本经济的极大发展。日本企业的成功,使全面质量管理理论在世界范围内产生巨大影响。

- 1979 年

英国制定了国家质量管理标准 BS5750——将军方合同环境下使用的质量保证方法引入市场环境。这标志着质量保证标准不仅对军用物资装备的生产,而且对整个工业界产生影响。

- 20 世纪 80 年代

菲利浦·克劳士比提出"零缺陷"的概念。他指出质量是免费的,突破了传统上认为高质量是以高成本为代价的观念。他提出高质量将给企业带来高的经济回报。

质量运动在许多国家展开。中国、美国以及欧洲的许多国家设立了国家质量管理奖,以激励企业通过质量管理提高生产力和竞争力。质量管理不仅被引入生产企业,而且被引入服务业,甚至医院、机关和学校。许多企业的高层领导开始关注质量管理。全面质量管理作为一种战略管理模式进入企业。

- 1987 年

ISO 9000 系列国际质量管理标准问世——质量管理与质量保证开始在世界范围内对经济和贸易活动产生影响。

- 1994 年

ISO 9000 系列标准改版——新的 ISO 9000 标准更加完善,被世界绝大多数国家采用。第三方质量认证普遍开展,有力地促进了质量管理的普及和管理水平的提高。

朱兰博士提出:"即将到来的世纪是质量的世纪。"

- 20 世纪 90 年代末

全面质量管理(TQM)成为许多"世界级"企业成功的经验,这足以证明它是一种使企业获得核心竞争力的管理战略。质量的概念也从狭义的符合规范发展到以"顾客满意"为目标。全面质量管理不仅提高了产品与服务的质量,而且在企业文化改造与重组层面,对企业产生深刻的影响,使企业获得持久的竞争能力。

在围绕提高质量、降低成本、缩短开发和生产周期方面,新的管理方法层出不穷,其中包括并行工程(CE)、企业流程再造(BPR)等。

- 2000 年

随着知识经济的到来,知识创新与管理创新极大地促进了质量的迅速提高,包括生产和服务的质量、工作质量、学习质量,直至人们的生活质量。质量管理的理论和方法更加丰富,并不断突破旧的范畴而获得极大的发展。

1.2.3 质量控制

质量控制是质量管理的一部分。质量控制是在明确的质量目标下通过行动方案和资源配置的计划、实施、检查和监督来实现预期目标的过程。在质量控制的过程中,运用全过程质量管理的思想和动态控制的原理,主要将其分为3个阶段,即事前质量预控、事中质量控制和事后质量控制。

1) 事前质量预控

事前质量预控是利用前馈信息实施控制,重点放在事前的质量计划与决策上,即在生产活动开始以前,根据对影响系统行为的扰动因素作种种预测,制订控制方案。这种控制方式是十分有效的。例如,在产品设计和工艺设计阶段,对影响质量或成本的因素作出充分估计,采取必要的措施,可以控制质量或成本要素的60%。有人称它为储蓄投资管理,意为抽出今天的余裕为明天的收获所做的投资管理。

对于建设工程项目,尤其是施工阶段的质量预控,就是通过施工质量计划或施工组织设计或施工项目管理实施规划的制订过程,运用目标管理的手段,实施工程质量的计划预控。在实施质量预控时,要求对生产系统的未来行为有充分的认识,依据前馈信息制订计划和控制方案,找出薄弱环节,制订有效的控制措施和对策;同时必须充分发挥组织的技术和管理方面的整体优势,把长期形成的先进管理技术、管理方法和经验智慧,创造性地应用于工程项目中。

2) 事中质量控制

事中质量控制也称为作业活动过程质量控制,是指质量活动主体自我控制和他人监控控制方式。自我控制是第一位的,即作业者在作业过程中对自己质量活动行为的约束和技术能力的发挥,以完成预定质量目标的作业任务;他人监控是指作业者的质量活动和结果,接受来自企业内部管理者和企业外部有关方面的检查检验,如工程监理机构、政府质量监督部门等的监控。事中质量控制的目标是确保工序质量合格,杜绝质量事故发生。

3) 事后质量控制

事后质量控制也称为事后质量把关,以使不合格的工序或产品不流入后道工序、不流入市场。事后控制的任务是对质量活动结果进行评价、认定;对工序质量偏差进行纠偏;对不合格产品进行整改和处理。

从理论上讲,对于建设工程项目,如果计划预控过程所制订的行动方案越周密,事中自控能力越强、监控越严格,实现质量预期目标的可能性就越大。但是,由于在作业过程中不可避免地会存在一些计划时难以预料的因素,包括系统因素和偶然因素的影响,质量难免会出现偏差。因此,当质量实际值与目标值之间超出允许偏差时,必须分析原因,采取措施纠正偏差,确保质量处于受控状态。建设工程项目质量的事后控制,具体体现在施工质量验收各个环节的控制方面。

以上三大环节之间构成有机的系统过程,其实质就是PDCA循环原理的具体运用。

项目1.3　建设工程项目质量控制系统

建设工程项目的实施,是业主、设计、施工、监理等多方主体活动的结果。他们各自承担了建设工程项目的不同实施任务和质量责任,并通过建立质量控制系统,实施质量控制。

1.3.1　建设工程项目质量控制系统的构成

1)项目质量控制系统的性质

建设工程项目质量控制系统是建设工程项目目标控制的一个子系统,与投资控制、进度控制等依托于同一项目目标控制体系,它既不是建设单位的质量管理体系,也不是施工企业的质量保证体系。它是以工程项目为对象,由工程项目实施的总组织者负责建立的一次性面向对象开展质量控制的工作体系,随着项目的完结和项目管理组织的解体而消失。

2)项目质量控制系统的范围

(1)主体范围

建设单位、设计单位、工程总承包企业、施工企业、建设工程监理机构、材料设备供应厂商等构成了项目质量控制的主体,这些主体可分为两大类,即质量责任自控主体和监控主体,它们在质量控制系统中的地位与作用不同。承担建设工程项目设计、施工或材料设备采购的单位,负有直接的产品质量责任,属质量控制系统中的自控主体;在建设工程项目实施过程中,对各质量责任主体的质量活动行为和活动结果实施监督控制的组织,称质量监控主体,如业主、项目监理机构等。

(2)工程范围

系统涉及的工程范围,一般根据项目的定义或工程承包合同来确定。具体地说,可能有以下3种情况:

①建设工程项目范围内的全部工程;

②建设工程项目范围内的某一单项工程或标段工程;

③建设工程项目某单项工程范围内的一个单位工程。

(3)任务范围

项目实施的任务范围由工程项目实施的全过程或若干阶段进行定义。建设工程项目质量控制系统服务于建设工程项目管理的目标控制,其质量控制的系统职能贯穿于项目的勘察、设计、采购、施工和竣工验收等各个实施环节,即建设工程项目全过程质量控制的任务或若干阶段承包的质量控制任务。

3)项目质量控制系统的结构

建设工程项目质量控制系统,一般情况下形成多层次、多单元的结构形态,这是由其实施任务的委托方式和合同结构所决定的。

(1)多层次结构

多层次结构是相对于建设工程项目系统纵向垂直分解的单项、单位工程项目质量控制子系统。系统纵向层次结构的合理性是建设工程项目质量目标、控制责任和措施分解落实的重要保证。

大中型建设工程项目,尤其是群体工程的建设工程项目,第一层面的质量控制系统应由建设单位的建设工程项目管理机构负责建立,在委托代建、委托项目管理或实行交钥匙式工程总承包的情况下,应由相应的代建方项目管理机构、受托项目管理机构或工程总承包企业项目管理机构负责建立。第二层面的质量控制系统,通常是指由建设工程项目的设计总负责单位、施工总承包单位等建立的相应管理范围内的质量控制系统。第三层面及其以下是承担工程设计、施工安装、材料设备供应等各承包单位的现场质量自控系统,或称各自的施工质量保证体系。

(2)多单元结构

多单元结构是指在建设工程项目质量控制总体系统下,第二层面的质量控制系统及其以下的质量自控或保证体系,可能有多个。这是项目质量目标、责任和措施分解的必然结果。

4)项目质量控制系统的内涵

建设工程项目质量控制系统是面向对象而建立的质量控制工作体系,其内涵包括以下内容:

(1)建立的目的

建设工程项目质量控制系统只用于特定的建设工程项目质量控制,而不用于建筑企业或组织的质量管理。

(2)服务的范围

建设工程项目质量控制系统涉及建设工程项目实施过程所有的质量责任主体,而不只是某一个承包企业或组织机构。

(3)控制的目标

建设工程项目质量控制系统的控制目标是建设工程项目的质量标准,并非某一具体建筑企业或组织的质量管理目标。

(4)作用的时效

建设工程项目质量控制系统与建设工程项目管理组织系统相融合,是一次性而非永久性的质量保证系统。

(5)评价的方式

建设工程项目质量控制系统的有效性一般由建设工程项目管理的总组织者进行自我评价与诊断,不需进行第三方认证。

1.3.2 建设工程项目质量控制系统的建立

建设工程项目质量控制系统的建立,为建设工程项目质量控制提供了组织制度方面的保证。这一过程是建设工程项目质量总目标的确定和分解过程,也是建设工程项目各参与方之间质量管理关系和控制责任的确定过程。为了保证质量控制系统的科学性和有效性,必须明确系统建立的原则、主体和程序。

1) 建立的原则

(1) 目标分解

项目管理者应根据控制系统内工程项目的分解结构,将工程项目的建设标准和质量总体目标分解到各个责任主体,明示于合同条件,由各责任主体制订出相应的质量计划,确定出具体的控制方式和要求。

(2) 分层规划

建设工程项目管理的总组织者(如建设单位)和承担项目实施任务的各参与单位,应分别进行建设工程项目质量控制系统不同层次和范围的规划。

(3) 明确责任

应按照建筑法和建设工程质量管理条例等有关建设工程质量责任的规定,界定各方的质量责任范围和控制要求。

(4) 系统有效

建设工程项目质量控制系统应从实际出发,结合项目特点、合同结构和项目管理组织系统的构成情况,建立项目各参与方共同遵循的质量管理制度和控制措施,并形成有效的运行机制。

2) 建立的主体

一般情况下,建设工程项目质量控制系统应由建设单位或建设工程项目总承包企业的工程项目管理机构负责建立。在分阶段依次对勘察、设计、施工、安装等任务分别招标发包的情况下,通常应由建设单位或其委托的建设工程项目管理企业负责建立建设工程项目质量控制系统,各承包企业应根据该系统的要求,建立隶属于该系统的设计项目、施工项目、采购供应项目等质量控制子系统,以具体实施其质量责任范围内的质量管理和目标控制。

3) 建立的程序

建设工程项目质量控制系统的建立过程,一般可按以下环节依次展开工作:

(1) 确定系统质量控制主体网络架构

明确系统各层面的建设工程质量控制负责人,一般包括承担项目实施任务的项目经理(或工程负责人)、总工程师,项目监理机构的总监理工程师、专业监理工程师等,以形成明确的项目质量控制责任者的关系网络架构。

(2) 制定系统质量控制制度

包括质量控制例会制度、协调制度、报告审批制度、质量验收制度和质量信息管理制度等。形成建设工程项目质量控制系统的管理文件或手册,作为承担建设工程项目实施任务各方主体共同遵循的管理依据。

(3) 分析系统质量控制界面

建设工程项目质量控制系统的质量责任界面包括静态界面和动态界面。一般来说,静态界面是根据法律法规、合同条件、组织内部职能分工来确定。动态界面是指项目实施过程中设计单位之间、施工单位之间、设计与施工单位之间的衔接配合关系及其责任划分,必须通过分析研究,确定管理原则与协调方式。

(4)编制系统质量控制计划

建设工程项目管理总组织者负责主持编制建设工程项目总质量计划,并根据质量控制系统的要求,部署各质量责任主体编制与承担任务范围相符的质量计划,并按规定程序完成质量计划的审批,作为其实施自身工程质量控制的依据。

1.3.3 建设工程项目质量控制系统的运行

建设工程项目质量控制系统的运行是系统功能的发挥过程,也是质量活动职能和效果的控制过程。质量控制系统的有效运行,有赖于系统内部的运行环境和运行机制的完善。

1)运行环境

建设工程项目质量控制系统的运行环境,主要是指为系统运行提供支持的管理关系、组织制度和资源配置的条件。

(1)建设工程的合同结构

建设工程合同是联系建设工程项目各参与方的纽带。合同结构合理、质量标准和责任条款明确、严格履约管理直接关系质量控制系统的运行成败。

(2)质量管理的组织制度

建设工程项目质量控制系统内部的各项管理制度和程序性文件的建立,为质量控制系统各个环节的运行,提供必要的行动指南、行为准则和评价基准的依据,是系统有序运行的基本保证。

(3)质量管理的资源配置

质量管理的资源配置是质量控制系统得以运行的基础条件,它包括专职的工程技术人员和质量管理人员的配置,以及实施技术管理和质量管理所必需的设备、设施、器具、软件等物质资源的配置。

2)运行机制

建设工程项目质量控制系统的运行机制是质量控制系统的生命,是由一系列质量管理制度安排所形成的内在能力。它包括动力机制、约束机制、反馈机制和持续改进机制等。

(1)动力机制

建设工程项目的实施过程是由多主体参与的价值增值链,只有保持合理的供方及分供方等各方关系,才能形成合力,保证项目的成功。动力机制作为建设工程项目质量控制系统运行的核心机制,它可以通过公正、公开、公平的竞争机制和利益机制的制度设计或安排来实现。

(2)约束机制

约束机制取决于各主体内部的自我约束能力和外部的监控效力。约束能力表现为组织及个人的经营理念、质量意识、职业道德及技术能力的发挥;监控效力取决于建设工程项目实施主体外部对质量工作的推动和检查监督。两者相辅相成,构成了质量控制过程的制衡关系。

(3)反馈机制

反馈机制是对质量控制系统的能力和运行效果进行评价,并为及时做出处置提供决策依据的制度安排。项目管理者应经常深入生产第一线,掌握第一手资料,并通过相关制度安排来保证质量信息反馈的及时和准确。

(4)持续改进机制

应用PDCA循环原理,即计划、实施、检查和处置的方式展开质量控制,注重抓好控制点的设置和控制,不断寻找改进机会、研究改进措施,完善和持续改进建设工程项目质量控制系统,提高质量控制能力和控制水平。

1.3.4　施工阶段质量控制的目标

1)施工阶段质量控制的任务目标

施工阶段质量控制的总体目标是贯彻执行我国现行建设工程质量法规和标准,正确配置生产要素和采用科学管理的方法,实现由建设工程项目决策、设计文件和施工合同所决定的工程项目预期的使用功能和质量标准。不同管理主体的施工质量控制目标不同,但都是致力于实现项目质量总目标的。

①建设单位的质量控制目标,是通过施工过程的全面质量监督管理、协调和决策,保证竣工项目达到投资决策所确定的质量标准。

②设计单位的质量控制目标,是通过设计变更控制及纠正施工中所发现的设计问题等,保证竣工项目的各项施工结果与设计文件所规定的标准相一致。

③施工单位的质量控制目标,是通过施工过程的全面质量自控,保证交付满足施工合同及设计文件所规定的质量标准(含建设工程质量创优要求)的建设工程产品。

④监理单位的质量控制目标,是通过审核施工质量文件,采取现场旁站、巡视等形式,应用施工指令和结算支付控制等手段,履行监理职能,监控施工承包单位的质量活动行为,以保证工程质量达到施工合同和设计文件所规定的质量标准。

⑤供货单位的质量控制目标,是严格按照合同约定的质量标准提供货物及相关单据,对产品质量负责。

2)施工阶段质量控制的基本方式

施工阶段的质量控制通常采用自主控制与监督控制相结合、事前预控与事中控制相结合、动态跟踪与纠偏控制相结合以及这些方式的综合应用等。

1.3.5　施工质量计划的编制方法

质量计划是针对某项产品、项目或合同,规定专门的质量措施、资源和活动顺序的文件,是企业向顾客表明质量管理方针、目标及其具体实现的方法、手段和措施,体现了企业对质量责任的承诺和实施的具体步骤;是质量管理体系文件的重要组成部分,应按一定的规范格式进行编制。在确定编制依据、目的、引用文件和该工程质量目标后,应严格按编制内容进行具体描述。

1)施工质量计划的编制主体

施工质量计划的编制主体是施工承包企业,一般应在开工前由项目经理组织编制,主要是根据合同需要,对质量管理体系进行补充,并结合工程项目的具体情况,对质量手册及程序文件没有详细说明的地方作重点描述。在总分包模式下,分包企业的施工质量计划是总包施工企业质量计划的组成部分,总包企业有责任对分包企业施工质量计划的编制进行指导和审核,并承担施工质量的连带责任。

2) 施工质量计划的编制范围

施工质量计划的编制范围,应与建筑安装工程施工任务的实施范围相一致,一般按照单位工程进行编制,但对较大项目的附属工程可以和主体工程同时编制,对结构相同的群体工程可以合并编制。

3) 施工质量计划的方式

根据建筑工程生产施工的特点,目前我国工程项目施工质量计划常用施工组织设计或施工项目管理实施规划的形式进行编制。

4) 施工质量计划的基本内容

在已经建立质量管理体系的情况下,质量计划的内容必须全面体现和落实企业质量管理体系文件的要求(也可引用质量体系文件中的相关条文),同时结合本工程的特点,在质量计划中编写专项管理要求。施工质量计划的内容一般应包括:

①工程特点及施工条件分析(合同条件、法规条件和现场条件);
②施工承包合同中要求必须达到的工程质量总目标及其分解目标;
③质量管理组织机构、人员及资源配置计划;
④为确保工程质量所采取的施工技术方案、施工程序;
⑤材料设备质量管理及控制措施;
⑥工程检测项目计划及方法等。

5) 施工质量计划的审批与实施

施工质量计划编制完毕,应按照工程施工管理程序进行审批,包括施工企业内部的审批和项目监理机构的审查。通常,应先经过企业技术领导审核批准,审查实现合同质量目标的合理性和可行性;然后按施工承包合同的约定提交工程监理或建设单位批准确认后执行,施工企业应根据监理工程师审查的意见确定质量计划的调整、修改和优化,并承担相应的责任。

由于质量计划是质量体系文件的重要组成部分,质量计划中各项规定是否被执行属于企业质量运行效果的直接体现。因此,对质量计划的实施情况加强检查是必要的,可以定期、不定期地进行检查,也可以将各条款的落实情况紧密结合起来,切忌只看记录不看实物。针对检查中发现的问题及时形成不合格报告,并责令其制订纠正措施,最后再复查、闭合。

6) 施工质量控制点的设置

质量控制点是施工质量控制的重点,一般是指为了保证工序质量而需要进行控制的重点、关键部位或薄弱环节。它是保证达到工程质量要求的一个必要前提。通过对工程重要质量特性、关键部位和薄弱环节采取管理措施,实施严格控制,保持工序处于一个良好的受控状态,使工程质量特性符合设计要求和施工验收规范的规定。

(1) 质量控制点的设置原则

在什么地方设置质量控制点,需要对建筑产品的质量特性要求和施工过程中各个工序进行全面分析来确定。设置质量控制点一般应考虑以下5个方面的因素：

①对产品的适用性有严重影响的关键质量特性、关键部位或重要影响因素，应设置质量控制点，如高层建筑物的垂直度；

②对工艺上有严格要求，对下道工序有严重影响的关键质量特性、部位，应设置质量控制点，如钢筋混凝土结构中的钢筋质量、模板的支撑与固定等；

③对施工中的薄弱环节，质量不稳定的工序、部位或对象，应设置质量控制点，如卫生间防水等；

④采用新工艺、新材料、新技术的部位和环节，应设置质量控制点；

⑤施工中无足够把握的、施工条件困难的或技术难度大的工序或环节，如复杂曲线模板的放样工作。

(2) 质量控制点的设置方法

承包单位在工程施工前应根据工程项目施工管理的基本程序，结合项目特点列出各基本施工过程对局部和总体质量水平有影响的项目，作为具体实施的质量控制点，提交监理工程师审查批准后，在此基础上实施质量预控。如高层建筑施工质量管理中，可列出地基处理、工程测量、设备采购、大体积混凝土施工及有关分部分项工程中必须进行重点控制的专题等，作为质量控制的重点。

(3) 质量控制点的重点控制对象

①人为因素：对人的身体素质、心理素质、技术水平等均有较高要求，如高空作业；

②物的因素：物的质量与性能，如预应力钢筋的性能和质量等；

③施工技术参数：如填土含水量、混凝土受冻临界强度等；

④施工顺序：如对于冷拉钢筋，应先对焊、后冷拉，否则会失去冷强度等；

⑤技术间歇：如砖墙砌筑与抹灰之间，应保证有足够的间歇时间；

⑥施工方法：如滑模施工中的支承杆失稳问题等，应引起足够的重视；

⑦新工艺、新技术、新材料的应用等。

1.3.6 施工生产要素的质量控制

1) 劳动主体的控制

要做到全面控制，必须以人为核心，加强质量意识，这是质量控制的首要工作。首先，施工企业应成立以项目经理的管理目标和管理职责为中心的管理架构，配备称职管理人员，各司其职。其次，提高施工人员的素质，加强专业技术和操作技能培训。最后，还应完善奖励和处罚机制，充分发挥全体人员的最大工作潜能。

2) 劳动对象的控制

材料(包括原材料、成品、半成品、构件)是工程施工的物质条件，也是建筑产品的构成因素，其质量好坏直接影响工程产品的质量。加强材料的质量控制是提高施工项目质量的重要保证。

对原材料、半成品及构件进行质量控制应做好以下工作：所有材料都要满足设计和规范要求，并提供产品合格证明；要建立完善的验收及送检制度，杜绝不合格材料进入现场，更不允许不合格材料用于施工;实行材料供应"四验"(即验规格、验品种、验质量、验数量)、"三把关"(材料人员把关、技术人员把关、施工操作者把关)制度;确保只有检验合格的原材料才能进入下一道工序,为提高工程质量打下良好的基础;建立现场监督抽检制度,按有关规定比例进行监督抽检;建立物资验证台账制度等。

3) 施工工艺的控制

施工工艺的先进性和合理性是直接影响工程质量、进度、造价以及安全的关键因素。施工工艺的控制主要包括施工技术方案、施工工艺和施工顺序、施工组织设计、施工技术措施等方面的控制。施工工艺控制主要应注意以下几点:编制详细的施工组织设计与分项施工方案,对工程施工中容易发生质量事故的原因、防治、控制措施等作出详细说明,选定的施工工艺和施工顺序应能确保工序质量;针对隐蔽工程、重要部位、关键工序和难度较大的项目等设置质量控制点;建立三检制度,通过自检、互检、交接检,尽量减少质量失误;工程开工前编制详细的项目质量计划,明确本标段工程的质量目标,制订创优工程的各项保证措施等。

4) 施工设备的控制

施工设备的控制主要应做好两个方面的工作:一是机械选择与储备。在选择机械设备时,应根据工程项目特点、工程量、施工技术要求等,合理配置技术性能与工作质量良好、工作效率高、适合工程特点和要求的机械设备,并考虑机械的可靠性、维修难易程度、能源消耗,以及安全、灵活等方面对施工质量的影响与保证条件,同时做好足够的机械储备,以防机械发生故障影响工程进度。二是有计划地保养与维护。对进入施工现场的施工机械设备进行定期维修;应在规章制度前提下,加强机械设备管理,做到人机固定、定期保养和及时修理;建立强制性技术保养和检查制度,没达到完好度的设备严禁使用。

5) 施工环境的控制

施工环境主要包括工程技术环境、工程管理环境和劳动环境等。

①工程技术环境的控制。工程技术环境包括工程地质、水文地质、气象等。根据工程技术环境的特点,合理安排施工工艺、进度计划,尽量避免由于环境给工程带来的不利影响。

②工程管理环境的控制。认真贯彻执行 ISO 9000 标准,建立完善的质量管理体系和质量控制自检系统,落实质量责任制。

③劳动环境的控制。劳动组合、作业场所、工作面等都是控制的对象。要做到各工种和不同等级工人之间互相匹配,避免停工窝工,尽量获得最高的劳动生产率;施工现场要干净整洁,真正做到工完场清,材料堆放整齐有序,材料的标识牌清晰明确,道路畅通等。

1.3.7 施工过程的作业质量控制

工程项目施工阶段是工程实体形成的阶段,建筑施工承包企业的所有质量工作也要在项目施工过程中形成。建设工程项目施工是由一系列相互关联、相互制约的作业过程(工序)构成,因此,施工作业质量直接影响工程建设项目的整体质量。从项目管理的角度讲,施工过程的作业质量控制分为施工作业质量自控和施工作业质量监控两个方面。

1) 施工作业质量自控

施工方是工程施工质量的自控主体,通过具体项目质量计划的编制与实施,有效地实现施工质量的自控目标。我国《建筑法》和《建设工程质量管理条例》规定:"建筑施工企业对工程的施工质量负责;建筑施工企业必须按照工程设计要求、施工技术标准和合同的约定,对建筑材料、建筑构配件和设备进行检验,不合格的不得使用。"

施工作业质量的自控过程是由施工作业组织的成员进行,一般按"施工作业技术的交底—施工作业活动的实施—作业质量的自检自查、互检互查、专职检查"的基本程序进行。

工序作业质量是直接形成工程质量的基础。为了有效控制工序质量,工序控制应坚持以下要求:

①持证上岗,严格施工作业制度。施工作业人员必须按规定考核后持证上岗,施工管理人员及作业人员应严格按施工工艺、操作规程、作业指导书和技术交底文件进行施工。

②预防为主,主动控制施工工序活动条件的质量。按照质量计划的要求,对人员、材料、机械、施工方法、施工环境等预先进行认真分析,严格控制;同时,对不利因素的影响及时采取措施纠偏,始终使工序质量处于受控状态。

③重点控制,合理设置工序质量控制点。要根据作业活动的实际需要,进一步建立工序作业控制点,强化工序作业的重点控制。

④坚持标准,及时检查施工工序作业效果质量。工序作业人员在工序作业过程中应严格坚持质量标准,通过自检、互检不断完善作业质量,一旦发现问题及时处理,使工序活动效果的质量始终满足有关质量规范规定。

⑤制度创新,形成质量自控的有效方法。施工企业应积极学习先进的项目管理理念,形成质量例会制度、质量会诊制度、每月质量讲评制度、样板制度、挂牌制度等,促进企业质量自控。

⑥记录完整,做好有效施工质量管理资料。在整个施工作业过程中,对工序作业质量的记录、检验数据等资料应完整无误地记录下来,并且按照施工管理规范的要求进行填写记录,作为质量保证的依据以及质量控制的资料。

2) 施工作业质量的监控

建设单位、监理单位、设计单位及政府的工程质量监督部门,在施工阶段依照法律法规和工程施工合同,对施工单位的质量行为和质量状况实施监督控制。

建设单位和质量监督部门要在工程项目施工全过程中对每个分项工程和每道工序进行质量检查监督,尤其要加强对重点部位的质量监督评定,负责对质量控制点的监督把关,同时检查督促单位工程质量控制的实施情况,检查质量保证资料和有关施工记录、试验记录。建设单位负责组织主体工程验收和单位工程完工验收,指导验收技术资料的整理归档。

在开工前,建设单位要主动向质量监督部门办理质量监督手续。在工程建设过程中,质量监督部门按照质量监督方案对项目施工情况进行不定期的检查,主要检查工程各参建单位的质量行为、质量责任制的履行情况、工程实体质量和质量保证资料。

设计单位应当就审查合格的施工图设计文件向施工单位作出详细说明,参与质量事故分析并提出相应的技术处理方案。

作为监控主体之一的项目监理机构,在施工作业过程中,通过旁站监理、测量、试验、指令文件等一系列控制手段,对施工作业进行监督检查,实现其项目监理规划。

1.3.8 施工阶段质量控制的主要途径

为了加强对施工过程的作业质量控制,明确各施工阶段质量控制的重点,可将施工过程按照事前质量预控、事中质量监控和事后质量控制3个阶段进行质量控制。

1) 事前质量预控

事前质量预控指在正式施工前进行的质量控制,其控制重点是做好施工准备工作,并且施工准备工作要贯穿于施工全过程中。

①技术准备:包括熟悉和审查项目的施工图纸;施工条件的调查分析;工程项目设计交底;工程项目质量监督交底;重点、难点部位施工技术交底;编制项目施工组织设计等。

②物资准备:包括建筑材料准备、构配件、施工机具准备等。

③组织准备:包括建立项目管理组织机构;建立以项目经理为核心,技术负责人为主,专职质量检查员、工长、施工队班组长组成的质量管理网络,对施工现场的质量管理职能进行合理分配,健全和落实各项管理制度,形成分工明确、责任清楚的执行机制;对施工队伍进行入场教育等。

④施工现场准备:包括工程测量定位和标高基准点的控制;"三通一平",生产、生活临时设施等的准备;组织机具、材料进场;制订施工现场各项管理制度等。

2) 事中质量监控

事中质量监控是指在施工过程中进行的质量控制。事中质量控制的策略是全面控制施工过程,重点控制工序质量。

(1) 施工作业技术复核与计量管理

凡涉及施工作业技术活动基准和依据的技术工作,都应由专人负责复核性检查,复核结果应报送监理工程师复验确认后才能进行后续施工,以避免基准失误给整个工程质量带来难以补救的或全局性的危害。例如,工程的定位、轴线、标高,预留空洞的位置和尺寸等。

施工过程中的计量工作包括投料计量、检测计量等,其正确性与可靠性直接关系到工程质量的形成和客观的效果评价,必须在施工过程中严格计量程序、计量器具的使用操作。

(2) 见证取样、送检工作的监控

见证取样指对工程项目使用的材料、构配件的现场取样和工序活动效果的检查实施见证。承包单位对进场材料、试块、钢筋接头等实施见证取样前要通知监理工程师,在工程师现场监督下完成取样过程,送往具有相应资质的实验室,实验室出具的报告一式两份,分别由承包单位和项目监理机构保存,并作为归档材料,这是工序产品质量评定的重要依据。实行见证取样,绝不代替承包单位应对材料、构配件进场时必须进行的自检。

(3) 工程变更的监控

施工过程中,由于种种原因会涉及工程变更,工程变更的要求可能来自建设单位、设计单位或施工承包单位,无论是哪一方提出工程变更或图纸修改,都应通过监理工程师审查并经有关方面研究,确认其必要性后,由监理工程师发布变更指令方能生效并予以实施。

(4) 隐蔽工程验收的监控

通常隐蔽工程施工完毕,承包单位按有关技术规程、规范、施工图纸先进行自检且合格后,填写"报验申请表",并附上相应的隐蔽工程检查记录及有关材料证明、试验报告、复试报告等,报送项目监理机构。监理工程师收到报验申请并对质量证明资料进行审查认可后,在约定的时间和承包单位的专职质检员及相关施工人员一起进行现场验收。如符合质量要求,监理工程师在"报验申请表"及隐蔽工程检查记录上签字确认,准予承包单位隐蔽、覆盖,进入下一道工序施工;如经现场检查发现不合格的,监理工程师指令承包单位整改,整改后自检合格再报监理工程师复查。

(5)其他措施

批量施工先行样板示范、现场施工技术质量例会、质量控制小组活动等,也是长期施工管理实践过程中形成的质量控制途径。

3)事后质量控制

事后质量控制指在施工过程中对形成产品的质量控制,其具体工作内容是进行已完施工成品保护、质量验收和不合格品的处理等。

(1)成品保护

在施工过程中,有些分项、分部工程已经完成,而其他部位尚在施工,如果不对成品进行保护就会造成其损伤、污染而影响质量,因此承包单位必须负责对成品采取妥善措施予以保护。对成品进行保护的最有效手段是合理安排施工顺序,通过合理安排不同工作间的施工顺序,以防止后道工序损坏或污染已完施工的成品。此外,也可采取一般措施来进行成品保护。

(2)不合格品的处理

上道工序不合格,不准进入下道工序施工;不合格的材料、构配件、半成品不准进入施工现场且不允许使用;已经进场的不合格品应及时作出标识并记录,指定专人看管,避免用错,并限期清除出现场;不合格的工序或工程产品,不予计价。

(3)施工质量检查验收

按照施工质量验收统一标准规定的质量验收划分,从施工作业工序开始,通过多层次的设防把关,依次做好检验批、分项工程、分部工程及单位工程的施工质量验收。

1.3.9 工程质量责任体系

在工程项目建设中,参与工程建设的各方,应根据《建设工程质量管理条例》以及合同、协议及有关文件的规定承担相应的质量责任。

1)建设单位的质量责任

①建设单位要根据工程特点和技术要求,按有关规定选择相应资质等级的勘察、设计单位和施工单位;在合同中必须有质量条款,明确质量责任,并真实、准确、齐全地提供与建设工程有关的原始资料。凡建设工程项目的勘察、设计、施工、监理以及工程建设有关重要设备材料等的采购,均实行招标,依法确定程序和方法,择优选定中标者。不得将应由一个承包单位完成的建设工程项目肢解成若干部分发包给几个承包单位;不得迫使承包方以低于成本的价格竞标;不得任意压缩合理工期;不得明示或暗示设计单位或施工单位违反建设强制性标准,降低建设工程质量。建设单位对其自行选择的设计、施工单位发生的质量问题承

担相应责任。

②建设单位应根据工程特点,配备相应的质量管理人员。对国家规定强制实行监理的工程项目,必须委托有相应资质等级的工程监理单位进行监理。

③建设单位在工程开工前,负责办理有关施工图设计文件审查、工程施工许可证和工程质量监督手续,组织设计和施工单位认真进行设计交底;在工程施工中,应按国家现行有关工程建设法规、技术标准及合同规定,对工程质量进行检查,涉及建筑主体和承重结构变动的装修工程,建设单位应在施工前委托原设计单位或者相应资质等级的设计单位提出设计方案,经原审查机构审批后方可施工。工程项目竣工后,应及时组织设计、施工、工程监理等有关单位进行施工验收,未经验收备案或验收备案不合格的,不得交付使用。

④建设单位按合同约定负责采购供应的建筑材料、建筑构配件和设备,应符合设计文件和合同要求,对发生的质量问题,应承担相应的责任。

2) 勘察、设计单位的质量责任

①勘察、设计单位必须在其资质等级许可范围内承揽相应的勘察设计任务,不得承揽超越其资质等级许可范围以外的任务,不得将承揽工程转包或违法分包,也不得以任何形式用其他单位的名义承揽业务或允许其他单位或个人以本单位的名义承揽业务。

②勘察、设计单位必须按照国家现行有关规定、工程建设强制性技术标准和合同要求进行勘察、设计工作,并对所编制的勘察、设计文件的质量负责。勘察单位提供的地质、测量、水文等勘察成果文件必须真实、准确。设计单位提供的设计文件应符合国家规定的设计深度要求,注明工程合理使用年限。设计文件中选用的材料、构配件和设备,应注明规格、型号、性能等技术指标,其质量必须符合国家规定的标准。除有特殊要求的建筑材料、专用设备、工艺生产线外,不得指定生产厂、供应商。设计单位应就审查合格的施工图文件向施工单位作出详细说明,解决施工中对设计提出的问题,负责设计变更。参与工程质量事故分析,并对因设计造成的质量事故,提出相应的技术处理方案。

3) 施工单位的质量责任

①施工单位必须在其资质等级许可范围内承揽相应的施工任务,不得承揽超越其资质等级业务范围的任务,不得将承接的工程转包或违法分包,也不得以任何形式用其他施工单位的名义承揽工程或允许其他单位或个人以本单位的名义承揽工程。

②施工单位对所承包的工程项目的施工质量负责。应建立健全质量管理体系,落实质量责任制,确定工程项目的项目经理、技术负责人和施工管理负责人。实行总承包的工程,总承包单位应对全部建设工程质量负责。建设工程勘察、设计、施工、设备采购的一项或多项实行总承包的,总承包单位应对其承包的建设工程或采购的设备的质量负责;实行总分包的工程,分包单位应按照分包合同约定对其分包工程的质量向总承包单位负责,总承包单位与分包单位对分包工程的质量承担连带责任。

③施工单位必须按照工程设计图纸和施工技术规范标准组织施工。未经设计单位同意,不得擅自修改工程设计。在施工中,必须按照工程设计要求、施工技术规范标准和合同约定,对建筑材料、构配件、设备和商品混凝土进行检验,不得偷工减料,不使用不符合设计和强制性技术标准要求的产品,不使用未经检验和试验或检验和试验不合格的产品。

4）建筑材料、构配件及设备生产或供应单位的质量责任

建筑材料、构配件及设备生产或供应单位对其生产或供应的产品质量负责。生产厂家或供应商必须具备相应的生产条件、技术装备和质量管理体系，所生产或供应的建筑材料、构配件及设备的质量应符合国家和行业现行技术规定的合格标准和设计要求，并与说明书和包装上的质量标准相符，且应有相应的产品检验合格证，设备应有详细的使用说明等。

5）工程监理单位的质量责任

①工程监理单位应按其资质等级许可范围承担工程监理业务，不许超越本单位资质等级许可的范围或以其他工程监理单位的名义承担工程监理业务，不得转让工程监理业务，不许其他单位或个人以本单位的名义承担工程监理业务。

②工程监理单位应依照法律、法规以及有关技术标准、设计文件和建设工程承包合同，与建设单位签订监理合同，代表建设单位对工程质量实施监理，并对工程质量承担监理责任。如果工程监理单位故意弄虚作假，降低工程质量标准，造成质量事故的，要承担法律责任。若工程监理单位与承包单位串通，牟取非法利益，给建设单位造成损失的，应与承包单位承担连带赔偿责任。如果监理单位在责任期内，不按照监理合同约定履行监理职责，给建设单位或其他单位造成损失的，属违约责任，应向建设单位赔偿。

6）建设工程质量检测单位的质量责任

①建设工程质量检测单位必须经省技术监督部门计量认证和省建设行政管理部门资质审查，方可接受委托对建设工程所用建筑材料、构配件及设备进行检测。

②建筑材料、构配件检测所需试样，由建设单位和施工单位共同取样送检或者由建设工程质量检测单位现场抽样。

③建设工程质量检测单位应当对出具的检测数据和鉴定报告负责。

④工程使用的建筑材料、构配件及设备质量，必须有检验机构或者检验人员签字的产品检验合格证明。

⑤在工程保修期内因建筑材料、构配件不合格出现质量问题，属于建设工程质量检测单位提供错误检测数据的，由建设工程质量检测单位承担质量责任。

7）工程质量监督单位的质量责任

①根据政府主管部门的委托，受理建设工程项目的质量监督。

②制订质量监督工作方案。确定负责该项工程的质量监督工程师和助理质量监督师。根据有关法律、法规和工程建设强制性标准，针对工程特点，明确监督的具体内容、监督方式。在方案中对地基基础、主体结构和其他涉及结构安全的重要部位和关键过程，作出实施监督的详细计划安排，并将质量监督工作方案通知建设、勘察、设计、施工、监理单位。

③检查施工现场工程建设各方主体的质量行为。检查施工现场工程建设各方主体及有关人员的资质或资格；检查勘察、设计、施工、监理单位的质量管理体系和质量责任制落实情况；检查有关质量文件、技术资料是否齐全并符合规定。

④检查建设工程实体质量。按照质量监督工作方案，对建设工程地基基础、主体结构和其他涉及安全的关键部位进行现场实地抽查，对用于工程的主要建筑材料、构配件的质量进行抽查。对地基基础分部、主体结构分部和其他涉及安全的分部工程的质量验收进行监督。

⑤监督工程质量验收。监督建设单位组织的工程竣工验收的组织形式、验收程序以及在验收过程中提供的有关资料和形成的质量评定文件是否符合有关规定,实体质量是否存在严重缺陷,工程质量验收是否符合国家标准。

⑥向委托部门报送工程质量监督报告。报告的内容应包括对地基基础和主体结构质量检查的结论,工程施工验收的程序、内容和质量检验评定是否符合有关规定,以及历次抽查该工程的质量问题和处理情况等。

⑦对预制建筑构件和商品混凝土的质量进行监督。

1.3.10 工程质量管理制度

1)施工图设计文件审查制度

施工图审查是指国务院建设行政主管部门和省、自治区、直辖市人民政府建设行政主管部门委托依法认定的设计审查机构,根据国家法律、法规、技术标准与规范,对施工图进行结构安全和强制性标准、规范执行情况等进行的独立审查。

(1)施工图审查的范围

建筑工程设计等级分级标准中的各类新建、改建、扩建的建筑工程项目均属审查范围。省、自治区、直辖市人民政府建设行政主管部门,可结合本地的实际情况,确定具体的审查范围。建设单位应将施工图报送建设行政主管部门,由建设行政主管部门委托有关审查机构,进行结构安全和强制性标准、规范执行情况等内容的审查。建设单位将施工图报请审查时,应同时提供下列资料:批准的立项文件或初步设计批准文件、主要的初步设计文件、工程勘察成果报告、结构计算书及计算软件名称等。

(2)施工图审查的主要内容

①建筑物的稳定性、安全性审查,包括地基基础和主体结构是否安全、可靠。

②是否符合消防、节能、环保、抗震、卫生、人防等有关强制性标准、规范。

③施工图是否达到规定的深度要求。

④是否损害公众利益。

(3)施工图审查有关各方的职责

①国务院建设行政主管部门负责全国施工图审查管理工作。省、自治区、直辖市人民政府建设行政主管部门负责组织本行政区域内的施工图审查工作的具体实施和监督管理工作。

建设行政主管部门在施工图审查工作中主要负责制定审查程序、审查范围、审查内容、审查标准并颁发审查批准书;负责制定审查机构和审查人员条件,批准审查机构,认定审查人员;对审查机构和审查工作进行监督并对违规行为进行查处;对施工图设计审查负依法监督管理的行政责任。

②勘察、设计单位必须按照工程建设强制性标准进行勘察、设计,并对勘察、设计质量负责。审查机构按照有关规定对勘察成果、施工图设计文件进行审查,但并不改变勘察、设计单位的质量责任。

③审查机构接受建设行政主管部门的委托对施工图设计文件涉及安全和强制性标准执行情况进行技术审查。建设工程经施工图设计文件审查后因勘察设计原因发生工程质量问

题,审查机构承担审查失职的责任。

(4)施工图审查程序

施工图审查的步骤如下:

①建设单位向建设行政主管部门报送施工图,并作书面登记;

②建设行政主管部门委托审查机构进行审查,同时发出委托审查通知书;

③审查机构完成审查,向建设行政主管部门提交技术性审查报告;

④审查结束,建设行政主管部门向建设单位发出施工图审查批准书;

⑤报审施工图设计文件和有关资料应存档备查。

(5)施工图审查管理

审查机构应在收到审查材料后20个工作日内完成审查工作,并提出审查报告;特级和一级项目应在30个工作日内完成审查工作,并提出审查报告,其中重大及技术复杂项目的审查时间可适当延长。审查合格的项目,审查机构向建设行政主管部门提交项目施工图审查报告,由建设行政主管部门向建设单位通报审查结果,并颁发施工图审查批准书。对审查不合格的项目,提出书面意见后,由审查机构将施工图退回建设单位,并由原设计单位修改,重新送审。

施工图一经审查批准,不得擅自进行修改。如遇特殊情况需要进行涉及审查主要内容的修改时,必须重新报请原审批部门,由原审批部门委托审查机构审查后再批准实施。

建设单位或者设计单位对审查机构作出的审查报告如有重大分歧时,可由建设单位或者设计单位向所在省、自治区、直辖市人民政府建设行政主管部门提出复查申请,由后者组织专家论证并作出复查结果。

施工图审查工作所需经费,由施工图审查机构按有关收费标准向建设单位收取。建筑工程竣工验收时,有关部门应按照审查批准的施工图进行验收。建设单位要对报送的审查材料的真实性负责;勘察、设计单位对提交的勘察报告、设计文件的真实性负责,并积极配合审查工作。

2)建设工程质量监督制度

国家实行建设工程质量监督管理制度。建设工程质量监督管理的主体是各级政府建设行政主管部门和其他有关部门。

建设工程质量监督机构是经省级以上建设行政主管部门或有关专业部门考核认定,具有独立法人资格的单位。它受县级以上地方人民政府建设行政主管部门或有关专业部门的委托,依法对建设工程质量进行强制性监督,并对委托部门负责。

3)工程质量检测制度

工程质量检测工作是对工程质量进行监督管理的重要手段之一。工程质量检测机构是对建设工程、建筑构件、制品及现场所用的有关建筑材料、设备质量进行检测的法定单位。在建设行政主管部门领导和标准化管理部门指导下开展检测工作,其出具的检测报告具有法定效力。法定的国家级检测机构出具的检测报告,在国内为最终裁定,在国外具有代表国家意见的性质。

检测机构的主要任务如下:

①对正在施工的建设工程所用的材料、混凝土、砂浆和建筑构件等进行随机抽样检测,

向本地建设工程质量主管部门和质量监督部门提出抽样报告和建议。

②受建设行政主管部门委托,对建筑构件、制品进行抽样检测。对违反技术标准、失去质量控制的产品,检测单位有权提供主管部门停止其生产的证明,不合格产品不准出厂,已出厂的产品不得使用。

4)建设工程质量保修制度

建设工程质量保修制度是指建设工程在办理交工验收手续后,在规定的保修期限内,因勘察、设计、施工、材料等原因造成的质量问题,要由施工单位负责维修、更换,由责任单位负责赔偿损失。质量问题是指工程不符合国家工程建设强制性标准、设计文件以及合同中对质量的要求。

建设工程承包单位在向建设单位提交工程竣工验收报告时,应向建设单位出具工程质量保修书,质量保修书中应明确建设工程保修范围、保修期限和保修责任等。

在正常使用条件下,建设工程的最低保修期限为:

①基础设施工程、房屋建筑工程的地基基础和主体结构工程,为设计文件规定的该工程的合理使用年限;

②屋面防水工程、有防水要求的卫生间、房间和外墙面的防渗漏,为5年;

③供热与供冷系统,为两个采暖期和供冷期;

④电气管线、给排水管道、设备安装和装修工程,为2年。

其他项目的保修期由发包方与承包方约定。保修期自竣工验收合格之日起计算。

建设工程在保修范围和保修期限内发生质量问题的施工单位应当履行保修义务、保修义务的承担和经济责任的承担应按下列原则处理:

①施工单位未按国家有关标准、规范和设计要求施工,造成的质量问题,由施工单位负责返修并承担经济责任。

②由于设计方面的原因造成的质量问题,先由施工单位负责维修,其经济责任按有关规定通过建设单位向设计单位索赔。

③因建筑材料、构配件和设备质量不合格引起的质量问题,先由施工单位负责维修。属于施工单位采购的,由施工单位承担经济责任;属于建设单位采购的,由建设单位承担经济责任。

④因建设单位(含监理单位)错误管理造成的质量问题,先由施工单位负责维修。其经济责任由建设单位承担,如属监理单位责任,则由建设单位向监理单位索赔。

⑤因使用单位使用不当造成的损坏问题,先由施工单位负责维修。其经济责任由使用单位自行负责。

⑥因地震、洪水、台风等不可抗拒原因造成的损坏问题,先由施工单位负责维修。建设参与各方根据国家具体政策分担经济责任。

单元小结

通过本单元的学习,学生应了解质量和建设工程质量、质量管理与质量控制概念,了解建设工程项目质量控制系统的构成、建立、运行方式,掌握施工阶段质量控制的目标、施工质量计划的编制方法、施工生产要素的质量控制、施工过程的作业质量控制、施工阶段质量控制的主要途径,了解工程质量责任体系,熟悉工程质量管理制度。

单元训练

1. 简述质量、建设工程质量的概念。
2. 简述工程建设各阶段对质量形成的作用与影响。
3. 影响工程质量的因素有哪些?
4. 工程质量的特点有哪些?
5. 什么叫质量管理?什么叫质量控制?两者之间有何关系?
6. 质量控制内容有哪些?
7. 施工阶段质量控制的目标有哪些?
8. 施工质量计划的编制方法有哪些?
9. 施工生产要素的质量控制方法有哪些?
10. 施工过程的作业质量控制方法有哪些?
11. 施工阶段质量控制的主要途径和方法有哪些?
12. 在工程项目建设中,参与工程建设的各方工程质量责任体系有哪些?
13. 工程质量管理制度有哪些?

单元 2
质量管理体系的建立

项目 2.1 ISO 质量保证体系认证

2.1.1 质量管理、质量控制、质量保证的概念

1) 与质量有关的术语

①产品是指活动或过程的结果。

②过程是指将输入转化为输出的一组彼此相关的资源和活动。

③质量体系是指为实施质量管理所需的组织结构、程序、过程和资源。

④质量控制是指为达到质量要求所采取的作业技术和活动。

⑤质量保证是为了提供足够的信任,表明实体能够满足质量要求,而在质量体系中实施并根据需要进行证实的有计划、有系统的全部活动。

⑥质量管理是指确定质量方针、目标和职责,并在质量体系中通过质量策划、质量控制、质量保证和质量改进使其实施全部管理职能的所有活动。

⑦所谓全面质量管理,是指一个组织以质量为中心,以全员参与为基础,目的在于通过让顾客满意和本组织所有成员及社会受益而达到长期成功的管理途径。

2) 质量管理、质量体系、质量控制、质量保证之间的关系

质量管理(QM)、质量控制(QC)、质量保证(QA),在理解和应用中存在不同程度的混乱状态。3个概念两两之间(QM与QC、QC与QA以及QM与QA)也往往混淆不清。下面作一些简单的介绍,如图2.1所示。

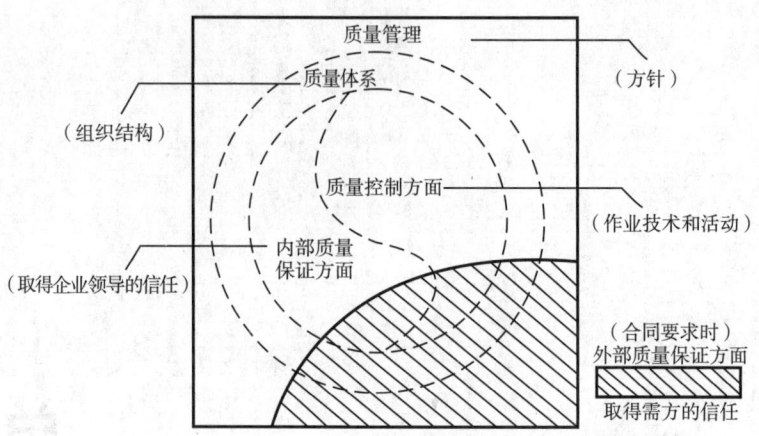

图 2.1 质量管理、质量体系、质量控制、质量保证之间的关系

从图 2.1 中可以看出,质量管理是指企业的全部质量工作,即质量方针的制订和实施。为了实施质量方针和质量目标,必须建立质量体系。在建立质量体系时,首先要建立有关的组织结构,明确各质量职能部门的责任和权限,配备所需的各种资源,制订工作程序,然后才能运用管理和专业技术进行质量控制,并开展质量保证活动。

图 2.1 中的整个正方形代表了质量管理工作。在质量管理中首先要制订质量方针,然后建立质量体系,因此把质量方针(由大圆外的面积代表)画在质量体系这个大圆之外。在质量体系中又要首先确定组织结构,建立有关机构及其职责,然后才能开展质量控制和质量保证活动,故把组织结构画在小圆之外。小圆部分包括了质量控制和质量保证两类活动,它们中间用"S"形分开,其用意是表示两者之间的界限有时不易划分。有活动两者都归属,相互不能分离,如对某项过程的评价、监督和验证,既可说是质量控制,也是质量保证的内容。质量保证就要求实施质量控制,两者只是目的不同而已,前者是为了预防不符合或缺陷,后者则要向某一方进行"证实"(提供证据)。一般说来,质量保证总是和信任结合在一起的。在对图的理解上,不能简单地、错误地认为质量管理就是质量方针,质量体系就是组织结构,应理解为质量管理除了制订质量方针外还需建立质量体系,而质量体系则除了建立组织结构外还包括质量控制和质量保证两项内容,其间用虚线划分,表示是一个整体,只是为了便于理解其间的关系才把虚线画上去的。

图中的斜线部分是外部质量保证的内容,即合同环境中企业为满足需方要求而建立的质量保证体系。质量保证体系还包括了质量方针、组织结构、质量控制和质量保证的要求。

对一个企业来讲,质量保证体系(合同环境中)是其整个质量管理体系中的一个部分,二者并不矛盾,不可分割,质量保证体系是建立在质量管理体系的基础之上的。因此,国外大公司在选择其供应厂商时,首先要看对方的质量手册,也就是看看其质量管理体系是否基本上能满足质量保证方面的要求,然后才能确定是否与之签订合同进行合作。当然,供方的质量体系往往不能满足其全部要求,此时,应在合同中补充某些要求,即增加某些质量体系要素,如质量计划、质量审核计划等。

图 2.2 中的斜线部分只是另一个图形的一个部分,这里没有画出来。这第二个图形就是需方的质量管理体系,如图 2.2 所示。

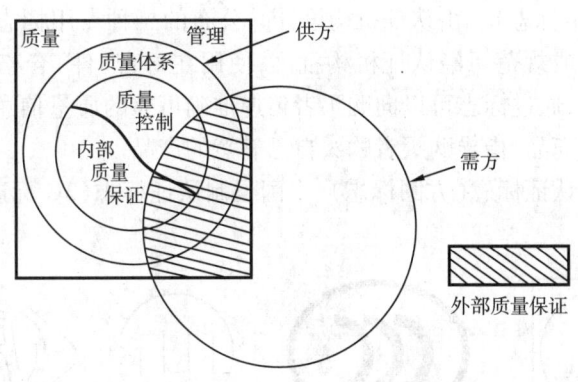

图 2.2　需方质量管理体系

从图 2.2 中可看出,一个企业往往同时处在两种环境之中,它的某些产品在一般市场中出售,另一部分产品则按合同出售给需方。同样,它在采购某些材料或零部件、搞技术合作时,有些可以在市场上购买,有的则要与协作厂家签订合同,并附上质量保证要求。

综上所述,对一个企业,在非合同环境中,其质量管理工作包括了质量控制和内部的质量保证。在合同环境下,作为供方,其质量保证体系又包括质量管理、质量控制、内部与外部的质量保证活动。

2.1.2　质量认证

1) 质量认证的基本形式

质量认证也称为合格评定,是国际上通行的管理产品质量的有效方法。质量认证按认证的对象分为产品质量认证和质量体系认证两类;按认证的作用可分为安全认证和合格认证。

世界各国现行的质量认证制度主要有 8 种,其中各国标准机构通常采用的形式是试验加工厂质量体系评定及认证后监督——质量体系复查加工厂和市场抽样调查的质量认证制度,我国采用的是工厂质量体系评审(质量体系认证)的质量认证制度。

2) 产品质量认证与质量体系认证

(1) 产品质量认证

产品质量认证按认证性质划分可分为安全认证和合格认证。

①安全认证。对于关系国计民生的重大产品,有关人身安全、健康的产品,必须实施安全认证。此外,实行安全认证的产品,必须符合《中华人民共和国标准化法》中有关强制性标准的要求。

②合格认证。凡实行合格认证的产品,必须符合《中华人民共和国标准化法》规定的国家标准或行业标准要求。

(2) 质量认证的表示方法

质量认证有两种表示方法,即认证证书和认证标志。

①认证证书(合格证书)。它是由认证机构颁发给企业的一种证明文件,它证明某项产品或服务符合特定标准或技术规范。

②认证标志(合格标志)。由认证机构设计并公布的一种专用标志,用以证明某项产品或服务符合特定标准或规范。经认证机构批准,使用在每台(件)合格出厂的认证产品上。认证标志是质量标志,通过标志可以向购买者传递准确可靠的质量信息,帮助购买者识别认证的商品与非认证的商品,指导购买者购买自己满意的产品。

认证标志为合格认证标志(方圆标志)、中国强制认证标志(3C标志)、长城标志和PRC标志,如图2.3所示。

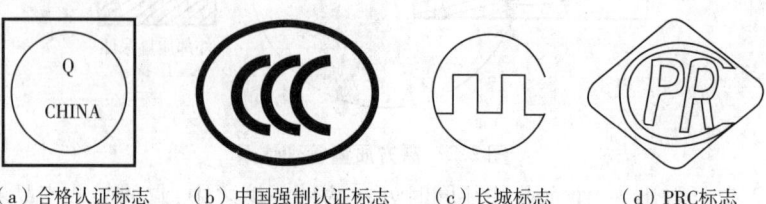

(a)合格认证标志　　(b)中国强制认证标志　　(c)长城标志　　(d)PRC标志

图2.3　认证标志

(3)质量管理体系认证

质量管理体系认证始于机电产品,由于产品类型由硬件拓宽到软件、流程性材料和服务领域,使得各行各业都可以按标准实施质量管理体系认证。从目前的情况来看,除涉及安全和健康的领域产品认证必不可少之外,在其他领域内,质量管理体系认证的作用要比产品认证的作用大得多,并且质量管理体系认证具有以下特征:

①由具有第三方公正地位的认证机构客观地进行评价,作出结论,若通过则颁发认证证书。审核人员要具有独立性和公正性,以确保认证工作客观公正地进行。

②认证的依据是质量管理体系的要求标准(即GB/T 19001),而不能依据质量管理体系的业绩改进指南标准(即GB/T 19004)来进行,更不能依据具体的产品质量标准。

③认证过程中的审核是围绕企业质量管理体系要求的符合性及满足质量要求和目标方面的有效性来进行。

④认证的结论不是证明具体的产品是否符合相关的技术标准,而是质量管理体系是否符合质量管理体系要求标准(即ISO9001),是否具有按规范要求保证产品质量的能力。

⑤认证合格标志只能用于宣传,不能将其用于具体的产品上。

产品认证和质量管理体系认证的比较,见表2.1。

表2.1　产品认证和质量管理体系认证的比较

项　目	产品认证	质量管理体系认证
对　象	特定产品	企业的质量管理体系
获准认证条件	(1)产品质量符合指定标准要求; (2)质量管理体系符合ISO 9001标准的要求	质量管理体系符合ISO 9001标准的要求
证明方式	产品认证证书,认证标志	质量管理体系认证(注册)证书,认证标志

续表

项 目	产品认证	质量管理体系认证
证明的使用	(1)证书不能用于产品； (2)标志可以用于获准认证的产品	证书和标志都不能在产品上使用
性 质	自愿性、强制性	自愿性
两者的关系	获得产品认证资格的企业一般无须再申请质量管理体系认证(除非不断有新产品问世)	获得质量管理体系认证资格的企业可以再申请特定产品的认证,但免除对质量管理体系通用要求的检查

3) GB/T 19000-ISO 9000 族标准

ISO 是一个组织的英语简称。其全称是 International Organization for Standardization,翻译成中文就是"国际标准化组织"。

ISO 是世界上最大的国际标准化组织。它成立于 1947 年 2 月 23 日,它的前身是 1928 年成立的国际标准化协会国际联合会(简称 ISA)。IEC 也是比较大的国际标准化组织。IEC 即"国际电工委员会",1906 年在英国伦敦成立,是世界上最早的国际标准化组织。IEC 主要负责电工、电子领域的标准化活动。而 ISO 负责除电工、电子领域之外的所有其他领域的标准化活动。ISO 宣称它的宗旨是"在世界上促进标准化及其相关活动的发展,以便于商品和服务的国际交换,在智力、科学、技术和经济领域开展合作。"

ISO 通过它的 2856 个技术机构开展技术活动。其中,技术委员会(简称 TC)共 185 个,分技术委员会(简称 SC)共 611 个,工作组(WG)2022 个,特别工作组 38 个。ISO 的 2856 个技术机构技术活动的成果(产品)是"国际标准"。ISO 现已制定出国际标准共 10300 多个,主要涉及各行各业各种产品(包括服务产品、知识产品等)的技术规范。ISO 制定出来的国际标准除了有规范的名称之外,还有编号,编号的格式是:ISO + 标准号 + [杠 + 分标准号] + 冒号 + 发布年号(方括号中的内容可有可无),例如,ISO 8402:1987、ISO 9000—1:1994 等,分别是某一个标准的编号。但是,"ISO 9000"不是指一个标准,而是一族标准的统称。根据 ISO 9000—1:1994 的定义:"'ISO 9000 族'是由 ISO/TC176 制定的所有国际标准。"

1994 年,ISO/TC176 完成了对标准的第一次修订,提出了"ISO 9000 族"的概念,并由 ISO 发布了 1994 版 ISO 9000 族标准。

2000 年,ISO/TC176 完成了对标准的第二次修订。12 月 15 日由 ISO 正式发布 ISO 9000:2000、ISO 9001:2000 和 ISO 9004:2000,分别取代 1994 版 ISO 8402 和 ISO 9000—1,1994 版 ISO 9001、ISO 9002 和 ISO 9003,以及 1994 版 ISO 9004—1,通称 2000 版 ISO 9000 族标准。

ISO 9000 系列标准包括 5 个部分:ISO 9000、ISO 9001、ISO 9002、ISO 9003 和 ISO 9004。其中,ISO 9000 标准是 ISO 9000 系列标准的选用导则,它主要阐述几个质量术语基本概念之间的关系、质量体系环境的特点、质量体系国际标准的分类、在质量管理中质量体系国际标准的应用以及合同环境中质量体系国际标准的应用。除 ISO 9000 之外的其他 4 个标准可以分为两个大类:ISO 9001 ~ ISO 9003 标准是在合同环境下用以指导企业质量管理的标准;ISO

9004 标准是在非合同环境下用以指导企业质量管理的标准。在合同环境下,供需双方有合约关系。需方应对供方的质量体系提出要求,而 ISO 9001、ISO 9002、ISO 9003 是两种不同的质量保证模式,其中以 ISO 9001 建立的质量体系最为全面。ISO 9002 标准要求供方建立生产和安装的质量保证模式,比 ISO 9001 标准减少了设计控制和售后服务两个质量体系要素。ISO 9003 标准适用于相对简单的产品,它只要求供方建立最终检验和试验的质量保证模式,比 ISO 9002 少 6 个质量体系要素。

ISO 组织最新颁布的 ISO 9000:2015 系列标准,有 4 个核心标准:

ISO 9000:2008——《质量管理体系　基础和术语》;

ISO 9001:2008——《质量管理体系　要求》;

ISO 9004:2008——《质量管理体系　业绩改进指南》;

ISO 19011:2002——《质量和(或)环境管理体系　审核指南》。

1993 年,为便于与国际惯例接轨,提高企业管理水平,并利于企业开拓市场,我国发布了等同 ISO 9000 标准的国家标准(GB/T 19000)。2008 年国际标准化组织发布了修订后的 ISO 9000 族标准后,我国及时将其等同转化为国家标准。为了更加全面、准确、适时满足社会需求,2015 年 9 月 15 日国际标准化组织(ISO)正式发布了 ISO 9000:2015 和 ISO 9001:2015 标准,2016 年 12 月 30 日我国等同转换的国家标准 GB/T 19000—2016/ISO 9000:2015 和 GB/T 19001—2016/ISO 9001:2015 正式发布。

4) ISO 质量管理体系的建立与实施

按照 GB/T 19000—2015 族标准建立或更新完善质量管理体系的程序,通常包括组织策划与总体设计、质量管理体系的文件编制、质量管理体系的实施运行 3 个阶段。

(1)组织策划与总体设计

最高管理者应确保对质量管理体系进行策划,满足组织确定的质量目标的要求及质量管理体系的总体要求,在对质量管理体系的变更进行策划和实施时,应保持管理体系的完整性。通过对质量管理体系的策划,确定建立质量管理体系要采用的过程方法模式,从组织的实际出发进行体系的策划和实施,明确是否有剪裁的需求并确保其合理性。ISO 9001 标准引言中指出,一个组织质量管理体系的设计和实施受组织的背景及其背景变化的影响,一个组织的背景可以包括例如组织文化的内部因素和社会经济条件下组织运作的外部因素。因此本标准的所有要求都是通用的,但它们的应用方式在不同组织可以有所差异。因此,需要统一不同质量管理体系的结构,或统一文件对齐本标准的条款结构,或强加要在组织内使用特定术语不是本标准的目的。

(2)质量管理体系文件的编制

质量管理体系文件的编制应在满足标准要求、确保控制质量、提高组织全面管理水平的情况下,建立一套高效、简单、实用的质量管理体系文件。质量管理体系文件由质量手册、质量管理体系程序文件、质量记录等部分组成。

①质量手册:

a. 质量手册的性质和作用。质量手册是组织质量工作的"基本法",是组织最重要的质量法规性文件,具有强制性质。质量手册应阐述组织的质量方针,概述质量管理体系的文件结构并能反映组织质量管理体系的总貌,起到总体规划和加强各职能部门间协调的作用。

在组织内部,质量手册起着确立各项质量活动及其指导方针和原则的重要作用,一切质量活动都应遵循质量手册;在组织外部,它既能证实符合标准要求的质量管理体系的存在,又能向顾客或认证机构清楚地描述质量管理体系的状况。同时,质量手册是使员工明确各类人员职责的良好管理工具和培训教材。质量手册便于克服由于员工流动对工作连续性的影响。质量手册对外提供了质量保证能力的说明,是销售广告有益的补充,也是许多招标项目所要求的投标必备文件。

b. 质量手册的编制要求。质量手册的编制应遵循《质量管理体系 文件化信息指南》(ISO 10013—2021)的要求进行,质量手册应说明质量管理体系覆盖哪些过程和条款,每个过程和条款应开展哪些控制活动,对每个活动需要控制到什么程度,能提供什么样的质量保证等,都应作出明确交代。

c. 质量手册的构成。质量手册一般由如图 2.4 所示的几个部分构成,各组织可以根据实际需要对质量手册的下述部分作必要的删减。

目次
批准页
前言
1 范围
2 引用标准
3 术语和定义
4 质量管理体系
5 管理职责
6 资源管理
7 产品实现
8 测量、分析和改进

图 2.4 质量手册的构成部分

②质量管理体系程序文件:

a. 概述。质量管理体系程序文件是质量管理体系的重要组成部分,是质量手册的具体展开和有力支撑。质量管理体系程序可以是质量管理手册的一部分,也可以是质量手册的具体展开。质量管理体系程序文件的范围和详略程度取决于组织的规模、产品类型、过程的复杂程度、方法和相互作用以及人员素质等因素。对每个质量管理程序来说,都应视需要明确何时、何地、何人、做什么、为什么、怎么做(即 5W1H),应保留什么记录。

b. 质量管理体系程序的内容。按照 ISO 9001:2015 标准的规定,质量管理程序应至少包括下列 6 个程序:文件控制程序、质量记录控制程序、内部质量审核程序、不合格控制程序、纠正措施程序、预防措施程序。

c. 质量计划。质量计划是对特定的项目、产品、过程或合同,规定由谁及何时应使用哪些程序相关资源的文件。质量手册和质量管理体系程序所规定的是各种产品都适用的通用要求和方法。但各种特定产品都有其特殊性,质量计划是一种工具,它将某产品、项目或合同的特定要求与现行的通用的质量管理体系程序相连接。

质量计划在企业内部作为一种管理方法,使产品的特殊质量要求能通过有效的措施得以满足。在合同情况下,组织使用质量计划向顾客证明其如何满足特定合同的特殊质量要求,并作为顾客实施质量监督的依据。产品(或项目)的质量计划是针对具体产品(或项目)的特殊要求,以及应重点控制的环节所编制的对设计、采购、制造、检验、包装、运输等的质量控制方案。

d.质量记录。质量记录是"阐明所取得的结果或提供所完成活动的证据文件"。它是产品质量水平和企业质量管理体系中各项质量活动结果的客观反映,应如实加以记录,用以证明达到了合同所要求的产品质量,并证明对合同中提出的质量保证要求予以满足的程度。如果出现偏差,质量记录则应反映出针对不足之处采取了哪些纠正措施。

质量记录应字迹清晰、内容完整,并按所记录的产品和项目进行标识,记录应注明日期并经授权人员签字、盖章或作其他审定后方能生效。

质量体系文件编写流程如图2.5所示。

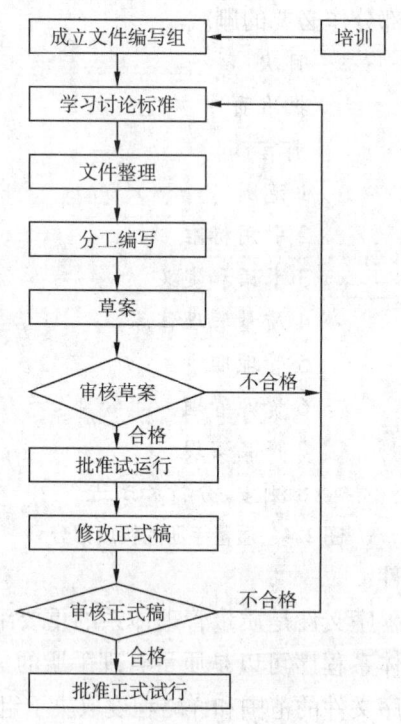

图2.5 质量体系文件编写流程

③ISO质量管理体系认证。质量管理体系认证是指根据有关的质量管理体系标准,由第三方机构对供方(承包方)的质量管理体系进行评定和注册的活动。

质量管理体系认证具有以下特征:

a.认证的对象是质量体系而不是具体产品。

b.认证的依据是质量管理体系标准(即GB/T 19001-ISO 9001),而不是具体的产品质量标准。

c.认证是第三方从事的活动。通常将产品的生产企业称作"第一方",如施工、建筑材料等生产企业。将产品的购买使用者称为"第二方",如业主、顾客等。在质量认证活动中,第三方是独立、公正的机构,与第一方、第二方在行政上无隶属关系,在经济上无利害关系,从而可确保认证工作的公正性。

d. 认证的结论不是证明产品是否符合有关的技术标准,而是证明质量体系是否符合标准,是否具有按照标准要求、保证产品质量的能力。

e. 取得质量管理体系认证资格的证明方式是认证机构向企业颁发质量管理体系认证证书和认证标志。这种体系认证标志不同于产品认证标志,不能用于具体产品上,也不保证具体产品的质量。

(3) 质量管理体系认证的实施阶段

质量管理体系认证过程总体上可分为以下4个阶段:

① 认证申请。组织向其自愿选择的某个体系认证机构提出申请,并按该机构要求提交申请文件,包括企业质量手册等。体系认证机构根据企业提交的申请文件,决定是否受理申请,并通知企业。

② 体系审核。体系认证机构指派数名国家注册审核人员实施审核工作,包括审查企业的质量手册,到企业现场查证实际执行情况,并提交审核报告。

③ 审批与注册发证。体系认证机构根据审核报告,经审查决定是否批准认证。对批准认证的企业颁发体系认证证书,并将企业的有关情况注册公布,准予企业以一定方式使用体系认证标志。

④ 监督。在证书有效期内,体系认证机构每年对企业进行至少一次的监督与检查,查证企业有关质量管理体系的保持情况。一旦发现企业有违反有关规定的事实证据,即对该企业采取措施,暂停或撤销该企业的体系认证。

项目 2.2　认知全面质量管理

2.2.1　全面质量管理的概念

全面质量管理是以组织全员参与为基础的质量管理形式。全面质量管理代表了质量管理发展的最新阶段,起源于美国,后来在其他一些工业发达国家开始推行,并且在实践运用中各有所长。特别是日本,在20世纪60年代以后推行全面质量管理并取得了丰硕的成果,引起世界各国的瞩目。20世纪80年代后期以来,全面质量管理得到了进一步的扩展和深化,逐渐由早期的TQC(Total Quality Control)演化成为TQM(Total Quality Management),其含义远远超出了一般意义上的质量管理的领域,而成为一种综合的、全面的经营管理方式和理念。我国从1978年推行全面质量管理以来,在理论和实践上都有一定的发展,并取得了成效,这为在我国贯彻实施ISO 9000族国际标准奠定了基础,反过来,ISO 9000族国际标准的贯彻和实施又为全面质量管理的深入发展创造了条件。我们应该在推行全面质量管理和贯彻实施ISO 9000族国际标准的实践中,进一步探索、总结和提高,为形成有中国特色的全面质量管理而努力。

如前所述,全面质量管理在早期称为TQC,以后随着进一步发展而演化成为TQM。菲根堡姆于1961年在其《全面质量管理》一书中首先提出了全面质量管理的概念:"全面质量管理是为了能够在最经济的水平上,并考虑到充分满足用户要求的条件下进行市场研究、设计、生产和服务,把企业内各部门研制质量、维持质量和提高质量的活动构成为一体的一种有效体系。"菲氏的这个定义强调了以下3个方面:首先,这里的"全面"一词首先是相对于统计质量控制中的"统计"而言。也就是说,要生产出满足顾客要求的产品,提供顾客满意的服务,单靠统计方法控制生产过程是很不足的,必须综合运用各种管理方法和手段,充分发挥组织中的每一个成员的作用,从而更全面地去解决质量问题。其次,"全面"还相对于制造过程而言。产品质量有个产生、形成和实施的过程,这一过程包括市场研究、研制、设计、制订标准、制订工艺、采购、配备设备与工装、加工制造、工序控制、检验、销售、售后服务等多个环节,它们相互制约、共同作用的结果决定了最终的质量水准。仅仅局限于只对制造过程实行控制是远远不够的。最后,质量应当是"最经济的水平"与"充分满足顾客要求"的完美统一,离开经济效益和质量成本去谈质量是没有实际意义的。

菲氏的全面质量管理观点在世界范围内被广泛接受。但各个国家在实践中都结合自己的实际进行了创新。特别是20世纪80年代后期以来,全面质量管理得到了进一步的扩展和深化,其含义远远超出了一般意义上的质量管理的领域,而成为一种综合的、全面的经营管理方式和理念。在这一过程中,全面质量管理的概念也得到了进一步的发展。2015版ISO 9000族标准中对全面质量管理的定义为:"一个组织以质量为中心,以全员参与为基础,目的在于通过让顾客满意和本组织所有成员及社会受益而达到长期成功的管理途径。"这一定义反映了全面质量管理概念的最新发展,也得到了质量管理界广泛共识。

2.2.2 全面质量管理 PDCA 循环

PDCA 循环又称戴明环,是美国质量管理专家戴明博士首先提出的,它反映了质量管理活动的规律。质量管理活动的全部过程,是质量计划的制订和组织实施的过程,这个过程就是按照 PDCA 循环,不停顿地周而复始地运转的。每一循环都围绕着实现预期的目标,进行计划、实施、检查和处置活动,随着对存在问题的克服、解决和改进,不断增强质量能力,提高质量水平。

PDCA 循环主要包括4个阶段:计划(Plan)、实施(Do)、检查(Check)和处置(Action)。

(1)计划

计划职能包括确定或明确质量目标和制订实现质量目标的行动方案两个方面。建设工程项目的质量计划,一般由项目干系人根据其在项目实施中所承担的任务、责任范围和质量目标,分别进行质量计划而形成的质量计划体系。实践表明质量计划的严谨周密、经济合理和切实可行,是保证工作质量、产品质量和服务质量的前提条件。

(2)实施

实施职能在于将质量的目标值,通过生产要素的投入、作业技术活动和产出过程,转换为质量的实际值。在各项质量活动实施前,根据质量计划进行行动方案的部署和交底;在实施过程中,严格执行计划的行动方案,将质量计划的各项规定和安排落实到具体的资源配置和作业技术活动中去。

(3)检查

检查是指对计划实施过程进行的各种检查,包括作业者的自检、互检和专职管理者专检。

(4)处置

对于质量检查所发现的质量问题或质量不合格,及时进行原因分析,采取必要的措施予以纠正,保持工程质量形成过程的受控状态。

PDCA循环如图2.6所示。

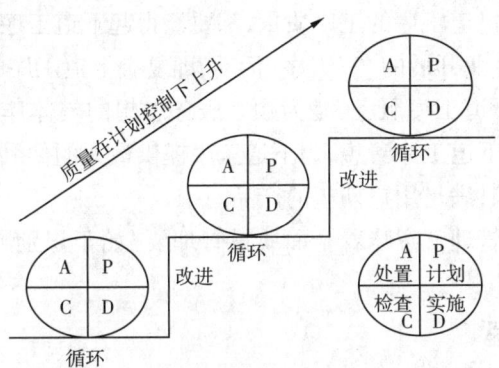

图2.6 PDCA循环示意图

2.2.3 全面质量管理的基本要求

全面质量管理在我国也得到了一定的发展。我国专家总结实践经验并提出了"三全一多样"的观点,即推行全面质量管理,必须要满足"三全一多样"的基本要求。

1)全过程的质量管理

任何产品或服务的质量,都有一个产生、形成和实现的过程。从全过程的角度来看,质量产生、形成和实现的整个过程是由多个相互联系、相互影响的环节所组成的,每一个环节都或轻或重地影响着最终的质量状况。为了保证和提高质量,就必须把影响质量的所有环节和因素都控制起来。为此,全过程的质量管理包括了从市场调研、产品的设计开发、生产(作业),到销售、服务等全部有关过程的质量管理。换句话说,要保证产品或服务的质量,不仅要搞好生产或作业过程的质量管理,还要搞好设计过程和使用过程的质量管理。要把质量形成全过程的各个环节或有关因素控制起来,形成一个综合性的质量管理体系,做到预防为主、防检结合、重在提高。为此,全面质量管理强调必须体现如下两个思想:

(1)预防为主、不断改进的思想

优良的产品质量是设计和生产制造出来的,而不是靠事后的检验决定的。事后的检验面对的是已经既成事实的产品质量。根据这一基本道理,全面质量管理要求把管理工作的重点,从"事后把关"转移到"事前预防"上来;从管结果转变为管因素,实行"预防为主"的方针,把不合格品消灭在它的形成过程之中,做到"防患于未然"。当然,为了保证产品质量,防止不合格品出厂或流入下道工序,并把发现的问题及时反馈,防止再出现、再发生,加强质量检验在任何情况下都是必不可少的。强调预防为主、不断改进的思想,不仅不排斥质量检验,而且还要求它更加完善、更加科学。质量检验是全面质量管理的重要组成部分,企业内行之有效的质量检验制度必须坚持,并且要进一步使之科学化、完善化、规范化。

(2)为顾客服务的思想

顾客有内部和外部之分:内部的顾客是企业的部门和人员;外部的顾客可以是最终的顾

客,也可以是产品的经销商或再加工者。实行全过程的质量管理要求企业所有各个工作环节都必须树立为顾客服务的思想。内部顾客满意是外部顾客满意的基础。因此,在企业内部要树立"下道工序是顾客""努力为下道工序服务"的思想。现代工业生产是一环扣一环的,前道工序的质量会影响后道工序的质量,一道工序出了质量问题,就会影响整个过程以及产品质量。因此,要求每道工序的工序质量,都要经得起下道工序,即"顾客"的检验,满足下道工序的要求。有些企业开展的"三工序"活动,即复查上道工序的质量,保证本道工序的质量,坚持优质、准时为下道工序服务,是为顾客服务思想的具体体现。只有每道工序在质量上都坚持高标准,都为下道工序着想,为下道工序提供最大的便利,企业才能目标一致、协调地生产出符合规定要求,满足用户期望的产品。

可见,全过程的质量管理就意味着全面质量管理要"始于识别顾客的需要,终于满足顾客的需要"。

2) 全员的质量管理

产品和服务质量是企业各方面、各部门、各环节工作质量的综合反映。企业中任何一个环节、任何一个人的工作质量都会不同程度地直接或间接地影响产品质量或服务质量。因此,产品质量人人有责,人人关心产品质量和服务质量,人人做好本职工作,全体参与质量管理,才能生产出顾客满意的产品。要实现全员的质量管理,应做好3个方面的工作。

①必须抓好全员的质量教育和培训。教育和培训的目的有两个方面:第一,加强职工的质量意识,牢固树立"质量第一"的思想。第二,提高员工的技术能力和管理能力,增强参与意识。在教育和培训过程中,要分析不同层次员工的需求,有针对性地开展教育和培训工作。

②要制订各部门、各级各类人员的质量责任制,明确任务和职权,各司其职,密切配合,以形成一个高效、协调、严密的质量管理工作的系统。这就要求企业的管理者要勇于授权、敢于放权。授权是现代质量管理的基本要求之一。原因在于:第一,顾客和其他相关方能否满意、企业能否对市场变化作出迅速反应决定了企业能否生存,而提高反应速度的重要和有效的方式就是授权。第二,企业的职工有强烈的参与意识,同时也有很高的聪明才智,赋予他们权力和相应的责任,也能够激发他们的积极性和创造性。第三,在明确职权和职责的同时,还应要求各部门和相关人员对于质量作出相应的承诺。当然,为了激发他们的积极性和责任心,企业应将质量责任同奖惩机制挂起钩来。只有这样,才能确保责、权、利三者的统一。

③要开展多种形式的群众性质量管理活动,充分发挥广大职工的聪明才智和当家作主的进取精神。群众性质量管理活动的重要形式之一是质量管理小组。除了质量管理小组之外,还有很多群众性质量管理活动,如合理化建议制度、与质量相关的劳动竞赛等。总之,企业应该发挥创造性,采取多种形式激发全员参与的积极性。

3) 全企业的质量管理

全企业的质量管理可以从纵横两个方面来加以理解。从纵向的组织管理角度来看,质量目标的实现有赖于企业的上层、中层、基层管理乃至一线员工的通力协作,其中尤以高层管理能否全力以赴起着决定性的作用。从企业职能间的横向配合来看,要保证和提高产品质量必须使企业研制、维持和改进质量的所有活动构成为一个有效的整体。全企业的质量管理可从两个角度来理解。

① 从组织管理的角度来看，每个企业都可以划分为上层管理、中层管理和基层管理。"全企业的质量管理"就是要求企业各管理层次都有明确的质量管理活动内容。当然，各层次活动的侧重点不同。上层管理侧重于质量决策，制订出企业的质量方针、质量目标、质量政策和质量计划，并统一组织、协调企业各部门、各环节、各类人员的质量管理活动，保证实现企业经营管理的最终目的；中层管理则要贯彻落实领导层的质量决策，运用一定的方法找到各部门的关键、薄弱环节或必须解决的重要事项，确定出本部门的目标和对策，更好地执行各自的质量职能，并对基层工作进行具体的业务管理；基层管理则要求每个职工都要严格地按标准、按规范进行生产，相互间进行分工合作，互相支持协助，并结合岗位工作，开展群众合理化建议和质量管理小组活动，不断进行作业改善。

② 从质量职能角度来看，产品质量职能是分散在全企业的有关部门中的，要保证和提高产品质量，就必须将分散在企业各部门的质量职能充分发挥出来。

但由于各部门的职责和作用不同，其质量管理的内容也是不一样的。为了有效地进行全面质量管理，就必须加强各部门之间的组织协调，并且为了从组织上、制度上保证企业长期稳定地生产出符合规定要求、满足顾客期望的产品，最终必须要建立起全企业的质量管理体系，使企业的所有研制、维持和改进质量的活动构成为一个有效的整体。建立和健全企业质量管理体系，是全面质量管理深化发展的重要标志。

可见，全企业的质量管理就是要"以质量为中心，领导重视，组织落实，体系完善"。

4) 多方法的质量管理

影响产品质量和服务质量的因素也越来越复杂，既有物质的因素又有人的因素，既有技术的因素又有管理的因素，既有企业内部的因素又有随着现代科学技术的发展，对产品质量和服务质量提出越来越高要求的企业外部的因素。要把这一系列的因素系统地控制起来，全面管好，就必须根据不同情况，区别不同的影响因素，广泛、灵活地运用多种多样的现代化管理办法来解决当前质量问题。

目前，在质量管理中广泛使用的各种方法中，统计方法是重要的组成部分。除此之外，还有很多非统计方法。常用的质量管理方法有所谓的"老七种工具"，具体包括因果图、排列图、直方图、控制图、散布图、分层图、调查表；还有"新七种工具"，具体包括关联图法、KJ法、系统图法、矩阵图法、矩阵数据分析法、PDPC法、矢线图法。除了以上方法外，还有很多方法，尤其是一些新方法近年来得到了广泛的关注，具体包括质量功能展开（QFD）、故障模式和影响分析（FMEA）、头脑风暴法（Brainstorming）、六西格玛法、水平对比法（Benchmarking）、业务流程再造（BPR）等。

总之，为了实现质量目标，必须综合应用各种先进的管理方法和技术手段，必须善于学习和引进国内外先进企业的经验，不断改进本组织的业务流程和工作方法，不断提高组织成员的质量意识和质量技能。多方法的质量管理要求的是"程序科学、方法灵活、实事求是、讲求实效"。

上述"三全一多样"，都是围绕着"有效地利用人力、物力、财力、信息等资源，以最经济的手段生产出顾客满意的产品"这一企业目标,这是我国企业推行全面质量管理的出发点和落脚点,也是全面质量管理的基本要求。坚持质量第一,把顾客的需要放在第一位,树立为顾客服务、对顾客负责的思想,是我国企业推行全面质量管理贯彻始终的指导思想。

2.2.4 全面质量管理的有关原则

ISO 9000 族国际标准是各国质量管理和质量保证经验的总结,是各国质量管理专家智慧的结晶。可以说,ISO 9000 族国际标准是一本很好的质量管理教科书。2015 版 ISO 9000 标准中提出了质量管理的八项原则。这八项原则反映了全面质量管理的基本思想。

(1)以顾客为关注焦点

"组织依存于顾客。因此,组织应当理解顾客当前和未来的需求,满足顾客要求并争取超越顾客期望。"顾客是决定企业生存和发展的重要因素,服务于顾客并满足他们的需要应该成为企业存在的前提和决策的基础。为了赢得顾客,组织必须首先深入了解和掌握顾客当前的和未来的需求,在此基础上才能满足顾客要求并争取超越顾客期望。为了确保企业的经营以顾客为中心,企业必须把顾客要求放在第一位。

(2)领导作用

"领导者确立组织统一的宗旨及方向。他们应当创造并保持使员工能充分参与实现组织目标的内部环境。"企业领导能够将组织的宗旨、方向和内部环境统一起来,并创造使员工能够充分参与实现组织目标的环境,从而带领全体员工一道去实现目标。

(3)全员参与

"各级人员都是组织之本,只有他们的充分参与,才能使他们的才干为组织带来收益。"产品和服务的质量是企业中所有部门和人员工作质量直接或间接的反映。因此,组织的质量管理不仅需要最高管理者的正确领导,更重要的是全员参与。只有他们的充分参与,才能使他们的才干为组织带来更大的收益。为了激发全体员工参与的积极性,管理者应该对职工进行质量意识、职业道德、以顾客为中心的意识和敬业精神的教育,还要通过制度化的方式激发他们的积极性和责任感。在全员参与过程中,团队合作是一种重要的方式,特别是跨部门的团队合作。

(4)过程方法

"将活动和相关的资源作为过程进行管理,可以更高效地得到期望的结果。"质量管理理论认为,任何活动都是通过"过程"实现的。通过分析过程、控制过程和改进过程,就能将影响质量的所有活动和所有环节控制住,确保产品和服务的高质量。因此,在开展质量管理活动时,必须要着眼于过程,要把活动和相关的资源都作为过程进行管理,才可以更高效地得到期望的结果。

(5)管理的系统方法

"将相互关联的过程作为系统加以识别、理解和管理,有助于组织提高实现目标的有效性和效率。"开展质量管理要用系统的思路。这种思路应体现在质量管理工作的方方面面。在建立和实施质量管理体系时尤其如此。一般来说,其系统思路和方法应遵循以下步骤:确定顾客的需求和期望;建立组织的质量方针和目标;确定过程和职责;确定过程有效性的测量方法并用来测定现行过程的有效性;寻找改进机会,确定改进方向;实施改进;监控改进效果和评价结果;评审改进措施和确定后续措施等。

(6)持续改进

"持续改进总体业绩应是组织的一个永恒目标。"质量管理的目标是顾客满意。一方面,顾客需要在不断地提高,因此企业必须要持续改进才能持续获得顾客的支持。另一方面,竞争的加剧使得企业的经营处于一种"逆水行舟,不进则退"的局面,要求企业必须不断改进才能生存。

(7)以事实为基础进行决策

"有效决策建立在数据和信息分析的基础上。"为了防止决策失误,必须要以事实为基础。为此必须要广泛收集信息,用科学的方法处理和分析数据和信息,不能够"凭经验,靠运气"。为了确保信息的充分性,应建立企业内、外部的信息系统。坚持以事实为基础进行决策就是要克服"情况不明决心大,心中无数点子多"的不良决策作风。

(8)与供方互利的关系

"组织与供方是相互依存的,互利的关系可增强双方创造价值的能力。"在目前的经营环境中,企业与企业已经形成了"共生共荣"的企业生态系统。企业之间的合作关系不再是短期的甚至一次性的合作,而是要致力于双方共同发展的长期合作关系。

ISO 9000族标准的八项原则反映了全面质量管理的基本思想和原则,但是全面质量管理的原则还不仅限于此。原因在于,ISO 9000族是世界性的通用标准,它并不能代表质量管理的最高水平。企业在达到 ISO 9000族标准的要求之后,还需进一步发展。这就需要更高的标准和更高的要求来指导企业的工作。在国际范围内享有很高声誉的"美国马尔科姆·波多里奇国家质量奖"(以下简称"波奖")代表了质量管理的世界水平。"波奖"中体现的核心观点也反映了全面质量管理的基本原则和思想,其中很多与 ISO 9000族标准的八项质量管理原则一致。除此之外,作为代表质量管理世界级水平的质量管理标准,"波奖"的核心观点还有一些超越了八项基本原则的范畴,体现了达到世界级质量水平,实现了卓越经营的指导思想。

2.2.5 全面质量管理的实施

根据前述全面质量管理的定义,我们也可以把 TQM 看成是一种系统化、综合化的管理方法或思路,企业要实施全面质量管理,除了注意满足"三全一多样"的要求外,还必须遵循一定的原则并且按照一定的工作程序运作。

1)实施全面质量管理应遵循的原则

(1)领导重视并参与

企业领导应对企业的产品(服务)质量负完全责任,因此,质量决策和质量管理应是企业领导的重要职责。国内外实践已证明,开展全面质量管理,企业领导首先必须在思想上重视,必须首先强化自身的质量意识,必须带头学习、理解全面质量管理,必须亲身参与全面质量管理,必须亲自抓,一抓到底。这样,才能对企业开展全面质量管理形成强有力的支持,促进企业的全面质量管理工作深入扎实、持久地开展下去。

(2) 抓住思想、目标、体系、技术 4 个要领

全面质量管理是一种科学的管理思想。它体现了与现代科学技术和现代生产相适应的现代管理思想。因此,在推行全面质量管理过程中,必须在思想上摆脱旧体制下长期形成的各种固定观念和小生产习惯势力的影响,树立起"质量第一,以提高社会效益和经济效益为中心"的指导思想,树立起市场的观念、竞争的观念、以顾客为中心的观念,以及不断改进质量等其他一系列适应市场经济和知识经济时代的新观念。在此基础上,不断强化质量意识,综合地、系统地不断改进产品和服务的质量,持续满足顾客的要求。

全面质量管理必须围绕一定的质量目标来进行。通过明确的目标,引导企业方方面面的活动,激发企业全体职工的积极性和创造性,进而衡量和监控各方面质量活动的绩效。没有目标的行动是盲目的行动,也很难深入持久,很难取得实效,甚至可能造成内耗和浪费。只有确立明确的质量目标,才有可能针对这个目标综合、系统地推进全面质量管理工作。

企业的质量目标是通过一个健全而有效的体系来实现的。质量管理的核心是质量管理体系的建立和运行。首先,通过建立和运行质量管理体系可以使影响产品和服务质量的所有因素,包括人、财、物、管理等,以及所有环节,涉及企业中所有部门和人员,都处于控制状态,在此基础上,就可以确保质量目标的实现。其次,通过建立和运行质量管理体系,可以使企业所有部门围绕质量目标形成一个网络系统,相互协调地为实现质量目标努力。

全面质量管理是一套能够控制质量,提高质量的管理技术和科学技术。它要求综合、灵活地运用各种有效的管理方法和手段,从而有效地利用企业资源,生产出满足顾客需要的产品。目前,全面质量管理的很多方法和技术都引起了广泛的重视,并且在实践中发挥了重要的作用,包括统计质量控制技术和方法、水平对比法、质量功能展开(QFD)法、六西格玛法等。

(3) 切实做好各项基础工作

如前所述,全面质量管理是全过程的质量管理,是从市场调研一直到售后服务的系统的管理。全面质量管理要切实取得实效,首先必须做好各项基础工作。所谓全面质量管理的基础工作,是指开展全面质量管理的一些前提性、先行性的工作。基础工作搞好了,全面质量管理就能收到事半功倍的效果,就有利于取得成效。反之,基础工作搞得不好,不管表面工作如何有声有色,如同建立在沙洲上的大厦,随时都有坍塌的危险。

(4) 做好各方面的组织协调工作

开展全面质量管理,必须进行组织协调,综合治理。必须明确各部门的质量职能,并建立健全严格的质量责任制。全面质量管理不是哪个部门的事情,也不是哪几个人的事情,而是同产品质量有关的各个工作环节的质量管理的总和。同时,这个总和也不是各个环节活动的简单相加,而是一个围绕着共同目标协调作用的统一体。因此,为了使顾客对产品质量满意,就必须明确各有关部门在质量管理方面的职能并规定其职责,以及围绕一定的质量目标所承担的具体工作任务。如果各部门所各自承担的质量职责没有得到明确的规定,全面质量管理的各项工作就不可能得到有效的执行。

此外,还必须建立一个综合性的质量管理机构,从总体上协调和控制上述各方面的职

能。这一综合性机构的任务,就是要把各方面的活动纳入质量管理体系的框架中,使质量管理体系有效地运转起来,从而以最少的人员摩擦、最小的职能重叠和最少的意见分歧来获得最大的成果。

质量管理体系开始运行之后,还要通过一系列的工作对质量管理体系进行监控,保证使之按照规定的目标持续、稳定地运行。这方面的工作包括质量成本的分析、报告,质量管理体系审核,以及对顾客满意程度的调查等。宏观的质量认证制度、质量监督制度也是促进企业全面质量管理工作的有效手段。

(5) 讲求经济效益,把技术和经济统一起来

提高质量能带来企业和全社会的经济效益。在企业中推行全面质量管理,能够减少整个生产过程及各个工序的无效劳动和材料消耗,降低生产成本,生产出顾客满意的产品,增强企业竞争能力,实现优质、高产、低耗、盈利,提高企业的经济效益,促进企业发展壮大。从宏观的角度讲,这又可以节约资源,减少浪费,增加社会财富,为全社会带来效益。

质量和成本之间到底是什么关系?有的人认为质量越高,成本也越高,因此,质量水平达到顾客可以接受的程度就行了。有的人认为,质量达到一定水平之后,再提高质量就会导致成本的大幅上升,因此,无条件地、不计成本追求"高质量"是不足取的。需要说明的是,目前人们对于这个问题已经逐步达成了共识:质量水平越高,成本越低。正如克劳斯比所说的:"生产有质量问题的产品本身才是最昂贵的"。因此,我们必须正确认识质量和成本之间的关系,通过系统分析顾客的需求,采用科学的工作方法,在不断满足顾客要求和市场需要的情况下,获得企业的持续发展。

2) 实施全面质量管理的五步法

在具体实施全面质量管理时,可遵循五步法。这五步分别是决策、准备、开始、扩展和综合。

(1) 决策

这是一个决定"做还是不做"的决策过程。对于很多企业来说,由于存在各种各样的驱动力,因此他们有实施全面质量管理的愿望。常见的动因有:企业有成为世界级企业的远景构想;企业希望能够保持领导地位和满足顾客需求;企业面临不利的局面,如顾客不满意、丧失了市场份额、竞争的压力、成本的压力等。全面质量管理的实施能够帮助企业摆脱困境,解决问题,因此全面质量管理(TQM)越来越受到企业的关注。当然,为了能够作出正确的决策,企业的高层领导者必须全面评估企业的质量状况,了解所有可能的解决问题的方案,在此基础上决策是否实施全面质量管理。

(2) 准备

一旦作出决策后,企业就应该开始准备。第一,高层管理者需要学习和研究全面质量管理,对于质量和质量管理形成正确的认识;第二,建立组织,具体包括组成质量委员会、任命质量主管和成员、培训选中的管理者;第三,确立远景构想和质量目标,并制订为实现质量目标所必需的长期计划和短期计划;第四,选择合适的项目,成立团队,准备作为试点开始实施全面质量管理。

(3)开始

这是具体的实施阶段。在这一阶段,需要进行项目的试点,在试点中逐渐总结经验教训。根据试点中总结的经验,着手评估试点单位的质量状况,主要从4个方面进行:顾客忠诚度、不良质量成本、质量管理体系以及质量文化。在评价的基础上发现问题和改进机会,然后进行有针对性的改进,包括人力资源、信息等。

(4)扩展

在试点取得成功的情况下,企业就可以向所有部门和团队扩展。首先,每个重要的部门和领域都应设立质量委员会、确定改进项目并建立相应的过程团队。其次,还要对团队运作情况进行评估。为了确保团队工作的效果,应对团队成员进行培训,还要为团队建设以及团队运作等方面提供指导。最后,管理层还需要对每个团队的工作情况进行全面的测评,从而确认所取得的效果。扩展过程需要一定的时间,这项活动的顺利进行,有赖于高层领导强有力的领导和全员的参与。

(5)综合

在经过试点和扩展之后,企业就基本具备了实施全面质量管理的能力。为此,需要对整个质量管理体系进行综合。这通常需要从目标、人员、关键业务流程以及评审和审核这4个方面进行整合和规划。

①目标。企业需要建立各个层次的完整的目标体系,包括战略(这是实现目标的总体现)、部门的目标、跨职能团队的目标以及个人的目标。

②人员。企业应该对于所有的人员进行培训,并且授权给他们让其进行自我控制和自我管理,同时要鼓励团队协作。

③关键业务流程。企业需要明确主要的成功因素,在成功因素的基础上确定关键业务流程。通常来讲,每个企业都有4~5个关键业务流程,这些流程往往会涉及几个部门。为了确保这些流程的顺畅运作和不断完善,应该建立团队负责每个关键业务流程,并且要指派负责人。团队运作的情况也应该进行测评。

④评审和审核。除了对团队和流程的运作情况进行测评外,企业还需对整个组织的质量管理状况进行定期的审核,从而明确企业在市场竞争中的地位,及时发现问题,寻找改进机会。在评审时通常要关注4个方面:市场地位、不良质量成本、质量管理体系和质量文化。

项目2.3 质量保证体系的建立

2.3.1 质量管理组织机构

建筑工程项目一般建立了公司总部宏观控制,项目经理领导,项目总工程师策划、实施,现场经理和安装经理中间控制,专业责任工程师检查的管理系统,形成从项目经理部到各分承包方、各专业化公司和作业班组的质量管理网络,如图2.7所示。

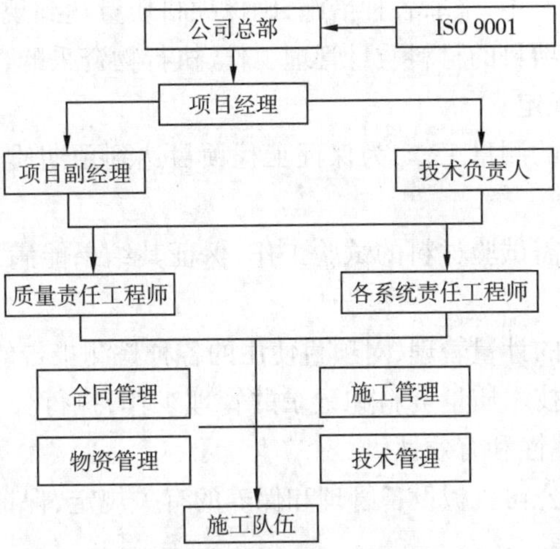

```
        公司总部 ← ISO 9001
           ↓
         项目经理
        ↙      ↘
   项目副经理    技术负责人
       ↓           ↓
  质量责任工程师  各系统责任工程师
       
   合同管理      施工管理
   物资管理      技术管理
           ↓
        施工队伍
```

图 2.7　质量管理体系框架图

对各个目标进行分解,以加强施工过程中的质量控制,确保分部、分项工程优良率、合格率的目标,从而顺利实现工程的质量目标。以先进的技术,程序化、规范化、标准化的管理,严谨的工作作风,精心组织和施工,以 ISO 9001 质量标准体系为管理依托,按照《建筑工程施工质量验收统一标准》(GB 50300)进行达标验收。

2.3.2　施工项目质量管理人员职责

建立健全技术质量责任制,把质量管理全过程中的每项具体任务落实到每个管理部门和员工,使质量工作"事事有人管,人人有岗位,办事有标准",工作有考核,形成一个完整的质量保证体系,保证工程质量达到预期目标。

工程项目部现场质量管理班子由项目部经理(副经理)、项目总工程师、施工员、技术员、质量员、材料员、测量员、试验员、计量员、资料员、机械管理员等组成,现场质量管理班子主要管理人员职责如下:

①项目经理:项目经理受企业法人委托,全面负责履行施工合同,是项目质量的第一负责人。负责组织项目管理部全体人员,保证企业质量体系在本项目中的有效运行;协调各项质量活动;组织项目质量计划的编制,确保质量体系进行资源的落实;保证项目质量达到企业规定的目标。

②项目总工程师:全面负责项目技术工作,组织图样会审,组织编制施工组织设计,审定现场质量、安全措施,以及对设计变更等的交底工作。

③施工员:落实项目经理布置的质量职能,有效地对施工过程的质量进行控制,按公司质量文件的有关规定来组织指挥生产。

④技术员:协助项目经理进行项目质量管理,参加质量计划和施工组织设计的编制,做好设计变更和技术核定工作,负责技术复核工作,解决施工中出现的技术问题,负责隐蔽工程验收的自检和申请工作等;督促施工员、质量员及时做好自检和复检工作,负责工程质量资料的积累和汇总工作。

⑤质量员:组织各项质量活动,参与施工过程的质量管理工作,在授权范围内对产品进

行检验,控制不合格品的产生;采取各种措施,确保项目质量达到规定的要求。

⑥材料员:负责落实项目的材料质量管理工作,执行物资采购,顾客提供产品、物资的检验和试验等文件的有关规定。

⑦测量员:负责项目的测量工作,为保证工程项目达到预期质量目标,提供有效的服务和积累相关的资料。

⑧试验员:负责项目需试验材料的试验工作,保证其结果能满足工程质量管理的需要,并积累相关的资料。

⑨计量员:负责项目的计量管理,对项目使用的各种检测报告的有效性进行控制。

⑩资料员:负责项目技术质量资料和记录的管理工作,执行公司有关文件的规定,保证项目技术质量资料的完整性和有效性。

⑪机械管理员:执行公司机械设备管理和保养的有关规定,保证施工项目使用合格的机械设备,以满足生产的需要。

单元小结

通过本单元的学习,学生应了解 ISO 质量保证体系认证的程序、要求、方法,掌握全面质量管理的概念、全面质量管理 PDCA 循环、全面质量管理的基本要求、全面质量管理的有关原则、全面质量管理的实施,熟悉质量保证体系组织机构建立的方式。

单元训练

1. 质量管理、质量控制、质量保证有何区别与联系?
2. 质量认证的基本形式有哪些?
3. ISO 质量管理体系如何建立与实施?
4. 什么叫全面质量管理?
5. 简述全面质量管理 PDCA 循环。
6. 全面质量管理的基本要求有哪些?
7. 简述全面质量管理的八项原则。
8. 全面质量管理如何实施?
9. 施工企业如何建立质量管理组织机构?
10. 施工企业各层次质量管理人员的职责分别有哪些?

单元 3
施工项目质量控制的方法和手段

项目 3.1　施工项目质量控制内容

3.1.1　施工质量控制过程与依据

1) 施工质量控制的系统过程

施工质量控制的系统过程如图 3.1 所示。

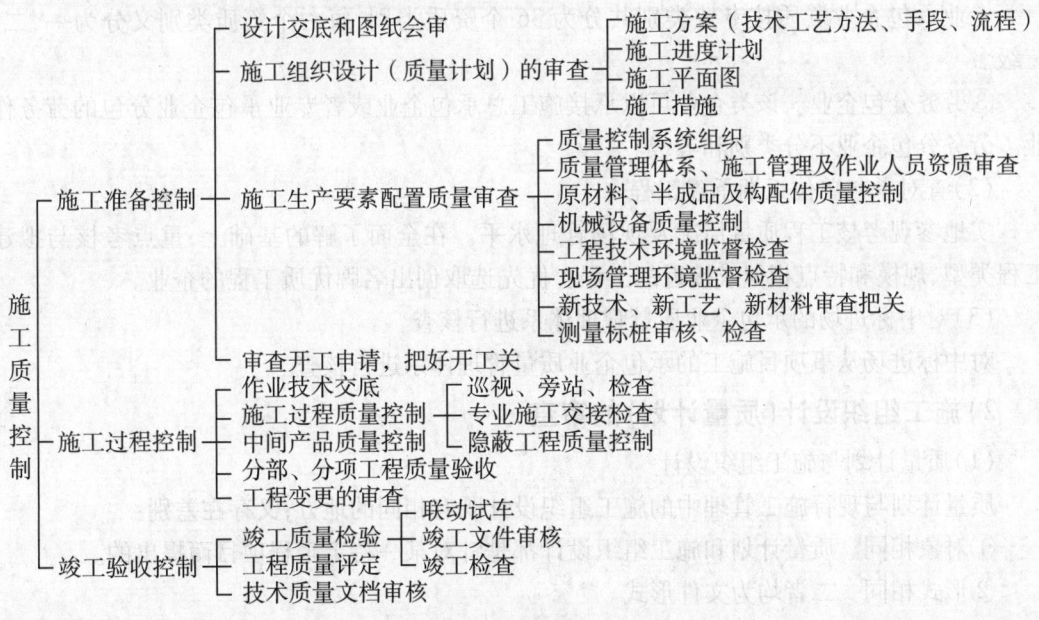

图 3.1　施工质量控制的系统过程

2) 施工质量控制的依据

概括地说,施工质量控制的技术法规性的依据主要有以下4类:

①工程项目施工质量验收标准:包括《建筑工程施工质量验收统一标准》(GB 50300)以及其他行业工程项目的质量验收标准。

②有关工程材料、半成品和构配件质量控制方面的专门技术法规性依据。

③控制施工作业活动质量的技术规程,例如,电焊操作规程、砌砖操作规程、混凝土施工操作规程等。

④凡采用新工艺、新技术、新材料的工程,事先应进行试验,并应有权威性技术部门的技术鉴定书及有关的质量数据、指标,在此基础上制定有关的质量标准和施工工艺规程,以此作为判断与控制质量的依据。

3.1.2 施工准备的质量控制

1) 施工承包单位资质的核查

(1) 施工承包单位资质的分类

施工企业按照其承包工程能力,划分为施工总承包、专业承包和劳务分包3个序列。

①施工总承包企业。该类企业可以对工程实行施工总承包或者对主体工程实行施工承包,施工总承包企业可以将承包的工程全部自行施工,也可将非主体工程或者劳务作业分包给具有相应专业承包资质或者劳务分包资质的其他建筑企业。施工总承包企业的资质按专业类别共分为12个资质类别,每一个资质类别又分成特级、一、二、三级。

②专业承包企业。该类企业可以承接施工总承包企业分包的专业工程或者建设单位按照规定发包的专业工程。专业承包企业可以对所承接的工程全部自行施工,也可将劳务作业分包给具有相应劳务分包资质的劳务分包企业。

专业承包企业资质按专业类别共分为36个资质类别,每一个资质类别又分为一、二、三级。

③劳务分包企业。该类企业可以承接施工总承包企业或者专业承包企业分包的劳务作业。劳务分包企业不分类别和等级。

(2) 查对承包单位近期承建工程

实地参观考核工程质量情况及现场管理水平。在全面了解的基础上,重点考核与拟建工程类型、规模和特点相似或接近的工程。优先选取创出名牌优质工程的企业。

(3) 对中标进场的承包企业质量管理体系进行核查

对中标进场从事项目施工的承包企业质量管理体系进行核查。

2) 施工组织设计(质量计划)的审查

(1) 质量计划与施工组织设计

质量计划与现行施工管理中的施工组织设计既有相同的地方,又存在差别:

①对象相同。质量计划和施工组织设计都是针对某一特定工程项目而提出的。

②形式相同。二者均为文件形式。

③作用既相同又存在区别。投标时,投标单位向建设单位提供的施工组织设计或质量

计划的作用是相同的,都是对建设单位作出工程项目质量管理的承诺;施工期间承包单位编制的详细的施工组织设计仅供内部使用,用于具体指导工程项目的施工,而质量计划的主要作用是向建设单位作出保证。

④编制的原理不同。质量计划的编制是以质量管理标准为基础,从质量职能上对影响工程质量的各环节进行控制;而施工组织设计则是从施工部署的角度,着重于技术质量形成规律来编制全面施工管理的计划文件。

⑤内容上各有侧重点。质量计划的内容按其功能包括质量目标、组织结构和人员培训、采购、过程质量控制的手段和方法;而施工组织设计是建立在对这些手段和方法结合工程特点具体而灵活运用的基础上。

(2)施工组织设计的审查程序

①在工程项目开工前约定的时间内,承包单位必须完成施工组织设计的编制及内部自审批准工作,填写"施工组织设计(方案)报审表"报送项目监理机构。

②总监理工程师在约定的时间内,组织专业监理工程师审查,提出意见后,由总监理工程师审核签认。需要承包单位修改时,由总监理工程师签发书面意见,退回承包单位修改后再报审,总监理工程师重新审查。

③已审定的施工组织设计由项目监理机构报送建设单位。

④承包单位应按审定的施工组织设计文件组织施工。如需对其内容作较大的变更,应在实施前将变更内容书面报送项目监理机构审核。

⑤规模大、结构复杂或属新结构、特种结构的工程,项目监理机构对施工组织设计审查后,还应报送监理单位技术负责人审查,提出审查意见后由总监理工程师签发,必要时与建设单位协商,组织有关专业部门和有关专家会审。

⑥规模大、工艺复杂的工程,群体工程或分期出图的工程,经建设单位批准可分阶段报审施工组织设计;技术复杂或采用新技术的分项、分部工程,承包单位还应编制该分项、分部工程的施工方案,报项目监理机构审查。

(3)审查施工组织设计时应掌握的原则

①施工组织设计的编制、审查和批准应符合规定的程序。

②施工组织设计应符合国家的技术政策,充分考虑承包合同规定的条件、施工现场条件及法规条件的要求,突出"质量第一、安全第一"的原则。

③施工组织设计的针对性:承包单位是否了解并掌握本工程的特点及难点,施工条件是否分析充分。

④施工组织设计的可操作性:承包单位是否有能力执行并保证工期和质量目标;该施工组织设计是否切实可行。

⑤技术方案的先进性:施工组织设计采用的技术方案和措施是否先进适用,技术是否成熟。

⑥质量管理和技术管理体系,质量保证措施是否健全且切实可行。

⑦安全、环保、消防和文明施工措施是否切实可行并符合有关规定。

⑧在满足合同和法规要求的前提下,对施工组织设计的审查,应尊重承包单位的自主技术决策和管理决策。

3）现场施工准备的质量控制

监理工程师现场施工准备的质量控制共包括工程定位及标高基准控制、施工平面布置的控制、材料构配件采购订货的控制、施工机械配置的控制、分包单位资格的审核确认、设计交底与施工图纸的现场核对等工作。

（1）工程定位及标高基准控制

工程施工测量放线是建设工程产品由设计转化为实物的第一步。监理工程师应将其作为保证工程质量的一项重要的内容，在监理工作中，应由测量专业监理工程师负责工程测量的复核控制工作。

（2）施工平面布置的控制

监理工程师要检查施工现场总体布置是否合理，是否有利于保证施工的正常、顺利进行，是否有利于保证质量等。

（3）材料构配件采购订货的控制

凡由承包单位负责采购的原材料、半成品或构配件，在采购订货前应向监理工程师申报；对于重要的材料，还应提交样品，供试验或鉴定，有些材料则要求供货单位提交理化试验单（如预应力钢筋的硫、磷含量等），经监理工程师审查认可后，方可进行订货采购。

对于半成品和构配件的采购、订货，监理工程师应提出明确的质量要求、质量检测项目及标准；出厂合格证或产品说明书等质量文件的要求，以及是否需要权威性的质量认证等。

（4）施工机械配置的控制

①施工机械设备的选择。除应考虑施工机械的技术性能、工作效率、工作质量，可靠性及维修难易、能源消耗，以及安全、灵活等方面对施工质量的影响与保证外，还应考虑其数量配置对施工质量的影响与保证条件。

②审查施工机械设备的数量是否足够。

③审查所需的施工机械设备，是否按已批准的计划备妥；所准备的机械设备是否与监理工程师审查认可的施工组织设计或施工计划中所列相一致；所准备的施工机械设备是否都处于完好的可用状态等。

（5）分包单位资质的审核确认

①分包单位提交"分包单位资质报审表"。总承包单位选定分包单位后，应向监理工程师提交"分包单位资质报审表"。

②监理工程师审查总承包单位提交的"分包单位资质报审表"。

③对分包单位进行调查，调查的目的是核实总承包单位申报的分包单位情况是否属实。

（6）设计交底与施工图纸的现场核对

施工图是工程施工的直接依据，为了使施工承包单位充分了解工程特点、设计要求，减少图纸的差错，确保工程质量，减少工程变更，监理工程师应要求施工承包单位做好施工图的现场核对工作。

施工图纸现场核对主要包括以下 8 个方面：

①施工图纸合法性的认定：施工图纸是否经设计单位正式签署，是否按规定经有关部门审核批准，是否得到建设单位的同意。

②图纸与说明书是否齐全，如分期出图，图纸供应是否满足需要。

③地下构筑物、障碍物、管线是否探明并标注清楚。
④图纸中有无遗漏、差错或相互矛盾之处(如漏画螺栓孔、漏列钢筋明细表、尺寸标注有错误等)。图纸的表示方法是否清楚和符合标准等。
⑤地质及水文地质等基础资料是否充分、可靠,地形、地貌与现场实际情况是否相符。
⑥所需材料的来源有无保证,能否替代;新材料、新技术的采用有无问题。
⑦所提出的施工工艺、方法是否合理,是否切合实际,是否存在不便于施工之处,能否保证质量要求。
⑧施工图或说明书中所涉及的各种标准、图册、规范、规程等,承包单位是否具备。对于存在的问题,要求承包单位以书面形式提出,在设计单位以书面形式进行解释或确认后,方能进行施工。

3.1.3 施工过程质量控制

1)作业技术准备状态的控制

所谓作业技术准备状态,是指在正式开展作业技术活动前,各项施工准备是否按预先计划的安排落实到位的状况。

(1)质量控制点的设置

质量控制点是指为了保证作业过程质量而确定的重点控制对象、关键部位或薄弱环节。设置质量控制点是保证达到施工质量要求的必要前提。具体做法是承包单位事先分析可能造成质量问题的原因,针对原因制定对策,列出质量控制点明细表,提交监理工程师审查批准后,实施质量预控。

(2)选择质量控制点的一般原则

①施工过程中的关键工序或环节以及隐蔽工程,如预应力结构的张拉工序、钢筋混凝土结构中的钢筋架立。
②施工中的薄弱环节,或质量不稳定的工序、部位或对象,如地下防水层施工。
③对后续工程施工或对后续工程质量或安全有重大影响的工序、部位或对象,如预应力结构中的预应力钢筋质量、模板的支撑与固定等。
④采用新技术、新工艺、新材料的部位或环节。
⑤施工过程中无足够把握的、施工条件困难的或技术难度大的工序或环节,如复杂曲线模板的放样等。

某工序或环节是否设置为质量控制点,主要是视其对质量特性影响的大小、危害程度以及其质量保证的难度大小而定。

2)作业技术交底的控制

作业技术交底是施工组织设计或施工方案的具体化。项目经理部中主管技术人员编制技术交底书,需经项目总工程师批准。

技术交底的内容:施工方法、质量要求和验收标准,施工过程中需注意的问题,可能出现意外的措施及应急方案。

交底中要明确的问题:做什么、谁来做、如何做、作业标准和要求、什么时间完成等。

关键部位,或技术难度大、施工复杂的检验批,分项工程施工前,承包单位的技术交底书(作业指导书)要报监理工程师。经监理工程师审查后,如技术交底书不能保证作业活动的质量要求,承包单位要进行修改补充。没有做好技术交底的工序或分项工程,不得进入正式实施环节。

(1)进场材料构配件的质量控制

运到施工现场的原材料、半成品或构配件,进场前应向项目监理机构提交的文件:

①工程材料/构配件/设备报审表;

②附有产品出厂合格证及技术说明书;

③由施工承包单位按规定要求进行检验或试验报告。

经监理工程师审查并确认其质量合格后,方准进场。

凡是没有产品出厂合格证明及检验不合格者,不得进场。

如果监理工程师认为承包单位提交的有关产品合格证明的文件以及施工承包单位提交的检验和试验报告,仍不足以说明到场产品的质量符合要求时,监理工程师可以再行组织复检或见证取样试验,确认其质量合格后方允许进场。

(2)环境状态的控制

①施工作业环境的控制。作业环境条件包括水、电或动力供应,施工照明、安全防护设备,施工场地空间条件和通道以及交通运输和道路条件等。

监理工程师应事先检查承包单位是否已做好安排和准备妥当;当确认其准备可靠、有效后,方准许其进行施工。

②施工质量管理环境的控制。施工质量管理环境主要是指:

a.施工承包单位的质量管理体系和质量控制自检系统是否处于良好的状态;

b.系统的组织结构、管理制度、检测制度、检测标准、人员配备等方面是否完善和明确;

c.质量责任制是否落实。

监理工程师做好承包单位施工质量管理环境的检查,并督促其落实,是保证作业效果的重要前提。

③现场自然环境条件的控制。

(3)进场施工机械设备性能及工作状态的控制

①进场检查。进场前施工单位报送进场设备清单。清单包括机械设备规格、数量、技术性能、设备状况、进场时间。

进场后监理工程师进行现场核对:是否和施工组织设计中所列的内容相符。

②工作状态的检查。审查机械使用、保养记录,检查工作状态。

③特殊设备安全运行的审核。对于现场使用的塔吊及有关特殊安全要求的设备,进入现场后在使用前,必须经当地劳动安全部门鉴定,符合要求并办好相关手续后方允许承包单位投入使用。

④大型临时设备的检查。设备使用前,承包单位必须取得本单位上级安全主管部门的审查批准,办好相关手续后,监理工程师方可批准投入使用。

(4)施工测量及计量器具性能、精度的控制

①试验室。承包单位应建立试验室;不能建立时,应委托有资质的专门试验室进行试

验。新建的试验室,要经计量部门认证,取得资质;如是中心试验室派出部分,应有委托书。

②监理工程师对试验室的检查:

a. 工程作业开始前,承包单位应向监理机构报送试验室(或外委试验室)的资质证明文件,列出本试验室所开展的试验、检测项目、主要仪器、设备;法定计量部门对计量器具的标定证明文件;试验检测人员上岗资质证明;试验室管理制度等。

b. 监理工程师的实地检查。监理工程师应检查试验室资质证明文件、试验设备、检测仪器能否满足工程质量检查要求,是否处于良好的可用状态;精度是否符合需要;法定计量部门标定资料,合格证、率定表,是否在标定的有效期内;试验室管理制度是否齐全,是否符合实际;试验、检测人员的上岗资质等。经检查,确认能满足工程质量检验要求,则予以批准,同意使用,否则,承包单位应进一步完善、补充,在没得到监理工程师同意之前,试验室不得使用。

c. 工地测量仪器的检查。施工测量开始前,承包单位应向项目监理机构提交测量仪器的型号、技术指标、精度等级、法定计量部门的标定证明,测量工的上岗证明,监理工程师审核确认后,方可进行正式测量作业。在作业过程中,监理工程师也应经常检查了解计量仪器和测量设备的性能、精度状况,使其处于良好的状态之中。

(5)施工现场劳动组织及作业人员上岗资格的控制

①现场劳动组织的控制。劳动组织涉及从事作业活动的操作者及管理者,以及相应的各种管理制度。

a. 操作人员:主要技术工人必须持有相关职业资格证书。

b. 管理人员到位:作业活动的直接负责人(包括技术负责人),专职质检人员,安全员,与作业活动有关的测量人员、材料员、试验员必须在岗。

c. 相关制度要健全。

②作业人员上岗资格。从事特殊作业的人员(如电焊工、电工、起重工、架子工、爆破工),必须持证上岗。对此监理工程师要进行检查与核实。

3)作业技术活动运行过程的控制

保证作业活动的效果与质量是施工过程质量控制的基础。

(1)承包单位自检与专检工作的监控

①承包单位的自检系统。

承包单位的自检系统表现在以下3点:

a. 作业者—自检;

b. 不同工序交接、转换—交接检查;

c. 专职质检员—专检。

承包单位的自检系统的保证措施:

a. 承包单位必须有整套的制度及工作程序;

b. 具有相应的试验设备及检测仪器;

c. 配备数量满足需要的专职质检人员及试验检测人员。

②监理工程师的检查。监理工程师的质量监督与控制就是使承包单位建立起完善的质量自检体系并运转有效,对承包单位作业活动质量进行复核与确认。

(2)技术复核工作监控

凡涉及施工作业技术活动基准和依据的技术工作,都应严格进行专人负责的复核性检查。技术复核是承包单位应该履行的技术工作责任,其复核结果应报送监理工程师复验确认后,才能进行后续相关的施工。

(3)见证取样送检工作的监控

①见证取样的工作程序:

a.施工开始前,项目监理机构要督促承包单位尽快落实见证取样的送检试验室。对于承包单位提出的试验室,监理工程师要进行实地考察。试验室一般是和承包单位没有行政隶属关系的第三方。

b.项目监理机构要让选定的试验室到负责本项目的质量监督机构备案并得到认可。要让项目监理机构中负责见证取样的监理工程师在该质量监督机构备案。

c.承包单位实施见证取样前,通知见证取样的监理工程师,在该监理工程师现场监督下,承包单位完成取样过程。

d.完成取样后,承包单位将送检样品装入木箱,由监理工程师加封。不能装入箱中的试件,如钢筋样品、钢筋接头,则贴上专用加封标志,然后送往试验室。

②实施见证取样的要求:

a.见证试验室要具有相应的资质并进行备案、认可。

b.负责见证取样的监理工程师要具有材料、试验等方面的专业知识,且要取得从事监理工作的上岗资格(一般由专业监理工程师负责从事此项工作)。

c.承包单位从事取样的人员一般应是试验室人员,或专职质检人员担任。

d.送往见证试验室的样品,要填写"送验单",送验单要盖有"见证取样"专用章,并有见证取样监理工程师的签字。

e.试验室出具的报告一式两份,分别由承包单位和项目监理机构保存,并作为归档材料,是工序产品的质量评定的重要依据。

f.见证取样的频率,国家或地方主管部门有规定的,执行相关规定;施工承包合同中如有明确规定的,执行施工承包合同的规定。见证取样的频率和数量,包括在承包单位自检范围内,一般所占比例为30%。

g.见证取样的试验费用按合同要求支付。

h.实行见证取样,绝不代替承包单位应对材料、构配件进场时必须进行的自检。自检频率和数量要按相关规范要求执行。

(4)工程变更的监控

工程变更的要求可能来自建设单位、设计单位或施工承包单位。为确保工程质量,不同情况下,工程变更的实施,设计图纸的澄清、修改,具有不同的工作程序。

①施工承包单位的要求及处理:在施工过程中承包单位提出的工程变更要求是要求做某些技术修改或要求做设计变更。

a.对技术修改要求的处理。技术修改是在不改变原设计图纸和技术文件的原则前提下,提出的对设计图纸和技术文件的某些技术上的修改要求,例如,对某种规格的钢筋采用替代规格的钢筋、对基坑开挖边坡的修改等。

承包单位向项目监理机构提交"工程变更单",在该表中应说明要求修改的内容及原因或理由,并附图和有关文件。

技术修改问题一般由专业监理工程师组织承包单位和现场设计代表参加,经各方同意后签字并形成纪要,作为工程变更单附件,经总监批准后实施。

b. 工程变更的要求。工程变更是施工期间,对于设计单位在设计图纸和设计文件中所表达的设计标准状态的改变和修改。

首先,承包单位应就要求变更的问题填写"工程变更单",送交项目监理机构。总监理工程师根据承包单位的申请,经与设计、建设、承包单位研究并作出变更的决定后,签发"工程变更单",并应附有设计单位提出的变更设计图纸。承包单位签收后按变更后的图纸施工。

这种变更一般会涉及设计单位重新出图的问题。如果变更涉及结构主体及安全,该工程变更还要按有关规定报送施工图原审查单位进行审批,否则变更不能实施。

②设计单位提出变更的处理。

a. 设计单位首先将"设计变更通知"及有关附件报送建设单位。

b. 建设单位会同监理、施工承包单位对设计单位提交的"设计变更通知"进行研究,必要时设计单位尚需提供进一步的资料,以便对变更作出决定。

c. 总监理工程师签发"工程变更单",并将设计单位发出的"设计变更通知"作为该"工程变更单"的附件,施工承包单位按新的变更图实施。

③建设单位(监理工程师)要求变更的处理。

a. 建设单位(监理工程师)将变更的要求通知设计单位,如果在要求中包括有相应的方案或建议,则应一并报送设计单位;否则,变更要求由设计单位研究解决。在提供审查的变更要求中,应列出所有受该变更影响的图纸、文件清单。

b. 设计单位对"工程变更单"进行研究。

c. 根据建设单位的授权监理工程师研究设计单位所提交的建议设计变更方案或其对变更要求所附方案的意见,必要时会同有关的承包单位和设计单位一起进行研究,也可进一步提供资料,以便对变更作出决定。

d. 建设单位作出变更的决定后由总监理工程师签发《工程变更单》,指示承包单位按变更的决定组织施工。

需注意的是,在工程施工过程中,无论是建设单位还是施工及设计单位提出的工程变更或图纸修改,都应通过监理工程师审查并经有关方面研究,确认其必要性后,由总监理工程师发布变更指令方能生效予以实施。

(5)见证点的实施控制

见证点是国际上对于重要程度不同及监督控制要求不同的质量控制点的一种区分方式。它实际上是质量控制点,只是由于它的重要性或其质量后果影响程度不同于一般质量控制点,因此在实施监督控制的运作程序和监督要求上与一般质量控制点有区别。

(6)级配管理质量监控

建设工程中,由于不同原材料的级配,配合及拌制后的产品对最终工程质量有重要的影响。因此,监理工程师要做好相关的质量控制工作。

①拌和原材料的质量控制。

②现场作业的质量控制。
a. 拌和设备状态及相关拌和料计量装置,称重衡器的检查。
b. 投入使用的原材料的现场检查。
c. 现场作业实际配合比是否符合理论配合比。
d. 在现场实际投料拌制时,应做好看板管理。
e. 对现场所做的调整应按技术复核的要求和程序执行。
③材料配合比的审查。根据设计要求,承包单位首先进行理论配合比设计,进行试配试验后,确认2~3个能满足要求的理论配合比提交监理工程师审查。
监理工程师经审查并确认其符合设计及相关规范的要求后,予以批准。

(7)计量工作质量监控
①施工过程中使用的计量仪器,检测设备、称重衡器的质量控制。
②从事计量作业人员技术水平资格的审核,尤其是现场从事施工测量的测量工,从事试验、检测的试验工。
③现场计量操作的质量控制。作业者的实际作业质量直接影响作业效果,计量作业现场的质量控制主要是检查其操作方法是否得当。

(8)质量记录资料的监控
①施工现场质量管理检查记录资料:现场管理制度、上岗证、图纸审查记录、施工方案。
②工程材料质量记录:进场材料质量证明资料、试验检验报告、各种合格证。
③施工过程作业活动质量记录资料:质量自检资料、验收资料、各工序作业的原始施工记录。

(9)工地例会的管理
①规范工地例会纪要。工地例会纪要是过去一周工程建设的集体检讨和全面总结,对在建工程具有指导意义,必须做到规范到位,及时整理。
②做好过程管理。监理单位及驻项目各专业人员在日常监理过程中,应把例会纪要所提出的施工、材料供应、投资控制以及各工种、各专业之间的协调问题作为监理的一项具体工作内容,并对各种问题的解决情况作监理记录,并在下次的例会上对上述问题的解决情况进行汇报。
③严格落实例会内容。总监理工程师或工地总监代表应督促各施工单位在工程建设中严格遵守工程例会对工程建设中发生的问题所做出的结论处理,并要求施工人员于下次例会上,汇报上次例会纪要中有关问题及处理情况和有关结论的落实情况。

(10)停、复工令的实施
①工程暂停指令的下达:
a. 施工作业活动存在重大隐患,可能造成质量事故或已经造成质量事故。
b. 承包单位未经许可擅自施工或拒绝项目监理机构管理。
c. 在出现下列情况时,总监理工程师有权行使质量控制权,下达停工令,及时进行质量控制。
• 施工中出现质量异常情况,经提出后,承包单位未采取有效措施,或措施不力未能扭转异常情况者。

- 隐蔽作业未经依法查验确认合格,而擅自封闭者。
- 已发生质量问题迟迟未按监理工程师要求进行处理,或者是已发生质量缺陷或问题,如不停工则质量缺陷或问题将继续发展的情况下。
- 未经监理工程师审查同意,而擅自变更设计或修改图纸进行施工者。
- 未经技术资质审查的人员或不合格人员进入现场施工。
- 使用的原材料、构配件不合格或未经检查确认者;或擅自采用未经审查认可的代用材料者。
- 擅自使用未经项目监理机构审查认可的分包单位进场施工。

总监理工程师在签发工程暂停令时,应根据停工原因的影响范围和影响程度,确定工程项目停工范围。

②恢复施工指令的下达。承包单位经过整改具备恢复施工条件时,承包单位向项目监理机构报送复工申请及有关材料,证明造成停工的原因已消失。经监理工程师现场复查,认为已符合继续施工的条件,造成停工的原因确已消失,总监理工程师应及时签署工程复工报审表,指令承包单位继续施工。

③总监下达停工令及复工指令,宜事先向建设单位报告。

4)作业技术活动结果的控制

(1)作业技术活动结果的控制内容

作业技术活动结果的控制是施工过程中间产品及最终产品质量控制的方式,只有作业活动的中间产品质量都符合要求,才能保证最终单位工程产品的质量,主要内容有:

①基槽(基坑)验收。

②隐蔽工程验收。

③工序交接验收。

④检验批、分项、分部工程的验收。

⑤联动试车或设备的试运转。

⑥单位工程或整个工程项目的竣工验收。

⑦不合格的处理。

a. 上道工序不合格—不准进入下道工序施工。

b. 不合格的材料、构配件、半成品—不准进入施工现场且不允许使用;已进场的不合格品应及时做出标识、记录,指定专人看管,避免用错,并限期清除出现场。

c. 不合格的工序或工程产品—不予计价。

(2)作业技术活动结果检验程序

作业技术活动结果检验程序是:施工承包单位竣工自检—《工程竣工报验单》—总监理工程师组织专业监理工程师—竣工初验—初验合格后,报建设单位—建设单位组织正式验收。

项目3.2 施工项目质量控制方法

施工项目质量控制的方法,主要是审核有关技术文件、报告,进行现场质量检验或必要的试验、质量控制统计法等。

3.2.1 审核有关技术文件、报告或报表

对技术文件、报告、报表的审核,是项目经理对工程质量进行全面控制的重要手段,其具体内容包括以下方面:
①审核有关技术资质证明文件;
②审核开工报告,并经现场核实;
③审核施工方案、施工组织设计和技术措施;
④审核有关材料、半成品的质量检验报告;
⑤审核反映工序质量动态的统计资料或控制图表;
⑥审核设计变更、修改图纸和技术核定书;
⑦审核有关质量问题的处理报告;
⑧审核有关应用新工艺、新材料、新技术、新结构的技术鉴定书;
⑨审核有关工序交接检查,分项、分部工程质量检查报告;
⑩审核并签署现场有关技术签证、文件等。

3.2.2 现场质量检验

1)现场质量检验的内容

(1)开工前检查
目的是检查是否具备开工条件,开工后能否连续正常施工,能否保证工程质量。

(2)工序交接检查
对重要的工序或对工程质量有重大影响的工序,在自检、互检的基础上,还要组织专职人员进行工序交接检查。

(3)隐蔽工程检查
凡是隐蔽工程,均应检查认证后方能掩盖。

(4)停工后复工前的检查
因处理质量问题或某种原因停工后需复工时,也应经检查认可后方能复工。

(5)分项、分部工程的检查
完工后,应经检查认可,签署验收记录后,才能进行下一工程项目施工。

(6)成品保护检查
检查成品有无保护措施,或保护措施是否可靠。
此外,负责质量工作的领导和工作人员还应经常深入现场,对施工操作质量进行巡视检查;必要时,还应进行跟班或追踪检查。

2)现场质量检验工作的作用

(1)质量检验工作
质量检验就是根据一定的质量标准,借助一定的检测手段来评价工程产品、材料或设备等的性能特征或质量状况的工作。

质量检验工作在检验每种质量特征时,一般包括以下工作:
① 明确某种质量特性的标准;
② 量度工程产品或材料的质量特征数值或状况;
③ 记录与整理有关的检验数据;
④ 将量度的结果与标准进行比较;
⑤ 对质量进行判断与估价;
⑥ 对符合质量要求的作出安排;
⑦ 对不符合质量要求的进行处理。

(2) 质量检验的作用

要保证和提高施工质量,质量检验是必不可少的手段。概括起来,质量检验的主要作用如下:

① 它是质量保证与质量控制的重要手段。为了保证工程质量,在质量控制中,需要将工程产品或材料、半成品等的实际质量状况(质量特性等)与规定的某一标准进行比较,以便判断其质量状况是否符合要求的标准,这就需要通过质量检验手段来检测实际情况。

② 质量检验为质量分析与质量控制提供了所需依据的有关技术数据和信息,因此它是质量分析、质量控制与质量保证的基础。

③ 通过对进场和使用的材料、半成品、构配件及其他器材、物资进行全面的质量检验工作,可避免因材料、物资的质量问题而导致工程质量事故的发生。

④ 在施工过程中,通过对施工工序的检验取得数据,可及时判断质量,采取措施,防止质量问题的延续与积累。

3) 现场质量检查的方法

现场进行质量检查的方法有目测法、实测法和试验法3种。

(1) 目测法

其手段可归纳为"看、摸、敲、照"4个字。

① 看,就是根据质量标准进行外观目测。如装饰工程墙、地砖铺的四角对缝是否垂直一致,砖缝宽度是否一致,是否横平竖直。又如,清水墙面是否洁净,喷涂是否密实、颜色是否均匀,内墙抹灰大面及口角是否平直,地面是否光洁平整,油漆浆表面是否美观,施工顺序是否合理,工人操作是否正确等,均是通过目测检查、评价的。

② 摸,就是手感检查,主要用于装饰工程的某些检查项目,如水刷石、干粘石黏结牢固程度,油漆的光滑度,浆活是否掉粉,地面有无起砂等,均可通过手摸加以鉴别。

③ 敲,是运用工具进行声感检查。对地面工程、装饰工程中的水磨石、面砖、锦砖和大理石贴面等,均应进行敲击检查,通过声音的虚实确定有无空鼓,还可根据声音的清脆和沉闷,判定属于面层空鼓或底层空鼓。此外,用手敲玻璃,如发出颤动声响,一般是底灰不满或压条不实。

④ 照,对于难以看到或光线较暗的部位,可采用镜子反射或灯光照射的方法进行检查。

(2) 实测法

实测法是通过实测数据与施工规范及质量标准所规定的允许偏差对照,来判别质量是否合格。实测检查法的手段,也可归纳为"靠、吊、量、套"4个字。

①靠,是用直尺、塞尺检查墙面、地面、屋面的平整度。
②吊,是用托线板以线坠吊线,检查垂直度。
③量,是用测量工具和计量仪表等检查断面尺寸、轴线、标高、湿度、温度等的偏差度。
④套,是以方尺套方,辅以塞尺检查。如对阴阳角的方正、踢脚线的垂直度、预制构件的方正等项目的检查。对门窗口及构配件的对角线(窜角)检查,也是套方的特殊手段。

(3)试验检查

试验检查法是指必须通过试验手段,才能对质量进行判断的检查方法。如对桩或地基的静载试验,确定其承载力;对钢结构进行稳定性试验,确定是否产生失稳现象;对钢筋对焊接头进行拉力试验,检验焊接的质量等。

3.2.3 质量控制统计法

1)排列图

排列图又称主次因素分析法,是找出影响工程质量的一种有效方法。

(1)排列图的画法和主次因素分类

①决定调查对象、调查范围、内容和提取数据的方法,收集一批数据(如废品率、不合格率、规格数量等)。

②整理数据,按问题或原因的频数(或点数),从大到小排列,并计算其发生的频率和累计频率。

③作排列图。

④分类。通常把累计频率百分数分为3类:0~80%为A类,是主要因素;80%~90%为B类,是次要因素;90%~100%为C类,是一般因素。

⑤注意点。主要因素最好是1~2个,最多不超过3个,否则就失去了找主要矛盾的意义;注意分层,从几个不同方面进行排列。

(2)排列图的应用实例

[例3.1] 某施工企业构件加工厂出现钢筋混凝土构件不合格品增多的质量问题,对一批构件进行检查,有200个检查点不合格,影响其质量的因素有混凝土强度、截面尺寸、侧向弯曲、钢筋强度、表面平整、预埋件、表面缺陷等。统计各因素发生的次数列于表3.1中,试作排列图并确定影响质量的主要因素。

[解] 表3.2已列出因素项目,只需从统计频数入手作排列图即可。

表3.1 不合格项目统计分析表

构件批号	混凝土强度	截面尺寸	侧向弯曲	钢筋强度	表面平整	预埋件	表面缺陷
1	5	6	2	1			1
2	10		4		2		1
3	20	4		2		1	
4	5	3	5		4	1	
5	8	2		1			1

续表

构件批号	混凝土强度	截面尺寸	侧向弯曲	钢筋强度	表面平整	预埋件	表面缺陷
6	4		3		1		
7	18	6		3	—	—	1
8	25	6	4		1	—	
9	4	3		2	—		
10	6	20	2	1		1	
合计	105	50	20	10	8	4	3

频数、频率、累积频率的统计结果见表3.2,排列图如图3.2所示。

表3.2 频率计算表

序 号	影响质量的因素	频 数	频率/%	累计频率/%
1	混凝土强度	105	52.5	52.5
2	截面尺寸	50	25	77.5
3	侧向弯曲	20	10	87.5
4	钢筋强度	10	5	92.5
5	表面平整	8	4	96.5
6	预埋件	4	2	98.5
7	表面缺陷	3	1.5	100
合 计		200	100	

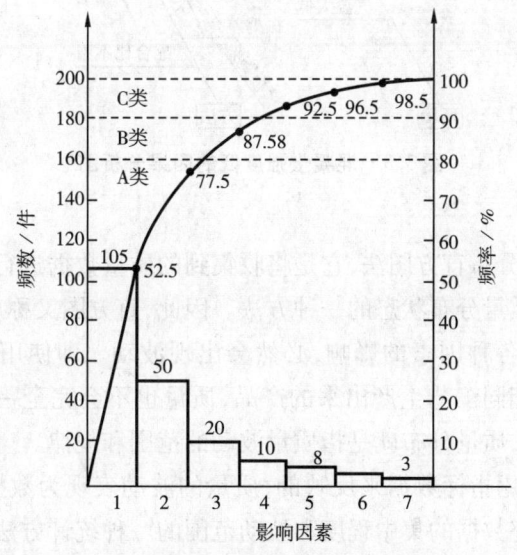

图3.2 混凝土构件质量排列图

图3.2、表3.2都表明,A类因素(影响钢筋混凝土构件质量的主要因素)有混凝土强度和截面尺寸两项,应针对这两个因素制定改进措施。

2) 因果分析图

因果分析图也称特性要因图,是用来表示因果关系的示意图。特性指生产中出现的质量问题;要因是指对质量问题有影响的因素或原因。此方法是对质量问题特性有影响的重要因素进行分析和分类,通过整理、归纳、分析,查找原因,以便采取措施,解决质量问题。

原因一般可从5个方面来找,即人员、材料、机械设备、工艺方法和环境。

(1)因果图画法

①确定需要分析的质量特性,画出带箭头的主干线。

②分析造成质量问题的各种原因,逐层分析,由大到小,追查原因中的原因,直到可以针对原因采取具体措施解决的程度为止。

③按原因大小以枝线逐层标记于图上。

④找出关键原因,标注在图上,并向有关部门提供质量报告。

(2)应用举例

[**例**3.2] 某工程混凝土强度低的因果分析图。

图3.3是某工程混凝土强度低的因果分析图,其主要原因是搅拌与养护方法不当、搅拌机问题、材料储存条件不佳和操作人员的责任心差。

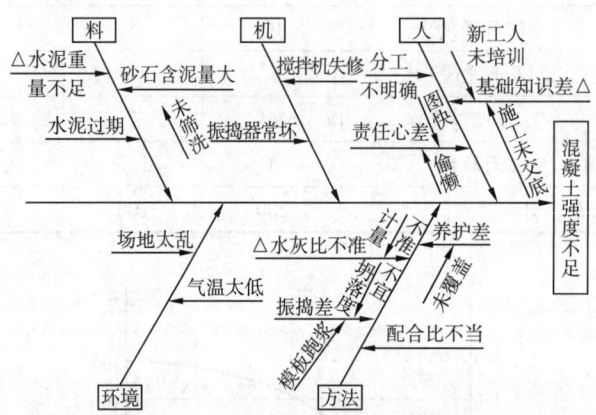

图3.3 混凝土强度低的因果分析图

3) 直方图法

直方图法又称频数分布直方图法,它是将收集到的质量数据进行分组整理,绘制成频数分布直方图,用以描述质量分布状态的一种方法。因此,直方图又称质量分布图。

产品质量由于受到各种因素的影响,必然会出现波动。即使用同一批材料,同一台设备,由同一操作者采用相同工艺生产出来的产品,质量也不会完全一致。但是,产品质量的波动有一定范围和规律,质量分布就是指质量波动的范围和规律。

产品质量的状态是用指标数据来反映的,质量的波动表现为数据的波动。直方图就是通过频数分布分析、研究数据的集中程度和波动范围的一种统计方法,是把收集到的产品质量特征数据,按大小顺序加以整理,进行适当分组,计算每一组中数据的个数(频数),将这些数据在坐标纸上画一些矩形图,横坐标为样本的取值范围,纵坐标为数据落入各组的频数,以此来分析质量分布的状态。

(1)直方图的作图步骤和方法

下面以一个例子来说明。

[例3.3] 某工地在一个时期拌制C40混凝土,共做试块35组,其抗压强度见表3.3,求作直方图。

表3.3 混凝土试块抗压强度统计表

序 号	强度等级/(N·mm^{-2})				最大值	最小值
1	41.2	41.5	35.5	37.5	38.2	41.5	35.5
2	41.0	40.8	39.6	40.6	41.7	41.7	39.6
3	40.5	47.1	42.8	43.1	38.7	47.1	38.7
4	35.2	41.0	45.8	38.2	43.2	45.9	35.2
5	39.7	38.0	34.0	44.0	44.5	44.5	34.0*
6	47.5	44.1	43.8	39.9	36.1	47.5	36.1
7	47.3	49.0	41.4	42.3	43.7	49.0*	41.4

[解] (1)收集整理数据

根据数理统计的原因,从需要分析的质量问题的总体中随机抽取一定数量的数据作为样本,通过分析样本来判断总体的状态。样本的数量不能太少,因为样本数量越多,越能代表总体的状态。样本的数量一般不应少于30个。

(2)找出全体数据的最大值X_{max},最小值X_{min}

极差表示全体数据的最大值与最小值之差,也就是全体数据的分布极限范围。

$$X_{max} = 49.0 \text{ N/mm}^2 \quad X_{min} = 34.0 \text{ N/mm}^2$$

(3)计算极差R

极差表示全体数据的最大值与最小值之差,也就是全体数据的分布极限范围。

$$R = X_{max} - X_{min} = 49.0 - 34.0 = 15.0 (\text{N/mm}^2)$$

(4)确定组距h和分组数k

组距大小应根据对测量数据的要求精度而定;组数应根据收集数据总数的多少而定,组数太少会掩盖组内数据的变动情况,组数太多又会使各组的高度参差不齐,从而看不出明显的规律。分组数可参考表3.4来确定。组距用h来表示,组数用k来表示。通常先定组数,后定组距。组数、组距、极差三者之间的关系为

$$h = \frac{R}{k}$$

本例中,取组数$k=7$,则组距为

$$h = \frac{15.0}{7} = 2.1 (\text{N/mm}^2)$$

表 3.4　分组数 k 值的参考表

样本数量 N	分组数 k
小于 50	5~7
50~100	6~10
100~250	7~12
250 以上	10~20

(5) 确定各组边界值

为避免数据正好落在边界值上，一般可采用区间分界值比统计数据提高一级精度的办法。为此，可按下列公式计算第一区间的上下界值：

第一区间下界值 $= X_{\min} - \dfrac{h}{2}$

第一区间上界值 $= X_{\min} + \dfrac{h}{2}$

本例中，第一区间的下界值为

$$34.0 - \dfrac{2.1}{2} = 34.0 - 1.05 = 32.95(\text{N}/\text{mm}^2)$$

第一区间上界值为

$$34.0 + 1.05 = 35.05(\text{N}/\text{mm}^2)$$

第一组的上界值就是第二组的下界值，第二组的上界值等于第二组的下界值加上组距，其余类推。

(6) 制表并统计频数

根据分组情况，分别统计出各组数据的个数，得到频数统计表。

本例频数统计见表 3.5。

表 3.5　频数分布统计表

序号	分组界限	频数统计	频数	频率
1	32.95~35.05	一	1	0.029
2	35.05~37.15	下	3	0.086
3	37.15~39.25	正	5	0.143
4	39.25~41.35	正正	9	0.256
5	41.35~43.45	正丁	7	0.200
6	43.45~45.55	正	5	0.143
7	45.55~47.65	正	4	0.114
8	47.65~49.75	一	1	0.029
合计			35	1.000

(频数统计中，写"正"字，1—一、2—丁，3—下，4—正，5—正，以此类推)。

(7) 画直方图

直方图是一张坐标图,横坐标表示分组区间的划分,纵坐标表示各分组区间值的发生频数。

本例的混凝土强度频数分布直方图如图 3.4 所示。

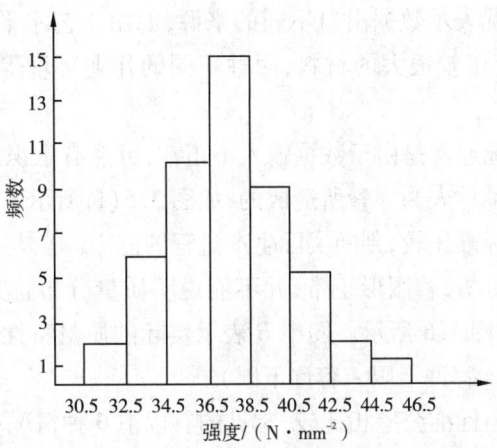

图 3.4 混凝土强度频数分布直方图

(2) 直方图的观察与分析

①分析直方图的整体形状。正常情况下的直方图应接近正态分析图,即中间高、两边低,左右对称。如图 3.5(a) 接近正态分布,属于正常情况。如果出现其他形状的图形,说明分布异常,应及时查明原因,采取措施加以纠正。

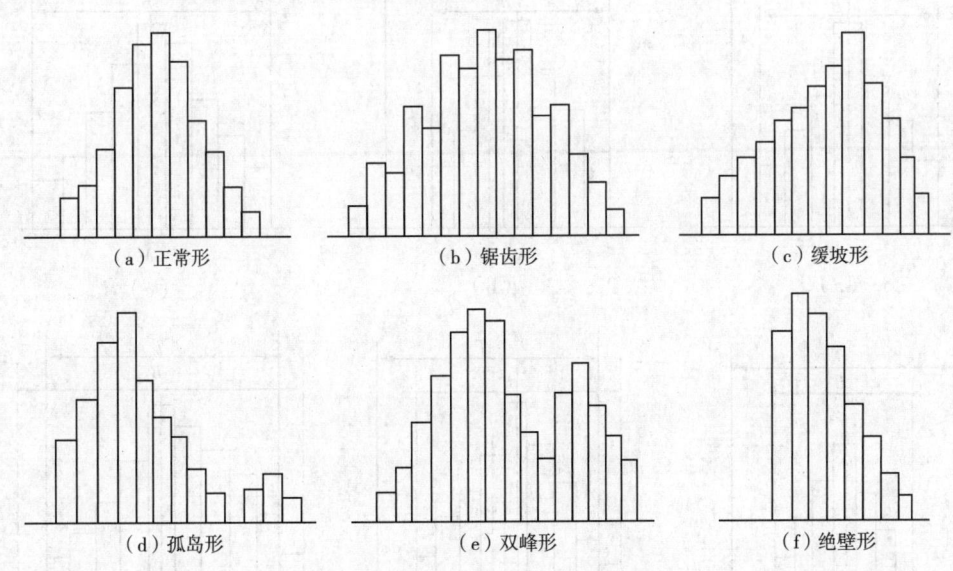

图 3.5 常见的直方图图形

常见的异常图形有以下 5 种:

a. 锯齿形。直方图出现参差不齐的形状,造成这种现象的原因不是生产上控制的偏向,而是分组过多或测量错误。应减少分组,重新作图,如图 3.5(b) 所示。

b. 缓坡形。直方图在控制之内,但峰顶偏向一侧,另一侧出现缓坡。说明生产中控制有偏向,或操作者习惯因素造成,如图3.5(c)所示。

c. 孤岛形。这是生产过程中短时间的情况异常造成的,如少量材料不合格,临时更换设备,不熟练工人上岗等,如图3.5(d)所示。

d. 双峰形。这种情况表示数据出自不同的来源,如由工艺水平相差很大的两个班组生产的产品,使用两种质量相差很大的材料,两种不同的作业环境等。因此数据必须区分来源,如图3.5(e)所示。

e. 绝壁形。这种情况通常是由于数据输入不正常,可能有意识地去掉下限以下的数据,或是在检测过程中存在某种人为因素所造成的,如图3.5(f)所示。

② 将直方图与质量标准比较,判断实际生产过程的能力。

通过前面的观察与分析,若图形正常,并不能说明质量分布就完全合理,还要与质量标准即标准公差相比较,如图3.6所示。图中 B 表示实际的质量特性分布范围,T 表示规范规定的标准公差的界限(T = 容许上限 − 容许下限)。

正常形状的直方图与标准公差相比较,常见的有以下6种情况:

a. 实际分布的中心与标准公差的中心基本吻合,属理想状态,B 在 T 中间,两边略有余地,不会出现不合格品,如图3.6(a)所示。

b. B 虽然在 T 中间,但已明显偏向一侧,B 与 T 的中心不吻合,说明控制中心线偏移,应及时采取措施纠正,如图3.6(b)所示。

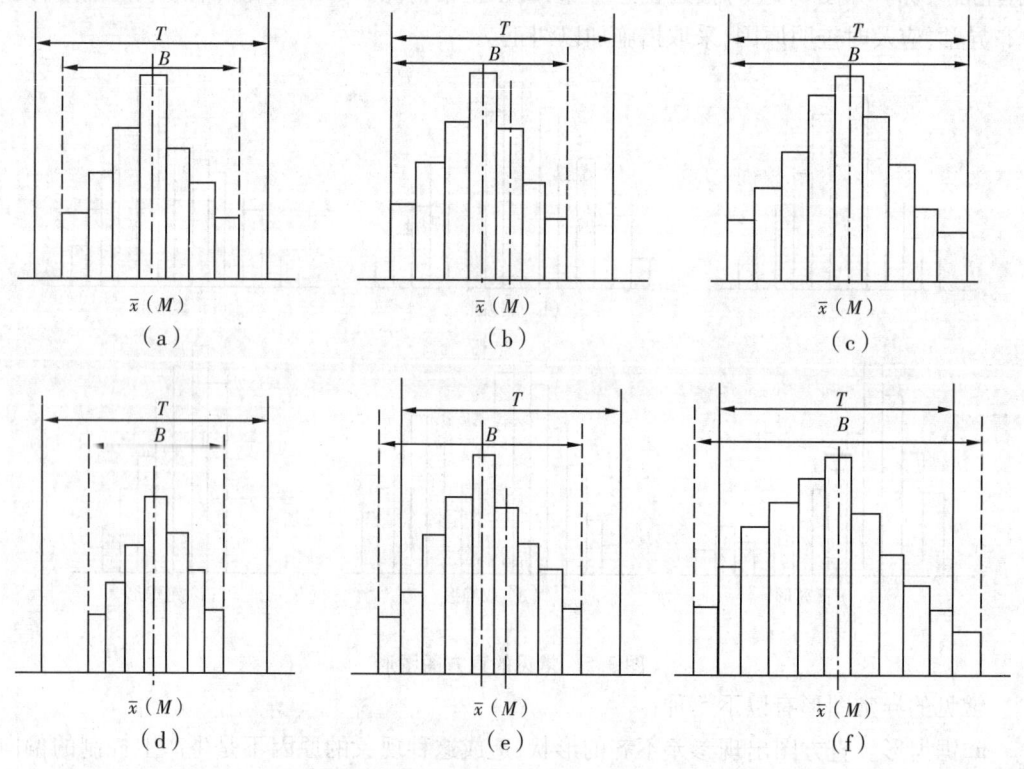

图3.6 实际分布与标准公差的比较

c. B 与 T 相等，中心吻合，但两边没有余地。说明控制精度不够，容易出废品。应提高控制精度，以缩小实际分布的范围，如图 3.6(c)所示。

d. B 在 T 中间，中心也基本吻合，但两边富余过多。说明控制精度过高，虽然不出废品，但不经济，应适当放宽控制精度，如图 3.6(d)所示。

e. B 的中心严重偏离 T 的中心，其中一侧已超出公差。说明没有达到质量标准控制，应采取措施及时纠正，按质量标准重新确定控制中心线，如图 3.6(e)所示。

f. B 大于 T，两边均有超差。说明控制不严，已超出标准规定的允许偏差，出现了废品，必须加大控制力度，减小质量波动的范围，如图 3.6(f)所示。

上面叙述是 6 种一般的情况，实际工作中要根据质量问题的性质分别判断，采取恰当的改进措施。

4)控制图法

控制图又称管理图，是分析和控制质量分布动态的一种方法。产品的生产过程是连续不断的，因此应对产品质量的形成过程进行动态监控。控制图法就是一种对质量分布进行动态控制的方法。

(1)控制图的原理

控制图是依据正态分布原理，合理控制质量特征数据的范围和规律，对质量分布动态进行监控。控制图的基本形式如图 3.7 所示。

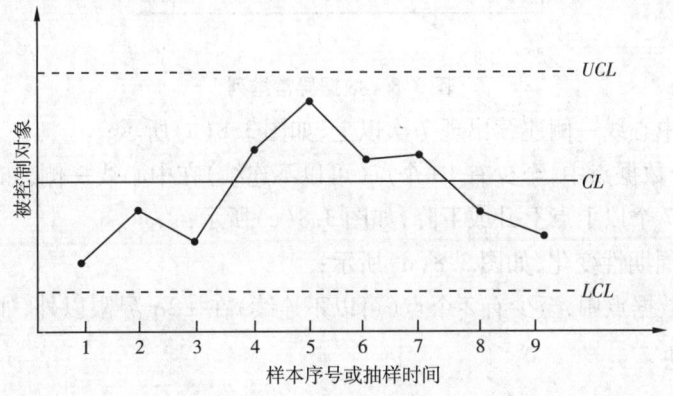

图 3.7 控制图的基本形式

该图的横坐标表示抽样时间或样本序号，纵坐标表示质量特征。坐标内有 3 条控制线，控制中心线取数据的平均数 μ，用符号 CL 表示，在图上是一条实线；上控制线在上面，图上是一条虚线，用符号 UCL 表示，取 $\mu + 3\sigma$；下控制线在下面，在图上也是一条虚线，用符号 LCL 表示，取 $\mu - 3\sigma$。根据数理统计原理，在正态分布条件下，按 $\mu \pm 3\sigma$ 控制上下限，如果只考虑偶然因素的影响，最多有 3‰的数据超出控制线。这种方法又称为"千分之三法则"。

(2)控制图的作法

绘制控制图的关键是确定中心线和控制上下界限。但控制图有多种类型，如 x(平均值)控制图、S(标准偏差)控制图、R(极差)控制图、x－R(平均值－极差)控制图、P(不合格率)控制图等，每一种控制图的中心线和上下界限的确定方法不一样。为了应用方便，人们已将各种控制图的参数计算公式推导出来，使用时只需查表经简单计算即可。

(3)控制图的分析

①数据分布范围分析。数据分布应在控制上下限内,凡跳出控制界限,说明波动过大。

②数据分布规律分析。数据分布就是正态分布,如果出现图3.8所示的情况,视为异常排列。

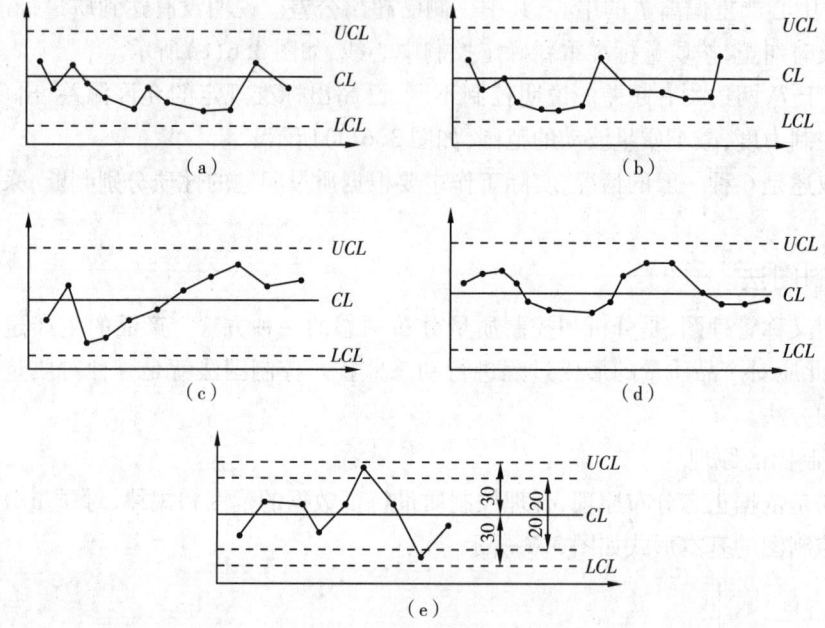

图3.8 数据异常排列

a.数据点在中心线一侧连续出现7次以上,如图3.8(a)所示;

b.连续11个数据点中,至少有10个点(可以不连续)在中心线一侧,如图3.8(b)所示;

c.数据连续7个以上点上升或下降,如图3.8(c)所示;

d.数据点呈周期性变化,如图3.8(d)所示;

e.连续3个数据点中,至少有2个点(可以不连续)在$\pm 2\sigma$界限以外,如图3.8(e)所示。

5)相关图法

相关图又称散布图。在质量控制中,它是用来显示两种质量数据之间关系的一种图形。相关图分析的两个变量,可以是质量特征和因素、质量特征和质量特征、因素和因素等。

(1)相关图的原理及作法

将两种需要确定关系的质量数据用点标注在坐标图上,从而根据点的散布情况判别两种数据之间的关系,以便进一步弄清影响质量特征的主要因素。

(2)相关图的类型

相关图的基本类型如图3.9所示。

①正相关。点的散布呈一条向上的直线带,表明y受x的直接影响,如图3.9(a)所示。

②弱正相关。点的散布呈向上的直线带趋势,表明除x外,还有其他因素在影响y,如图3.9(b)所示。

③不相关。点的散布无规律,表明x与y没有关系,如图3.9(c)所示。

④负相关。点的散布呈一条向下的直线带，表明 y 受 x 负影响，如图 3.9(d) 所示。

⑤弱负相关。点的散布呈向下的直线带趋势，表明除 x 的负影响外，还有其他因素在影响 y，如图 3.9(e) 所示。

⑥非线性相关。点的分布呈非直线带，表明 y 受 x 的非线性影响，如图 3.9(f) 所示。

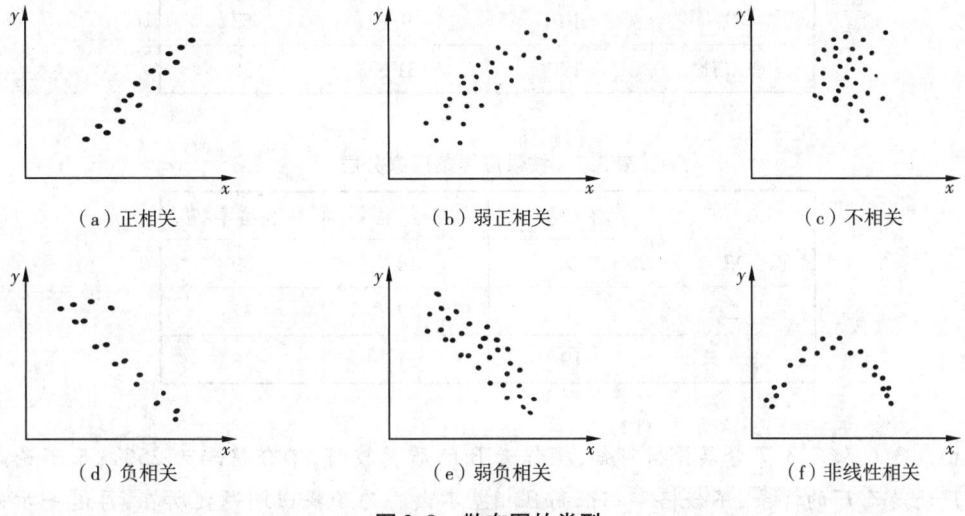

图 3.9　散布图的类型

6) 分层法和调查表法

(1) 分层法

分层法又称为分类法，是将调查收集的原始数据，根据不同的目的和要求，按某一性质进行分组、整理的分析方法。分层的结果使数据各层间的差异突出地显示出来，层内的数据差异减少了。在此基础上再进行层间、层内的比较分析，可以更深入地发现和认识质量问题的原因。由于产品质量是多方面因素共同作用的结果，因而对同一批数据，可以按不同性质分层，使我们能从不同角度来考虑、分析产品存在的质量问题和影响因素。常用的分层标志如下：

①按操作班组或操作者分层；
②按使用机械设备型号分层；
③按操作方法分层；
④按原材料供应单位、供应时间或等级分层；
⑤按施工时间分层；
⑥按检查手段、工作环境等分层。

现举例说明分层法的应用。

[例 3.4]　对一批钢筋焊接质量进行调查分析，共检查了 50 个焊接点，其中，不合格 19 个，不合格率为 38%。由此可知这批钢筋的焊接存在严重的质量问题，试用分层法分析产生质量问题的原因。

[解]　现已查明这批钢筋的焊接是由 A，B，C 3 个师傅操作的，而焊条是由甲、乙两个厂家提供的。因此，分别按操作者和焊条生产厂家进行分层分析，即考虑一种因素单独的影响，见表 3.6 和表 3.7。

表 3.6 按操作者分层

操作者	不合格	合 格	不合格率/%
A	6	13	32
B	3	9	25
C	10	9	53
合 计	19	31	38

表 3.7 按供应焊条厂家分层

工 厂	不合格	合 格	不合格率/%
甲	9	14	39
乙	10	17	37
合 计	19	31	38

由表 3.6 和表 3.7 分层分析可知,操作者 B 的质量较好,不合格率为 25%;而不论是采用甲厂还是乙厂的焊条,不合格率都很高且相差不大。为了找出问题之所在,再进一步采用综合分层进行分析,即考虑两种因素共同影响的结果,见表 3.8。

表 3.8 综合分层分析焊接质量

操作者	焊接质量	甲 厂		乙 厂		合 计	
		焊接点	不合格率/%	焊接点	不合格率/%	焊接点	不合格率/%
A	不合格	6	75	0	0	6	32
	合 格	2		11		13	
B	不合格	0	0	3	43	3	25
	合 格	5		4		9	
C	不合格	3	30	7	78	10	53
	合 格	7		2		9	
合 计	不合格	9	39	10	37	19	38
	合 格	14		17		31	

从表 3.8 的综合分层法分析可知,在使用甲厂的焊条时,应采用 B 师傅的操作方法为好;在使用乙厂的焊条时,应采用 A 师傅的操作方法为好,这样会大大提高合格率。

分层法是质量控制统计分析方法中最基本的一种方法。其他统计方法一般都要与分层法配合使用,如排列图法、直方图法、控制图法、相关图法等,通常是先利用分层法将原始数据分门别类,然后再进行统计分析。

(2)调查表法

调查表法又称为统计调查分析法,它是利用专门设计的统计表对质量数据进行收集、整理和粗略分析质量状态的一种方法。

在质量控制活动中,利用统计调查表收集数据,简便灵活,便于整理,实用有效。它没有固定格式,可根据需要和具体情况,设计出不同统计调查表。常用的有以下4种方法：

①分项工程作业质量分布调查表；
②不合格项目调查表；
③不合格原因调查表；
④施工质量检查评定用调查表等。

表3.9是混凝土空心板外观质量问题调查表。

表3.9 混凝土空心板外观质量问题调查表

产品名称	混凝土空心板		生产班组	
日生产总数	200块	生产时间	年 月 日	检查时间	年 月 日
检查方式	全数检查		检查员	
项目名称	检查记录		合 计	
露 筋	正正		9	
蜂 窝	正正一		11	
孔 洞	丁		2	
裂 缝	一		1	
其 他	下		3	
总 计			26	

应当指出,统计调查表往往同分层法结合起来应用,可以更好、更快地找出问题的原因,以便采取改进的措施。

项目3.3 施工项目质量控制手段

3.3.1 工序质量控制

工程项目的施工过程是由一系列相互关联、相互制约的工序所构成,工序质量是基础,直接影响工程项目的整体质量。要控制工程项目施工过程的质量,首先必须控制工序的质量。

工序质量包含两个方面的内容：一是工序活动条件的质量,二是工序活动效果的质量。从质量控制的角度来看,这两者是相互关联的。一方面,要控制工序活动条件的质量,即每道工序投入品的质量(即人、材料、机械、方法和环境的质量)是否符合要求；另一方面,又要控制工序活动效果的质量,即每道工序施工完成的工程产品是否达到有关质量标准。

3.3.2 质量控制点的设置

质量控制点是指为了保证施工项目质量需要进行控制的重点,或关键部位,或薄弱环节,以便在一定时期内、一定条件下进行强化管理,使施工质量处于良好的受控状态。质量控制点的设置,要根据工程的重要程度,或某部位质量特性值对整个工程质量的影响程度来确定。为此,在设置质量控制点时,首先要对施工的工程对象进行全面分析、比较,以明确质量控制点;随后进一步分析所设置的质量控制点在施工中可能出现的质量问题或造成质量隐患的原因,针对隐患的原因,相应地提出对策措施予以预防。由此可见,设置质量控制点,是对工程质量进行预控的有力措施。

质量控制点的涉及面较广,根据工程特点,视其重要性、复杂性、精确性、质量标准和要求,可能是结构复杂的某一工程项目,也可能是技术要求高、施工难度大的某一结构构件或分项、分部工程,还可能是影响质量关键的某一环节中的某一工序或若干工序。总之,无论是操作、材料、机械设备、施工顺序、技术参数、自然条件、工程环境等,均可作为质量控制点来设置,主要是视其对质量特征影响的大小及危害程度而定。

3.3.3 检查检测手段

在施工项目质量控制过程中,常用的检查、检测手段有以下6个方面:

①日常性的检查。即对在现场施工过程中,质量控制人员(专业工长、质检员、技术人员)对操作人员进行操作情况及结果的检查和抽查,及时发现质量问题或质量隐患、事故苗头,以便及时进行控制。

②测量和检测。利用测量仪器和检测设备对建筑物水平和竖向轴线、标高、几何尺寸、方位进行控制,对建筑结构施工的有关砂浆或混凝土强度进行检测,严格控制工程质量,发现偏差及时纠正。

③试验及见证取样。各种材料及施工试验应符合相应规范和标准的要求,如原材料的性能、混凝土搅拌的配合比和计量、坍落度的检查和成品强度等物理力学性能及打桩的承载能力等,均需通过试验的手段进行控制。

④实行质量否决制度。质量检查人员和技术人员对施工中存在的问题,有权以口头方式或书面方式要求施工操作人员停工或者返工,纠正违章行为,责令不合格的产品推倒重做。

⑤按规定的工作程序控制。预检、隐检应有专人负责并按规定检查,作出记录,第一次使用的混凝土配合比要进行开盘鉴定,混凝土浇筑应经申请和批准,完成的分项工程质量要进行实测实量的检验评定等。

⑥对使用安全与功能的项目实行竣工抽查检测。严把分项工程质量检验评定关。

3.3.4 成品保护措施

在施工过程中,有些分项、分部工程已经完成,其他工程尚在施工,或者某些部位已经完成,其他部位正在施工,如果对已完成的成品不采取妥善的措施加以保护,就会造成损伤,影响质量。这样,不仅会增加修补工作量,浪费工料,拖延工期,更严重的是有的损伤难以恢复到原样,成为永久性的缺陷。因此,搞好成品保护,是一项关系到确保工程质量,降低工程成本,按期竣工的重要环节。

首先,要培养全体职工的质量观念,对国家、对人民负责,自觉爱护公物,尊重他人和自己的劳动成果,施工操作时要珍惜已完成的和部分完成的成品;其次,要合理安排施工顺序,采取行之有效的成品保护措施。

1) 施工顺序与成品保护

合理地安排施工顺序,按正确的施工流程组织施工,是进行成品保护的有效途径之一。

①遵循"先地下后地上""先深后浅"的施工顺序,就不至于破坏地下管网和道路路面。

②地下管道与基础工程相配合进行施工,可避免基础完工后再打洞挖槽安装管道,影响质量和进度。

③先在房心回填土后再做基础防潮层,则可保护防潮层不致受填土夯实损伤。

④装饰工程采取自上而下的流水顺序,可以使房屋主体工程完成后有一定沉降期;已做好的屋面防水层,可防止雨水渗漏。这些都有利于保护装饰工程质量。

⑤先做地面,后做顶棚、墙面抹灰,可以保护下层顶棚、墙面抹灰不致受渗水污染。但在已做好的地面上施工,需对地面加以保护。若先做顶棚、墙面抹灰,后做地面时,则要求楼板灌缝密实,以免漏水污染墙面。

⑥楼梯间和踏步饰面,宜在整个饰面工程完成后,再自上而下地进行;门窗扇的安装通常在抹灰后进行;一般先油漆,后安装玻璃。这些施工顺序,均有利于成品保护。

⑦当采用单排外脚手砌墙时,由于砖墙上面有脚手架洞眼,故一般情况下内墙抹灰需待同一层外粉刷完成、脚手架拆除、洞眼填补后,才能进行,以免影响内墙抹灰的质量。

⑧先喷浆再安装灯具,可避免安装灯具后又修理浆活,从而污染灯具。

⑨当铺贴连续多跨的卷材防水屋面时,应按先高跨后低跨,先远(离交通进出口)后近,先天窗油漆、玻璃后铺贴卷材屋面的顺序进行。这样可避免在铺好的卷材屋面上行走和堆放材料、工具等物,有利于保护屋面的质量。

以上示例说明,只要合理安排施工顺序,便可有效保护成品的质量,也可有效地防止后道工序损伤或污染前道工序。

2) 成品保护的措施

成品保护主要有护、包、盖、封4种措施。

(1) 护

护就是提前保护,以防止成品可能发生的损伤和污染。如为了防止清水墙面污染,在脚手架、安全网横杆、进料口四周以及邻近水刷石墙面上,提前钉上塑料布或纸板;清水墙楼梯踏步采用护棱角铁上下连通固定;在门口的推车易碰部位,在小车轴的高度钉上防护条或槽形盖铁;进出口台阶应垫砖或方木,搭脚手板过人;外檐水刷石大角或柱子要立板固定保护;门扇安好后要加楔固定等。

(2) 包

包就是进行包裹,以防止成品被损伤或污染。如大理石或高级水磨石柱子贴好后,应用立板包裹捆扎;楼梯扶手易污染变色,油漆前应裹纸保护;铝合金门窗应用塑料布包扎;炉片、管道污染后不好清理,应包纸保护;电气开关、插座、灯具等设备也应包裹,防止喷浆时污染等。

(3) 盖

盖就是表面覆盖,防止堵塞、损伤。如预制水磨石、大理石楼梯应用木板、加气板等覆盖,以防操作人员踩踏和物体磕碰;水泥地面、现浇或预制水磨石地面,应铺干锯末保护;高级水磨石地面或大理石地面,应用苫布或棉毡覆盖;落水口、排水管安好后要加覆盖,以防堵塞;散水交活后,为保水养护并防止磕碰,可盖一层土或砂;其他需要防晒、防冻、保温养护的项目,也要采取适当的覆盖措施。

(4)封

封就是局部封闭。如预制磨石楼梯、水泥抹面楼梯施工后,应将楼梯口暂时封闭,待达到上人强度并采取保护措施后再开放;室内塑料墙纸、木地板油漆完成后,均应立即锁门;屋面防水做完后,应封闭上屋面的楼梯门或出入口;室内抹灰或浆活交活后,为调节室内温湿度,应有专人开关外窗等。

总之,在工程项目施工中,必须充分重视成品保护工作。道理很简单,哪怕生产出来的产品是优质品、上等品,若保护不好,遭受损伤或污染,那也就将会成为次品、废品、不合格品。所以,成品保护,除合理安排施工顺序,采取有效的对策、措施外,还必须加强对成品保护工作的检查。

单元小结

通过本单元的学习,学生应了解有关技术文件、报告或报表审核方法,掌握现场质量检验方法、质量控制统计方法,熟悉工序质量控制、质量控制点的设置、检查检测、成品保护等施工项目质量控制手段。

单元训练

1. 施工项目质量控制的方法有哪些?
2. 项目经理对工程质量进行全面控制,主要审核文件有哪些?
3. 现场质量检验的内容有哪些?
4. 现场质量检查的方法有哪些?
5. 质量控制统计法有哪些?各适用于哪些场合?
6. 施工项目质量控制手段有哪些?

单元 4
施工质量控制措施

项目 4.1 地基与基础工程质量控制

4.1.1 土方工程质量控制

1) 场地和基坑开挖施工

(1) 土方开挖施工技术要求

①场地挖方:

a. 土方开挖应具有一定的边坡坡度,防止塌方和发生施工安全事故。

b. 挖方上边缘至土堆坡脚的距离,应根据挖方深度、边坡高度和土的类别确定,当土质干燥密实时,不得小于 3 m;当土质松软时,不得小于 5 m。

②基坑(槽)开挖:

a. 基坑(槽)和管沟开挖上部应有排水措施,防止地面水流入坑内,以防冲刷边坡,造成塌方和破坏基土。

b. 挖深 5 m 之内应按规定放坡,为防止事故应设支撑。

c. 在已有建筑物侧挖基坑(槽)应分段进行,每段不超过 2.5 m,相邻的槽段应待已挖好槽段基础回填夯实后进行。

d. 开挖基坑深于邻近建筑物基础时,开挖应保持一定的距离和坡度,要满足 $H/L \leqslant 0.5 \sim 1$ (H 为相邻基础高差,L 为相邻两基础外边缘水平距离)。

e. 正确确定基坑护面措施,确保施工安全。

(2) 深基坑开挖的技术要求

①有合理的经评审过的基坑围护设计,有降水和挖土施工方案;

②挖土前,围护结构达到设计要求,基坑降水至坑底以下 500 mm;
③挖土过程中,对周围邻近建筑物、地下管线进行监测;
④挖土过程中保证支撑、工程桩和立桩的稳定;
⑤施工现场配备必要的抢险物资,及时控制事故不良后果的扩大。

(3)土方开挖施工质量控制
①在挖土过程中及时排除坑底表面积水;
②在挖土过程中若发生边坡滑移、坑涌时,则必须立即暂停挖土,根据具体情况采取必要的措施;
③基坑严禁超挖,在开挖过程中,用水准仪跟踪监测标高,机械挖土遗留 200~300 mm 原余土,采用人工修土。

2)土方工程质量验收标准

①柱基、基坑、基槽和管沟基底的土质必须符合设计要求,并严禁扰动;
②填方的基底处理必须符合设计要求或施工规范规定;
③填方柱基、坑基、基槽、管沟回填的土料必须符合设计要求和施工规范要求;
④填方柱基、坑基、基槽、管沟的回填必须按规定分层夯压密实;
⑤土方工程的允许偏差和质量检验标准(见表4.1、表4.2)。

表 4.1 土方开挖工程质量检验标准

项目	序号	检验项目	允许值或允许偏差/mm					检验方法
			柱基、基坑、基槽	挖方场地平整		管沟	地(路)面基层	
				人工	机械			
主控项目	1	标高	0 −50	±30	±50	0 −50	0 −50	水准测量
	2	长度、宽度(由设计中心线向两边量)	+200 −50	±300 −100	+500 −150	+100 0	设计值	全站仪或用钢尺量
	3	坡率	设计值					目测法或用坡度尺检查
一般项目	1	表面平整度	±20	±20	±50	±20	±20	用 2 m 靠尺
	2	基底土性	设计要求					目测法或土样分析

表 4.2 填方工程质量检验标准

项目	序号	检验项目	允许值或允许偏差/mm			检验方法
			柱基、基坑、基槽、管沟、地(路)面基础层	挖方场地平整		
				人工	机械	
主控项目	1	标高	0 −50	±30	±50	水准测量
	2	分层压实系数	不小于设计值			环刀法、灌水法、灌砂法

续表

项目	序号	检验项目	允许值或允许偏差/mm			检验方法
			柱基、基坑、基槽、管沟、地(路)面基础层	挖方场地平整		
				人工	机械	
一般项目	1	回填土料	设计要求			取样检查或直接鉴别
	2	分层厚度	设计值			水准测量及抽样检查
	3	含水量	最优含水量±2%	最优含水量±4%		烘干法
	4	表面平整度	±20	±20	±30	用2 m靠尺
	5	有机质含量	≤5%			灼烧减量法
	6	碾迹重叠长度	500~1 000			用钢尺量

4.1.2　灰土、砂石地基质量控制

灰土、砂石地基工程质量控制流程如图4.1所示。

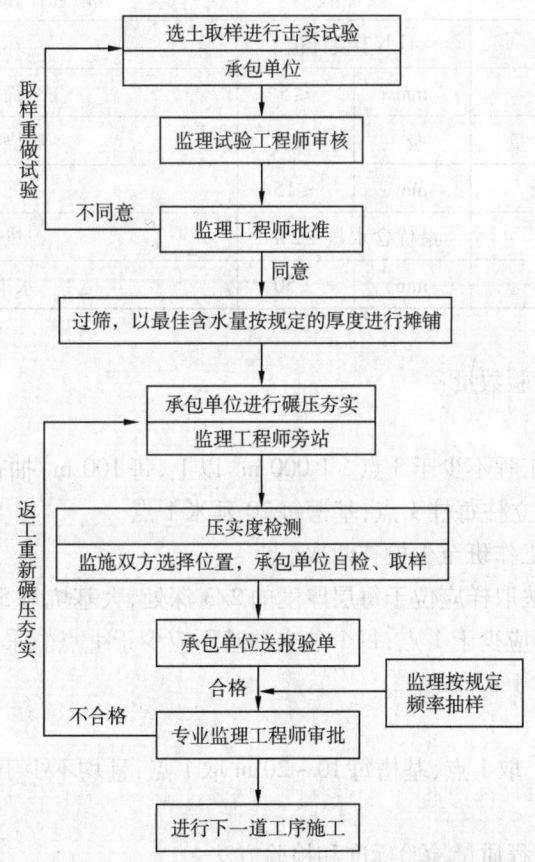

图4.1　灰土、砂石地基工程质量控制流程

1) **施工过程技术要求**

①灰土、砂和砂石地基施工前,应进行验槽,合格后方可进行施工。
②施工前应检查槽底是否有积水、淤泥,清除干净并干燥后再施工。
③检查灰土的配料是否正确,除设计有特殊要求外,一般按2∶8或3∶7的体积比配制;检查砂石的级配是否符合设计或试验要求。
④控制灰土的含水量,以"手握成团,落地开花"为好。
⑤检查控制地基的铺设厚度,灰土为200~300 mm,砂或砂石为150~350 mm。
⑥检查每层铺设压实后的压实密度,合格后方可进行下一道工序的施工。
⑦检查分段施工时上、下两层搭接部位和搭接长度是否符合规定。

2) **质量检验标准和检验方法**

①灰土地基质量检验标准与检验方法,见表4.3。

表4.3 灰土地基质量检验标准与检验方法

项目	序号	检验项目	允许值或允许偏差		检验方法
			单位	数值	
主控项目	1	地基承载力		不小于设计值	静载试验
	2	配合比		设计值	检查拌和时的体积比
	3	压实系数		不小于设计值	环刀法
一般项目	1	石灰粒径	mm	≤5	筛析法
	2	土料有机质含量	%	≤5	灼烧减量法
	3	土颗粒粒径	mm	≤15	筛析法
	4	含水量		最优含水量±2%	烘干法
	5	分层厚度	mm	±50	水准测量

②灰土地基质量检验数量:

a. 主控项目:

第1项:每个单位工程不少于3点。1 000 m² 以上,每100 m² 抽查1点;3 000 m² 以上,每300 m² 抽查1点;独立柱每柱1点;基槽每20延米1点。

第2项:配合比每工作班至少检查两次。

第3项:采用环刀法取样应位于每层厚度的2/3深处,大基坑每50~100 m² 不应少于1点,基槽每10~20 m 不应少于1点;每个独立柱基不应少于1点。采用贯入仪或动力触探,每分层检验点间距小于4 m。

b. 一般项目:

基坑每50~100 m² 取1点,基槽每10~20 m 取1点,且均不少于5点;每个独立柱基不少于1点。

③砂和砂石地基工程质量检验标准和检验方法:

a. 砂和砂石地基质量检验标准与检查方法见表4.4。

表 4.4 砂和砂石地基质量检验标准与检验方法

项目	序号	检验项目	允许值或允许偏差		检验方法
			单位	数值	
主控项目	1	地基承载力		不小于设计值	静载试验
	2	配合比		设计值	检查拌和时的体积比或重量比
	3	压实系数		不小于设计值	灌砂法、灌水法
一般项目	1	砂石料有机质含量	%	≤5	灼烧减量法
	2	砂石料含泥量	%	≤5	水洗法
	3	砂石料粒径	mm	≤50	筛析法
	4	分层厚度	mm	±50	水准测量

b. 砂和砂石地基质量检验数量：

（a）主控项目第 1 项：同灰土地基。第 2 项：同灰土地基。第 3 项：大基坑每 50～100 m^2 不应少于 1 点，基槽每 10～20 m 不应少于 1 点；每个独立柱基不应少于 1 点。采用贯入仪、动力触探时，每个分层检验点间距应小于 4 m。

（b）一般项目：同灰土地基。

4.1.3 强夯地基质量控制

1) 强夯地基施工过程的检查项目

①开夯前应检查夯锤的质量和落距，以确保单击夯击能量符合设计要求。
②检查测量仪器的使用情况，核对夯击点位置及标高，仔细审核测量及计算结果。
③夯击前，应对夯点放线进行复核，夯完后检查夯坑位置，发现偏差或漏击应及时纠正。
④按设计要求检查每个夯点的夯击次数和每击的沉降量，以及两遍之间的时间间隔等。
⑤按设计要求做好质量检验和夯击效果检验，未达到要求或预期效果时应及时补救。
⑥施工过程中应对各项施工参数及施工情况进行详细记录，作为质量控制的依据。

2) 强夯地基工程质量检验标准和检验方法

①强夯地基工程质量检验标准与检验方法见表 4.5。

表 4.5 强夯地基工程质量检验标准与检验方法

项目	序号	检验项目	允许值或允许偏差		检验方法
			单位	数值	
主控项目	1	地基承载力		不小于设计值	静载试验
	2	处理后地基土的强度		不小于设计值	原位测试
	3	变形指标		设计值	原位测试

续表

项目	序号	检验项目	允许值或允许偏差		检验方法
			单位	数值	
一般项目	1	夯锤落距	mm	±300	钢索设标志
	2	夯锤质量	kg	±100	称重
	3	夯击遍数	不小于设计值		计数法
	4	夯击顺序	设计要求		检查施工记录
	5	夯击击数	不小于设计值		计数法
	6	夯点位置	mm	±500	用钢尺量
	7	夯击范围(超出基础范围距离)	设计要求		用钢尺量
	8	前后两遍间歇时间	设计值		检查施工记录
	9	最后两击平均夯沉量	设计值		水准测量
	10	场地平整度	mm	±100	水准测量

②强夯地基工程质量检验数量：

a.主控项目第1项：同灰土地基；第2项：同灰土地基。

b.一般项目第1项：每工作班不少于3次；第2项：全数检查；第3项：全数检查；第4项：按夯击点数量的5%抽查；第5项：全数检查；第6项：全数检查并记录。

4.1.4 桩基础质量控制

1) 灌注桩施工质量控制

(1) 灌注桩钢筋笼制作质量控制

①钢筋笼制作允许偏差按相关规范执行。

②主筋净距必须大于混凝土粗骨料粒径3倍以上，当因设计含钢量大而不能满足时，应通过设计调整钢筋直径加大主筋之间净距，以确保混凝土灌注时达到密实度要求。

③箍筋宜设在主筋外侧，主筋需设弯钩时，弯钩不得向内圆伸露，以免钩住灌注导管，妨碍导管正常工作。

④钢筋笼的内径应比导管接头处的外径大100 mm以上。

⑤分节制作的钢筋笼，主筋接头宜用焊接，由于在灌注桩孔口进行焊接只能作单面焊，因此搭接长度应保证主筋直径在10倍以上。

⑥沉放钢筋笼前，在钢筋笼上套上或焊上主筋保护层垫块或耳环，使主筋保护层偏差符合以下规定：水下灌注混凝土桩±20 mm，非水下浇注混凝土桩±10 mm。

(2) 泥浆护壁成孔灌注桩施工质量控制

①泥浆制备和处理的施工质量控制：

a.制备泥浆的性能指标按相关规范执行。

b. 一般地区施工期间护筒内的泥浆面应高出地下水位 1.0 m 以上。在受潮水涨落影响地区施工时,泥浆面应高出最高水位 1.5 m 以上。以上数据应记入开孔通知单或钻孔班报表中。

c. 在清孔过程中,要不断置换泥浆,直至浇筑水下混凝土时才能停止置换,以保证已清好符合沉渣厚度要求的孔底沉渣,不因泥浆静止、渣土下沉而导致孔底实际沉渣度变差。

d. 浇注混凝土前,孔底 500 mm 以内的泥浆相对密度应小于 1.25,含砂率不大于 8%,黏度不大于 28 s。

②正反循环钻孔灌注桩施工质量控制:

a. 孔深大于 30 m 的端承型桩,钻孔机具工艺选择时宜用反循环工艺成孔或清孔。

b. 为了保证钻孔的垂直度,钻机应设置导向装置。潜水钻的钻头上应有不小于 3 倍钻头直径长度的导向装置;利用钻杆加压的正循环回转钻机,在钻具中应加设扶正器。

c. 孔达到设计深度后,清孔应符合下列规定:端承桩≤50 mm;摩擦端承桩或端承摩擦桩≤100 mm;摩擦桩≤300 mm。

d. 正反循环钻孔灌注桩成孔施工的允许偏差应满足相关规范的要求。

③冲击成孔灌注桩施工质量控制:

a. 冲孔桩孔口护筒的内径应大于钻头直径 200 mm,护筒设置要求按相关规范执行。

b. 护壁要求按相关规范执行。

④水下混凝土浇注施工质量控制:

a. 水下混凝土配制的强度等级应有一定的余量,能保证水下灌注混凝土强度等级符合设计强度的要求(并非在标准条件下养护的试块达到设计强度等级即判定符合设计要求)。

b. 水下混凝土必须具备良好的和易性,坍落度宜为 180~220 mm,水泥用量不得少于 360 kg/m^3。

c. 水下混凝土的含砂率宜控制在 40%~45%,粗骨料粒径应小于 40 mm。

d. 导管使用前应试拼装、试压,试水压力取 0.6~1.0 MPa,防止导管渗漏发生堵管现象。

e. 隔水栓应有良好的隔水性能,并能使隔水栓顺利从导管中排出,保证水下混凝土灌注成功。

f. 用以储存混凝土初灌斗的容量,必须满足第一斗混凝土灌下后,能使导管一次埋入混凝土面以下至少 0.8 m。

g. 灌注水下混凝土时应有专人测量导管内外混凝土面标高,保证混凝土在埋管 2~6 m 深时才允许提升导管。当选用吊车提拔导管时,必须严格控制导管提拔时导管离开混凝土面的可能,防止发生断桩事故。

h. 严格控制浮桩标高,凿除泛浆高度后必须保证暴露的桩顶混凝土达到设计强度值。

2) 混凝土预制桩施工

(1)预制桩钢筋骨架质量控制

①桩主筋可采用对焊或电弧焊,同一截面的主筋接头不得超过 50%,相邻主筋接头截面的距离应大于 35d(d 为主筋直径)且不小于 500 mm。

②为了防止桩顶击碎,桩顶钢筋网片位置要严格控制按图施工,并采取措施使网片位置固定正确、牢固。保证混凝土浇筑时不移位;浇注预制桩混凝土时,从柱顶开始浇筑,要保证

柱顶和桩尖不积聚过多的砂浆。

③为防止锤击时桩身出现纵向裂缝,导致桩身击碎,被迫停锤,必须严格控制预制桩钢筋骨架中主筋距桩顶的距离,绝不允许出现主筋距桩顶面过近甚至触及桩顶的质量问题出现。

④预制桩分段长度应在掌握地层土质的情况下确定,决定分段桩长度时要避开桩应接近硬持力层或桩尖处于硬持力层中接桩,防止桩尖停在硬层内接桩,电焊接桩应抓紧时间,以免耗时长,桩摩阻得到恢复,使桩下沉产生困难。

(2)混凝土预制桩的起吊、运输和堆存质量控制

①预制桩达到设计强度70%方可起吊,达到100%才能运输。

②桩水平运输,应用运输车辆,严禁在场地上直接拖拉桩身。

③垫木和吊点应保持在同一横断面上,且各层垫木上下对齐,防止垫木参差不齐而桩被剪切断裂。

④根据许多工程的实践经验,凡龄期和强度都达到的预制桩,才能顺利打入土中,很少打裂。沉桩应做到强度和龄期双控。

(3)混凝土预制桩接桩施工质量控制

①硫黄胶泥锚接法仅适用于软土层,管理和操作要求较严;应慎用一级建筑桩基或承受拔力的桩。

②焊接接桩材料:钢板宜用低碳钢,焊条宜用E43;焊条使用前必须经过烘焙,降低烧焊时含氢量,防止焊缝产生气孔而降低其强度和韧性;焊条烘焙应有记录。

③焊接接桩时,应先将四角点焊固定,焊接必须对称进行以保证设计尺寸正确,使上下节桩准确对中。

(4)混凝土预制桩沉桩质量控制

①沉桩顺序是打桩施工方案的一项十分重要内容,必须正确选择确定,避免桩位偏移、上拔、地面隆起过多、邻近建筑物破坏等事故发生。

②沉桩中停止锤击应根据桩的受力情况确定,摩擦型桩以标高为主,贯入度为辅,而端承型桩应以贯入度为主,标高为辅,并进行综合考虑,当两者差异较大时,应会同各参与方进行研究,共同研究确定停止锤击桩标准。

③为避免或减少沉桩挤土效应和对邻近建筑物、地下管线的影响,在施打大面积密集桩群时,应采取预钻孔、设置袋装砂井或塑料排水板等措施,消除部分超孔隙水压力,以减少挤土。

④插桩是保证桩位正确和桩身垂直度的重要开端,插桩应控制桩的垂直度,并应逐桩记录,以备核对查验,避免打偏。

项目4.2 钢筋混凝土结构工程质量控制

混凝土结构子分部工程质量控制工作流程,如图4.2所示。

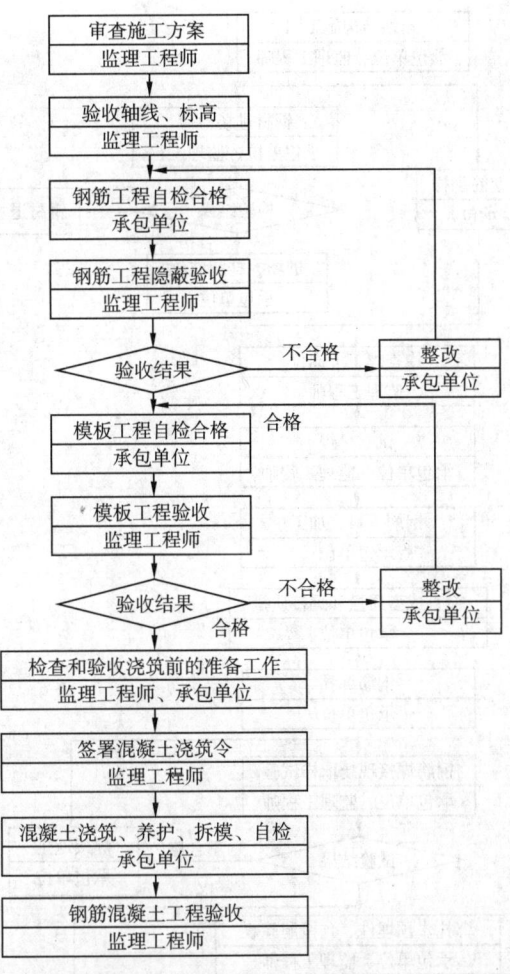

图 4.2 混凝土结构子分部工程质量控制工作流程

4.2.1 钢筋工程质量控制

钢筋分项工程质量控制工作流程,如图 4.3 所示。

1)一般规定

(1)钢筋采购与进场验收

①钢筋采购时,混凝土结构所采用的热轧钢筋、热处理钢筋、碳素钢丝、刻痕钢丝和钢绞线的质量,应分别符合现行国家标准的规定。

②钢筋从钢厂发出时,应具有出厂质量证明书或试验报告单,每捆(盘)钢筋均应有标牌。

③钢筋进入施工单位的仓库或放置场时,应按炉罐(批)号及直径分批验收。验收内容包括查对标牌,外观检查之后,才可以按有关技术标准的规定抽取试样作机械性能试验,检查合格后方可使用。

④钢筋在运输和储存时,必须保留标牌,严格防止混料,并按批分别堆放整齐,无论在检验前或检验后,都要避免锈蚀和污染。

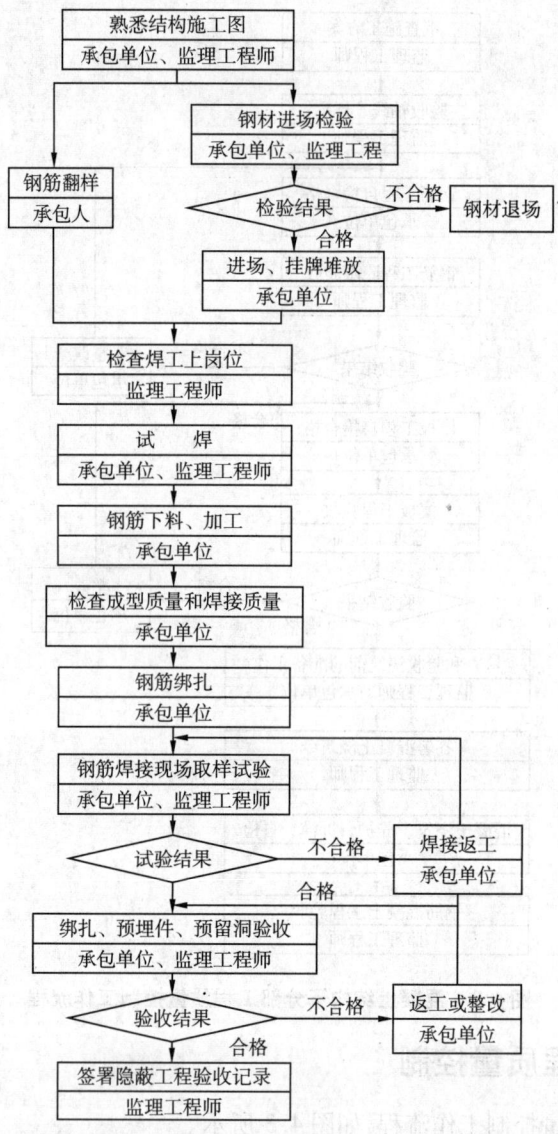

图4.3 钢筋分项工程质量控制工作流程

工程材料质量控制工作流程如图4.4所示。

(2)其他要求

①当钢筋在加工过程中发生脆断、焊接性能不良或力学性能显著不正常等现象时,应按现行国家标准对该批钢筋进行化学成分检验或金相、冲击韧性等专项检验。

②进口钢筋当需要焊接时,还要进行化学成分检验。

③对按一、二、三级抗震等级设计的框架和斜撑构件(含梯段)中的纵向受力普通钢筋应采用 HRB400E、HRB500E、HRBF335E、HRBF400E 或 HRBF500E 钢筋,其强度和最大力下总伸长率的实测值应符合下列规定:

a. 抗拉强度实测值与屈服强度实测值的比值不应小于1.25;

b. 屈服强度实测值与屈服强度标准值的比值不应大于1.30;

c. 最大力下总伸长率不应小于9%。

④钢筋的强度等级、种类和直径应符合设计要求,当需要代换时,必须征得设计单位同意,并应符合下列要求:

a. 不同种类钢筋的代换,应按钢筋受拉承载力设计值相等的原则进行;

b. 当构件受抗裂、裂缝宽度、挠度控制时,钢筋代换后应重新进行验算;

c. 钢筋代换后,应满足混凝土结构设计规范中有关间距、锚固长度、最小钢筋直径、根数等要求;

d. 对重要受力结构,不宜用光圆钢筋代换带肋钢筋;

e. 梁的纵向受力钢筋与弯起钢筋应分别进行代换;

f. 对有抗震要求的框架,不宜以强度等级较高的钢筋代替原设计中的钢筋;当必须代换时,尚应符合以上第3条的规定;

g. 预制构件的吊环,必须采用未经冷拉的HPB235级钢筋制作。

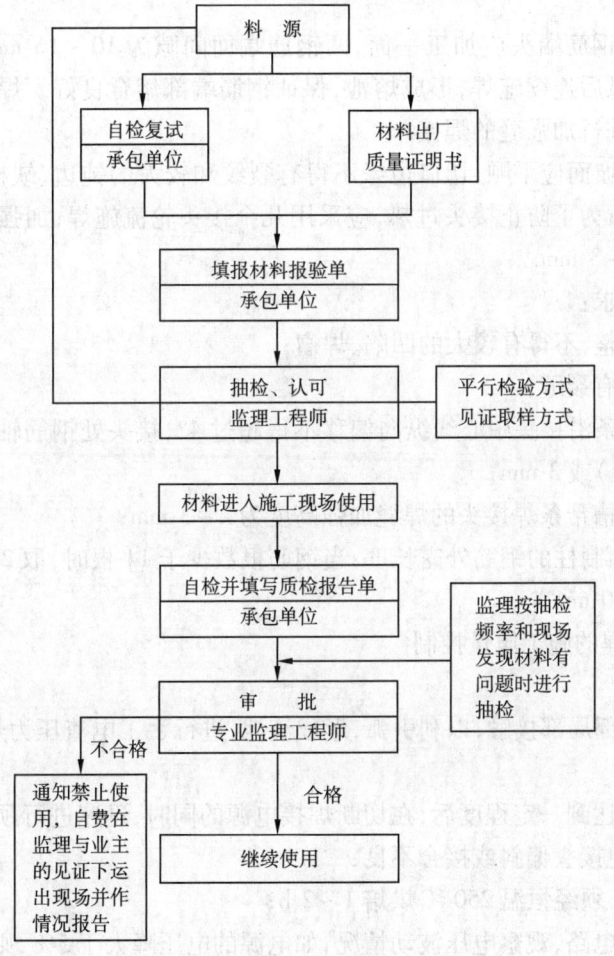

图4.4 工程材料质量控制工作流程

(3)热轧钢筋取样与试验

每批钢筋由同一截面尺寸和同一炉罐号的钢筋组成,数量不大于60 t。在每批钢筋中任选3根钢筋切取3个试样供拉力试验用,又任选3根钢筋切取3个试样供冷弯试验用。

拉力试验和弯曲试验结果必须符合现行钢筋机械性能的要求,如有某一项试验结果达不到要求,则从同一批中再任取双倍数量的试件进行复试,复试如有任一指标达不到要求,则该批钢筋就判断为不合格。

2)钢筋焊接施工质量控制

钢筋的焊接连接技术包括电阻点焊、闪光对焊、电弧焊和竖向钢筋接长的电渣压力焊以及气压焊。下面仅就电弧焊和电渣压力焊施工质量控制进行介绍。

(1)电弧焊的施工质量控制

①操作要点:

a.进行帮条焊时,两钢筋端头之间应留2.5 mm的间隙。

b.进行搭接焊时,钢筋宜预弯,以保证两钢筋的轴线在一直线上。

c.焊接时,引弧应在帮条或搭接钢筋一端开始,收弧应在帮条或搭接钢筋端头上,弧坑应填满。

d.熔槽帮条焊钢筋端头应加工平面,两钢筋端面间隙为10~16 mm;焊接时电流宜稍大,从焊缝根部引弧后连续施焊,形成熔池,保证钢筋端部熔合良好。焊接过程中应停焊敲渣一次。焊平后,进行加强缝的焊接。

e.坡口焊钢筋坡面应平顺,切口边缘不得有裂纹和较大的钝边、缺棱;钢筋根部最大间隙不宜超过10 mm;为了防止接头过热,应采用几个接头轮流施焊;加强焊缝的宽度应超过V形坡口的边缘2~3 mm。

②外观检查要求:

a.焊缝表面平整,不得有较大的凹陷、焊瘤;

b.接头处不得有裂缝;

c.帮条焊的帮条沿接头中心线纵向偏移不得超过4°,接头处钢筋轴线的偏移不得超过$0.1d$(d为主筋直径)或3 mm;

d.坡口焊及熔槽帮条焊接头的焊缝加强高度为2~3 mm;

e.坡口焊时,预制柱的钢筋外露长度:当钢筋根数少于14根时,取250 mm;当钢筋根数大于14根时,取350 mm。

(2)电渣压力焊的施工质量控制

①操作要点:

a.为使钢筋端部局部接触,以利引弧,形成渣池,进行手工电渣压力焊时,可采用直接引弧法;

b.待钢筋熔化达到一定程度后,在切断焊接电源的同时,迅速进行顶压,持续数秒钟,方可松开操作杆,以免接头偏斜或接合不良;

c.焊剂使用前,须经恒温250 ℃烘焙1~2 h;

d.焊前应检查电路,观察电压波动情况,如电源的电压降大于5%,则不宜进行焊接。

②外观检查要求:

a.接头焊包均匀,不得有裂纹,钢筋表面无明显烧伤等缺陷;

b.接头处的钢筋轴线偏移不得超过$0.1d$,同时不得大于2 mm;

c. 接头处弯曲不得大于4°。
③其他要求如下：
a. 焊工必须有焊工考试合格证。钢筋焊接前，必须根据施工条件进行试焊，合格后方可施焊。
b. 由于钢筋弯曲处内外边缘的应力差异较大，因此焊接头距钢筋弯曲处的距离，不应小于钢筋直径的10倍。
c. 在受力钢筋采用焊接接头时，设置在同一构件内的焊接接头应相互错开。在任一焊接接头中心至长度为钢筋直径 d 的35倍且不小于500 mm 的区段 L 内，同一根钢筋不得有两个接头。
d. 轴心受拉、小偏心受拉杆以及直径大于32 mm 的轴心受压和偏心受压柱中的钢筋接头均应采用焊接。
e. 对于有抗震要求的受力钢筋接头，宜优先采用焊接或机械连接。

3) 钢筋机械连接施工质量控制

钢筋机械连接技术包括直、锥螺纹连接和套筒挤压连接，下面仅介绍最常用的直螺纹连接施工质量控制。

(1) 构造要求

①同一构件内同一截面受力钢筋的接头位置应相互错开。在任一接头中心至长度为钢筋直径35倍的区域范围内，有接头的受力钢筋截面积占受力钢筋总截面面积的百分率应符合下列规定：
a. 受拉区的受力钢筋接头百分率不宜超过50%。
b. 受拉区的受力钢筋受力较小时，A级接头百分率不受限制。
c. 接头宜避开有抗震设防要求的框架梁端和柱端的箍筋加密区；当无法避开时，接头应采用A级接头，且接头百分率不应超过50%。
②接头端头距钢筋弯起点不得小于钢筋直径的10倍。
③不同直径钢筋连接时，一次对接钢筋直径规格不宜超过二级。
④钢筋连接套处的混凝土保护层厚度除了要满足现行国家标准外，还必须满足其保护层厚度不得小于15 mm，且连接套之间的横向净距不宜小于25 mm。

(2) 操作要点

①操作工人必须持证上岗。
②钢筋应先调直再下料。切口端面应与钢筋轴线垂直，不得有马蹄形或挠曲。不得用气割下料。
③加工钢筋直螺纹丝头的牙形、螺距等必须与连接套的牙形、螺距相一致，且经配套的量规检测合格。
④加工钢筋直螺纹时，应采用水溶液切削润滑液。不得用机油作润滑液或不加润滑液套丝。
⑤已检验合格的丝头应加帽头予以保护。
⑥连接钢筋时，钢筋规格和连接套的规格应一致，并确保钢筋和连接套的丝扣干净完好无损。

⑦采用预埋接头时,连接套的位置、规格和数量应符合设计要求。带连接套的钢筋应固定牢固,连接套的外露端应有密封盖。

⑧必须用精度±5%的力矩扳手拧紧接头,且要求每半年用扭力仪检定力矩扳手一次。

⑨连接钢筋时,应对正轴线将钢筋拧入连接套,然后用力矩扳手拧紧。

⑩接头拧紧值应满足规定的力矩值,不得超拧。拧紧后的接头应作上标志。

4)钢筋绑扎与安装施工质量控制

(1)准备工作

①确定分部分项工程的绑扎进度和顺序。

②了解运料路线、现场堆料情况、模板清扫和润滑状况以及坚固程度、管道的配合条件等。

③检查钢筋的外观质量,着重检查钢筋的锈蚀状况,确定是否要进行除锈。

④在运料前要核对钢筋的直径、形状、尺寸以及钢筋级别是否符合设计要求。

⑤准备必需数量的工具和水泥砂浆垫块与绑扎所需的钢丝等。

(2)操作要点

①钢筋的交叉点都应扎牢。

②板和墙的钢筋网,除靠近外围两行钢筋的相交点全部扎牢外,中间部分的相交点可相隔交错扎牢,但必须保证受力钢筋不位移;如采用一面顺扣绑扎,交错绑扎扣应变换方向绑扎;对于面积较大的网片,可适当用钢筋作斜向拉结加固双向受力的钢筋,且须将所有相交点全部扎牢。

③梁和柱的箍筋,除设计有特殊要求外,应与受力钢筋保持垂直;箍筋弯钩叠合处,应与受力钢筋方向错开。此外,梁的箍筋弯钩应尽量放在受压处。

④绑扎柱竖向钢筋时,角部钢筋的弯钩应与模板成45°;中间钢筋的弯钩应与模板成90°;当采用插入式振动器浇筑小型截面柱时,弯钩平面与模板面的夹角不得小于15°。

⑤绑扎基础底板面钢筋时,要防止弯钩平放,应预先使弯钩朝上;如钢筋带有弯起直段的,绑扎前应将直段立起来,宜用细钢筋联系上,防止直段倒斜。

⑥钢筋的绑扎接头应符合下列要求:

a. 搭接长度的末端与钢筋弯曲处的距离不得小于钢筋直径的10倍。接头不宜位于构件最大弯矩处。

b. 钢筋位于受拉区域内的,HPB235级钢筋和冷拔低碳钢丝绑扎接头的末端应做弯钩,HPB335级和HRB400级钢筋可不做弯钩。

c. 直径不大于12mm的受压HPB235级钢筋的末端,以及轴心受压构件中任意直径的受力钢筋的末端,可不做弯钩,但搭接长度不得小于钢筋直径的35倍。

d. 在钢筋搭接处,应用钢丝扎牢其中心和两端。

e. 受拉钢筋绑扎接头的搭接长度应符合现行相关标准的规定,受压钢筋的搭接长度相应取受拉钢筋搭接长度的0.7倍。

f. 焊接骨架和焊接网采用绑扎接头时,搭接接头不宜位于构件的最大弯矩处;焊接骨架和焊接网在非受力方向的搭接长度,宜为100 mm;受拉焊接骨架和焊接网在受力钢筋方向的搭接长度,应符合现行标准的规定;受压焊接骨架和焊接网取受拉焊接骨架和焊接网的

0.7倍。

g. 各受力钢筋之间的绑扎接头位置应相互错开。从任一绑扎接头中心至搭接长度 L_1 的 1.3 倍区域内受力钢筋截面面积占受力钢筋总截面面积的百分率应符合有关规定。绑扎接头中钢筋的横向净距不应小于钢筋直径,还需满足不小于 25 mm。

h. 在绑扎骨架中非焊接接头长度范围内,当搭接钢筋受拉时,其箍筋间距应不大于 $5d$,且应大于 100 mm;当受压时,应不大于 $10d$,且应不大于 200 mm。

(3)钢筋安装注意事项

①钢筋的混凝土保护层厚度应符合规定。

②一般情况下,当保护层厚度在 20 mm 以下时,垫块尺寸约为 30 mm 见方;厚度在 20 mm 以上时,约为 50 mm 见方。

③混凝土保护层砂浆垫块应根据钢筋粗细和间距垫得适量可靠。竖向钢筋可采用带铁丝的垫块,绑在钢筋骨架外侧。

④当物件中配置双层钢筋网,需利用各种撑脚支托钢筋网片,撑脚可用相应的钢筋制成。

⑤当梁中配有两排钢筋时,为了使上排钢筋保持正确位置,要用短钢筋作为垫筋垫在两排钢筋中间。

⑥墙体中配置双层钢筋时,为了使两层钢筋网保持正确位置,可采用各种用细钢筋制作的撑件加以固定。

⑦对于柱的钢筋,现浇柱与基础连接而设在基础内的插筋,其箍筋应比柱的箍筋缩小一个直径,以便连接;插筋必须固定准确牢靠。下层柱的钢筋露出楼面部分,宜用工具式箍将其收进一个柱筋直径,以利上层柱的钢筋搭接;当柱截面改变时,其下层柱钢筋的露出部分,必须在绑扎上部其他部位钢筋前,先行收缩准确。

⑧安装钢筋时,配置的钢筋级别、直径、根数和间距应符合设计图纸的要求。

⑨绑扎和焊接的钢筋网和钢筋骨架,不得有变形、松脱和开焊。钢筋位置的允许偏差应符合《混凝土结构工程施工质量验收规范》(GB 50204)中表 5.5.2 的规定。

4.2.2 模板工程质量控制

模板分项工程质量控制工作流程如图 4.5 所示。

1)一般规定

(1)模板及其支架必须符合下列规定

①保证工程结构和构件各部分形状尺寸及相互位置的正确。这就要求模板工程的几何尺寸、相互位置及标高满足设计图纸要求,以及混凝土浇筑完毕后在其允许偏差范围内。

②要求模板工程具有足够的承载力、刚度和稳定,能使它在静荷载和动荷载的作用下不出现塑性变形、倾覆和失稳。

③构造简单,拆装方便,便于钢筋的绑扎和安装以及混凝土的浇筑和养护,做到加工容易,集中制造,提高工效,紧密配合,综合考虑。

④模板的拼缝不应漏浆。反复使用的钢模板要不断进行整修,保证其棱角顺直、平整。

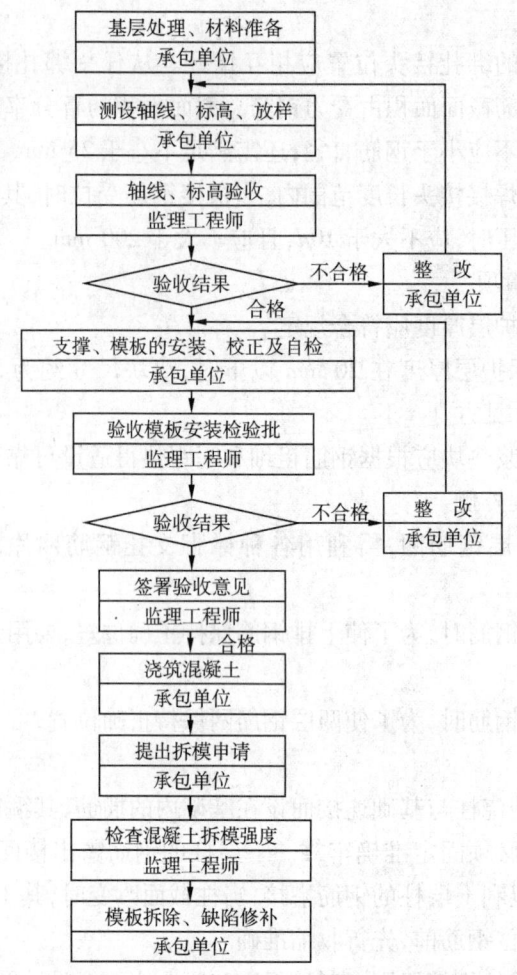

图4.5 模板分项工程质量控制工作流程

(2)各模板的设计、制作应符合国家标准的有关规定

组合钢模板、大模板、滑升模板等的设计、制作和施工尚应符合国家现行标准的有关规定。

(3)模板涂刷隔离剂的注意事项

模板使用前应涂刷隔离剂,不宜采用油质类隔离剂,严禁隔离剂沾污钢筋与混凝土接槎处,以免影响钢筋与混凝土的握裹力以及混凝土接槎处不能有机结合。因此,不得在模板安装后刷隔离剂。

(4)对模板及其支架应定期维修

钢模板及支架应防止锈蚀,从而延长模板及其支架的使用寿命。

2)模板安装的质量控制

①竖向模板和支架的支承部分必须坐落在坚实的基土上,并应加设垫板,使其有足够的支承面积。

②一般情况下,模板自下而上地安装。在安装过程中要注意模板的稳定,可设临时支撑稳住模板,待安装完毕且校正无误后方可固定牢固。

③模板安装要考虑拆除方便,宜在不拆梁的底模和支撑的情况下,先拆除梁的侧模,以利周转使用。

④模板在安装过程中应多检查,注意垂直度、中心线、标高及各部位的尺寸;保证结构部分的几何尺寸和相邻位置的正确。

⑤现浇钢筋混凝土梁、板,当跨度大于或等于4 m时,模板应起拱;当设计无要求时,起拱高度宜为全跨长的1‰~3‰。不允许起拱过小而造成梁、板底下垂。

⑥现浇多层房屋和构筑物支模时,采用分段分层方法。下层混凝土须达到足够的强度以承受上层作业荷载传来的力,且上、下立柱应对齐,并铺设垫板。

⑦固定在模板上的预埋件和预留洞不得遗漏,安装必须牢固,位置准确,其允许偏差应符合《混凝土结构工程施工质量验收规范》(GB 50204)中表4.2.6的规定。

⑧现浇结构模板安装的允许偏差,应符合《混凝土结构工程施工质量验收规范》(GB 50204)中表4.2.7的规定。

3)模板拆除的质量控制

(1)混凝土结构拆模时的强度要求

模板及其支架拆除时的混凝土强度应符合设计要求,当设计无具体要求时,应符合下列规定:

①侧模在混凝土强度能保证其表面及棱角不因拆除模板而受损坏后,方可拆除。

②底模在混凝土强度应符合表4.6的规定后,方可拆除。

表4.6 现浇结构拆模时所需混凝土强度

结构类型	结构跨度/m	按设计的混凝土强度标准值的百分率计/%
板	≤2	≥50
板	>2且≤8	≥75
板	>8	≥100
梁、拱、壳	≤8	≥75
梁、拱、壳	>8	≥100
悬臂结构		≥100

注:"设计的混凝土强度标准值"是指与设计混凝土强度等级相应的混凝土立方体抗压强度标准值。

(2)混凝土结构拆模后的强度要求

混凝土结构在模板和支架拆除后,需待混凝土强度达到设计混凝土强度等级后,方可承受全部使用荷载;当施工荷载所产生的效应比使用荷载的效应更为不利时,必须经过核算,加设临时支撑。

(3)其他注意事项

①拆模时不要用力过猛过急,拆下来的模板和支撑用料要及时运走、整理。

②拆模顺序一般应是后支的先拆,先支的后拆,先拆非承重部分,后拆承重部分。重大复杂模板的拆除,事先要制订拆模方案。

③多层楼板模板支柱的拆除,应按下列要求进行:上层楼板正在浇灌混凝土时,下一层楼板的模板支柱不得拆除,再下层楼板的支柱仅可拆除一部分;跨度4 m及4 m以上的梁上均应保留支柱,其间距不得大于3 m。

4.2.3 混凝土工程质量控制

混凝土分项工程质量控制工作流程,如图4.6所示。

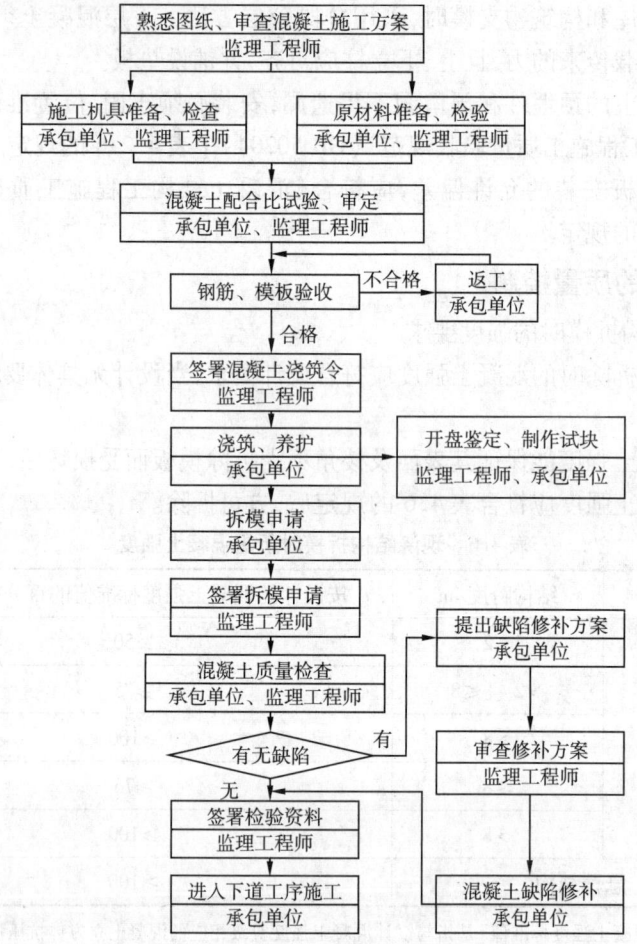

图4.6 混凝土分项工程质量控制工作流程

1)混凝土搅拌的质量控制

(1)搅拌机的选用

混凝土搅拌机按搅拌原理可分为自落式和强制式两种。流动性及低流动性混凝土选用自落式,低流动性及干硬性选用强制式。

(2)混凝土搅拌前材料质量检查

在混凝土拌制前,应对原材料质量进行检查,合格原材料才能使用。

(3)混凝土工程的施工配料计量

在混凝土工程的施工中,混凝土质量与配料计量控制关系密切。但在施工现场有关人员为图方便,往往是骨料按体积比,加水量由人工凭经验控制,这样造成拌制的混凝土离散

性很大,难以保证混凝土的质量,故混凝土的施工配料计量须符合下列规定:

①水泥、砂、石子、混合料等干料的配合比,应采用质量法计量。

②水的计量必须在搅拌机上配置水箱或定量水表。

③外加剂中的粉剂可按水泥计量的一定比例先与水泥拌匀,在搅拌时加入;溶液掺入先按比例稀释为溶液,按用水量加入。

④混凝土原材料每盘称量的偏差,不得超过水泥及掺合料±2%、粗、细骨料±3%、水和外加剂±2%。

(4)首拌混凝土的操作要求

首拌第一盘混凝土是整个操作混凝土的基础,操作要求如下:

①空车运转的检查:旋转方向是否与机身箭头一致;空车转速比重车快2~3 r/min;检查时间2~3 min。

②上料前应先启动,待正常运转后方可进料。

③为补偿黏附在机内的砂浆,第一盘减少石子约30%,或多加水泥、砂各15%。

(5)搅拌时间的控制

搅拌混凝土的目的是所有骨料表面都涂满水泥浆,从而使混凝土各种材料混合成均质体。因此,所需的搅拌时间与搅拌机类型、容量和配合比有关。

2)混凝土浇捣质量控制

(1)混凝土浇捣前的准备

①对模板、支架、钢筋、预埋螺栓、预埋铁的质量、数量、位置逐一检查,并作好记录。

②与混凝土直接接触的模板,地基基土,未风化的岩石,应清除淤泥和杂物,用水湿润。地基上应有排水和防水措施。模板中的缝隙和孔应堵严。

③混凝土自由倾落高度不宜超过2 m。

④根据工程需要和气候特点,应准备好抽水设备、防雨等物品。

(2)浇捣过程中的质量要求

①分层浇捣时间间隔:

a.分层浇捣为了保证混凝土的整体性,浇捣工作原则上要求一次完成。但出于振捣机具性能、配筋等原因,混凝土需要分层浇捣时,其浇筑层的厚度,应符合相应规定。

b.浇捣的时间间隔:浇捣应连续进行。当必须间歇时,其间歇时间应尽量缩短,并应在前层混凝土初凝之前,将次层混凝土浇筑完毕。前层混凝土凝结时间不得超过相关规定,否则应留施工缝。

②采用振动器振实混凝土时,每一振点的振捣时间,应将混凝土振实至呈现浮浆和不再沉落为止。

③在浇筑与柱和墙连成整体的梁与板时,应在柱和墙浇捣完毕后停歇1~1.5 h,再继续浇筑。梁和板宜同时浇筑混凝土。

④大体积混凝土的浇筑应按施工方案合理分段,分层进行,浇筑应在室外气温较高时进行,但混凝土浇筑温度不宜超过35 ℃。

(3)施工缝的位置设置

混凝土施工缝的位置宜留在剪力较小且便于施工的部位。柱应留水平缝,梁、板、墙应留竖直缝。具体要求如下：

a. 柱子留置在基础的顶面，梁和吊车梁牛腿下面，吊车梁的上面，无梁楼板柱帽的下面。

b. 与板连成整体的大截面梁，留置在板底面以下 20～30 mm 处；当板下有梁托时，留在梁托下部。

c. 单向板留置在平行于板的短边的任何位置。

d. 有主、次梁的楼板，宜顺着次梁方向浇筑，施工缝应留置在次梁跨度的中间 1/3 范围内。

e. 双向受力板、大体积结构、拱、薄壳、蓄水池及其他结构复杂的工程，施工缝的位置应按设计要求留置。

f. 施工缝应与模板成 90°。

（4）施工缝处理

在混凝土施工缝处继续浇筑混凝土时，其操作要点见表 4.7。

表 4.7 混凝土施工缝操作要点

项 目	要 点
已浇筑混凝土的最低强度	>1.2 MPa
已硬化混凝土的接缝面	（1）将水泥浆膜、松动石子、软弱混凝土层以及钢筋上的油污、浮锈、旧浆等彻底清除； （2）用水冲刷干净，但不得积水； （3）先铺与混凝土成分相同的水泥砂浆，厚度 10～15 mm
新浇筑的混凝土	（1）不宜在施工缝处首先下料，可由远及近地接近施工缝； （2）细致捣实，使新旧混凝土成为整体； （3）加强保湿养护

3）现浇混凝土工程质量验收

（1）基本规定

①混凝土结构施工现场质量管理应有相应的施工技术标准、健全的质量管理体系、施工质量控制和质量检验制度。

混凝土结构施工项目应有施工组织设计和施工技术方案，并经审查批准。

②混凝土结构子分部工程可根据结构的施工方法分为两类：现浇混凝土结构子分部工程和装配式混凝土结构子分部工程；根据结构的分类，可分为钢筋混凝土结构子分部工程和预应力混凝土结构子分部工程等。

混凝土结构子分部工程可划分为模板、钢筋、预应力、混凝土、现浇结构和装配式结构等分项工程。

各分项工程可根据与施工方式相一致且便于控制施工质量的原则，按工作班、楼层、结构缝或施工段划分为若干检验批。

③对混凝土结构子分部工程的质量验收，应在钢筋、预应力、混凝土、现浇结构或装配式结构等相关分项工程验收合格的基础上，进行质量控制资料检查及观感质量验收，并应对涉

及结构安全的材料、试件、施工工艺和结构的重要部位进行见证检测或结构实体检验。

④分项工程的质量验收应在所含检验批验收合格的基础上,进行质量验收记录检查。

⑤检验批的质量验收应包括如下内容:

A. 实物检查,按下列方式进行:

a. 对原材料、构配件和器具等产品的进场复验,应按进场的批次和产品的抽样检验方案执行。

b. 对混凝土强度、预制构件结构性能等,应按国家现行有关标准和本规范规定的抽样检验方案执行。

c. 对本规范中采用计数检验的项目,应按抽查总点数的合格点率进行检查。

B. 资料检查,包括原材料、构配件和器具等的产品合格证(中文质量合格证明文件、规格、型号及性能检测报告等)及进场复验报告、施工过程中重要工序的自检和交接检记录、抽样检验报告、见证检测报告、隐蔽工程验收记录等。

⑥检验批合格质量应符合下列规定:

a. 主控项目的质量经抽样检验合格。

b. 一般项目的质量经抽样检验合格;当采用计数检验时,除有专门要求外,一般项目的合格点率应达到80%及以上,且不得有严重缺陷。

c. 具有完整的施工操作依据和质量验收记录。

对验收合格的检验批,宜做出合格标志。

⑦检验批、分项工程、混凝土结构子分部工程的质量验收记录,质量验收程序和组织应符合国家标准《建筑工程施工质量验收统一标准》(GB 50300)的规定。

(2)钢筋安装

①主控项目。钢筋安装时,受力钢筋的品种、级别、规格和数量必须符合设计要求。

检查数量:全数检查。检验方法:观察,钢尺检查。

②一般项目。钢筋安装的偏差应符合表4.8的规定,受力钢筋保护层厚度的合格点率应达到90%及以上,且不得有超过表中数值1.5倍的尺寸偏差。

检查数量:在同一检验批内,对梁、柱和独立基础,应抽查构件数量的10%,且不应少于3件;对墙和板,应按有代表性的自然间抽查10%,且不应少于3间;对大空间结构,墙可按相邻轴线间高度5 m左右划分检查面,板可按纵、横轴线划分检查面,抽查10%,且均不应少于3面。

表4.8 钢筋安装的允许偏差和检验方法

项目		允许偏差/mm	检验方法
绑扎钢筋网	长、宽	±10	尺量
	网眼尺寸	±20	尺量连续三挡,取最大偏差值
绑扎钢筋骨架	长	±10	尺量
	宽、高	±5	尺量

续表

项 目		允许偏差/mm	检验方法
纵向受力钢筋	锚固长度	-20	尺量
	间距	±10	尺量两端、中间各一点,取最大偏差值
	排距	±5	
纵向受力钢筋、箍筋的混凝土保护层厚度	基础	±10	尺量
	柱、梁	±5	尺量
	板、墙、壳	±3	尺量
绑扎箍筋、横向钢筋间距		±20	尺量连续三挡,取最大偏差值
钢筋弯起点位置		20	尺量
预埋件	中心线位置	5	尺量
	水平高差	+3,0	塞尺量测

注:检查中心线位置时,沿纵、横两个方向量测,并取其中偏差的较大值。

(3)现浇筑混凝土工程

①现浇结构的外观质量缺陷,应由监理(建设)单位、施工单位等各方根据其对结构性能和使用功能影响的严重程度,按表4.9确定。

表4.9 现浇结构外观质量缺陷

名 称	现 象	严重缺陷	一般缺陷
露筋	构件内钢筋未被混凝土包裹而外露	纵向受力钢筋有露筋	其他钢筋有少量露筋
蜂窝	混凝土表面缺少水泥砂浆而形成石子外露	构件主要受力部位有蜂窝	其他部位有少量蜂窝
孔洞	混凝土中孔穴深度和长度均超过保护层厚度	构件主要受力部位有孔洞	其他部位有少量孔洞
夹渣	混凝土中夹有杂物且深度超过保护层厚度	构件主要受力部位有夹渣	其他部位有少量夹渣
疏松	混凝土中局部不密实	构件主要受力部位有疏松	其他部位有少量疏松
裂缝	缝隙从混凝土表面延伸至混凝土内部	构件主要受力部位有影响结构性能或使用功能的裂缝	其他部位有少量不影响结构性能或使用功能的裂缝
连接部位缺陷	构件连接处混凝土缺陷及连接钢筋、连接件松动	连接部位有影响结构传力性能的缺陷	连接部位有基本不影响结构传力性能的缺陷

续表

名　称	现　象	严重缺陷	一般缺陷
外形缺陷	缺棱掉角、棱角不直、翘曲不平、飞边突肋等	清水混凝土构件有影响使用功能或装饰效果的外形缺陷	其他混凝土构件有不影响使用功能的外形缺陷
外表缺陷	构件表面麻面、掉皮、起砂、沾污等	具有重要装饰效果的清水混凝土构件有外表缺陷	其他混凝土构件有不影响使用功能的外表缺陷

②现浇结构拆模后,应由监理(建设)单位、施工单位对外观质量和尺寸偏差进行检查、作出记录,并应及时按施工技术方案对缺陷进行处理。

(4)外观质量

①主控项目。现浇结构的外观质量不应有严重缺陷。对已经出现的严重缺陷,应由施工单位提出技术处理方案,并经监理(建设)单位认可后进行处理。对经处理的部位,应重新检查验收。

检查数量:全数检查。检验方法:观察,检查技术处理方案。

②一般项目。现浇结构的外观质量不宜有一般缺陷。对已经出现的一般缺陷,应由施工单位按技术处理方案进行处理,并重新检查验收。

检查数量:全数检查。检验方法:观察,检查技术处理方案。

(5)尺寸偏差

①主控项目。现浇结构不应有影响结构性能和使用功能的尺寸偏差。混凝土设备基础不应有影响结构性能和设备安装的尺寸偏差。

对超过尺寸允许偏差且影响结构性能和安装、使用功能的部位,应由施工单位提出技术处理方案,并经监理(建设)单位认可后进行处理。对经处理的部位,应重新检查验收。

检查数量:全数检查。检验方法:量测,检查技术处理方案。

②一般项目。现浇结构拆模后的尺寸偏差应符合表4.10的规定。

检查数量:按楼层、结构缝或施工段划分检验批。在同一检验批内,对梁、柱和独立基础,应抽查构件数量的10%,且不少于3件;对墙和板,应按有代表性的自然间抽查10%,且不少于3间;对大空间结构,墙可按相邻轴线间高度5 m左右划分检查面,板可按纵、横轴线划分检查面,抽查10%,且均不少于3面;对电梯井,应全数检查。对设备基础,应全数检查。

表4.10　现浇结构尺寸允许偏差和检验方法

项　目		允许偏差/mm	检验方法
轴线位置	整体基础	15	经纬仪及尺量
	独立基础	10	经纬仪及尺量
	柱、墙、梁	8	尺量

续表

项 目		允许偏差/mm	检验方法
垂直度	层高 ≤6 m	10	经纬仪或吊线、尺量
	层高 >6 m	12	经纬仪或吊线、尺量
	全高(H) ≤300 m	$H/30000+20$	经纬仪、尺量
	全高(H) >300 m	$H/10000$ 且 ≤30	经纬仪、尺量
标高	层高	±10	水准仪或拉线、尺量
	全高	±30	水准仪或拉线、尺量
截面尺寸	基础	+15,-10	尺量
	柱、梁、板、墙	+10,-5	尺量
	楼梯相邻踏步高差	6	尺量
电梯井	中心位置	10	尺量
	长、宽尺寸	+25,0	尺量
表面平整度		8	2 m 靠尺和塞尺量测
预埋件中心位置	预埋件	10	尺量
	预埋螺栓	5	尺量
	预埋管	5	尺量
	其他	10	尺量
预留洞、孔中心线位置		15	尺量

注:①检查轴线、中心线位置时,沿纵、横两个方向测量,并取其中偏差的较大值。
②H 为全高,单位为 mm。

项目 4.3 砌筑工程质量控制

砖砌体分项工程质量控制工作流程如图 4.7 所示。

4.3.1 砌砖工程质量控制

1) 砌砖施工过程的检查项目

①检查测量放线的测量结果并进行复核。标志板、皮数杆设置位置准确牢固。

②检查砂浆拌制的质量。砂浆配合比、和易性应符合设计及施工要求。砂浆应随拌随用,常温下水泥和水泥混合砂浆应分别在 3 h 和 4 h 内用完,温度高于 30 ℃时,应再提前 1 h。

③检查砖的含水率,砖应提前 1~2 d 浇水湿润。普通砖、多孔砖的含水率宜为 10%~15%,灰砂砖、粉煤灰砖宜为 8%~12%。现场可断砖以水浸入砖 10~15 mm 深为宜。

④检查砂浆的强度。应在砂浆拌制地点留置砂浆强度试块,各类型及强度等级的砌筑

砂浆每一检验批不超过 250 m² 的砌体,每台搅拌机应至少制作一组试块(每组 6 块),其标准养护 28 d 的抗压强度应满足设计要求。

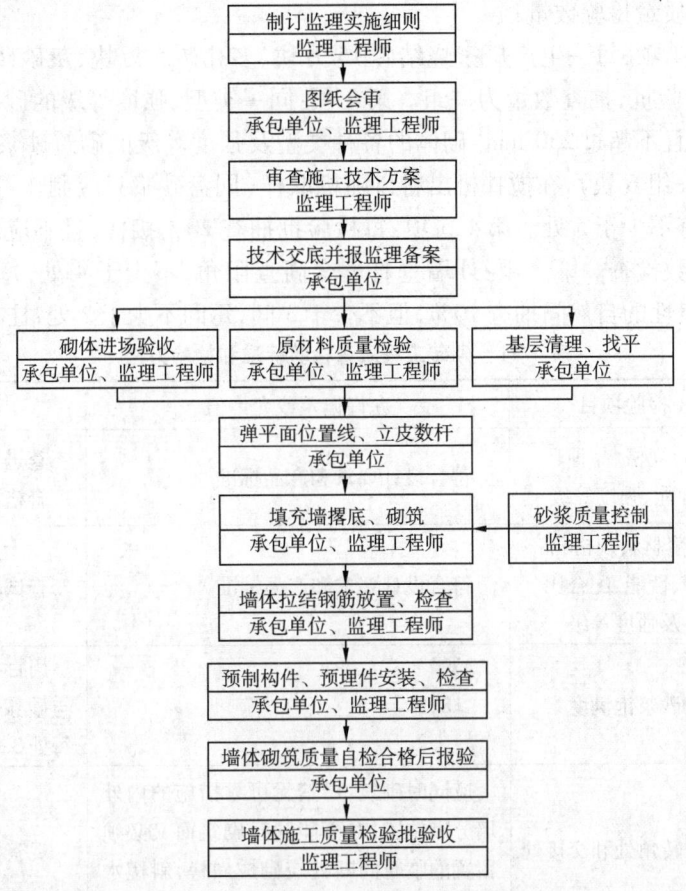

图 4.7 砖砌体分项工程质量控制工作流程

⑤检查砌体的组砌形式,保证上、下皮砖至少错开 1/4 的砖长,避免产生通缝。

⑥检查砌体的砌筑方法,应采取"三一"砌筑法。

⑦施工过程中应检查是否按规定挂线砌筑,随时检查墙体平整度和垂直度,并应采取"三皮一吊、五皮一靠"的检查方法,保证墙面的横平竖直。

⑧检查砂浆的饱满度。水平灰缝饱满度应达到 80%,每层每轴线应检查 1~2 次,存在问题时应加大频度 2 倍以上。竖向灰缝不得出现透明缝、瞎缝和假缝。

⑨检查转角处和交接处的砌筑及接槎质量。施工中应尽量保证墙体同时砌筑,以提高砌体结构的整体性和抗震性。检查时要注意砌体的转角处和交接处应同时砌筑,严禁无可靠措施的内、外墙分砌施工。对不能同时砌筑而又必须留置的临时间断处应砌成斜槎,斜槎水平投影长度不应小于高度的 2/3。当不能留斜槎时,除转角处外,也可留直槎(阳槎)。抗震设防区应按规定在转角和交接部位设置拉结钢筋。

⑩检查预留孔洞、预埋件是否符合设计要求。

⑪检查构造柱的设置、施工是否符合设计及施工规范的要求。

2)砌砖工程质量检验标准和检验方法

①砌砖工程质量检验标准和检验方法见表4.11。

②砌砖工程质量检验数量:

主控项目第1项:每一生产厂家烧结砖15万块、多孔砖5万块、灰砂砖及粉煤灰砖10万块各为一个检验批,抽查数量为一组。第2项:同一类型、强度等级的砂浆试块不少于3组。每一检验批且不超过250 mm^3 砌体的各种类型及强度等级的砌筑砂浆,每台搅拌机应至少抽检一次(一组6块),在搅拌机出料口随机取样(同盘砂浆只应制作一组试块)。第3项:每检验批抽查不少于5处。第4,5项:每检验批抽查20%接槎,且不应小于5处。第6项:承重墙、柱全数检查。第7项:外墙垂直度全高查阳角,不少于4处,每层每20 m查1处;内墙按有代表性的自然间抽查10%,但不少于3间,每间不少于2处,柱不少于5根。

表4.11 砌砖工程质量检验标准和检验方法

项目	序号	检验项目		允许偏差或允许值	检验方法
主控项目	1	砖规格、品种、性能、强度等级		符合设计要求和产品标准	查进场试验报告及出厂合格证
	2	砂浆材料规格、品种、性能、配合比及强度等级		符合设计要求和产品标准	查试块试验报告
	3	砂浆饱满度		≥80%	用百格网检查砖底面与砂浆黏结痕迹面积,每处3块,取其平均值
	4	砌体转角处和交接处		应同时砌筑,严禁无可靠措施的内外墙分砌施工,对不能同时砌筑而又必须留置的临时间断处应砌成斜槎,斜槎水平投影长度不应小于高度的2/3	观察检查
	5	临时间断处		非抗震设防及抗震设防6,7度地区,当不能留斜槎时,除转角外可留直槎,必须做成阳槎,并应加设拉结钢筋,按墙厚每120 mm放1小6(不少于2根),间距沿墙高不超过500 mm,伸入墙内不少于500 mm(抗震区不少于1 000 mm),末端应留有90°的弯钩 合格标准:留槎正确,拉结筋设置数量、直径正确,竖向间距偏差不超过100 mm,留置长度基本符合规定	观察及尺量
	6	轴线位置/mm		≤10 m	经纬仪、尺量、拉线量测
	7	垂直度偏差/mm	每层	5	2 m靠尺检查
			全高 ≤10	10	
			>10 m	20	经纬仪、吊线和尺检查

续表

项目	序号	检验项目		允许偏差或允许值	检验方法
一般项目	1	组砌方法		正确,上下错缝,内外搭接,砖柱无包心砌法	观察检查
	2	水平灰缝厚度 10 mm		±2	用尺量 10 块砖高、2 m 长的砌体折算其灰缝厚(宽)度
	3	基础顶面和楼面标高		±15	用水平仪和尺检查,在结构板面上进行
	4	表面平整度偏差	清水墙	5	用 2 m 靠尺和楔形塞尺检查。检查时,靠尺宜倾斜 45°放置,每片墙宜检测 1 处
			混水墙	8	
	5	门窗洞口高、宽(后塞口)		±5	用尺检查
	6	外墙上下窗口偏移		20	以底层窗口为准,用经纬仪或吊线检查,以中心线计算
	7	水平灰缝平直度	清水墙	7	拉 10 m 线和尺检查,不足 10 m 的墙按全墙长度
			混水墙	10	
	8	清水墙游丁走缝		20	吊线和尺检查,以第一层第一皮砖为准

4.3.2 砌块工程质量控制

小型砌块工程质量要求如下所述:

①砌块的品种、强度等级必须符合设计要求。

②砂浆品种必须符合设计要求,强度等级必须符合下列规定:

a. 同一验收批砂浆立方体抗压强度各组平均值应等于或大于验收批砂浆设计强度等级所对应的立方体抗压强度。

b. 同一验收批中砂浆立方体抗压强度的最小一组平均值应等于或大于 0.75 倍验收批砂浆设计强度等级所对应的立方体抗压强度。

③砌体砂浆必须密实饱满,水平灰缝的砂浆饱满度应按净面积计算,不得低于 90%,竖向灰缝的砂浆饱满度不得低于 80%。

④砌体的水平灰缝厚度和竖直灰缝宽度应控制在 8~12 mm,砌筑时的铺灰长度不得超过 800 mm,严禁用水冲浆灌缝。

⑤对设计规定的洞口、管道、沟槽和预埋件等,应在砌筑时预留或预埋,严禁在砌好的墙体上打凿。在小砌块墙体中不得预留水平沟槽。

⑥外墙的转角处严禁留直槎,其他临时间断处留槎的做法必须符合相应小砌块的技术规程。接槎处砂浆应密实,灰缝、砌块平直。

⑦小砌块缺少辅助规格时,墙体通缝不得超过两皮砌块高。

⑧预埋拉结筋的数量、长度及留置符合设计要求。

⑨清水墙组砌正确,墙面整洁,刮缝深度适宜。

⑩芯柱混凝土的拌制、浇筑、养护应符合《混凝土结构工程施工质量验收规范》(GB 50204)的要求。

⑪砌块砌体的位置、垂直度、尺寸的允许偏差应符合表4.12。

表4.12 小砌块砌体的尺寸和位置的允许偏差

项 目			允许偏差/mm	检验方法
轴线位置偏移			10	用经纬仪和尺检查
基础顶面和楼面标高			±15	用水平仪和尺检查
小砌块砌体垂直度	每 层		5	用2 m托线板检查
	全高	≤10 m	10	用经纬仪、吊线和尺检查
		>10 m	20	
填充墙砌体垂直度		≤3 m	5	用2 m托线板和尺检查
		>3 m	10	
表面平整度		清水墙、柱	5	用2 m靠尺和楔形塞尺检查
		混水墙、柱	8	
水平灰缝平直度		清水墙	7	拉10 m线和尺检查
		混水墙	10	
门窗洞口高、宽(后塞口)			±5	用尺检查
外墙上下窗口偏移			20	用经纬仪或吊线检查,以底层窗口为准

项目4.4 装饰工程质量控制

建筑装饰装修分部工程质量控制工作流程,如图4.8所示。

4.4.1 抹灰工程质量控制

1)抹灰工程施工一般规定

①抹灰工程采用的砂浆品种,应按设计要求选用,如设计无要求,应符合下列规定:

a.外墙门窗洞口的外侧壁、屋檐、勒脚、压檐墙等处的抹灰,选用水泥砂浆或水泥混合砂浆。

b.湿度较大的房间和车间的抹灰,选用水泥砂浆或水泥混合砂浆。

c.混凝土板和墙的底层抹灰,选用水泥混合砂浆、水泥砂浆或聚合物水泥砂浆。

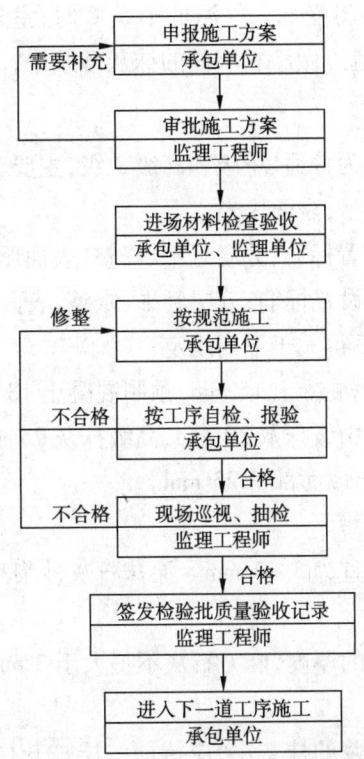

图 4.8 建筑装饰装修分部工程质量控制工作流程

d. 硅酸盐砌块、加气混凝土块和板的底层抹灰,选用水泥混合砂浆或聚合物水泥砂浆。

e. 板条、金属网顶棚和墙的底层和中层抹灰,选用麻刀石灰砂浆或纸筋石灰砂浆。

②抹灰砂浆的配合比和稠度等应经检查合格后,方可使用。水泥砂浆及掺有水泥或石膏拌制的砂浆,应控制在初凝前用完。

③木结构与砖石结构、混凝土结构等相接处基体表面的抹灰,应先铺钉金属网,并绷紧牢固。金属网与各基体的搭接宽度不应小于 100 mm。

④抹灰前,砖石、混凝土等基体表面的灰尘、污垢和油渍等,应清除干净,并洒水润湿。

⑤抹灰前,应先检查基体表面的平整度,并用与抹灰层相同砂浆设置标志或标筋。

⑥室内墙面、柱面和门洞口的阳角,宜用1:2水泥砂浆做护角,其高度不应低于 2 m,每侧宽度不应小于 50 mm。

⑦外墙抹灰工程施工前,应安装好钢木门窗框、阳台栏杆和预埋铁件等,并将墙上的施工孔洞堵塞密实。

⑧外墙窗台、窗楣、雨篷、阳台、压顶和突出腰线等,上面应做流水坡度,下面应做滴水线或滴水槽,滴水槽的深度和宽度均不应小于 10 mm,并整齐一致。

⑨各种砂浆的抹灰层,在凝结前,应防止快干、水冲、撞击和振动;凝结后,应采取措施防止沾污和损坏。

⑩水泥砂浆的抹灰层,应在湿润的条件下养护。

⑪冬季施工,抹灰砂浆应采取保温措施。涂抹时,砂浆的温度不宜低于 5 ℃。

⑫砂浆抹灰层硬化初期不得受冻。气温低于 5 ℃时,室外抹灰所用的砂浆可掺入混凝土防冻剂,其掺量应由试验确定。做涂料墙面的抹灰砂浆中,不得掺入含氯盐的防冻剂。

2)一般抹灰质量控制

①一般抹灰按质量要求分为普通、中级和高级 3 级,主要工序如下:

a. 普通抹灰:分层赶平、修整,表面压光。

b. 中级抹灰:阳角找方,设置标筋,分层赶平、修整,表面压光。

c. 高级抹灰:阴阳角找方,设置标筋,分层赶平、修整,表面压光。

②抹灰层的平均总厚度,不得大于下列规定:

a. 顶棚:板条、空心砖、现浇混凝土 15 mm,预制混凝土 18 mm,金属网 20 mm。

b. 内墙:普通抹灰 18 mm,中级抹灰 20 mm,高级抹灰 25 mm。

c. 外墙 20 mm;勒脚及突出墙面部分 25 mm。

d. 石墙 35 mm。

③涂抹水泥砂浆每遍厚度宜为 5~7 mm。涂抹石灰砂浆和水泥混合砂浆每遍厚度宜为 7~9 mm。

④面层抹灰经赶平压实后的厚度,麻刀石灰不得大于 3 mm;纸筋石灰、石膏灰不得大于 2 mm。

⑤水泥砂浆和水泥混合砂浆的抹灰层,应待前一层抹灰层凝结后,方可涂抹后一层;石灰砂浆的抹灰层,应待前一层 7~8 成干后,方可涂抹后一层。

⑥混凝土大板和大模板建筑的内墙面和楼板底面,宜用腻子分遍刮平,各遍应黏结牢固,总厚度为 2~3 mm。如用聚合物水泥砂浆、水泥混合砂浆喷毛打底,纸筋石灰罩面,以及用膨胀珍珠岩水泥砂浆抹面,总厚度为 3~5 mm。

⑦加气混凝土表面抹灰前,应清扫干净,并应做基层表面处理,随即分层抹灰,防止表面空鼓开裂。

⑧板条、金属网顶棚和墙的抹灰,尚应符合下列规定:

a. 板条、金属网装钉完成,必须经检查合格后,方可抹灰。

b. 底层和中层宜用麻刀石灰砂浆或纸筋石灰砂浆,各层应分遍成活,每遍厚度为 3~6 mm。

c. 底层砂浆应压入板条缝或网眼内,形成转脚以使结合牢固。

d. 顶棚的高级抹灰,应加钉长 350~450 mm 的麻束,间距为 400 mm,并交错布置,分遍按放射状梳理抹进中层砂浆内。

e. 金属网抹灰砂浆中掺用水泥时,其掺量应由试验确定。

⑨抹灰的面层应在踢脚板、门窗贴脸板和挂镜线等安装前涂抹。安装后与抹灰面相接处如有缝隙,应用砂浆或腻子填补。

⑩采用机械喷涂抹灰,尚应符合下列规定:

a. 喷涂石灰砂浆前,宜先做水泥砂浆护角、踢脚板、墙裙、窗台板的抹灰,以及混凝土过梁等底层的抹灰。

b.喷涂时,应防止沾污门窗、管道和设备,被沾污的部位应及时清理干净。

c.砂浆稠度:用于混凝土面为 90～100 mm,用于砖墙面为 100～120 mm。

⑪混凝土表面的抹灰,宜使用机械喷涂,用手工涂抹时,宜先凿毛刮水泥浆(水灰比为 0.37～0.40),撒水泥砂浆或用界面处理剂处理。

3)抹灰工程质量验收

①检查数量室外,以高约 4 m 为一检查层,每 20 m 长,抽查 1 处(每处 3 延长米),但不少于 3 处;室内按有代表性的自然间抽查 10%,过道按 10 延长米,礼堂、厂房等大间可按两轴线为 1 间,但不少于 3 间。

②检查所用材料的品种、面层的颜色及花纹等是否符合设计要求。

③抹灰工程的面层,不得有爆灰和裂缝。各抹灰层之间及抹灰层与基体之间应黏结牢固,不得有脱层、空鼓等缺陷。

④抹灰分格缝的宽度和深度应均匀一致,表面光滑、无砂眼,不得有错缝,缺棱掉角。

⑤一般抹灰面层的外观质量,应符合下列规定:

a.普通抹灰:表面光滑、洁净,接槎平整。

b.中级抹灰:表面光滑、洁净,接槎平整,灰线清晰顺直。

c.高级抹灰:表面光滑、洁净、颜色均匀、无抹纹,灰线平直方正、清晰美观。

⑥装饰抹灰面层的外观质量,应符合下列规定:

a.水刷石:石粒清晰,分布均匀,紧密平整,色泽一致,不得有掉粒和接槎痕迹。

b.水磨石:表面应平整、光滑,石子显露均匀,不得有砂眼、磨纹和漏磨处。分格条应位置准确,全部露出。

c.斩假石:剁纹均匀顺直,深浅一致,不得有漏剁处。阳角处横剁和留出不剁的边条,应宽窄一致,棱角不得有损坏。

d.干黏石:石粒黏结牢固,分布均匀,颜色一致,不露浆,不漏黏,阳角处不得有明显黑边。

e.假面砖:表面应平整,沟纹清晰,留缝整齐,色泽均匀,不得有掉角、脱皮、起砂等缺陷。

f.拉条灰:拉条清晰顺直,深浅一致,表面光滑洁净,上下端头齐平。

g.拉毛灰、洒毛灰:花纹、斑点分布均匀,不显接槎。

h.喷砂:表面应平整,砂粒黏结牢固、均匀、密实。

i.喷涂、滚涂、弹涂:颜色一致,花纹大小均匀,不显接槎。

j.仿石、彩色抹灰:表面应密实,线条清晰。仿石的纹理应顺直,彩色抹灰的颜色应一致。

k.干黏石、拉毛灰、洒毛灰、喷砂、滚涂和弹涂等,在涂抹面层前,应检查其中层砂浆表面的平整度。

⑦一般抹灰工程质量的允许偏差,应符合表 4.13 的规定。

表4.13 一般抹灰质量的允许偏差

项次	项目	允许偏差/mm 普通抹灰	允许偏差/mm 高级抹灰	检验方法
1	立面垂直度	4	3	用2 m垂直检测尺检查
2	表面平整度	4	3	用2 m靠尺和塞尺检查
3	阴阳角方正	4	3	用200mm直角检测尺检查
4	分格条(缝)直线度	4	3	拉5 m线,不足5 m拉通线,用钢直尺检查
5	墙裙、勒脚上口直线度	4	3	拉5 m线,不足5 m拉通线,用钢直尺检查

注:①普通抹灰,本表第3项阴角方正可不检查;
②顶棚抹灰,本表第2项表面平整度可不检查,但应平顺。

⑧装饰抹灰工程质量的允许偏差,应符合表4.14的规定。

表4.14 装饰抹灰工程质量的允许偏差

项次	项目	水刷石	斩假石	干粘石	假面砖	检验方法
1	立面垂直度	5	4	5	5	用2 m垂直检测尺检查
2	表面平整度	3	3	5	4	用2 m靠尺和塞尺检查
3	阴阳角方正	3	3	4	4	用200 mm直角检测尺检查
4	分格条(缝)直线度	3	3	3	3	拉5 m线,不足5 m拉通线,用钢直尺检查
5	墙裙、勒脚上口直线度	3	3	—	—	拉5 m线,不足5 m拉通线,用钢直尺检查

4.4.2 饰面板(砖)工程质量控制

1)施工过程质量控制

①检查时,首先查看设计图纸,了解设计对饰面板(砖)工程所选用的材料、规格、颜色、施工方法的要求,对工程所用材料检查其是否有产品出厂合格证或试验报告,特别对工程中所使用的水泥、胶黏剂、干挂饰面板和金属饰面板骨架所用的钢材、不锈钢连接件、膨胀螺栓等应严格把关。对钢材的焊接应检查焊缝的试验报告。当在高层建筑外墙饰面板干挂法安装时,采用膨胀螺栓固定不锈钢连接件,还应检查膨胀螺栓的抗拔试验报告,以保证饰面板安装安全可靠。

②在对饰面板的检查中,外墙面采用干挂法施工时,应检查是否按要求做防水处理,如有遗漏应督促施工单位及时补做。检查不锈钢连接件的固定方法、每块饰面板的连接点数量是否符合设计要求。当连接件与建筑物墙面预埋件焊接时,应检查焊缝长度、厚度、宽度等是否符合设计要求,焊缝是否做防锈处理。对饰面板的销钉孔,应检查是否有隐性裂缝,

深度是否满足要求。饰面板销钉孔的深度应为上下两块板的孔深加上板的接缝宽度,并稍大于销钉的长度,否则会因上块板的重量通过销钉传到下块板上引起饰面板损坏。

③饰面板施铺时,着重检查钢筋网片与建筑物墙面的连接、饰面板与钢筋网片的绑扎是否牢固,检查钢筋焊缝长度、钢筋网片的防锈处理。施工中应检查饰面板灌浆是否按规定分层进行。

④在饰面砖的检查中,应注意检查墙面基层的处理是否符合要求,这会直接影响饰面砖的镶贴质量。可用小锤检查基层的水泥抹灰有否空鼓,发现有空鼓应立即铲掉重做(板条墙除外),检查处理过的墙面是否平整、毛糙。

⑤为了保证建筑工程面砖的黏结质量,外墙饰面砖应进行黏结强度的检验。每 300 m² 同类墙体取 1 组试样,每组 3 个,每层楼不得少于 1 组;不足 300 m² 每两层楼取 1 组。每组试样的平均黏结强度不应小于 0.4 MPa;每组可有一个试样的黏结强度小于 0.4 MPa,但不应小于 0.3 MPa。

⑥对金属饰面板应着重检查金属骨架是否严格按设计图纸施工,安装是否牢固。检查焊缝的长度、宽度、高度、防锈措施是否符合设计要求。

2)饰面板(砖)工程质量验收

①饰面板(砖)工程验收时应检查的资料有饰面板(砖)工程的施工图、设计说明及其他设计文件;材料的产品合格证书、性能检测报告、进场验收记录和复验报告;后置埋件的现场拉拔检测报告;外墙饰面砖样板件的黏结强度检测报告;隐蔽工程验收记录;施工记录。

②饰面板(砖)工程应进行复验的内容:室内用花岗石的放射性;粘贴用水泥的凝结时间、安定性和抗压强度;外墙陶瓷面砖的吸水率;寒冷地区外墙陶瓷面砖的抗冻性。

③饰面板(砖)工程应进行验收的隐蔽工程项目:预埋件(或后置埋件);连接节点;防水层。

④分项工程检验批的划分规定:相同材料、工艺和施工条件的室内饰面板(砖)工程每 50 间(大面积房间和走廊按施工面积 30 m² 为一间)应划分为一个检验批,不足 50 间也应划分为一个检验批。相同材料、工艺和施工条件的室外饰面板(砖)工程每 500~1 000 m² 划分为一个检验批,不足 500 m² 也应划分为一个检验批。

检验数量的规定:室内每个检验批至少应抽查 10%,并不得少于 3 间;不足 3 间时应全数检查。室外每个检验批每 100 m² 至少抽查一处,每处不得小于 10 m²。

⑤饰面板安装工程验收:

A. 主控项目:

a. 饰面板的品种、规格、颜色和性能应符合设计要求,木龙骨、木饰面板和塑料饰面板的燃烧性能等级应符合设计要求。

检验方法:观察;检查产品合格证书、进场验收记录和性能检测报告。

b. 饰面板孔、槽的数量、位置和尺寸应符合设计要求。

检验方法:检查进场验收记录和施工记录。

c. 饰面板安装工程的预埋件(或后置埋件)、连接件的数量、规格、位置、连接方法和防腐处理必须符合设计要求。后置埋件的现场拉拔强度必须符合设计要求。饰面板安装必须牢固。

检验方法:手扳检查;检查进场验收记录、现场拉拔检测报告、隐蔽工程验收记录和施工记录。

B.一般项目:

a.饰面板表面应平整、洁净、色泽一致,无裂痕和缺损。石材表面应无泛碱等污染。

检验方法:观察。

b.饰面板嵌缝应密实、平直,宽度和深度应符合设计要求,嵌填材料色泽应一致。

检验方法:观察;尺量检查。

c.采用湿作业法施工的饰面板工程,石材应进行防碱背涂处理。饰面板与基体之间的灌注材料应饱满、密实。

检验方法:用小锤轻击检查;检查施工记录。

d.饰面板上的孔洞应套割吻合,边缘应整齐。

检验方法:观察。

e.饰面板安装的允许偏差和检验方法应符合表4.15的规定。

表4.15 饰面板安装的允许偏差和检验方法

项次	项目	允许偏差/mm							检验方法
		石材			陶瓷板	木板	金属板	塑料板	
		光面	剁斧石	蘑菇石					
1	立面垂直度	2	3	3	2	2	2	2	用2 m垂直检测尺检查
2	表面平整度	2	3	—	2	1	3	3	用2 m靠尺和塞尺检查
3	阴阳角方正	2	4	4	2	2	3	3	用200 mm直角检测尺检查
4	接缝直线度	2	4	4	2	2	2	2	拉5 m线,不足5 m拉通线,用钢直尺检查
5	墙裙、勒脚上口直线度	2	3	3	2	2	2	2	拉5 m线,不足5 m拉通线,用钢直尺检查
6	接缝高低差	1	3	—	1	1	1	1	用钢直尺和塞尺检查
7	接缝宽度	1	2	2	1	1	1	1	用钢直尺检查

⑥饰面砖粘贴工程验收内容:

A.主控项目:

a.饰面砖的品种、规格、图案、颜色和性能应符合设计要求。

检验方法:观察;检查产品合格证书、进场验收记录、性能检测报告和复验报告。

b.饰面砖粘贴工程的找平、防水、黏结和勾缝材料及施工方法应符合设计要求,以及国家现行产品标准和工程技术标准的规定。

检验方法:检查产品合格证书、复验报告和隐蔽工程验收记录。

c.饰面砖粘贴必须牢固。

检验方法:检查样板件黏结强度检测报告和施工记录。

d.满粘法施工的饰面砖工程应无空鼓、裂缝。

检验方法:观察;用小锤轻击检查。

B.一般项目:

a.饰面砖表面应平整、洁净、色泽一致,无裂痕和缺损。

检验方法:观察。

b.阴阳角处搭接方式、非整砖使用部位应符合设计要求。

检验方法:观察。

c.墙面突出物周围的饰面砖应整砖套割吻合,边缘应整齐。墙裙、贴脸突出墙面的厚度应一致。

检验方法:观察;尺量检查。

d.饰面砖接缝应平直、光滑,填嵌应连续、密实;宽度和深度应符合设计要求。

检验方法:观察;尺量检查。

e.有排水要求的部位应做滴水线(槽)。滴水线(槽)应顺直,流水坡向应正确,坡度应符合设计要求。

检验方法:观察;用水平尺检查。

f.饰面砖粘贴的允许偏差和检验方法应符合表4.16的规定。

表4.16 饰面砖粘贴的允许偏差和检验方法

项次	项目	允许偏差/mm		检验方法
		内墙饰面砖	外墙面砖	
1	立面垂直度	2	3	用2 m垂直检测尺检查
2	表面平整度	3	4	用2 m靠尺和塞尺检查
3	阴阳角方正	3	3	用200 mm直角检测尺检查
4	接缝直线度	2	3	拉5 m线,不足5 m拉通线,用钢直尺检查
5	接缝高低差	1	1	用钢直尺和塞尺检查
6	接缝宽度	1	1	用钢直尺检查

4.4.3 涂饰工程质量控制

1)施工过程中的质量控制

(1)材料质量检查

①腻子:材料进入现场应有产品合格证、性能检验报告、出厂质量保证书、进场验收记录,水泥、胶黏剂的质量应按有关规定进行复试,严禁使用安定性不合格的水泥,严禁使用黏结强度不达标的胶黏剂。普通硅酸盐水泥强度等级不宜低于32.5。超过90 d的水泥应进行复检,复检不达标的不得使用。

配套使用的腻子和封底材料必须与选用饰面涂料性能相适应,内墙腻子的主要技术指标应符合现行行业标准《建筑室内用腻子》(JG/T 3049)的规定,外墙腻子的强度应符合现行国家标准《复层建筑涂料》(GB 9779)的规定,且不易开裂。

民用建筑室内用胶黏剂材料必须符合《民用建筑工程室内环境污染控制规范》(GB 50325)的有关要求。

②涂料:涂料类型的选用应符合设计要求。检查材料的产品合格证、性能检测报告及进场验收记录。进场涂料按有关规定进行复试,并经试验鉴定合格后方可使用。超过出厂保质期的涂料应进行复验,复验达不到质量标准不得使用。

室内用水性涂料、溶剂型涂料必须符合《民用建筑工程室内环境污染控制规范》(GB 50325)的有关要求。

(2)基层处理质量检查

基层处理的质量是影响涂刷质量的最主要因素之一。基层质量应符合下列要求:

①基层应牢固,不开裂、不掉粉、不起砂、不空鼓、无剥离、无石灰爆裂点和无附着力不良的旧涂层等。

②基层应表面平整,立面垂直、阴阳角垂直、方正和无缺棱掉角,分格缝深浅一致且横平竖直。允许偏差应符合要求且表面应平而不光。

③基层应清洁,表面无灰尘、无浮浆、无油迹、无锈斑、无霉点、无盐类析出物和无青苔等杂物。

④基层应干燥,涂刷溶剂型涂料时,基层含水率不得大于8%;涂刷乳液型涂料时,基层含水率不得大于10%,木材基层的含水率不得大于12%。

⑤基层的pH值不得大于10。厨房、卫生间必须使用耐水腻子。

(3)施工中质量检查

①首先应注意施工的环境条件是否符合要求,在不符合要求时是否采取有效的措施。

②检查组成腻子材料的石膏粉、大白粉、水泥、黏胶掺加物的计量方法能否保证计量精度,是否按方案进行配置,材料的品种有无变化,用水是否符合要求,检查腻子的稠度、和易性和均匀性。腻子应随用随完,对拌制时间过长,有硬块现象无法搅拌均匀的要求弃用。

③检查涂料的品种、型号、性能是否符合设计要求,涂料配制中色浆、掺加物、掺水量的计量方法,施工中能否按配合比的标准进行稀释、配色调制,通过色板对比察看配制的准确性,颜色、图案是否符合样板间(段)的要求。

④检查施工的方法是否符合规定的要求。如施工顺序有否颠倒,喷涂的设备压力能否满足施工要求,滚刷、排刷在使用时能否达到工程的质量要求等。

⑤检查涂料涂饰是否均匀,黏结牢固,涂料不得漏涂、透底、起皮和掉粉。

⑥涂饰工程施工应按"底涂层、中间涂层、面涂层"的要求进行施工。施工中注意检查每道工序的前一次操作与后一次操作之间的间隔时间是否足够,具体时间间隔详见有关规定及有关产品说明书的要求。

2)涂饰工程质量检验评定标准和检验方法

(1)检验批

①室外涂饰工程每一栋楼的同类涂料涂饰的墙面每500~1 000 m² 应划分为一个检验批,不足500 m² 也应划分为一个检验批。

②室内涂饰工程同类涂料涂饰墙面每50间(大面积房间和走廊按涂饰面积30 m² 为一间)应划分为一个检验批,不足50间也应划分为一个检验批。

(2)检查数量

①室外涂饰工程每100 m² 应至少检查一处,每处不得小于10 m²。

②室内涂饰工程每个检验批应至少抽查10%,并不得少于3间;不足3间时,应全数检查。

项目4.5　防水工程质量控制

4.5.1　屋面防水工程质量控制

屋面防水子分部工程质量控制工作流程,如图4.9所示。

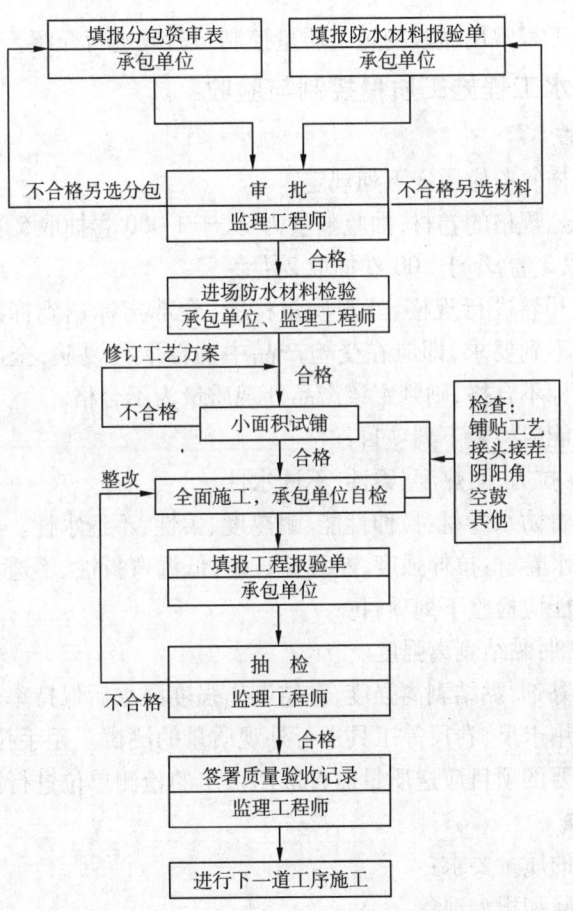

图4.9　屋面防水子分部工程质量控制工作流程

屋面防水工程是房屋建筑的一项重要工程。根据建筑物的性质、重要程度、使用功能要求及防水层耐用年限等,将屋面防水分为Ⅰ、Ⅱ、Ⅲ、Ⅳ4个等级,并按不同等级设防。屋面防水常见种类有卷材防水屋面、涂膜防水屋面和刚性防水屋面等。

屋面工程所采用的防水、保温隔热材料应有合格证书和性能检测报告,材料的品种规格、性能等应符合国家现行产品标准和设计要求。屋面施工前,要编制施工方案,应建立各道工序的自检、交接检和专职人员检查的"三检"制度,并有完整的检查记录。伸出屋面的管道、设备或预埋件应在防水层施工前安设好。每道工序完成后,应经监理单位检查验收、合格后方可进行下道工序的施工。屋面工程的防水应由经资质审查合格的防水专业队伍进行施工,作业人员应持有当地建筑行政主管部门颁发的上岗证。

材料进场后,施工单位应按规定取样复检,提出试验报告。不得在工程中使用不合格材料。屋面的保温层和防水层严禁在雨天、雪天和五级以上大风下施工,温度过低也不宜施工。屋面工程完工后,应对屋面细部构造接缝、保护层等进行外观检验,并用淋水或蓄水进行检验,防水层不得有渗漏或积水现象。

屋面工程应建立管理、维修、保养制度,由专人负责,定期进行检查维修,一般应在每年的秋末冬初对屋面检查一次。主要清理落叶、尘土,以免堵塞水落口,雨季前再检查一次,发现问题及时维修。

下面就屋面防水工程常用做法的施工质量控制与验收进行介绍。

1)卷材屋面防水工程施工质量控制与验收

(1)材料质量检查

防水卷材现场抽样复验应遵守下列规定:

①同一品种、牌号、规格的卷材,抽验数量为:大于1 000 卷抽取5 卷,500~1 000 卷抽取4 卷,100~499 卷抽取3 卷,小于100 卷抽取2 卷。

②将抽验的卷材开卷进行规格、外观质量检验,全部指标达到标准规定时,即为合格。其中如有一项指标达不到要求,即应在受检产品中加倍取样复验,全部达到标准规定为合格。复验时有一项指标不合格,则判定该产品外观质量为不合格。

③卷材的物理性能应检验下列项目:

a. 沥青防水卷材:拉力、耐热度、柔性、不透水性。

b. 高聚物改性沥青防水卷材:拉伸性能、耐热度、柔性、不透水性。

c. 合成高分子防水卷材:拉伸强度、断裂伸长率、低温弯折性、不透水性。

④胶黏剂物理性能应检验下列项目:

a. 改性沥青胶黏剂:黏结剥离强度。

b. 合成高分子胶黏剂:黏结剥离强度,黏结剥离强度浸水后保持率。

防水卷材一般可用卡尺、卷尺等工具进行外观质量的测试。用手拉伸可进行强度、延伸率、回弹力的测试,重要的项目应送质量监督部门认定的检测单位进行测试。

(2)施工质量检查

①卷材防水屋面的质量要求:

a. 屋面不得有渗漏和积水现象。

b. 屋面工程所用的合成高分子防水卷材必须符合质量标准和设计要求,以便能达到设计所规定的耐久使用年限。

c. 坡屋面和平屋面的坡度必须准确,坡度的大小必须符合设计要求。平屋面不得出现排水不畅和局部积水现象。

d.找平层应平整坚固,表面不得有酥软、起砂、起皮等现象,平整度不应超过5 mm。

e.屋面的细部构造和节点是防水的关键部位,因此,其做法必须符合设计要求和规范的规定。节点处的封闭应严密,不得开缝、翘边、脱落。水落口及突出屋面设施与屋面连接处,应固定牢靠,密封严实。

f.绿豆砂、细砂、蛭石、云母等松散材料保护层和涂料保护层覆盖应均匀,黏结应牢固;刚性整体保护层与防水层之间应设隔离层,表面分格缝、分离缝留设应正确;块体保护层应铺砌平整,勾缝平密,分格缝、分离缝留设位置、宽度应正确。

g.卷材铺贴方法、方向和搭接顺序应符合规定,搭接宽度应正确,卷材与基层、卷材与卷材之间黏结应牢固,接缝缝口、节点部位密封应严密,无皱折、鼓包翘边。

h.保温层厚度、含水率、表观密度应符合设计要求。

②卷材防水屋面的质量检验:

a.卷材防水屋面工程施工中应做好从屋面结构层、找平层、节点构造直至防水屋面施工完毕,分项工程的交接检查。未经检查验收合格的分项工程,不得进行后续施工。

b.对于多道设防的防水层,包括涂膜、卷材、刚性材料等,每一道防水层完成后,应由专人进行检查。每道防水层均应符合质量要求,不渗水,才能进行下一道防水层的施工,使其真正起到多道设防的应有效果。

c.检验屋面有无渗漏或积水,排水系统是否畅通,可在雨后或持续淋水2 h以后进行。有可能做蓄水检验的屋面宜做蓄水24 h检验。

d.卷材屋面的节点做法、接缝密封的质量是屋面防水的关键部位,是质量检查的重点部位,节点处理不当或造成渗漏;接缝密封不好会出现裂缝、翘边、张口、最终导致渗漏;保护层质量低劣或厚度不够,会出现松散脱落、龟裂爆皮,失去保护作用,导致防水层过早老化而降低使用年限。所以,对这些项目,应进行认真的外观检查,不合格的,应重做。

e.找平层的平整度,用2 mm直尺检查,面层与直尺间的最大空隙不应超过5 mm,空隙应允许平缓变化,每米长度内不多于一处。

f.对于用卷材作防水层的蓄水屋面,种植屋面应做蓄水24 h检验。

2)涂膜屋面防水的施工质量控制与验收

(1)材料质量检查

进场的防水涂料和胎体增强材料抽样复验应符合下列规定:

①同一规格、品种的防水涂料,每10 t为一批,不足10 t者按一批进行抽检;胎体增强材料,每3 000 m^2 为一批,不足3 000 m^2 者按一批进行抽检。

②防水涂料应检查延伸或断裂延伸率、固体含量、柔性、不透水性和耐热度;胎体增强材料应检查拉力和延伸率。

(2)施工质量检查

①涂膜防水屋面的质量要求:

a.屋面不得有渗漏和积水现象。

b.为保证屋面涂膜防水层的使用年限,所用防水涂料应符合质量标准和涂膜防水的设计要求。

c.屋面坡度应准确,排水系统应通畅。

d. 找平层表面平整度应符合要求,不得有酥松、起砂、起皮、尖锐棱角现象。

e. 细部节点做法应符合设计要求,封固应严密,不得开缝、翘边。水落口及突出屋面设施与屋面连接处,应固定牢靠、密封严实。

f. 涂膜防水层不应有裂纹、脱皮、流淌、鼓泡、胎体外露和皱皮等现象,与基层应黏结牢固,厚度应符合规范要求。

g. 胎体材料的铺设方法和搭接方法应符合要求;上下层胎体不得互相垂直铺设,搭接缝应错开,间距不应小于幅宽的1/3。

h. 松散材料保护层、涂料保护层应覆盖均匀严密、黏结牢固。刚性整体保护层与防水层间应设置隔离层,其表面分格缝的留设应正确。

②涂膜防水屋面的质量检查:

a. 屋面工程施工中应对结构层、找平层、细部节点构造,施工中的每遍涂膜防水层、附加防水层、节点收头、保护层等作分项工程的交接检查;未经检查验收合格,不得进行后续施工。

b. 涂膜防水层或与其他材料进行复合防水施工时,每一道涂层完成后,应由专人进行检查,合格后方可进行下一道涂层和下一道防水层的施工。

c. 检验涂膜防水层有无渗漏和积水、排水系统的是否通畅,应雨后或持续淋水 2 h 以后进行。有可能作蓄水检验的屋面宜做蓄水检验,其蓄水时间不宜少于 24 h。淋水或蓄水检验应在涂膜防水层完全固化后再进行。

d. 涂膜防水屋面的涂膜厚度,可用针刺或测厚仪检测等方法进行检验;每 100 m^2 屋面不应少于 1 处;每一屋面不应少于 3 处,并取其平均值评定。

涂膜防水层的厚度应避免采用破坏防水层整体性的切割取片测厚法。

e. 找平层的平整度,应用 2 m 直尺检查;面层与直尺间最大空隙不应大于 5 mm;空隙应平缓变化,每米长度内不应多于一处。

4.5.2 地下室防水工程质量控制

地下室防水工程是防止地下水对地下构筑物或建筑物基础的长期浸透,保证地下构筑或地下室使用功能正常使用发挥的一项重要工程。由于地下工程常年受到地表水、潜水、上层滞水、毛细管水等的作用,因此对地下工程防水的处理比屋面防水工程要求更高、防水技术难度更大。地下工程的防水一般应遵循"防、排、截、堵"结合,刚柔相济,因地制宜,综合治理的原则,根据使用要求,自然环境条件及结构形式等因素确定。地下工程的防水应采用经过试验、检测和鉴定并经实践检验质量可靠的材料行之有效的新技术、新工艺,一般可采用钢筋混凝土结构自防水、卷材防水和涂膜防水等技术措施,现就后两种措施的质量控制和验收加以介绍。

1) 地下工程卷材防水施工质量控制与验收

①地下工程卷材防水所使用的合成高分子防水卷材和新型沥青防水卷材的材质证明必须齐全。

②防水卷材进场后,应对材质分批进行抽样复检,其技术性能指标必须符合所用卷材规定的质量要求。

③防水施工的每道工序必须经检查验收合格后方能进行后续工序的施工。

④卷材防水层必须确认无任何渗漏隐患后方能覆盖隐蔽。

⑤卷材与卷材之间的搭接宽度必须符合要求。必须进行搭接缝,嵌缝宽度不得小于 10 mm,并且必须用封口条对搭接缝进行封口和密封处理。

⑥防水层不允许有皱褶、孔洞、脱层、滑移和虚粘等现象存在。

⑦地下工程防水施工必须做好隐蔽工程记录,预埋件和隐蔽物需变更设计方案时必须有工程洽商单。

2) 地下工程涂膜防水质量控制与验收

①涂膜防水材料的技术性能指标必须符合合成高分子防水涂料的质量要求和高聚物碱性沥青防水涂料的质量要求。

②进场防水涂料的材质证明文件必须齐全。这些文件中所列出的技术性能数据必须和现场取样进行检测的试验报告以及其他有关质量证明文件中的数据相符合。

③涂膜防水层必须形成一个完整的闭合防水整体,不允许有开裂、脱落、气泡、粉裂点和末端收头密封不严等缺陷存在。

④涂膜防水层必须均匀固化,不应有明显的凹坑凸起等现象存在,涂膜的厚度应均匀一致,合成高分子防水涂料的总厚度不应小于 2 mm,无胎体硅橡胶防水涂膜的厚度不宜小于 1.2 mm,复合防水时不应小于 1 mm;高聚物性沥青防水涂膜的厚度不应小于 3 mm,复合防水时不应小于 1.5 mm。涂膜的厚度,可用针刺法或测厚法进行检查,针眼处用涂料覆盖,以防基层结构发生局部位移时将针眼拉大,留下渗漏隐患,必要时也可割开检查,割开处用同种涂料添刮平修复,此后再用胎体增强材料补强。

单元小结

通过本单元的学习,学生应掌握地基与基础工程、钢筋混凝土结构工程、砌筑工程、装饰工程、防水工程等质量控制方法和手段。

单元训练

1. 土方工程质量如何控制?
2. 灰土、砂石地基如何控制?
3. 强夯地基质量如何控制?
4. 桩基础质量如何控制?
5. 钢筋工程质量如何控制?
6. 模板工程质量如何控制?
7. 混凝土工程质量如何控制?
8. 砌筑工程质量如何控制?
9. 抹灰工程质量如何控制?
10. 饰面板(砖)工程质量如何控制?

11. 涂饰工程质量如何控制？
12. 屋面防水工程质量如何控制？
13. 地下室防水工程质量如何控制？
14. 土方工程施工前应进行哪些方面的检查工作？
15. 砖砌体的转角处和交接处如何进行砌筑？
16. 模板拆除工程质量检验标准和检查方法是什么？
17. 屋面卷材防水层施工过程应检查哪些项目？
18. 饰面砖粘贴工程验收主控项目有哪些？

单元 5
工程质量评定及验收

项目 5.1　工程质量评定及验收基础知识

工程施工质量验收是工程建设质量控制的一个重要环节,它包括工程施工质量的中间验收和工程竣工验收两个方面。通过对工程建设中间产品和最终产品的质量验收,从过程控制和终端把关两个方面进行工程项目的质量控制,以确保达到业主所要求的功能和使用价值,实现建设投资的经济效益和社会效益。

工程项目的竣工验收,是项目建设程序的最后一个环节,是全面考核项目建设成果、检查设计与施工质量、确认项目能否投入使用的重要步骤。竣工验收的顺利完成,标志着项目建设阶段的结束和使用阶段的开始。

5.1.1　建筑工程施工质量验收规范体系

为了加强建筑工程质量管理,统一建筑工程施工质量的验收,保证工程质量,2001 年建设部颁布了《建筑工程施工质量验收统一标准》(GB 50300),并从 2002 年 1 月 1 日开始实施(现已实施 2013 版)。这个标准连同 15 个施工质量验收规范,组成了一个技术标准体系,统一了房屋工程质量的验收方法、程序和质量标准。这个技术标准体系是将以前的施工及验收规范和工程质量检验评定标准合并,组成了新的工程质量验收规范体系。

建筑工程质量验收系列标准框架体系各规范名称如下:
- 《建筑工程施工质量验收统一标准》(GB 50300);
- 《建筑地基基础工程施工质量验收规范》(GB 50202);
- 《砌体工程施工质量验收规范》(GB 50203);
- 《混凝土结构工程施工质量验收规范》(GB 50204);
- 《钢结构工程施工质量验收标准》(GB 50205);

- 《木结构工程施工质量验收规范》(GB 50206);
- 《屋面工程质量验收规范》(GB 50207);
- 《地下防水工程质量验收规范》(GB 50208);
- 《建筑地面工程施工质量验收规范》(GB 50209);
- 《建筑装饰装修工程质量验收规范》(GB 50210)
- 《建筑给水排水及采暖工程施工质量验收规范》(GB 50242);
- 《通风与空调工程施工质量验收规范》(GB 50243);
- 《建筑电气工程施工质量验收规范》(GB 50303);
- 《电梯工程施工质量验收规范》(GB 50310);
- 《智能建筑工程质量验收规范》(GB 50339);
- 《建筑节能工程施工质量验收规范》(GB 50411)。

该技术标准体系总结了我国建筑施工质量验收的实践经验,坚持了"验评分离、强化验收、完善手段、过程控制"的指导思想。

验评分离:是将以前验评标准中的质量检验与质量评定的内容分开,将以前施工及验收规范中的施工工艺和质量验收的内容分开,将验评标准中的质量检验与施工规范中的质量验收衔接,形成工程质量验收规范。施工及验收规范中的施工工艺部分作为企业标准,或行业推荐性标准;验评标准中的评定部分,主要是对企业操作工艺水平进行评价,可作为行业推荐性标准,为社会及企业的创优评价提供依据。

强化验收:是将施工规范中的验收部分与验评标准中的质量检验内容合并起来,形成一个完整的工程质量验收规范。作为强制性标准,它是建设工程必须完成的最低质量标准,是施工单位必须达到的施工质量标准,也是建设单位验收工程质量所必须遵守的规定。

强化验收体现在:强制性标准、只设合格一个质量等级、强化质量指标都必须达到规定的指标、增加检测项目。

完善手段:一是完善材料、设备的检测;二是改进施工阶段的施工试验;三是开发竣工工程的抽测项目,减少或避免人为因素的干扰和主观评价的影响。

工程质量检测,可分为基本试验、施工试验和竣工工程有关安全、使用功能抽样检测3个部分。基本试验具有法定性,其质量指标、检测方法都有相应的国家或行业标准,其方法、程序、设备仪器,以及人员素质都应符合有关标准的规定,其试验一定要符合相应标准方法的程序及要求,要有复演性,其数据要有可比性。

施工试验是施工单位进行质量控制、判定质量时,要注意的技术条件,试验程序需要第三方见证,保证其统一性和公正性。

竣工抽样试验是确认施工检测的程序、方法、数据的规范性和有效性,统一施工检测及竣工抽样检测的程序、方法、仪器设备等。

过程控制:一是体现在建立过程控制的各项制度;二是在基本规定中,设置控制的要求,强化中间控制和合格控制,强调施工必须有操作依据,并提出了综合施工质量水平的考核,作为质量验收的要求;三是验收规范的本身,注重检验批、分项、分部、单位工程的验收,就是过程控制。

5.1.2 建筑工程施工质量验收术语

《建筑工程施工质量验收统一标准》(GB 50300)中共给出了17个术语,这些术语对规范有关建筑工程施工质量验收活动中的用语,加深对标准条文的理解,特别是更好地贯彻执行标准是十分必要的。

1) 建筑工程

建筑工程为新建、改建或扩建房屋建筑物和附属构筑物设施所进行的规划、勘察、设计和施工、竣工等各项技术工作和完成的工程实体。

2) 建筑工程质量

建筑工程质量反映建筑工程满足相关标准规定或合同约定的要求,包括其在安全、使用功能及其在耐久性能、环境保护等方面所有明显和隐含能力的特性总和。

3) 验收

建筑工程在施工单位自行质量检查评定的基础上,参与建设活动的有关单位共同对检验批及分项、分部、单位工程的质量进行抽样复验,根据相关标准以书面形式对工程质量达到合格与否作出确认。

4) 进场验收

对进入施工现场的材料、构配件、设备等按相关标准规定的要求进行检验,对产品达到合格与否作出确认。

5) 检验批

检验批指按同一生产条件或按规定的方式汇总起来供检验用的,由一定数量样本组成的检验体。

6) 检验

检验是对检验项目中的性能进行量测、检查、试验等,并将结果与标准规定要求进行比较,以确定每项性能是否合格所进行的活动。

7) 见证取样检测

见证取样检测指在监理单位或建设单位监督下,由施工单位有关人员现场取样,并送至具备相应资质的检测单位所进行的检测。

8) 交接检验

交接检验是由施工的承接方与完成方经双方检查并对可否继续施工作出确认的活动。

9) 主控项目

主控项目指建筑工程中的对安全、卫生、环境保护和公众利益起决定性作用的检验项目。

10) 一般项目

一般项目是指除主控项目以外的检验项目。

11）抽样检验

抽样检验指按规定的抽样方案，随机地从进场的材料、构配件、设备或建筑工程检验项目中，按检验批抽取一定数量的样本所进行的检验。

12）抽样方案

抽样方案指根据检验项目的特性所确定的抽样数量和方法。

13）计数检验

计数检验是指在抽样的样本中，记录每一个体有某种属性或计算每一个体中的缺陷数目的检查方法。

14）计量检验

计量检验是指在抽样检验的样本中，对每一个体测量其某个定量特性的检查方法。

15）观感质量

观感质量是指通过观察和必要的量测所反映的工程外在质量。

16）返修

返修是指对工程不符合标准规定的部位采取整修等措施。

17）返工

返工是指对不合格的工程部位采取的重新制作、重新施工等措施。

项目5.2　建筑工程施工质量验收的基本规定

在建筑工程施工质量验收的过程中，一些基本的规定有：

（1）施工现场质量管理应有相应的施工技术标准

施工现场质量管理应有相应的施工技术标准，如健全的质量管理体系、施工质量检验制度和综合施工质量水平评定考核制度。

施工现场质量管理检查记录应由施工单位按表5.1填写，总监理工程师（建设单位项目负责人）进行检查，并作出检查结论。

表5.1　施工现场质量管理检查记录

开工时间：

工程名称		施工许可证号	
建设单位		项目负责人	
设计单位		项目负责人	
监理单位		总监理工程师	
施工单位	项目负责人		项目技术负责人
序　号	项　目		主要内容
1	项目部质量管理制度		
2	现场质量责任制		
3	主要专业工种操作岗位证书		
4	分包单位管理制度		

续表

序号	项目	主要内容
5	图纸会审记录	
6	地质勘查资料	
7	施工技术标准	
8	施工组织设计、施工方案编制及审批	
9	物资采购管理制度	
10	施工设施和机械设备管理制度	
11	计量设备配备	
12	检测试验管理制度	
13	工程质量检查验收制度	
14		
自检结果：		检查结论：
施工单位项目负责人： 年 月 日		总监理工程师： 年 月 日

(2)建筑工程应按下列规定进行施工质量控制

①建筑工程采用的主要材料、半成品、成品、建筑构配件、器具和设备应进行现场验收。凡涉及安全、功能的有关产品,应按各专业工程质量验收规范规定进行复验,并应经总监理工程师(建设单位技术负责人)检查认可。

②各工序应按施工技术标准进行质量控制,每道工序完成后,应进行检查。

③相关各专业工种之间,应进行交接检验,并形成记录。未经总监理工程师(建设单位技术负责人)检查认可,不得进行下道工序施工。

(3)建设工程施工质量应按下列要求进行验收

①建筑工程施工质量应符合本标准和相关专业验收规范的规定。

②建筑工程施工应符合工程勘察、设计文件的要求。

③参加工程施工质量验收的各方人员应具备规定的资格。

④工程质量的验收均应在施工单位自行检查评定的基础上进行。

⑤隐蔽工程在隐蔽前应由施工单位通知有关单位进行验收,并应形成验收文件。

⑥涉及结构安全的试块、试件以及有关材料,应按规定进行见证取样检测。

⑦检验批的质量应按主控项目和一般项目验收。

⑧对涉及结构安全和使用功能的重要分部工程应进行抽样检测。
⑨承担见证取样检测及有关结构安全检测的单位应具有相应资质。
⑩工程的观感质量应由验收人员通过现场检查,并应共同确认。
(4)检验批的质量检验
应根据检验项目的特点在下列抽样方案中进行选择:
①计量、计数或计量-计数等抽样方案。
②一次、二次或多次抽样方案。
③根据生产连续性和生产控制稳定性情况,尚可采用调整型抽样方案。
④对重要的检验项目,当可采用简易快速的检验方法时,可选用全数检验方案。
⑤经实践检验有效的抽样方案。
(5)制订检验批的抽样方案
在制订检验批的抽样方案时,对生产方风险(或错判概率 α)和使用方风险(或漏判概率 β)可按下列规定采取:
①主控项目:对应于合格质量水平的 α 和 β 均不宜超过5%。
②一般项目:对应于合格质量水平的 α 不宜超过5%, β 不宜超过10%。

项目5.3　建筑工程施工质量验收的划分

建筑工程施工质量验收涉及建筑工程施工过程控制和竣工验收控制,合理划分建筑工程施工质量验收层次是非常必要的。特别是不同专业工程的验收批如何确定,将直接影响质量验收工作的科学性、经济性、实用性及可操作性,通过验收批和中间验收层次及最终验收单位的确定,实施对工程施工质量的过程控制和终端把握,确保工程施工质量达到工程项目决策阶段所确定的质量目标和水平。

①建筑工程质量验收应划分为单位(子单位)工程、分部(子分部)工程、分项工程和检验批。

②单位工程的划分应按下列原则确定:
a.具备独立施工条件并能形成独立使用功能的建筑物及构筑物为一个单位工程。
b.建筑规模较大的单位工程,可将其能形成独立使用功能的部分为一个子单位工程。

③分部工程的划分应按下列原则确定:
a.分部工程的划分应按专业性质、建筑部位确定。
b.当分部工程较大或较复杂时,可按材料种类、施工特点、施工程序、专业系统及类别等划分为若干子分部工程。

④分项工程应按主要工种、材料、施工工艺、设备类别等进行划分。

⑤分项工程可由一个或若干检验批组成,检验批可根据施工及质量控制和专业验收需要按楼层、施工段、变形缝等进行划分。建筑工程的分部(子分部)、分项工程划分可按表5.2采用。

表 5.2　建筑工程分部工程、分项工程划分

序号	分部工程	子分部工程	分项工程
1	地基与基础	地基	素土,灰土地基,砂和砂石地基,土工合成材料地基,粉煤灰地基,强夯地基,注浆地基,预压地基,砂石桩复合地基,高压旋喷注浆地基,水泥土搅拌桩地基,土和灰土挤密桩复合地基,水泥粉煤灰碎石桩复合地基,夯实水泥土桩复合地基
		基础	无筋扩展基础,钢筋混凝土扩展基础,筏形与箱形基础,钢结构基础,钢管混凝土结构基础,型钢混凝土结构基础,钢筋混凝土预制桩基础,泥浆护壁成孔灌注桩基础,干作业成孔桩基础,长螺旋钻孔压灌桩基础,沉管灌注桩基础,钢桩基础,锚杆静压桩基础,岩石锚杆基础,沉井与沉箱基础
		基坑支护	灌注桩排桩围护墙,板桩围护墙,咬合桩围护墙,型钢水泥土搅拌墙,土钉墙,地下连续墙,水泥土重力式挡墙,内支撑,锚杆,与主体结构相结合的基坑支护
		地下水控制	降水与排水,回灌
		土方	土方开挖,土方回填,场地平整
		边坡	喷锚支护,挡土墙,边坡开挖
		地下防水	主体结构防水,细部构造防水,特殊施工法结构防水,排水,注浆
2	主体结构	混凝土结构	模板,钢筋,混凝土,预应力,现浇结构,装配式结构
		砌体结构	砖砌体,混凝土小型空心砌块砌体,石砌体,配筋砌体,填充墙砌体
		钢结构	钢结构焊接,紧固件连接,钢零部件加工,钢构件组装及预拼装,单层钢结构安装,多层及高层钢结构安装,钢管结构安装,预应力钢索和膜结构,压型金属板,防腐涂料涂装,防火涂料涂装
		钢管混凝土结构	构件现场拼装,构件安装,钢管焊接,构件连接,钢管内钢筋骨架,混凝土
		型钢混凝土结构	型钢焊接,紧固件连接,型钢与钢筋连接,型钢构件组装及预拼装,型钢安装,模板,混凝土
		铝合金结构	铝合金焊接,紧固件连接,铝合金零部件加工,铝合金构件组装,铝合金构件预拼装,铝合金框架结构安装,铝合金空间网格结构安装,铝合金面板,铝合金幕墙结构安装,防腐处理
		木结构	木方与原木结构,胶合木结构,轻型木结构,木结构的防护

续表

序号	分部工程	子分部工程	分项工程
3	建筑装饰装修	建筑地面	基层铺设,整体面层铺设,板块面层铺设,木、竹面层铺设
		抹灰	一般抹灰,保湿层薄抹灰,装饰抹灰,清水砌体勾缝
		外墙防水	外墙砂浆防水,涂膜防水,透气膜防水
		门窗	木门窗安装,金属门窗安装,塑料门窗安装,特种门安装,门窗玻璃安装
		吊顶	整体面层吊顶,板块面层吊顶,格栅吊顶
		轻质隔墙	板材隔墙,骨架隔墙,活动隔墙,玻璃隔墙
		饰面板	石板安装,陶瓷板安装,木板安装,金属板安装,塑料板安装
		饰面砖	外墙饰面砖粘贴,内墙饰面砖粘贴
		幕墙	玻璃幕墙安装,金属幕墙安装,石材幕墙安装,陶板幕墙安装
		涂饰	水性涂料涂饰,溶剂型涂料涂饰,美术涂饰
		裱糊与软包	裱糊,软包
		细部	橱柜制作与安装,窗帘盒和窗台板制作与安装,门窗套制作与安装,护栏和扶手制作与安装,花饰制作与安装
4	屋面	基层与保护	找坡层和找平层,隔汽层,隔离层,保护层
		保湿与隔热	板状材料保温层,纤维材料保温层,喷涂硬泡聚氨酯保温层,现浇泡沫混凝土保温层,种植隔热层,架空隔热层,蓄水隔热层
		防水与密封	卷材防水层,涂膜防水层,复合防水层,接缝密封防水
		瓦面与板面	烧结瓦和混凝土瓦铺装,沥青瓦铺装,金属板铺装,玻璃采光顶铺装
		细部构造	檐口,檐沟和天沟,女儿墙和山墙,水落口,变形缝,伸出屋面管道,屋面出入口,反梁过水孔,设施基座,屋脊,屋顶窗

续表

序号	分部工程	子分部工程	分项工程
5	建筑给水排水及供暖	室内给水系统	给水管道及配件安装,给水设备安装,室内消火栓系统安装,消防喷淋系统安装,防腐,绝热,管道冲洗,消毒,试验与调试
		室内排水系统	排水管道及配件安装,雨水管道及配件安装,防腐,试验与调试
		室内热水系统	管道与配件安装,辅助设备安装,防腐,绝热,试验与调试
		卫生器具	卫生器具安装,卫生器具给水配件安装,卫生器具排水管道安装,试验与调试
		室内供暖系统	管道及配件安装,辅助设备安装,散热器安装,低温热水地板辐射供暖系统安装,电加热供暖系统安装,燃气红外辐射供暖系统安装,热风供暖系统安装,热计量及调控装置安装,试验与调试,防腐,绝热
		室外给水管网	给水管道安装,室外消火栓系统安装,试验与调试
		室外排水管网	排水管道安装,排水管沟与井池,试验与调试
		室外供热管网	管道及配件安装,系统水压试验,土建结构,防腐,绝热,试验与调试
		建筑饮用水供应系统	管道及配件安装,水处理及控制设施安装,防腐,绝热,试验与调试
		建筑中水系统及雨水利用系统	建筑中水系统,雨水利用系统管道及配件安装,水处理设备及控制设施安装,防腐,绝热,试验与调试
		游泳池及公共浴池水系统	管道及配件系统安装,水处理设备及控制设施安装,防腐,绝热,试验与调试
		水景喷泉系统	管道及配件系统安装,防腐,绝热,试验与调试
		热源及辅助设备	锅炉安装,辅助设备及管道安装,安全附件安装,换热站安装,防腐,绝热,试验与调试
		监测与控制仪表	检测仪器及仪表安装,试验与调试

续表

序号	分部工程	子分部工程	分项工程
6	通风与空调	送风系统	风管与配件制作,部件制作,风管系统安装,风机与空气处理设备安装,风管与设备防腐,旋流风口,岗位送风口,织物(布)风管安装,系统调试
		排风系统	风管与配件制作,部件制作,风管系统安装,风机与空气处理设备安装,风管与设备防腐,吸风罩及其他空气处理设备安装,厨房、卫生间排风系统安装,系统调试
		防排烟系统	风管与配件制作,部件制作,风管系统安装,风机与空气处理设备安装,风管与设备防腐,排烟风阀(口)常闭正压风口,防火风管绝热,系统调试
		除尘系统	风管与配件制作,部件制作,风管系统安装,风机与空气处理设备安装,风管与设备防腐,除尘器与排污设备安装,吸尘罩安装,高温风管绝热,系统调试
		舒适性空调系统	风管与配件制作,部件制作,风管系统安装,风机与空气处理设备安装,风管与设备防腐,组合式空调机组安装,消声器,静电防尘器,换热器,紫外线灭菌器等设备安装,风机盘管,变风量与定风量送风装置,射流喷口等末端设备安装,风管与设备绝热,系统调试
		恒温恒湿空调系统	风管与配件制作,部件制作,风管系统安装,风机与空气处理设备安装,风管与设备防腐,组合式空调机组安装,电加热器,加湿器等设备安装,精密空调机组安装,风管与设备绝热,系统调试
		净化空调系统	风管与配件制作,部件制作,风管系统安装,风机与空气处理设备安装,风管与设备防腐,净化空调机组安装,消声器,静电除尘器,换热器,紫外线灭菌器等设备安装,中、高效过滤器及风机过滤器单元等末端设备清洗与安装,洁净度测试,风管与设备绝热,系统调试
		地下人防通风系统	风管与配件制作,部件制作,风管系统安装,风机与空气处理设备安装,风管与设备防腐,风机与空气处理设备安装,过滤吸收器、防爆波活门、防爆超压排气活门等专用设备安装,系统调试
		真空吸尘系统	风管与配件制作,部件制作,风管系统安装,风机与空气处理设备安装,风管与设备防腐,管道安装,快速接口安装,风机与滤尘设备安装,系统压力试验及调试
		冷凝水系统	管道系统及部件安装,水泵及附属设备安装,管道冲洗,管道、设备防腐,板式热交换器,辐射板及辐射供热,供冷地埋管,热泵机组设备安装,管道、设备绝热,系统压力试验及调试

续表

序号	分部工程	子分部工程	分项工程
6	通风与空调	空调(冷、热)水系统	管道系统及部件安装,水泵及附属设备安装,管道冲洗,管道、设备防腐,冷却塔与水处理设备安装,防冻伴热设备安装,管道、设备绝热,系统压力试验及调试
		冷却水系统	管道系统及部件安装,水泵及附属设备安装,管道冲洗,管道、设备防腐,系统灌水渗漏及排放试验,管道、设备绝热
		土壤源热泵换热系统	管道系统及部件安装,水泵及附属设备安装,管道冲洗,管道、设备防腐,埋地换热系统与管网安装,管道、设备绝热,系统压力试验及调试
		水源热泵换热系统	管道系统及部件安装,水泵及附属设备安装,管道冲洗,管道、设备防腐,系统压力试验及调试,地表水源换热管及管网安装,除垢设备安装,管道、设备绝热,系统压力试验及调试
		蓄能系统	管道系统及部件安装,水泵及附属设备安装,管道冲洗,管道、设备防腐,蓄水罐与蓄冰槽、罐安装,管道、设备绝热,系统压力试验及调试
		压缩式制冷(热)设备系统	制冷机组及附属设备安装,管道、设备防腐,制冷剂管道及部件安装,制冷剂灌注,管道、设备绝热,系统压力试验及调试
		吸收式制冷设备系统	冷机组及附属设备安装,管道、设备防腐,系统真空试验,溴化锂溶液加灌,蒸汽管道系统安装,燃气或燃油设备安装,管道、设备绝热,试验及调试
		多联机(热泵)空调系统	室外机组安装,室内机组安装,制冷剂管路连接及控制开关安装,风管安装,冷凝水管道安装,制冷剂灌注,系统压力试验及调试
		太阳能供暖空调系统	太阳能集热器安装,其他辅助能源、换热设备安装,蓄能水箱,管道及配件安装,防腐,绝热,低温热水地板辐射采暖系统安装,系统压力试验及调试
		设备自控系统	温度、压力与流量传感器安装,执行机构安装调试,防排烟系统功能测试,自动控制及系统智能控制软件调试

续表

序号	分部工程	子分部工程	分项工程
7	建筑电气	室外电气	变压器、箱式变电所安装,成套配电柜、控制柜(屏、台)和动力,照明配电箱(盘)及控制柜安装,梯架,支架,托盘和槽盒内敷线,电缆头制作,导线连接和线路绝缘测试,普通灯具安装,专用灯具安装,建筑照明通电试运行,接地装置安装
		变配电室	变压器、箱式变电所安装,成套配电柜、控制柜(屏、台)和动力,照明配电箱(盘)安装,母线槽安装,梯架,支架,托盘和槽盒安装,电缆敷设,电缆头制作、导线连接和线路绝缘测试,接地装置安装,接地干线敷设
		供电干线	电气设备试验调试运行,母线槽安装,梯架,支架,托盘和槽盒安装,导管敷设,电缆敷设,管内穿线和槽盒内敷线,电缆头制作,导线连接和线路绝缘测试,接地干线敷设
		电气动力	成套配电柜、控制柜(屏、台)和动力配电箱(盘)安装,电动机,电加热器及电动执行机构检查接线,电气设备试验和试运行,梯架,支架,托盘和槽盒安装,导管敷设,电缆敷设,管内穿线和槽盒内敷线,电缆头制作,导线连接和线路绝缘测试
		电气照明	成套配电柜、控制柜(屏、台)和照明配电箱(盘)安装,梯架,支架,托盘和槽盒安装,导管敷设,管内穿线和槽盒内敷线,塑料护套线直敷布线,钢索配线,电缆头制作,导线连接和线路绝缘测试,普通灯具安装,专用灯具安装,开关、插座、风扇安装,建筑照明通电试运行
		备用和不间断电源	成套配电柜、控制柜(屏、台)和照明配电箱(盘)安装,柴油发电机组安装,不间断电源装置及应急电源装置安装,母线槽安装,导管敷设,电缆敷设,管内穿线和槽盒内敷线,电缆头制作,导线连接和线路绝缘测试,接地装置安装
		防雷及接地	接地装置安装,防雷引下线及接闪器安装,建筑物等电位连接,浪涌保护器安装

续表

序号	分部工程	子分部工程	分项工程
8	智能建筑	智能化集成系统	设备安装,软件安装,接口及系统调试,试运行
		信息接入系统	安装场地检查
		用户电话交换系统	线缆敷设,设备安装,软件安装,接口及系统调试,试运行
		信息网络系统	计算机网络设备安装,计算机网络软件安装,网络安全设备安装,网络安全软件安装,系统调试,试运行
		综合布线系统	梯架、托盘、槽盒和导管安装,线槽敷设,机柜,机架,配线架安装,信息插座安装,线路或信息测试,软件安装,系统调试,试运行
		移动通信室内信号覆盖系统	安装场地检查
		卫星通信系统	安装场地检查
		有线电视及卫星电视接收系统	梯架、托盘、槽盒和导管安装,线槽敷设,设备安装,软件安装,系统调试,试运行
		公共广播系统	梯架、托盘、槽盒和导管安装,线槽敷设,设备安装,软件安装,系统调试,试运行
		会议系统	梯架、托盘、槽盒和导管安装,线槽敷设,设备安装,软件安装,系统调试,试运行
		信息导引及发布系统	梯架、托盘、槽盒和导管安装,线槽敷设,显示设备安装,机房设备安装,软件安装,系统调试,试运行
		时钟系统	梯架、托盘、槽盒和导管安装,线槽敷设,设备安装,软件安装,系统调试,试运行
		信息化应用系统	梯架、托盘、槽盒和导管安装,线槽敷设,设备安装,软件安装,系统调试,试运行
		建筑设备监控系统	梯架、托盘、槽盒和导管安装,线槽敷设,传感器安装,执行器安装,控制器(箱)安装,中央管理工作站和操作分站设备安装,软件安装,系统调试,试运行
		火灾自动报警系统	梯架、托盘、槽盒和导管安装,线槽敷设,探测器类设备安装,控制器类设备安装,其他设备安装,软件安装,系统调试,试运行
		安全技术防范系统	梯架、托盘、槽盒和导管安装,线槽敷设,设备安装,软件安装,系统调试,试运行
		应急响应系统	设备安装,软件安装,系统调试,试运行
		机房	供配电系统、防雷与接地系统、空气调节系统、给水排水系统、综合布线系统、监控与安全防范系统、消防系统、室内装饰装修、电磁屏蔽、系统调试、试运行
		防雷与接地	接地装置、接地线、等电位联结、屏蔽设施、电涌保护器、线缆敷设、系统调试、试运行

续表

序号	分部工程	子分部工程	分项工程
9	建筑节能	围护系统节能	墙体节能、幕墙节能、门窗节能、屋面节能、地面节能
		供暖空调设备及管网节能	供暖节能、通风与空调设备节能、空调与供暖系统冷热源节能、空调与供暖系统管网节能
		电气动力节能	配电节能、照明节能
		监控系统节能	监测系统节能、控制系统节能
		可再生能源	地源热泵系统节能、太阳能光热系统节能、太阳能光伏节能
10	电梯	电力驱动的曳引式或强制式电梯	设备进场验收、土建交接检验、驱动主机、导轨、门系统、轿厢、对重、安全部件、悬挂装置、随行电缆、补偿装置、电气装置、整机安装验收
		液压电梯	设备进场验收、土建交接检验、驱动主机、导轨、门系统、轿厢、对重、安全部件、悬挂装置、随行电缆、电气装置、整机安装验收
		自动扶梯、自动人行道	设备进场验收、土建交接检验、整机安装验收

⑥室外工程可根据专业类别和工程规模划分单位(子单位)工程。室外单位(子单位)工程、分部工程划分可按表5.3采用。

表5.3 室外工程划分

单位工程	子单位工程	分部工程
室外设施	道路	路基、基层、面层、广场与停车场、人行道、人行地道、挡土墙、附属构筑物
	边坡	土石方、挡土墙、支护
附属建筑及室外环境	附属建筑	车棚、围墙、大门、挡土墙
	室外环境	建筑小品、亭台、水景、连廊、花坛、场坪绿化、景观桥

项目5.4 建筑工程施工质量验收

5.4.1 检验批质量验收

检验批质量验收流程如图5.1所示。

1)检验批合格质量规定

①主控项目和一般项目的质量经抽样检验合格;
②具有完整的施工操作依据、质量检查记录。

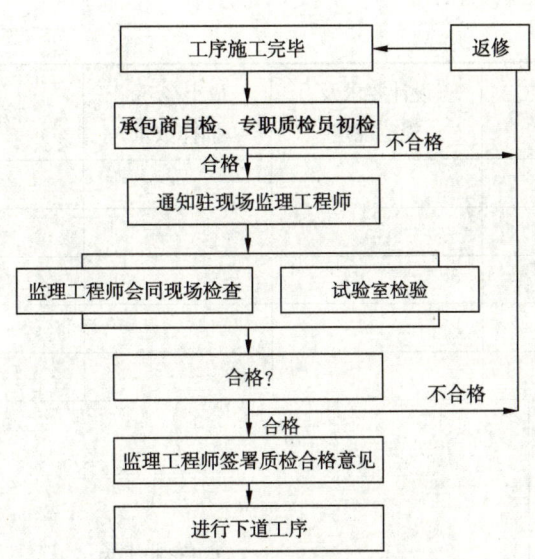

图 5.1 检验批质量验收流程

检验批质量验收可按表 5.4 进行。

表 5.4 检验批质量验收记录

单位(子单位)工程名称		分部(分项)工程名称		分项工程名称	
施工单位				检验批容量	
分包单位				检验批部位	
施工依据				验收依据	
验收项目		设计要求及规范规定	最小/实际抽样数量	检查记录	检查结果
主控项目	1				
	2				
	3				
	4				
	5				
	6				
	7				
	8				
	9				
	10				

续表

验收项目		设计要求及规范规定	最小/实际抽样数量	检查记录	检查结果
一般项目	1				
	2				
	3				
	4				
	5				
施工单位检查结果		专业工长： 项目专业质量检查员： 　　　　　　　　　　　　年　月　日			
监理单位验收结论		专业监理工程师： 　　　　　　　　　　　　年　月　日			

2）资料检查

质量控制资料反映了检验批从原材料到验收的各施工工序的施工操作依据、检查情况以及保证质量所必需的管理制度等，对其完整性的检查，实际上是对过程控制的确认。所要检查的资料主要包括：

①图纸会审、设计变更、洽商记录；
②建筑材料、成品、半成品、建筑构配件、器具和设备的质量证明及进场检（试）验报告；
③工程测量、放线记录；
④按专业质量验收规范规定的抽样检验报告；
⑤隐蔽工程检查记录；
⑥施工过程记录和施工过程检查记录；
⑦新材料、新工艺的施工记录；
⑧质量管理资料和施工单位操作依据等。

3）主控项目和一般项目的检验

（1）主控项目

主控项目的条文是必须达到的要求，是保证工程安全和使用功能的重要检验项目，是对安全、卫生、环境保护和公众利益起决定性作用的检验项目,是确定该检验批的主要性能。降低要求就相当于降低该工程项目的性能指标。如果达不到规定的质量指标,就会严重影响工程的安全性能。

主控项目包括的内容主要有:

①重要材料、构件及配件、成品及半成品、设备性能及附件的材质、技术性能等。检查出厂证明及试验数据,如水泥、钢材的质量;预制楼板、墙板、门窗等构配件的质量;风机等设备的质量。检查出厂证明,其技术数据、项目符合有关技术标准规定。

②结构的强度、刚度和稳定性等检验数据、工程性能的检测,如混凝土、砂浆的强度,钢结构的焊缝强度,管道的压力试验,风管的系统测定与调整,电气的绝缘、接地测试,电梯的安全保护、试运转结果等。检查测试记录,其数据及项目要符合设计要求和验收规范规定。

③一些重要的允许偏差项目,必须控制在允许偏差限值之内。

对一些有龄期的检测项目,在其龄期不到、无法提供数据时,可先将其他评价项目先评价,并根据施工现场的质量保证和控制情况,暂缓验收该项目,待检测数据出来后,再填入数据。如果数据达不到规定数值,以及对一些材料、构配件质量及工程性能的测试数据有疑问时,应进行复试、鉴定及实地检验。

(2)一般项目

一般项目是除主控项目以外的检验项目,其质量要求也是应该达到的,只不过对不影响工程安全和使用功能的少数规定可以适当放宽一些。这些规定虽不像主控项目那样重要,但对工程安全、使用功能及重点部位的美观都是有较大影响的。这些项目在验收时,绝大多数抽查的处(件),其质量指标都必须达到要求,有的专业质量验收规范规定有20%的超限范围,虽可以超过一定的指标,也是有限的,通常不得超过规定值的150%,与原"验评标准"比。

一般项目包括的内容主要有:

①允许有一定偏差的项目,用数据规定的标准,可以有个别偏差范围,最多不超过20%的检查点可以超过允许偏差值,但也不能超过允许值的150%。

②对不能确定偏差值而又允许出现一定缺陷的项目,则以缺陷的数量来区分。如砖砌体预埋拉结筋,其留置间距偏差;混凝土钢筋露筋,露出一定长度等。

③一些因无法定量而采用定性的项目。如碎拼大理石地面颜色协调,无明显裂缝和坑洼;油漆工程中,中级油漆的光亮和光滑项目,卫生器具给水配件安装项目,接口严密,启闭部分灵活;管道接口项目,无外露油麻等。这些就要靠监理工程师来掌握。

5.4.2 分项工程质量验收

分项工程质量验收程序如图5.2所示。

1)分项工程质量验收合格规定

分项工程质量验收合格应符合下列规定:

①分项工程所含的检验批均应符合合格质量的规定;

②分项工程所含的检验批的质量验收记录应完整。

分项工程质量验收可按表5.5进行。

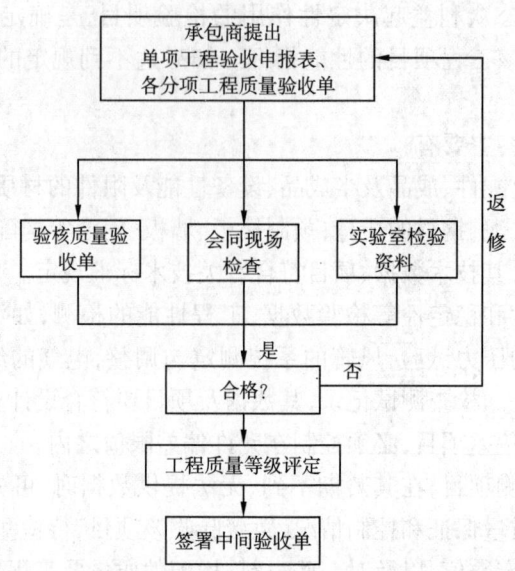

图5.2 分项工程质量验收程序

表5.5 分项工程质量验收记录

单位(子单位) 工程名称		分部(子分部) 工程名称			
分项工程数量		检验批数量			
施工单位		项目负责人		项目技术 负责人	
分包单位		分包单位 项目负责人		分包内容	
序号	检验批名称	检验批数量	部位/区段	施工单位检查结果	监理单位验收结论
1					
2					
3					
4					
5					
6					
7					
8					
9					
10					

续表

序号	检验批名称	检验批数量	部位/区段	施工单位检查结果	监理单位验收结论
11					
12					
13					
14					
15					

说明：

施工单位检查结果	项目专业技术负责人： 　　　　　　　　　年　月　日
监理单位验收结论	专业监理工程师： 　　　　　　　　　年　月　日

2) 分项工程质量验收应注意的问题

分项工程质量验收是在检验批验收的基础上进行的，是一个统计过程，有时也有一些直接的验收内容，因此在验收分项工程时应注意：

①核对检验批的部位、区段是否全部覆盖分项工程的范围，有没有缺漏的部位；

②一些在检验批中无法检验的项目，在分项工程中直接验收，如砖砌体工程中的全局垂直度、砂浆强度的评定等；

③检验批验收记录的内容及签字人是否正确、齐全。

5.4.3 分部(子分部)工程质量验收

分部工程质量验收程序如图5.3所示。

分部、子分部工程的验收内容、程序都是一样的，应将各子分部的质量控制资料进行核查；对地基与基础、主体结构和设备安装工程等分部工程中的有关安全及功能的检验和抽样检测结果的资料核查；观感质量评价等。

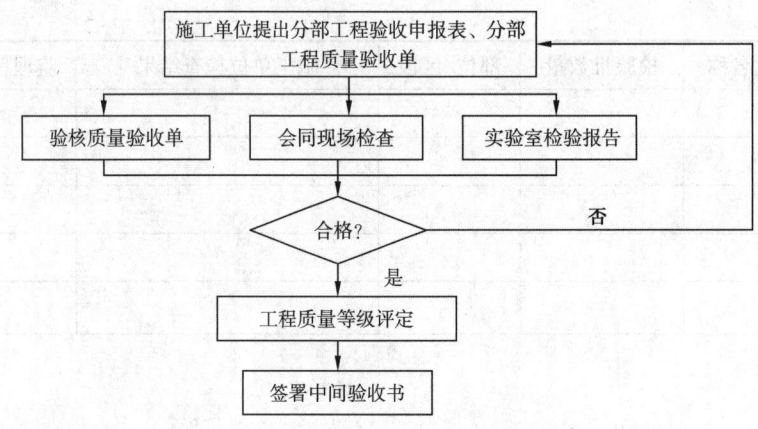

图5.3 分部(子分部)工程质量验收程序

分部(子分部)工程质量验收合格应符合下列规定：

(1)分部(子分部)工程所含分项工程的质量均应验收合格

实际验收中,这项内容也是一项统计工作,在做这项工作时应注意以下3点：

①检查每个分项工程验收是否正确；

②注意查对所含分项工程,有没有漏、缺的分项工程没有归纳进来,或是没有进行验收；

③注意检查分项工程的资料完整不完整,每个验收资料的内容是否有缺漏项,以及分项验收人员的签字是否齐全及符合规定。

(2)质量控制资料应完整

这项验收内容,实际也是统计、归纳和核查,主要包括3个方面的内容：

①核查和归纳各检验批的验收记录资料,查对其是否完整；

②检验批验收时,具备的资料应准确完整才能验收；

③注意核对各种资料的内容、数据及验收人员的签字是否规范等。

在分部(子分部)工程验收时,主要是核查和归纳各检验批的施工操作依据、质量检查记录,查对其是否配套完整,包括有关施工工艺(企业标准)、原材料、构配件出厂合格证及按规定进行的试验资料的完整程度。一个分部(子分部)工程能否具有数量和内容完整的质量控制资料,是验收规范指标能否通过验收的关键。

(3)地基与基础、主体结构和设备安装等分部工程有关安全及功能的检验和抽样检测结果应符合有关规定

这项验收内容,包括安全及功能两个方面的检测资料。验收时,应注意3个方面的工作：

①检查各规范中规定的检测项目是否都进行了验收,不能进行检测的项目应该说明原因；

②检查各项检测记录(报告)的内容、数据是否符合要求,所遵循的检测方法标准、检测结果的数据是否达到规定的标准；

③核查资料的检测程序、有关取样人、检测人、审核人、试验负责人,以及公章签字是否齐全等。

(4)观感质量验收应符合要求

分部(子分部)工程的观感质量检查,是经过现场工程的检查,由检查人员共同确定评价的结果为"好""一般""差"3个等级,在检查和评价时应注意以下3点:

①分部(子分部)工程观感质量评价目的有两方面:一方面是现在的工程体量越来越大,越来越复杂,待单位工程全部完工后再检查,有的项目要看的部位看不见了,看了还应修的修不了,只能是既成事实。另一方面竣工后一并检查,由于工程的专业多,而检查人员又不能太多,专业不全,不能将专业工程中的问题看出来。一是有些项目完工后,工地上就没有事了,各工种人员也陆续撤离,即使检查出问题来,再让其来修理,用的时间也长。二是对专业承包企业分包承包的工程,完工后也应该有个评价,以便于对这些企业进行监管。

②在进行检查时,注意一定要在现场将工程的各个部位全部看到,能操作的应操作,观察其方便性、灵活性或有效性等;能打开观看的应打开观看,不能只看"外观",应全面了解分部(子分部)的实物质量。

③观感质量没有放在重要位置,只是一个辅助项目,其评价内容只列出了项目,其具体标准没有具体化,多数在一般项目内。检查评价人员宏观掌握,如果没有较明显达不到要求的,就可以评"一般";如果某些部位质量较好,细部处理到位,就可评"好";如果有的部位达不到要求,或有明显的缺陷,但不影响安全或使用功能的,则评为"差"。评为"差"的项目能进行返修的应进行返修,不能返修只要不影响结构安全和使用功能的可通过验收。有影响安全或使用功能的项目,不能评价,应修理后再评价。

分部(子分部)工程质量验收应按表5.6进行。

表5.6 分部(子分部)工程质量验收记录

单位(子单位)工程名称			子分部工程数量		分项工程数量	
施工单位			项目负责人		技术(质量)负责人	
分包单位			分包单位负责人		分包内容	
序号	子分部工程名称	分项工程名称	检验批数量	施工单位检查结果		监理单位验收结论
1						
2						
3						
4						
5						

续表

序号	子分部工程名称	分项工程名称	检验批数量	施工单位检查结果	监理单位验收结论
6					
7					
8					
质量控制资料					
安全和功能检验结果					
观感质量检验结果					
综合验收结论					

施工单位 项目负责人： 　年　月　日	勘察单位 项目负责人： 　年　月　日	设计单位 项目负责人： 　年　月　日	监理单位 项目负责人： 　年　月　日

5.4.4 单位(子单位)工程质量验收

单位工程质量竣工验收工作流程如图 5.4 所示。

单位工程质量验收是对工程交付使用前的最后一道工序把好关，是对工程质量的一次总体综合评价，是工程质量管理的一道重要程序。

单位(子单位)工程质量验收合格应符合下列规定：

①单位(子单位)工程所含分部(子分部)工程的质量均应验收合格。总承包单位应事前进行认真准备，将所有分部、子分部工程质量验收的记录表，及时进行收集整理，并列出目次表，依序将其装订成册。在核查及整理过程中，应注意以下3点：

a. 核查各分部工程中所含的子分部工程是否齐全。

b. 核查各分部、子部分工程质量验收记录表的质量评价是否完善，有分部、子分部工程质量的综合评价，有质量控制资料的评价，有地基与基础、主体结构和设备安装分部、子分部工程规定的有关安全及功能的检测和抽测项目的检测记录，以及分部、子分部观感质量的评价等。

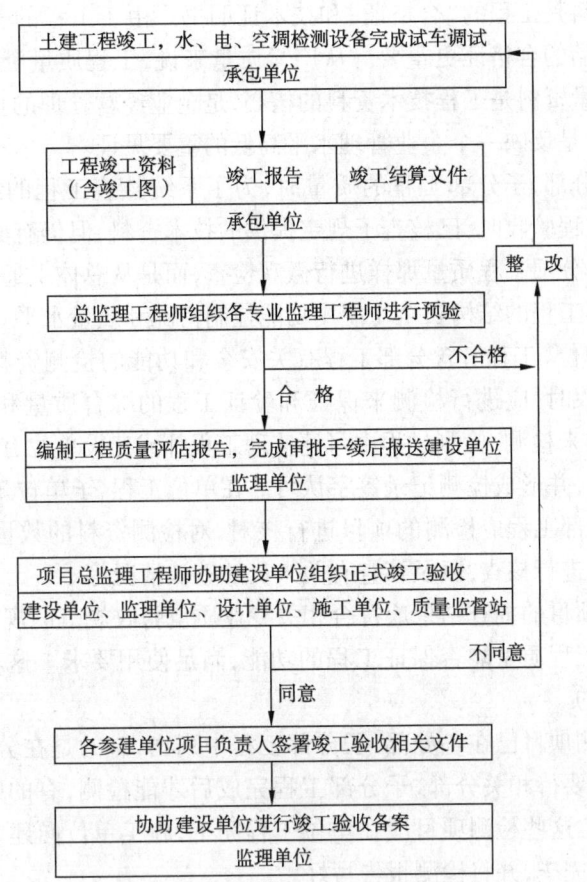

图 5.4 单位工程质量竣工验收工作流程

c.核查分部、子分部工程质量验收记录表的验收人员是否是规定的有相应资质的技术人员,并进行了评价和签认。

②质量控制资料应完整。总承包单位应将各分部、子分部工程应有的质量控制资料进行核查,如图纸会审及变更记录,定位测量放线记录,施工操作依据,原材料、构配件等质量证书,按规定进行检验的检测报告,隐蔽工程验收记录,施工中有关施工试验、测试、检验等,以及抽样检测项目的检测报告等。

总监理工程师进行核查确认时,可按单位工程所包含的分部、子分部工程分别核查,也可综合抽查。其目的是强调建筑结构、设备性能、使用功能方面主要技术性能的检验。每个检验批规定了"主控项目",并提出了主要技术性能的要求,但检查单位工程的质量控制资料,对主要技术性能进行系统的核查。

质量控制资料将是整个技术资料的核心。从工程质量管理出发,可将技术资料分为工程质量验收资料、工程质量记录资料、施工技术管理资料和竣工图等。

建筑工程质量控制资料是反映建筑工程施工过程中,各个环节工程质量状况的基本数据和原始记录;反映完工项目的测试结果和记录。这些资料是反映工程质量的客观见证,是评价工程质量的主要依据。

工程质量资料是工程的"合格证"和技术证明书。由于工程的安全性能要求高,因此工程质量资料比产品的合格证更重要。从广义质量来说,工程质量资料就是工程质量的一部分,同时,工程质量资料是工程技术资料的核心,是企业经营管理的重要组成部分,更是质量管理的重要方面,是反映一个企业管理水平高低的重要见证。

在验收一个分部、子分部工程的质量时,为了系统核查工程的结构安全和重要使用功能,虽然在分项工程验收时,已核查了规定提供的技术资料,但仍有必要再进行复核,只是不再像验收检验批、分项工程质量那样进行微观检查,而是从总体上通过核查质量控制资料来评价分部、子分部工程的结构安全与使用功能控制情况和质量水平。

③单位(子单位)工程所含分部工程有关安全和功能的检测资料应完整。在分部、子分部工程检查和验收时,应进行检测来保证和验证工程的综合质量和最终质量。该检测(检验)应由施工单位来检测,检测过程中可请监理工程师或建设单位有关负责人参加监督检测工作,达到要求后,并形成检测记录签字认可。在单位工程、子单位工程验收时,监理工程师应对各分部、子分部工程应检测的项目进行核对,对检测资料的数量、数据及使用的检测方法标准、检测程序进行核查,以及核查有关人员的签认情况等。

④主要功能项目的抽查结果应符合相关专业质量验收规范的规定。主要功能抽查目的主要是综合检验工程质量能否保证工程的功能,满足使用要求。这项抽查检测多数还是复查性的和验证性的。

主要功能抽测项目已在各分部、子分部工程中列出,有的是在分部、子分部工程完成后进行检测,有的还要待相关分部、子分部工程完成后才能检测,有的则需要待单位工程全部完成后进行检测。这些检测项目应在单位工程完工,施工单位向建设单位提交工程验收报告之前,全部进行完毕,并将检测报告写好。

⑤观感质量验收应符合要求。观感质量的验收方法和内容与分部、子分部工程的观感质量评价一样,只是分部、子分部工程的范围小一些而已,一些分部、子分部工程的观感质量,可能在单位工程检查时已经看不到了。所以单位工程的观感质量更宏观一些。

单位(子单位)工程质量竣工验收应按表5.7进行。

表5.7 单位(子单位)工程质量竣工验收记录

工程名称		结构类型		层数/建筑面积	/
施工单位		技术负责人		开工日期	
项目负责人		项目技术负责人		完工日期	
序号	项 目	验收记录		验收结论	
1	分部工程验收	共 分部,经查符合设计及标准规定 分部			
2	质量控制资料核查	共 项,经核查符合规定 项			
3	安全和使用功能核查及抽查结果	共核查 项,符合规定 项,共抽查 项,符合规定 项,经返工处理符合规定 项			

续表

序号	项目	验收记录	验收结论
4	观感质量验收	共抽查　项,达到"好"和"一般"的　项,经返修处理符合要求的　项	
综合验收结论			

参加验收单位	建设单位	监理单位	施工单位	设计单位	勘察单位
	（公章） 项目负责人： 年　月　日	（公章） 总监理工程师： 年　月　日	（公章） 项目负责人： 年　月　日	（公章） 项目负责人： 年　月　日	（公章） 项目负责人： 年　月　日

5.4.5　验收不合格的处理

一般情况下,不合格现象在检验批的验收时就应发现并及时处理,所有质量隐患必须尽快消灭在萌芽状态,否则将影响后续检验批和相关的分项工程、分部工程的验收。非正常情况的处理分以下5种情况：

①经返工重做或更换器具、设备的检验批,应重新进行验收。重新验收质量时,要对该项目工程按规定,重新抽样、选点、检查和验收,重新填检验批质量验收记录表。

②经有资质的检测单位检测鉴定能够达到设计要求的检验批,应予以验收。这种情况是指个别检验批发现试块强度等不满足要求等问题,难以确定是否足够验收时,应请有资质的法定检测单位检测。当鉴定结果能够达到设计要求时,该检验批应允许通过验收。

③经有资质的检测单位检测鉴定达不到设计要求,但经原设计单位核算认可能够满足结构安全和使用功能的检验批,可予以验收。这种情况与第②种情况一样,多是某项质量指标达不到设计的要求,多数也是指留置的试块失去代表性、或是因故缺少试块的情况,以及试块试验报告有缺陷,不能有效证明该项工程的质量情况,或是对该试验报告有怀疑时,要求对工程实体质量进行检测。经有资质的检测单位检测鉴定达不到设计要求,但这种数据距达到设计要求的差距有限,不是差距太大。经过原设计单位进行验算,认为仍可满足结构安全和使用功能,可不进行加固补强。

如规范中规定的能够满足结构安全和使用功能的混凝土强度最低为27 MPa,而设计时选用了C30级混凝土,经检测的结果是29 MPa,虽未达到设计的C30级的要求,但仍能大于

27 MPa 是安全的。又如某五层砖混结构，一、二、三层用 M10 砂浆砌筑，四、五层为 M5 砂浆砌筑。在施工过程中，由于管理不善等，其三层砂浆强度仅达到 7.4 MPa，未达到设计要求，按规定应不能验收，但经过原设计单位验算，砌体强度尚可满足结构安全和使用功能，可不返工和加固。

由设计单位出具正式的认可证明，由注册结构工程师签字，并加盖单位公章。由设计单位承担质量责任。

以上 3 种情况都应视为是符合规范规定质量合格的工程。只是管理上出现了一些不正常的情况，使资料证明不了工程实体质量，经过补办一定的检测手续，证明质量是达到了设计要求，给予通过验收是符合规范规定的。

④经返修或加固处理的分项、分部工程，虽然改变外形尺寸但仍能满足安全使用要求，可按技术处理方案和协商文件进行验收。

这种情况是指更为严重的缺陷或者范围超过检验批的更大范围内的缺陷可能影响结构的安全性和使用功能。

如经法定检测单位检测鉴定后认为达不到规范标准的相应要求，即不能满足最低限度的安全性要求，则必须按照一定的技术方案进行加固处理，使之能保证其满足安全使用的基本要求。这样会造成一些永久性的缺陷，如改变结构的外形尺寸，影响一些次要的使用功能等。为了避免社会财富更大的损失，在不影响安全和主要使用功能条件下可以按处理技术方案和协定文件进行验收，但不能作为轻视质量而回避责任的一种出路，这是应该特别注意的。

⑤通过返修或加固处理仍不能满足安全使用要求的分部工程、单位（子单位）工程，严禁验收。

这种情况通常是在制订加固技术方案之前，就知道加固补强措施效果不会太好，或是加固费用太高不值得加固处理，或是加固后仍达不到保证安全、功能的情况。这种情况就应该坚决拆掉，不要再花大的代价来加固补强。这条是规范中的强制性条文，必须贯彻执行。

项目 5.5　建筑工程质量验收的程序和组织

5.5.1　检验批及分项工程的验收程序与组织

检验批及分项工程应由监理工程师（建设单位项目技术负责人）组织施工单位项目专业质量（技术）负责人等进行验收。

验收前，施工单位先填好检验批和分项工程的验收记录表（有关监理记录和结论不填），并由项目专业质量检验员和项目专业技术负责人分别在检验批和分项工程质量检验记录中相关栏目中签字，然后由监理工程师组织，严格按规定程序进行验收。

5.5.2　分部工程的验收程序与组织

分部工程应由总监理工程师（建设单位项目负责人）组织施工单位项目负责人和技术、质量负责人等进行验收。由于地基基础、主体结构技术性能要求严格，技术性强，关系到整个工程的安全,因此,地基与基础、主体结构分部工程的验收由勘察、设计单位工程项目负责人和施工单位技术、质量检验部门负责人参加相关分部工程验收。

5.5.3 单位(子单位)工程的验收程序与组织

1)竣工初验收的程序

竣工初验收的程序如图 5.5 所示。

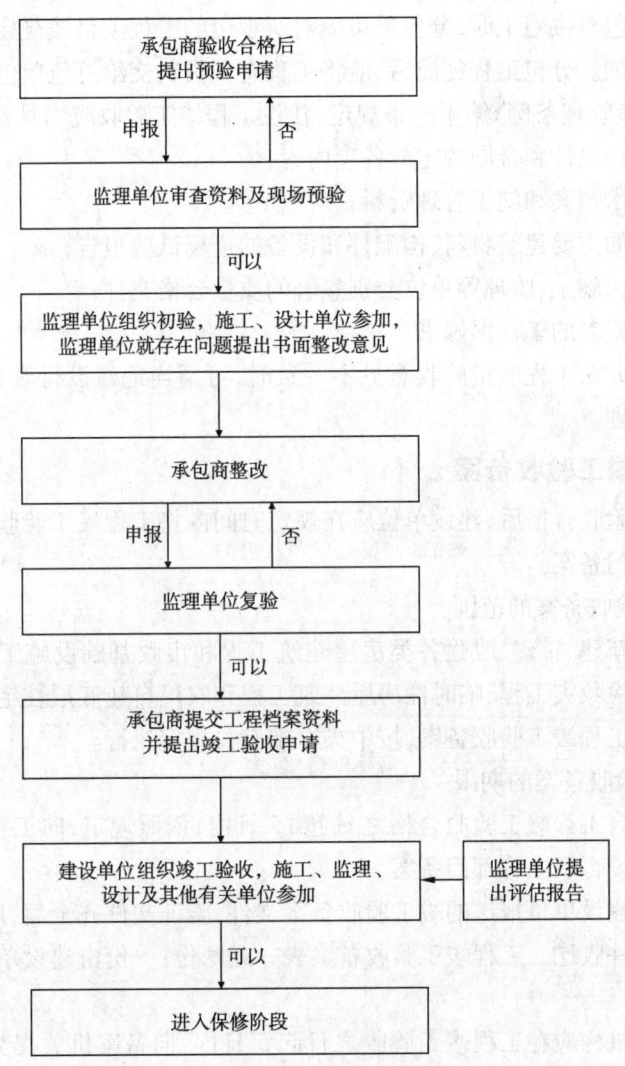

图 5.5 竣工初验收的程序

当单位工程达到竣工验收条件后,施工单位应在自查、自评工作完成后,填写工程竣工报验单,并将全部竣工资料报送项目监理单位,申请竣工验收。

总监理工程师应组织各专业监理工程师对竣工资料及各专业工程的质量情况进行全面检查。对检查出的问题,应督促施工单位及时整改。对需要进行功能试验的项目(包括单机试车和无负荷试车),监理工程师应督促施工单位进行试验,并对重要项目进行监督、检查,必要时请建设单位和设计单位参加,并应认真审查试验报告单并督促施工单位做好成品保护和现场清理。

经项目监理单位对竣工资料及实物全面检查、验收合格后,由总监理工程师签署工程竣工报验单,并向建设单位提出质量评估报告。

2)正式验收

建设单位收到工程验收报告后,应由建设单位(项目)负责人组织施工(含分包单位)、设计、监理等单位(项目)负责人进行单位(子单位)工程验收。

单位工程由分包单位施工时,分包单位应对所承包的工程项目按规定的程序检查评定,总包单位应派人参加。分包工程完成后,应将工程有关资料交给总包单位。

《建设工程质量管理条例》第十六条规定,建设工程竣工验收应当具备下列条件:
①完成建设工程设计和合同约定的各项内容;
②有完整的技术档案和施工管理资料;
③有工程使用的主要建筑材料、构配件和设备的进场试验报告;
④有勘察、设计、施工、监理等单位分别签署的质量合格文件;
⑤有施工单位签署的工程保修书。

当参加验收各方对工程质量验收意见不一致时,可请当地建设行政主管部门或工程质量监督机构协调处理。

3)单位工程竣工验收备案

单位工程质量验收合格后,建设单位应在规定时间内将工程竣工验收报告和有关文件,报建设行政管理部门备案。

(1)工程竣工验收备案的范围

凡在我国境内新建、扩建、改建各类房屋建筑工程和市政基础设施工程,都应按照有关规定进行备案。抢险救灾工程、临时性房屋建筑工程和农民自建底层住宅工程,不适用此规定。军用房屋建筑工程竣工验收备案,按中央军委有关规定执行。

(2)工程竣工验收备案的期限

建设单位应当自工程竣工验收合格之日起15日内,依照规定,向工程所在地的县级以上地方人民政府建设行政主管部门备案。

备案机关收到建设单位报送的竣工验收备案文件,验证文件齐全后,应当在工程竣工验收备案表上签署文件收讫。工程竣工验收备案表一式两份:一份由建设单位保存,一份留备案机关存档。

工程质量监督机构应在工程竣工验收之日起5日内,向备案机关提交工程质量监督报告。备案机关发现建设单位在竣工验收过程中有违反国家有关建设工程质量管理规定行为的,应在收讫竣工验收备案文件15日内,责令停止使用,重新组织竣工验收。

(3)工程竣工验收备案时应提交的文件

建设单位办理工程竣工验收备案时应提交下列文件:
①工程竣工验收备案表;
②工程竣工验收报告。竣工验收报告应当包括工程报建日期,施工许可证号,施工图设计文件审查意见,勘察、设计、施工、监理等单位分别签署的质量合格文件及验收人员签署的

竣工验收原始文件,市政基础设施的有关质量检测和功能性试验资料以及备案机关认为需要提供的有关资料;

③法律、行政法规规定应由规划、公安消防、环保等部门出具的认可文件或者准许使用的文件;

④施工单位签署的工程质量保修书;

⑤法规、规章规定必须提供的其他文件。

商品住宅还应提交《住宅质量保证书》和《住宅使用说明书》。

单元小结

通过本单元的学习,学生应了解建筑工程施工质量验收规范体系、建筑工程施工质量验收术语,熟悉建筑工程施工质量验收的基本规定、建筑工程施工质量验收的划分,掌握检验批、分项工程、分部(子分部)工程、单位(子单位)工程等质量验收方法的内容,了解验收不合格的处理方法,熟悉检验批及分项工程、分部工程、单位(子单位)工程等的验收程序。

单元训练

1. 建筑工程施工质量验收的基本规定有哪些?
2. 建筑工程施工质量验收如何划分?
3. 单位工程的划分原则有哪些?
4. 分部工程的划分原则有哪些?
5. 检验批质量如何进行验收?
6. 分项工程质量如何进行验收?
7. 分部工程质量如何进行验收?
8. 单位工程质量如何进行验收?
9. 验收不合格工程如何处理?
10. 简述建筑工程质量验收程序。
11. 简述检验批及分项工程的验收程序。
12. 简述分部工程的验收程序。
13. 简述单位工程的验收程序。
14. 监理工程师在质量评定和竣工验收中有何作用?
15. 工程项目竣工验收的条件和主要内容是什么?

单元 6
施工质量事故处理

项目 6.1 工程质量问题及处理

6.1.1 常见质量问题的成因

1) 违背建设程序

工程项目不经可行性论证,不作调查分析就拍板定案;没有搞清楚工程地质、水文地质情况就仓促开工;无证设计,无图施工,任意修改设计,不按图纸施工;工程竣工不进行试车运转、不经验收就交付使用等蛮干现象是导致工程质量问题的重要原因。

2) 违反法规行为

违反法规行为指的是工程项目无证设计,无证施工,越级设计,越级施工,工程招、投标中的不公平竞争,超常的低价中标,非法分包、转包、挂靠,擅自修改设计等行为。

3) 工程地质勘察失真

地质勘察或勘探时钻孔深度、间距、范围不符合规定要求,地质勘察报告不能全面反映实际的地基情况等,对基岩起伏、土层分布误判,或未查清地下软土层、墓穴、孔洞等,由此导致采用不恰当或错误的基础方案,造成地基不均匀沉降、失稳,使上部结构或墙体开裂、破坏,或引发建筑物倾斜、倒塌等质量问题。

4) 设计差错

设计考虑不周,盲目套用图纸、结构构造不合理、计算简图与实际情况不符、计算荷载取值过小、内力分析有误、沉降缝及伸缩缝设置不当、悬挑结构未进行抗倾覆验算或计算错误等,都是引发质量问题的原因。

5) 施工与管理不到位

不按图施工或未经设计单位同意擅自修改设计。例如,将铰接做成刚接,将简支梁做成连续梁,导致结构破坏;挡土墙不按图设滤水层、排水孔,导致压力增大,墙体破坏或倾覆;不按有关的施工规范和操作规程施工,浇筑混凝土时振捣不良,造成薄弱部位;砖砌体砌筑上下通缝、灰浆不饱满等均会导致砖墙或砖柱破坏。施工组织管理紊乱,不熟悉图纸,盲目施工,施工方案考虑不周,施工顺序颠倒;图纸未经会审,仓促施工;技术交底不清,违章作业;疏于检查、验收;等等。以上情况均可能导致质量问题。

6) 使用不合格的原材料、制品及设备

①建筑材料及制品不合格。诸如,钢筋物理力学性能不良会导致钢筋混凝土结构产生裂缝;骨料中活性氧化硅会导致碱性骨料反应使混凝土产生裂缝;水泥安定性不合格会造成混凝土爆裂;此外,预制构件截面尺寸不足,支承锚固长度不足,未可靠地建立预应力值,少放、漏放钢筋等均可能出现板面断裂、坍塌。

②建筑设备不合格,如变配电设备质量缺陷导致自燃或火灾,电梯质量不合格危及人身安全。

7) 自然环境因素

施工项目周期长,露天作业多,空气温度、湿度、暴雨、大风、洪水、雷电、日晒和浪潮等均可能成为质量问题的诱因。

8) 结构使用不当

未经校核验算就任意对建筑物加层、任意拆除承重结构部位,任意在结构物上开槽、打洞、削弱承重结构截面等也会引起质量问题。

6.1.2 成因分析方法

1) 基本步骤

①进行细致的现场调查研究,观察记录全部实况,充分了解与掌握引发质量问题的现象和特征。

②收集调查与问题有关的全部设计和施工资料,分析摸清工程在施工或使用过程中所处的环境及面临的各种条件和情况。

③找出可能产生质量问题的所有因素。

④分析、比较和判断,找出最可能造成质量问题的原因。

⑤进行必要的计算分析或模拟试验予以论证确认。

2) 分析要领

分析要领是逻辑推理法,其基本原理如下:

①确定质量问题的初始点,即所谓原点,它是一系列独立原因集合起来形成的爆发点。因其反映质量问题的直接原因,而在分析过程中具有关键性作用。

②围绕原点对现场各种现象和特征进行分析,区别导致同类质量问题的不同原因,逐步揭示质量问题萌生、发展和最终形成的过程。

③确定诱发质量问题的起源点及真正原因。工程质量问题的原因分析是对一堆模糊不清的事物和现象的客观属性及其内在联系的反映,它的准确性和监理工程师的能力学识、经验和态度有极大的关系,其结果不单是简单的信息描述,而是逻辑推理的产物,其推理可用于工程质量的事前控制。

6.1.3 工程质量问题的处理

在工程施工过程中,由于可能出现前述的诸多主观和客观原因,发生质量问题往往难以避免。为此,作为工程监理人员必须掌握如何防止和处理施工中出现的不合格项目和各种质量问题,对已发生的质量问题,应掌握其正确的处理程序。

1) 处理方式

在各项工程的施工过程中或完工以后,现场监理人员如发现工程项目存在不合格项或质量问题,应根据其性质和严重程度按以下方式处理:

①当发现质量问题是由施工引起并在萌芽状态时,应及时制止,并要求施工单位立即更换不合格材料、设备或不称职人员,或要求施工单位立即改变不正确的施工方法和操作工艺。

②如因施工而引起的质量问题已出现,应立即向施工单位发出《监理通知》,要求其对质量问题进行补救处理,并采取足以保证施工质量的有效措施后,填报《监理通知回复单》报监理单位。

③当某道工序或分项工程完工后,出现不合格项,监理工程师应填写《不合格项目处置记录》,要求施工单位及时采取措施予以整改。监理工程师应对其补救方案进行确认,跟踪处理过程,对处理结果进行验收,否则不允许进行下道工序或分项工程的施工。

④在交工使用后的保修期内发现的施工质量问题,监理工程师应及时签发《监理通知》,督促施工单位进行修补、加固或返工处理。

2) 处理程序

工程监理人员发现工程质量问题后,应按以下程序进行处理,如图 6.1 所示。

①当发生工程质量问题时,监理工程师首先应判断其严重程度。对可以通过返修或返工弥补的质量问题可签发《监理通知》,责令施工单位写出质量问题调查报告,提出处理方案,填写《监理通知回复单》,报监理工程师审核后,批复承包单位处理,必要时应经建设单位和设计单位认可,处理结果应重新进行验收。

②对需要加固补强的质量问题,或质量问题的存在影响下道工序和分项工程的质量时应签发《工程暂停令》,指令施工单位停止有质量问题的部位和与其有关联部位及下道工序的施工。必要时应要求施工单位采取防护措施,责成施工单位写出质量问题调查报告,由设计单位提出处理方案,并征得建设单位同意,批复承包单位处理。处理结果应重新进行验收。

③施工单位接到《监理通知》后,在监理工程师的组织参与下,尽快进行质量问题调查并完成报告编写。调查应力求全面、详细、客观、准确。调查报告主要内容包括:

a. 与质量问题相关的工程情况。

b. 质量问题发生的时间、地点、部位、性质、现状及发展变化等详细情况。
c. 调查中的有关数据和资料。
d. 原因分析与判断。
e. 是否需要采取临时防护措施。
f. 质量问题处理、补救的建议方案。
g. 涉及的有关人员和责任及预防该质量问题重复出现的措施。

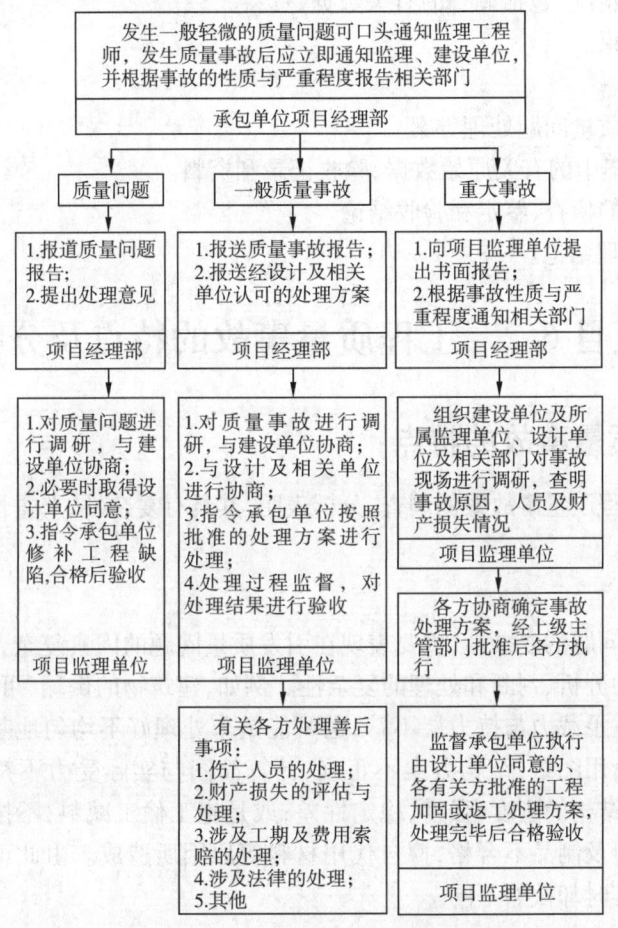

图6.1 工程质量事故处理工作流程

④监理工程师审核、分析质量问题调查报告,判断和确认质量问题产生的原因。必要时,工程监理人员应组织设计、施工、供货和建设单位各方共同参加分析。

⑤在原因分析的基础上,认真审核签认质量问题处理方案。

质量问题处理方案应以原因分析为基础,如果某些问题一时认识不清,且一时不致产生严重恶化,可以继续进行调查、观测,以便掌握更充分的资料和数据,作进一步分析,找出起源点,避免急于求成,造成反复处理的不良后果。监理工程师审核确认处理方案应牢记:安全可靠,不留隐患,满足建筑物的功能和使用要求,技术可行、经济合理原则。针对确认不需专门处理的质量问题,应能保证它不构成对工程安全的危害,且满足安全和使用要求,并必须征得设计和建设单位的同意。

⑥指令施工单位按既定的处理方案实施处理并进行跟踪检查。发生的质量问题不论是否由于施工单位原因造成,应通过建设单位,要求设计单位或责任单位提出处理方案,然后由施工单位负责实施处理。监理工程师应对处理过程和完工后一定时期进行跟踪检查。

⑦质量问题处理完毕,监理工程师应组织有关人员对处理的结果进行严格的检查、鉴定和验收,写出质量问题处理报告,报建设单位和监理单位存档。主要内容包括:

  a. 基本处理过程描述。
  b. 调查与核查情况,包括调查的有关数据、资料。
  c. 原因分析结果。
  d. 处理的依据。
  e. 审核认可的质量问题处理方案。
  f. 实施处理方案中的有关原始数据、验收记录和资料。
  g. 对处理结果的检查、鉴定和验收结论。
  h. 质量问题处理结论。

项目6.2　工程质量事故的特点及分类

6.2.1　工程质量事故的特点

通过对诸多工程质量事故案例调查、分析表明,其具有复杂性、严重性、可变性和多发性的特点。

1) 复杂性

施工项目质量问题的复杂性,主要表现在引发质量问题的因素复杂,从而增加了对质量问题的性质、危害的分析、判断和处理的复杂性。例如,建筑物的倒塌,可能是未认真进行地质勘察,地基的容许承载力与持力层不符;也可能是未处理好不均匀地基,产生过大的不均匀沉降;或是盲目套用图纸,结构方案不正确,计算简图与实际受力不符;或是荷载取值过小,内力分析有误,结构的刚度、强度、稳定性差;或是施工偷工减料、不按图施工、施工质量低劣;或是建筑材料及制品不合格,擅自代用材料等原因所造成。由此可见,即使同一性质的质量问题,原因有时却截然不同。

2) 严重性

工程项目一旦出现质量事故,轻者影响施工顺利进行、拖延工期、增加工程费用;重者则会留下隐患成为危险的建筑,影响使用功能或不能使用,更严重的还会引起建筑物的失稳、倒塌,造成人民生命、财产的巨大损失。例如,1995年韩国首尔三峰百货大楼出现倒塌事故,导致400余人死亡,在国际上造成很大影响,甚至导致韩国人心恐慌,国际形象下降;1999年我国重庆市綦江彩虹大桥突然整体垮塌,造成40人死亡,14人受伤,直接经济损失631万元,引发全社会对建设工程质量整体水平的怀疑,构成社会不安定因素。因此,对建设工程质量问题和质量事故均不能掉以轻心,必须予以高度重视。

3) 可变性

许多工程的质量问题出现后,其质量状态并非稳定于发现的初始状态,而是有可能随着时间而不断地发展、变化。例如,桥墩的超量沉降可能随上部荷载的不断增大而继续发展;混凝土结构出现的裂缝可能随环境温度的变化而变化,或随荷载的变化及负担荷载的时间而变化等。因此,有些在初始阶段并不严重的质量问题,如不能及时处理和纠正,有可能发展成一般质量事故;一般质量事故有可能发展成为严重或重大质量事故。例如,开始时微细的裂缝有可能发展导致结构断裂或倒塌事故,土坝的涓涓渗漏有可能发展为溃坝。所以,在分析、处理工程质量问题时,一定要注意质量问题的可变性,应及时采取可靠的措施,防止其进一步恶化而发生质量事故,或加强观测与试验,取得数据,预测未来发展的趋势。

4) 多发性

施工项目中有些质量问题,就像"常见病""多发病"一样经常发生,而成为质量通病,如屋面、卫生间漏水,抹灰层开裂、脱落,地面起砂、空鼓,排水管道堵塞,预制构件裂缝等。另有一些同类型的质量问题,往往一再重复发生,如雨篷的倾覆,悬挑梁、板的断裂,混凝土强度不足等。因此,总结经验,吸取教训,采取有效措施予以预防是十分必要的。

6.2.2 工程质量事故的分类

根据生产安全事故造成的人员伤亡或者直接经济损失,工程质量事故一般分为以下等级:

①特别重大事故,是指造成30人以上死亡,或者100人以上重伤(包括急性工业中毒,下同),或者1亿元以上直接经济损失的事故;

②重大事故,是指造成10人以上30人以下死亡,或者50人以上100人以下重伤,或者5 000万元以上1亿元以下直接经济损失的事故;

③较大事故,是指造成3人以上10人以下死亡,或者10人以上50人以下重伤,或者1 000万元以上5 000万元以下直接经济损失的事故;

④一般事故,是指造成3人以下死亡,或者10人以下重伤,或者1 000万元以下直接经济损失的事故。

国务院安全生产监督管理部门可以会同国务院有关部门,制定事故等级划分的补充性规定。

项目6.3　工程质量事故处理的依据和程序

6.3.1　事故处理必备的条件

建筑工程质量事故分析的最终目的是处理事故。由于事故处理具有复杂性、危险性、连锁性、选择性及技术难度大等特点,因此,事故处理必须坚持科学、谨慎的观点,并严格遵守一定的处理程序。

①处理目的应十分明确。

②事故情况清楚。事故情况一般包括事故发生的时间、地点、过程、特征描述、观测记录及发展变化规律等。

③事故性质明确。通常应明确3个问题:是结构性还是一般性问题;是实质性还是表面

性问题;事故处理的紧迫程度。

④事故原因分析准确、全面。事故处理就像医生给人看病一样,只有弄清病因,方能对症下药。

⑤事故处理所需资料应齐全。资料是否齐全直接影响分析判断的准确性和处理方法的选择。

6.3.2 事故处理的基本要求及注意事项

事故处理通常应达到以下4项要求:安全可靠、不留隐患;满足使用或生产要求;经济合理;施工方便、安全。要达到上述要求,事故处理必须注意以下事项:

(1)综合治理

首先,应防止原有事故处理后引发新的事故;其次,注意处理方法的综合应用,以取得最佳效果;最后,一定要消除事故根源,不可治表不治里。

(2)事故处理过程中的安全

为避免工程处理过程中或者说在加固改造的过程中倒塌,造成了更大的人员和财产损失,应注意以下问题:

①对于严重事故,如岌岌可危、随时可能倒塌的建筑,在处理之前必须有可靠的支护。

②对需要拆除的承重结构部分,必须事先制订拆除方案和安全措施。

③凡涉及结构安全的,处理阶段的结构强度和稳定性十分重要,尤其是钢结构容易失稳问题应引起足够重视。

④重视处理过程中由于附加应力引发的不安全因素。

⑤在不卸载条件下进行结构加固,应注意加固方法的选择以及对结构承载力的影响。

(3)事故处理的检查验收工作

目前,对新建项目施工实施工程监理,在"三控三管一协调"方面发挥了重要作用。但对建筑物的加固改造和事故处理及检查验收工作重视程度不够,应予以加强。

6.3.3 工程质量事故处理的依据

进行工程质量事故处理的主要依据有4个:质量事故的实况资料;具有法律效力的,得到有关当事各方认可的工程承包合同、设计委托合同、材料或设备购销合同以及监理合同或分包合同等合同文件;有关的技术文件、档案和相关的建设法规。

在这4个依据中,前3种是与特定的工程项目密切相关的具有特定性质的依据。第4种法规性依据,是具有很高权威性、约束性、通用性和普遍性的依据,因而它在工程质量事故的处理事务中,也具有极其重要的、不容置疑的作用。

1)质量事故的实况资料

要搞清质量事故的原因和确定处理对策,首要的是要掌握质量事故的实际情况。有关质量事故实况的资料主要可来自以下4个方面:

(1)施工单位的质量事故调查报告

质量事故发生后,施工单位有责任就所发生的质量事故进行周密的调查、研究掌握情况,并在此基础上写出调查报告,提交监理工程师和建设单位。在调查报告中首先就与质量

事故有关的实际情况作详尽的说明,其内容应包括:

①质量事故发生的时间、地点。

②质量事故状况的描述:包括发生的事故类型(如混凝土裂缝、砖砌体裂缝),发生的部位(如楼层、梁、柱及其所在的具体位置),分布状态及范围,严重程度(如裂缝长度、宽度、深度等)。

③质量事故发展变化的情况(其范围是否继续扩大,程度是否已经稳定等)。

④有关质量事故的观测记录、事故现场状态的照片或录像。

(2)监理单位调查研究所获得的第一手资料

其内容大致与施工单位调查报告中有关内容相似,可用来与施工单位所提供的情况对照、核实。

2)有关合同及合同文件

①所涉及的合同文件可以是工程承包合同、设计委托合同、设备与器材购销合同、监理合同等。

②有关合同和合同文件在处理质量事故中的作用是确定在施工过程中有关各方是否按照合同有关条款实施其活动,借以探寻产生事故的可能原因。例如,施工单位是否在规定时间内通知监理单位进行隐蔽工程验收;监理单位是否按规定时间实施检查验收;施工单位在材料进场时,是否按规定或约定进行检验等。此外,有关合同文件还是界定质量责任的重要依据。

3)有关的技术文件和档案

(1)有关的设计文件

如施工图纸和技术说明等设计文件,是施工的重要依据。在处理质量事故中,其作用一方面是可以对照设计文件,核查施工质量是否完全符合设计的规定和要求;另一方面是可以根据所发生的质量事故情况,核查设计中是否存在问题或缺陷,成为导致质量事故的原因。

(2)与施工有关的技术文件、档案和资料

①施工组织设计或施工方案、施工计划。

②施工记录、施工日志等。根据它们可以查对发生质量事故的工程施工时的情况,如施工时的气温,降雨、风、浪等有关的自然条件,施工人员的情况,施工工艺及操作过程的情况,使用的材料情况,施工场地、工作面、交通等情况,地质及水文地质情况等。借助这些资料可以追溯和探寻事故的可能原因。

③有关建筑材料的质量证明资料,如材料批次、出厂日期、出厂合格证或检验报告、施工单位抽检或试验报告等。

④现场制备材料的质量证明资料,如混凝土拌和料的级配、水灰比、坍落度记录,混凝土试块强度试验报告,沥青拌和料配比、出机温度和摊铺温度记录等。

⑤质量事故发生后,对事故状况的观测记录、试验记录或试验报告等。例如,对地基沉降的观测记录,对建筑物倾斜或变形的观测记录,对地基钻探取样记录与试验报告,对混凝土结构物钻取试样的记录与试验报告等。

⑥其他有关资料。

上述各类技术资料对于分析质量事故原因，判断其发展变化趋势，推断事故影响及严重程度，考虑处理措施等都是不可缺少的。

4) 相关的建设法规

1998年3月1日，《中华人民共和国建筑法》颁布实施（2019年第二次修正）（以下简称《建筑法》），对加强建筑活动的监督管理，维护市场秩序，保证建设工程质量提供了法律保障。这部工程建设和建筑业大法的实施，标志着我国工程建设和建筑业进入了法制管理新时期。经过几年的发展，国家已基本建立起以《建筑法》为基础与社会主义市场经济体制相适应的工程建设和建筑业法规体系，包括法律、法规、规章及示范文本等。与工程质量及质量事故处理有关的有以下5类，简述如下：

(1) 勘察、设计、施工、监理等单位资质管理方面的法规

《建筑法》明确规定："国家对从事建筑活动的单位实行资质审查制度"。这方面的法规有建设部于2001年以部令发布的《建设工程勘察设计企业资质管理规定》《建筑业企业资质管理规定》和《工程监理企业资质管理规定》等。这类法规主要内容涉及勘察、设计、施工和监理等单位的等级划分，明确各级企业应具备的条件，确定各级企业所能承担的任务范围，以及其等级评定的申请、审查、批准、升降管理等方面。

(2) 从业者资格管理方面的法规

《建筑法》规定对注册建筑师、注册结构工程师和注册监理工程师等有关人员实行资格认证制度。1995年国务院颁布的《中华人民共和国注册建筑师条例》（2019年修订）、1997年建设部、人事部颁布的《注册结构工程师执业资格制度暂行规定》和1998年建设部、人事部颁发的《监理工程师考试和注册试行办法》等。这类法规主要涉及建筑活动的从业者应具有相应的执业资格、注册等级划分、考试和注册办法、执业范围，以及权利、义务及管理等。

(3) 建筑市场方面的法规

这类法律、法规主要涉及工程发包、承包活动，以及国家对建筑市场的管理活动。于2021年1月1日起施行的《中华人民共和国民法典》（以下简称《民法典》）和于2000年1月1日施行的《中华人民共和国招标投标法》（2017年12月修订）（以下简称《招标投标法》）是国家对建筑市场管理的两个基本法律。与之相配套的法规有《必须招标的工程项目规定》（国家发展改革委2018年第16号令）、国家发展改革委《工程建设项目自行招标试行办法》、住建部《建筑工程设计招标投标管理办法》、2001年国家计委等七部委联合发布的《评标委员会和评标方法的暂行规定》（2013年第23号令修正）等以及2013年住建部发布的《建筑工程施工发包与承包计价管理办法》和与国家工商行政管理总局共同发布的《建设工程勘察合同》《建筑工程设计合同》《建设工程施工合同》和《建设工程监理合同》等示范文本。这类法律、法规、文件主要是为了维护建筑市场的正常秩序和良好环境，充分发挥竞争机制，保证工程项目质量，提高建设水平。例如，《招标投标法》明确规定"投标人不得以低于成本的报价竞标"，就是防止恶性杀价竞争，导致偷工减料引起工程质量事故。《民法典》明文规定："禁止承包人将工程分包给不具备相应资质条件的单位，禁止分包单位将其承包的工程再分包。建设工程主体结构的施工必须由承包人自行完成"。对违反者处以罚款，没收非法所得直至吊销资质证书。这均是为了保证工程施工的质量，防止因操作人员素质低造成质量事故。

(4)建筑施工方面的法规

以《建筑法》为基础,国务院于2000年颁布了《建筑工程勘察设计管理条例》(2017年10月第二次修订)和《建设工程质量管理条例》(2019年4月修改)。建设部于1989年发布《工程建设重大事故报告和调查程序的规定》,于1991年发布《建筑安全生产监督管理规定》和《建设工程施工现场管理规定》,于1995年发布《建筑装饰装修管理规定》,于2000年发布《房屋建筑工程质量保修办法》以及《关于建设工程质量监督机构深化改革的指导意见》《建设工程质量监督机构监督工作指南》和《建设工程监理规范》(GB/T 50319—2013)等法规和文件,主要涉及施工技术管理、建设工程监理、建筑安全生产管理、施工机械设备管理和建设工程质量监督管理。它们与现场施工密切相关,因而与工程施工质量有密切关系或直接关系。例如:《建设工程监理规范》明确了现场监理工作的内容、深度、范围、程序、行为规范和工作制度;《建设工程施工现场管理规定》则要求有施工技术、安全岗位责任制度、组织措施制度,对施工准备、计划、技术、安全交底、施工组织设计编制、现场总平面布置等均作了明确规定;特别是国务院颁布的《建设工程质量管理条例》,以《建筑法》为基础,全面系统地对与建设工程有关的质量责任和管理问题作了明确的规定,可操作性强。它不但对建设工程的质量管理具有指导作用,而且是全面保证工程质量和处理工程质量事故的重要依据。

(5)标准化管理方面的法规

2000年建设部发布《工程建设标准强制性条文》(现行为2013年版)和《实施工程建设强制性标准监督规定》是典型的标准化管理类法规,它的实施为《建设工程质量管理条例》提供了技术法规支持,是参与建设活动各方执行工程建设强制性标准和政府实施监督的依据,同时也是保证建设工程质量的必要条件,是分析处理工程质量事故,判定责任方的重要依据。一切工程建设的勘察、设计、施工、安装、验收都应按现行标准进行,不符合现行强制性标准的勘察报告不得报出,不符合强制性条文规定的设计不得审批,不符合强制性标准的材料、半成品、设备不得进场,不符合强制性标准的工程质量必须处理,否则不得验收、不得投入使用。

6.3.4 监理单位编制质量事故调查报告

质量事故调查的主要目的是要明确事故的范围、缺陷程度、性质、影响和原因,为事故的分析和处理提供依据。

调查报告的内容主要包括:

①与事故有关的工程情况。

②质量事故的详细情况,如质量事故发生的时间、地点、部位、性质、现状及发展变化情况等。

③事故调查中有关的数据、资料和初步估计的直接损失。

④质量事故原因分析与判断。

⑤是否需要采取临时防护措施。

⑥事故处理及缺陷补救的建议方案与措施。

⑦事故涉及的有关人员的情况。

事故原因分析是确定事故处理措施方案的基础。正确的处理来源于对事故原因的正确判断。为此,监理工程师应组织设计、施工、建设单位等各方参加事故原因分析。事故处理方案的制订应以事故原因分析为基础。如果某些事故一时认识不清,而且事故一时不致产生严重的恶化,可以继续进行调查、观测,以便掌握更充分的资料数据,作进一步分析,找出原因,以便于制订处理方案;切忌急于求成,不能对症下药,采取的处理措施不能达到预期效果,造成反复处理的不良后果。

6.3.5 工程质量事故处理程序

工程监理人员应熟悉各级政府建设行政主管部门处理工程质量事故的基本程序,特别是应把握在质量事故处理过程中如何履行自己的职责。工程质量事故发生后,监理人员可按以下程序进行处理,如图6.2所示。

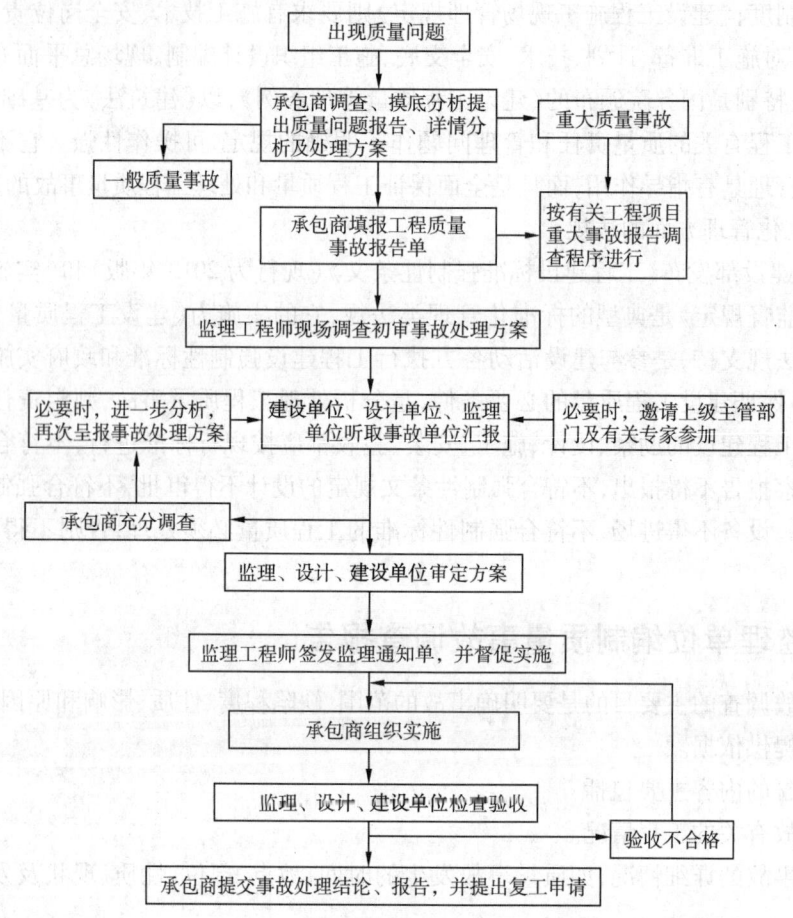

图6.2 工程质量事故处理程序框图

①工程质量事故发生后,总监理工程师应签发《工程暂停令》,并要求停止进行质量缺陷部位和与其有关联部位及下道工序施工,应要求施工单位采取必要的措施,防止事故扩大并保护好现场。同时,要求质量事故发生单位迅速按类别和等级向相应的主管部门上报,并于24 h内写出书面报告。

质量事故报告应包括以下内容:

a. 事故发生的单位名称、工程产品名称、部位、时间及地点;
b. 事故的概况和初步估计的直接损失;
c. 事故发生后采取的措施;
d. 相关各种资料(有条件时)。

各级主管部门处理权限及组成调查组权限如下:特别重大质量事故由国务院按有关程序和规定处理;重大质量事故由国家建设行政主管部门归口管理;严重质量事故由省、自治区、直辖市建设行政主管部门归口管理;一般质量事故由市、县级建设行政主管部门归口管理。

工程质量事故调查组由事故发生地的市、县以上建设行政主管部门或国务院有关主管部门组织成立。特别重大质量事故调查组组成由国务院批准;一、二级重大质量事故调查组由省、自治区、直辖市建设行政主管部门提出组成意见,人民政府批准;三、四级重大质量事故调查组由市、县级行政主管部门提出组成意见,相应级别人民政府批准;严重质量事故调查组由省、自治区、直辖市建设行政主管部门组织;一般质量事故调查组由市、县级建设行政主管部门组织;事故发生单位属国务院部委的,由国务院有关主管部门或其授权部门会同当地建设行政主管部门组织调查组。

②监理工程师在事故调查组展开工作后,应积极协助,客观地提供相应证据,若监理方无责任,监理工程师可应邀参加调查组,参与事故调查;若监理方有责任,则应予以回避,但应配合调查组工作。质量事故调查组的职责是:
a. 查明事故发生的原因、过程、事故的严重程度和经济损失情况;
b. 查明事故的性质、责任单位和主要责任人;
c. 组织技术鉴定;
d. 明确事故主要责任单位和次要责任单位,承担经济损失的划分原则;
e. 提出技术处理意见及防止类似事故再次发生应采取的措施;
f. 提出对事故责任单位和责任人的处理建议;
g. 写出事故调查报告。

③当监理工程师接到质量事故调查组提出的技术处理意见后,可组织相关单位研究,并责成相关单位完成技术处理方案,并予以审核签认。质量事故技术处理方案,一般应委托原设计单位提出,由其他单位提供的技术处理方案,应经原设计单位同意签认。技术处理方案的制订,应征求建设单位意见。技术处理方案必须依据充分,应在质量事故的部位、原因全部查清的基础上,必要时,应委托法定工程质量检测单位进行质量鉴定或请专家论证,以确保技术处理方案可靠、可行、保证结构安全和使用功能。

④技术处理方案核签后,监理工程师应要求施工单位制订详细的施工方案,必要时应编制监理实施细则,对工程质量事故技术处理施工质量进行监理,技术处理过程中的关键部位和关键工序应进行旁站。

⑤对施工单位完工自检后报验的结果,组织有关各方进行检查验收,必要时应进行处理结果鉴定。要求事故单位整理编写质量事故处理报告,并审核签认,组织将有关技术资料归档。

工程质量事故处理报告主要内容如下:
a. 工程质量事故情况、调查情况、原因分析(选自质量事故调查报告);

b. 质量事故处理的依据;

c. 质量事故技术处理方案;

d. 实施技术处理施工中有关问题和资料;

e. 对处理结果的检查鉴定和验收;

f. 质量事故处理结论。

⑥签发工程复工令,恢复正常施工。

项目6.4　工程质量事故处理方案的确定及鉴定验收

6.4.1　工程质量事故处理方案的确定

工程质量事故处理的目的是消除质量隐患,以达到建筑物的安全可靠和正常使用要求,并保证施工的正常进行,其方案属技术处理方案。

1)质量事故处理方案的基本要求

①处理应达到安全可靠,不留隐患,满足生产、使用要求,施工方便,经济合理的目的。

②正确确定事故性质,重视消除事故的原因。这不仅是一种处理方法,也是防止事故重演的重要措施。

③注意综合治理。既要防止原有事故的处理引发新的事故,又要注意处理方法的综合应用。

④正确确定处理范围。除了直接处理事故发生的部位外,还应检查事故对相邻区域及整个结构的影响,以正确确定处理范围。

⑤正确选择处理时间和方法。发现质量问题后,一般均应及时分析处理;但并非所有质量问题的处理都是越早越好,如裂缝、沉降,变形尚未稳定就匆忙处理,往往不能达到预期的效果,而常会进行重复处理。处理方法的选择,应根据质量问题的特点,综合考虑安全可靠、技术可行、经济合理、施工方便等因素,经分析比较,择优选定。

⑥加强事故处理的检查验收工作。从施工准备到竣工,均应根据有关规范的规定和设计要求的质量标准进行检查验收。

⑦认真复查事故的实际情况。在事故处理中,若发现事故情况与调查报告中所述的内容差异较大时,应停止施工,待查清问题的实质,采取相应的措施后再继续施工。

⑧确保事故处理期的安全。事故现场中不安全因素较多,应事先采取可靠的安全技术措施和防护措施,并严格检查、执行。

监理工程师在审核质量事故处理方案时,应以分析事故原因为基础,结合实地勘察结果,正确掌握事故的性质和变化规律,并应尽量满足建设单位的要求。

2)工程质量事故处理方案类型

(1)不作处理

某些工程质量问题虽然不符合规定的要求和标准构成质量事故,但视其严重情况,经过分析、论证、法定检测单位鉴定和设计等有关单位认可,对工程或结构使用及安全影响不大,也可不作专门处理。通常不用专门处理的情况有以下4种：

①不影响结构安全和正常使用。例如，有的工业建筑物出现放线定位偏差，且严重超过规范标准规定，若要纠正会造成重大经济损失，经过分析、论证其偏差不影响生产工艺和正常使用，在外观上也无明显影响，可不作处理。又如，某些隐蔽部位结构混凝土表面裂缝，经检查分析，属于表面养护不够的干缩微裂，不影响使用及外观，也可不作处理。

②有些质量问题，经过后续工序可以弥补。例如，混凝土墙表面轻微麻面，可通过后续的抹灰、喷涂或刷白等工序弥补，也可不作专门处理。

③经法定检测单位鉴定合格。例如，某检验批混凝土试块强度值不满足规范要求，强度不足，在法定检测单位对混凝土实体采用非破损检验等方法测定其实际强度已达规范允许和设计要求值时，可不作处理。对经检测未达要求值，但相差不多，经分析论证，只要使用前经再次检测达设计强度，也可不作处理，但应严格控制施工荷载。

④出现的质量问题经检测鉴定达不到设计要求，但经原设计单位核算，仍能满足结构安全和使用功能。例如，某一结构构件截面尺寸不足或材料强度不足，影响结构承载力，但经按实际检测所得截面尺寸和材料强度复核验算，仍能满足设计的承载力，可不进行专门处理。

(2) 修补处理

这是最常用的一类处理方案。通常，当工程的某个检验批、分项或分部的质量虽未达到规范、标准或设计要求，存在一定缺陷，但通过修补或更换器具、设备后还可达到要求的标准，又不影响使用功能和外观要求，在此情况下，可进行修补处理。某些事故造成的结构混凝土表面裂缝，可根据其受力情况，仅作表面封闭保护。某些混凝土结构表面的蜂窝、麻面，经调查分析，可进行剔凿、抹灰等表面处理，一般不会影响其使用和外观。

(3) 返工处理

当工程质量未达到规定的标准和要求，对结构的使用和安全构成重大影响，且又无法通过修补处理的情况下，可对检验批、分项、分部甚至整个工程作返工处理。

例如，某项目回填土填筑压实后，其压实土的干密度未达到规定值，经核算将影响土体的稳定且不能满足抗渗能力要求时，可挖除不合格土，重新填筑。又如某公路桥梁工程预应力按规定张力系数为1.3，实际仅为0.8，属于严重的质量缺陷，也无法修补，只有返工处理。对某些存在严重质量缺陷，且无法采用加固补强等修补处理或修补处理费用比原工程造价还高的工程，应进行整体拆除，全面返工。

监理工程师应牢记，无论哪种情况，特别是不作处理的质量问题，均要备好必要的书面文件，对技术处理方案、不作处理结论和各方协商文件等有关档案资料认真组织签认。对责任方应承担的经济责任和合同中约定的罚则应正确判定。

3) 工程质量事故处理方案决策的辅助方法

选择工程质量事故处理方案，是复杂而重要的工作。它直接关系到工程的质量、费用和工期，处理方案选择不合理，不仅劳民伤财，严重的会留有隐患，危及人身安全，特别是对需要返工或不作处理的方案，更应慎重对待。对于某些复杂的质量问题作出处理决定前，可采取以下辅助决策方法：

(1) 实验验证

实验验证即对某些有严重质量缺陷的项目，可采取合同规定的常规试验以外的试验方法进一步验证,以便确定缺陷的严重程度。例如,混凝土构件的试件强度低于要求的标准不太大(如10%以下)时,可进行加载试验,以证明其是否满足使用要求。又如,公路工程的沥青面层厚度误差超过了规范允许的范围,可采用弯沉试验检查路面的整体强度等。监理工程师可根据对试验验证结果的分析、论证,再研究选择最佳的处理方案。

(2)定期观测

有些工程,在发现其质量缺陷时,其状态可能尚未达到稳定仍会继续发展。在这种情况下,一般不宜过早作出决定,可以对其进行一段时间的观测,然后再根据情况作出决定。属于这类的质量问题如桥墩或其他工程的基础在施工期间发生沉降超过预计的或规定的标准;混凝土表面发生裂缝,并处于发展状态等。有些有缺陷的工程,短期内其影响可能不十分明显,需要较长时间的观测才能得出结论。对此,监理工程师应与建设单位及施工单位协商,是否可以留待责任期解决或采取修改合同、延长责任期的办法。

(3)专家论证

对于某些工程质量问题,可能涉及的技术领域比较广泛,或问题较复杂,有时仅根据合同规定难以决策,这时可提请专家论证。而采用这种办法时,应事先做好充分准备,尽早为专家提供尽可能详尽的情况和资料,以便专家能够进行充分、全面和细致的分析与研究,提出切实可行的意见与建议。实践证明,采取这种方法对监理工程师正确选择重大工程质量缺陷的处理方案十分有益。

(4)方案比较

这是比较常用的一种方法。同类型和同一性质的事故可先设计多种处理方案,然后结合当地的资源情况、施工条件等逐项给出权重,可将其每一方案按经济、工期、效果等指标列项并分配相应权重值进行对比,辅助决策,从而选择具有较高处理效果又便于施工的处理方案。

4)质量事故处理的应急措施

工程中的质量问题往往随时间、环境、施工情况等而发展变化,有的细微裂缝可能逐步发展成构件断裂,有的局部沉降、变形可能致使房屋倒塌。为此,在处理质量问题前,应及时对问题的性质进行分析,作出判断,对那些随着时间、温度、湿度、荷载条件变化的变形和裂缝要认真观测记录,寻找变化规律及可能产生的恶果;对那些可能发展成为构件断裂、房屋倒塌的恶性事故,更要及时采取应急补救措施。

在拟订应急措施时,一般应注意以下事项:

①对危险性较大的质量事故,首先应予以封闭或设立警戒区,只有在确认不可能倒塌或进行可靠支护后,方准许进入现场处理,以免造成人员伤亡。

②对需要进行部分拆除的事故,应充分考虑事故对相邻区域结构的影响,以免事故进一步扩大,且应制订可靠的安全措施和拆除方案,要严防对原有事故的处理引发新的事故,如托梁柱,稍有疏忽将会引起整幢房屋的倒塌。

③凡涉及结构安全的情况,都应对处理阶段的结构强度、刚度和稳定性进行验算,提出可靠的防护措施,并在处理中严密监视结构的稳定性。

④在不卸荷条件下进行结构加固时,要注意加固方法和施工荷载对结构承载力的影响。

⑤要充分考虑对事故处理中所产生的附加内力对结构的作用,以及由此引起的不安全因素。

6.4.2 工程质量事故处理方案的鉴定验收

监理工程师应通过组织检查和必要的鉴定,确定质量事故的技术处理是否达到了预期目的,进行验收并予以最终确认。

1) 检查验收

工程质量事故处理完成后,监理工程师在施工单位自检合格报验的基础上,应严格按施工验收标准及有关规范的规定进行,结合监理人员的旁站、巡视和平行检验结果,依据质量事故技术处理方案设计要求,通过实际量测,检查各种资料数据进行验收,并应办理交工验收文件,组织各有关单位会签。

2) 必要的鉴定

为确保工程质量事故的处理效果,凡涉及结构承载力等使用安全和其他重要性能的处理工作,或质量事故处理施工过程中建筑材料及构配件保证资料严重缺乏,或各参与单位对检查验收结果有争议时,常需做必要的试验和检验鉴定工作。常见的检验工作有:混凝土钻芯取样,用于检查密实性和裂缝修补效果,或检测实际强度;结构荷载试验,确定其实际承载力;超声波检测焊接或结构内部质量;池、罐、箱柜工程的渗漏检验等。检测鉴定必须委托政府批准的有资质的法定检测单位进行。

3) 验收结论

对所有质量事故无论经过技术处理,通过检查鉴定验收还是不需专门处理的,均应有明确的书面结论。若对后续工程施工有特定要求,或对建筑物使用有一定限制条件,应在结论中提出。验收结论通常有以下7种:

①事故已排除,可以继续施工;
②隐患已消除,结构安全有保证;
③经修补处理后,完全能满足使用要求;
④基本上满足使用要求,但使用时应有附加限制条件,如限制荷载等;
⑤对耐久性的结论;
⑥对建筑物外观影响的结论;
⑦对短期内难以作出结论的,可进一步观测检验意见。

对于处理后符合《建筑工程施工质量统一标准》的规定,监理工程师应予验收、确认,并应注明责任方主要承担的经济责任。对经加固补强或返工处理仍不能满足安全使用要求的分部工程、单位(子单位)工程,应拒绝验收。

项目6.5 质量通病及其防治

6.5.1 常见质量通病产生原因

工程质量事故的表现形式千差万别,类型多种多样,如结构倒塌、倾斜、错位、不均匀或超量沉陷、变形、开裂、渗漏、破坏、强度不足、尺寸偏差过大等,但究其原因,归纳起来主要有以下 7 个方面。

1) 违背基本建设法规

(1) 违背基本建设程序

基本建设程序是工程项目建设过程及其客观规律的反映,但有些工程不按基建程序办事。例如,未作好调查分析就拍板定案,未搞清地质情况就仓促开工,边设计、边施工,无图施工,不经竣工验收就交付使用等,这些通常是导致重大工程质量事故的重要原因。

(2) 违反有关法规和工程合同的规定

例如,无证设计,无证施工,越级设计,越级施工,工程招、投标中的不公平竞争,超常的低价中标,擅自转包或分包,多次转包,擅自修改设计等。

2) 地质勘查原因

诸如未认真进行地质勘查或勘探时钻孔深度、间距、范围不符合规定要求,地质勘查报告不详细、不准确、不能全面反映实际的地基情况等,从而使得地下情况不清,或对基岩起伏、土层分布误判,或未能查清地下软土层、墓穴、孔洞等,均会导致采用不恰当或错误的基础方案,造成地基不均匀沉降、失稳使上部结构或墙体开裂、破坏,或引发建筑物倾斜、倒塌等质量事故。

3) 对不均匀地基处理不当

对软弱土、杂填土、冲填土、大孔性土或湿陷性黄土、膨胀土、红黏土、溶岩、土洞、岩层出露等不均匀地基未进行处理或处理不当也是导致重大事故的原因。必须根据不同地基的特点,从地基处理、结构措施、防水措施、施工措施等方面综合考虑,加以治理。

4) 设计计算问题

诸如盲目套用图纸,采用不正确的结构方案,计算简图与实际受力情况不符,荷载取值过小,内力分析有误,沉降缝或变形缝设置不当,悬挑结构未进行抗倾覆验算以及计算错误等,都是引发质量事故的隐患。

5) 建筑材料及制品不合格

诸如钢筋物理力学性能不良会导致钢筋混凝土结构产生裂缝或脆性破坏;骨料中活性氧化硅会导致碱骨料反应使混凝土产生裂缝;水泥安定性不良会造成混凝土爆裂;水泥受潮、过期、结块,砂石含泥量及有害物含量超标,外加剂掺量不符合要求,会影响混凝土强度、和易性、密实性、抗渗性,从而导致混凝土结构强度不足、裂缝、渗漏、蜂窝等质量事故。此外,预制构件断面尺寸不足、支承锚固长度不足、未可靠地建立预应力值、漏放或少放钢筋、板面开裂等均可能出现断裂、坍塌事故。

6) 施工与管理问题

① 未经设计部门同意擅自修改设计,或不按图施工。例如,将铰接做成刚接,将简支梁做成连续梁;用光圆钢筋代替异形钢筋等,导致结构破坏。挡土墙不按图设滤水层、排水孔,导致压力增大,墙体破坏或倾覆。

② 图纸未经会审即仓促施工;或不熟悉图纸,盲目施工。

③不按有关的施工规范和操作规程施工。例如,浇筑混凝土时振捣不良造成薄弱部位。

④不懂装懂,蛮干施工。例如,将钢筋混凝土预制梁倒置吊装,将悬挑结构钢筋放在受压区等均将导致结构破坏,造成严重后果。

⑤管理混乱。施工方案考虑不周,施工顺序错误,技术交底不清,违章作业,疏于检查、验收等,均可能导致质量事故。

⑥自然条件影响。空气温度、湿度、暴雨、风、浪、洪水、雷电、日晒等均可能成为质量事故的诱因,施工中应特别注意并采取有效的预防措施。

7) 建筑结构或设施的使用不当

对建筑物或设施使用不当也易造成质量事故。例如,未经校核验算就任意对建筑物加层、任意拆除承重结构部位、任意在结构物上开槽、打洞、削弱承重结构截面等。

6.5.2 工程质量通病防治措施

①制订消除工程质量通病的规划。通过分析质量通病,一是列出哪些质量通病是本地区(部门)最普遍的,且危害性是比较大的;二是初步分析这些质量通病产生的原因;三是采取什么措施去治理较适宜;四是是否需要外部给予协助。

②消除因设计欠周密而出现的工程质量通病,属于设计方面原因的,通过改进设计方案来治理。

③提高施工人员素质,改进操作工艺和施工工艺,认真按规范、规程及设计要求组织施工,对易形成的质量通病部位或工艺增设质量控制点。

④对一些治理技术难度大的质量通病,要组织科研力量攻关。

⑤技术不配套、不成熟的材料、工艺等应禁止大面积推广。如合成高分子防水片材自身的质量很好,既耐久,又具有良好的防水性能,但其黏结剂的质量不能相应配套,致使做成防水层后,仍然出现翘边等质量通病。

⑥要择优选购建筑材料、部件和设备。严禁购置生产情况不清、质量不明的建筑材料、部件和设备;购入的材料、部件及设备在使用前不仅需要检查有无出厂合格证,还要进行质量检验,经复验合格后方准予使用;对已进场的材料如发现有少数不符合标准的,一定要经过挑选使用。对一些性能尚未完全过关的新材料,应慎重使用;建筑材料、部件及设备不仅要实施生产许可证制度,还要实施质量认证制度。

⑦因工程造价控制过低而易发生影响安全或使用功能的质量通病的部位,不仅不能再降低工程造价,有些还应适当提高工程造价。

单元小结

通过本单元的学习,学生应熟悉常见质量问题的成因、成因分析方法、工程质量问题的处理方法,了解工程质量事故的特点及分类,熟悉工程质量事故处理的依据和程序、工程质量事故处理方案的确定及鉴定验收,以及质量通病及其防治方法。

单元训练

1. 常见质量问题的成因主要有哪些？
2. 如何分析质量问题成因？
3. 工程质量问题处理方式有哪些？
4. 简述工程质量问题处理程序。
5. 工程质量事故的特点有哪些？
6. 简述我国现行工程质量事故分类方法。
7. 事故处理的基本要求及注意事项有哪些？
8. 工程质量事故处理的依据有哪些？
9. 监理单位如何编制质量事故调查报告？
10. 简述工程质量事故处理程序。
11. 工程质量事故处理方案类型有哪些？
12. 质量事故处理的应急措施有哪些？
13. 如何进行工程质量事故处理方案鉴定验收？
14. 常见质量通病有哪些？
15. 工程质量通病防治措施有哪些？
16. 如何区分工程质量不合格、工程质量问题与质量事故？

单元 7
建筑工程项目安全管理基础

项目 7.1 安全管理的基本常识

7.1.1 安全生产管理基本制度

《关于加强安全生产工作的通知》(国发〔1993〕50 号)中正式提出:我国实行"企业负责、行业管理、国家监察、群众监督"的安全生产管理体制。

"企业负责"是市场经济体制下安全生产工作体制的基础和根本,即企业在其生产经营活动中必须对本企业的安全生产负全面责任。"行业管理",即各级行业主管部门对生产经营单位的安全生产工作应加强指导,进行管理。"国家监察",就是各级政府部门对生产经营单位遵守安全生产法律、法规的情况实施监督检查,对生产经营单位违反安全生产法律、法规的行为实施行政处罚。"群众监督",一方面是指工会应依法对生产经营单位的安全生产工作实行监督;另一方面是指劳动者对违反安全生产及劳动保护法律、法规和危害生命及身体健康的行为,有权提出批评、检举和控告。

把"综合治理"充实到安全生产方针中后,有学者进一步提出"政府监管与指导、企业负责与保障、员工权益与自律、社会监督与参与、中介服务与支持"的"五方结构"管理体制。

(1)政府监管与指导

国家安全生产综合监管和专项监察相结合,各级职能部门合理分工、相互协调,实施"监管—协调—服务"三位一体的行政执法系统。

由国家授权某政府部门对各类具有独立法人资格生产经营单位执行安全法规的情况进行监督和检查,用法律的强制力量推动安全生产方针、政策的正确实施,具有法律的权威性和特殊的行政法律地位。

安全监察必须依法进行,监察机构、人员依法设置;执法不干预企业内部事务;监察按程序实施。安全监察对象为重点岗位人员(厂长、矿长、班组长、特种作业人员)、特种作业场所和有害工序、特殊产品的安全认证三大类。

(2) 企业负责与保障

企业全面落实生产过程安全保障的事故防范机制,严格遵守《中华人民共和国安全生产法》(以下简称《安全生产法》)等安全生产法规要求,落实安全生产保障。

(3) 员工权益与自律

员工权益与自律即从业人员依法获得安全与健康权益保障,同时实现生产过程安全作业的"自我约束机制"。劳动者遵章守纪,就是要求劳动者在劳动过程中,必须严格遵守安全操作规程,珍惜生命,爱护自己,勿忘安全,广泛深入地开展不伤害自己、不伤害他人、不被他人伤害的"三不伤害"活动,自觉做到遵章守纪,确保安全。

(4) 社会监督与参与

形成工会、媒体、社区和公民广泛参与监督的社会监督机制。

(5) 中介服务与支持

与市场经济体制相适应,建立国家认证、社会咨询、第三方审核、技术服务、安全评价等功能的服务机制与中介支持。

7.1.2 建筑工程安全生产管理的基本概念

安全生产是指生产过程处于避免人身伤害、设备损坏及其他不可接受的损害风险(危险)的状态。不可接受的损害风险(危险)是指:超出了法律、法规和规章的要求;超出了方针、目标和企业规定的其他要求;超出了人们普遍接受的(通常是隐含)要求。

建筑工程安全生产管理是指建设行政主管部门、建设安全监督管理机构、建筑施工企业及有关单位对建筑安全生产过程中的安全工作,进行计划、组织、指挥、控制、监督、调节和改进等一系列致力于满足安全生产的管理活动。

7.1.3 建筑工程安全生产管理的特点

1) 安全生产管理涉及面广、涉及单位多

由于建筑工程规模大,生产工艺复杂、工序多,在建造过程中流动作业多,高处作业多,作业位置多变,遇到不确定因素多,因此安全管理工作涉及范围大,控制面广。安全管理不仅是施工单位的责任,还包括建设单位、勘察设计单位、监理单位,这些单位也要为安全管理承担相应的责任与义务。

2) 安全生产管理动态性

(1) 单件性

由于建筑工程项目的单件性,使得每项工程所处的条件不同,所面临的危险因素和防范措施也会有所改变。例如,员工在转移工地后,熟悉一个新的工作环境需要一定的时间,有些制度和安全技术措施会有所调整,员工同样有个熟悉的过程。

(2) 分散性

工程项目施工具有分散性。由于现场施工是分散于施工现场的各个部位,尽管有各种

规章制度和安全技术交底的环节,但是面对具体的生产环境时,仍然需要自己的判断和处理,有经验的人员还必须适应不断变化的情况。

(3)交叉性

安全生产管理的交叉性。建筑工程项目是开放系统,受自然环境和社会环境影响很大,安全生产管理需要把工程系统、环境系统及社会系统相结合。

(4)严谨性

安全生产管理具有严谨性。安全状态具有触发性,安全管理措施必须严谨,一旦失控,就会造成损失和伤害。

7.1.4　建筑工程安全生产管理的方针

国家历来重视安全生产工作,提出了"安全第一、预防为主"的安全生产方针,《中华人民共和国建筑法》规定:"建筑工程安全生产管理必须坚持安全第一、预防为主的方针"。《中华人民共和国全民所有制工业企业法》规定:"企业必须贯彻安全生产制度,改善劳动条件,做好劳动保护和环境保护工作,做到安全生产和文明生产"。

《建设工程安全生产管理条例》第 1 章总则第 3 条规定"建设工程安全生产管理,坚持安全第一、预防为主的方针"。《安全生产法》(2021 年 6 月修改)在总结我国安全生产管理实践经验的基础上,再次将"安全第一、预防为主、综合治理"作为我国安全生产工作的基本方针。

"安全第一"就是在生产过程中把安全放在第一重要的位置上,切实保护劳动者的生命安全和身体健康。坚持安全第一,是贯彻落实以人为本的科学发展观、构建社会主义和谐社会的必然要求。

"预防为主"就是把安全生产工作的关口前移,超前防范,建立预教、预测、预想、预报、预警、预防的递进式、立体化事故隐患预防体系,改善安全状况,预防安全事故。在新时期,预防为主就是通过建设安全文化、健全安全法制、提高安全科技水平、落实安全责任、加大安全投入,构筑坚固的安全防线。

"综合治理"是指适应我国安全生产形势的要求,自觉遵循安全生产规律,正视安全生产工作的长期性、艰巨性和复杂性,抓住安全生产工作中的主要矛盾和关键环节,综合运用经济、法律、行政等手段,人管、法治、技防多管齐下,并充分发挥社会、职工、舆论的监督作用,有效解决安全生产领域的问题。

"安全第一、预防为主、综合治理"的安全生产方针是一个有机统一的整体。"安全第一"是"预防为主、综合治理"的统帅和灵魂,没有"安全第一"的思想,"预防为主"就失去了思想支撑,"综合治理"就失去了整治依据。"预防为主"是实现"安全第一"的根本途径。

只有把安全生产的重点放在建立事故隐患预防体系上,超前防范,才能有效减少事故损失,实现"安全第一"。"综合治理"是落实"安全第一、预防为主"的手段和方法。只有不断健全和完善综合治理工作机制,才能有效贯彻安全生产方针,真正把"安全第一、预防为主"落到实处,不断开创安全生产工作的新局面。

7.1.5 建筑工程安全生产管理的原则

1)"管生产经营必须管安全"的原则

"管生产经营必须管安全"的原则是指建设工程项目各级领导和全体员工在生产过程中必须坚持在抓生产经营的同时抓好安全工作。它体现了安全与生产的统一,安全与生产是一个有机的整体,两者不能分割更不能对立起来,应将安全寓于生产之中。

2)"安全具有否决权"的原则

"安全具有否决权"的原则是指安全生产工作是衡量建设工程项目管理的一项基本内容,它要求在对项目各项指标考核、评优创先时,首先必须考虑安全指标的完成情况。安全指标没有实现,其他指标顺利完成,仍无法实现项目的最优化,安全具有一票否决的作用。

3)职业安全卫生"三同时"的原则

"三同时"的原则是指一切生产性的基本建设和技术改造建设工程项目,必须符合国家的职业安全卫生方面的法规和标准。职业安全卫生技术措施及设施应与主体同时设计、同时施工、同时投产使用,以确保项目投产后符合职业安全卫生要求。

4)事故处理"四不放过"的原则

在处理事故时必须坚持和实施"四不放过"的原则,即事故原因分析不清不放过,事故责任者和群众没受到教育不放过,没有整改措施预防措施不放过,事故责任者和责任领导不处理不放过。

7.1.6 建筑工程安全生产管理的常用术语

1)安全生产管理机制

根据《中华人民共和国安全生产法》,当前我国的安全生产管理机制是"生产经营单位负责、职工参与、政府监管、行业自律和社会监督"。

2)安全生产责任制度

安全生产责任制度是建筑生产中最基本的安全管理制度,是所有安全规章制度的核心,安全生产责任制度是指将各种不同的安全责任落实到负责安全管理的人员和具体岗位人员身上的一种制度。这一制度是"安全第一、预防为主"方针的具体体现,是建筑行业安全生产的基本制度。安全生产责任制度的主要内容包括:一是从事建筑活动主体的负责人的责任制,如施工单位的法定代表人要对本企业的安全负主要的安全责任。二是从事建筑活动主体的职能机构或职能处室负责人及其工作人员的安全生产责任制,如施工单位根据需要设置职能机构或职能处室负责人及其工作人员要对安全负责。三是岗位人员的安全生产责任制。岗位人员必须对安全负责;从事特种作业的安全人员必须进行培训,经过考试合格后才能上岗作业。

3)安全生产目标管理

安全生产目标管理就是根据建筑施工企业的总体规划要求,制定出在一定时期内安全生产方面所要达到的预期目标并组织实现此目标。其基本内容是确定目标、目标分解、执行目标、检查总结。

4)施工组织设计

施工组织设计是组织建筑工程施工的纲领性文件,是指导施工准备和组织施工的全面性的技术、经济文件,是指导现场施工的规范性文件。施工组织设计必须在施工准备阶段完成。

5)安全技术措施

安全技术措施是指为防止工伤事故和职业病的危害,从技术上采取的措施;在工程施工中,是指针对工程特点、环境条件、劳力组织、作业方法、施工机械、供电设施等制定的确保安全施工的措施。安全技术措施也是建筑工程项目管理实施规划或施工组织设计的重要组成部分。

6)安全技术交底

安全技术交底是落实安全技术措施及安全管理事项的重要手段之一。重大安全技术措施及重要部位的安全技术由公司技术负责人向项目经理部技术负责人进行书面的安全技术交底,一般安全技术措施及施工现场应注意的安全事项由项目经理部技术负责人向施工作业班组、作业人员作出详细说明,并经双方签字认可。

7)安全教育

安全教育是实现安全生产的一项重要基础工作,它可以提高职工做好安全生产的自觉性、积极性和创造性,增强安全意识,掌握安全知识,提高职工的自我防护能力,使安全规章制度得到贯彻执行。安全教育培训的主要内容包括安全生产思想、安全知识、安全技能、安全规程标准、安全法规、劳动保护和典型事例分析。

8)班前安全活动

班前安全活动是指在上班前由组长组织并主持,根据本班目前工作内容,重点介绍安全注意事项、安全操作要点,以达到组员在班前掌握安全操作要领,提高安全防范意识,减少事故发生的目的。

9)特种作业

特种作业是指在劳动过程中容易发生伤亡事故,对操作者本人,尤其对他人和周围设施的安全有重大危害因素的作业。直接从事特种作业者,称为特种作业人员。

10)安全检查

安全检查是指建设行政主管部门、施工企业安全生产管理部门或项目经理部对施工企业、工程项目经理部贯彻国家安全生产法律法规的情况、安全生产情况、劳动条件、事故隐患等进行的检查。

11)安全事故

安全事故是人们在进行有目的的活动过程中,发生了违背人们意愿的不幸事件,使其有目的的行动暂时或永久地停止。重大安全事故,是指在施工过程中由于责任过失造成工程倒塌或废弃、机械设备破坏以及因安全设施失当造成人身伤亡或者重大经济损失的事故。

12) 安全评价

安全评价是采用系统科学方法,辨别和分析系统存在的危险并根据形成事故的风险大小,采取相应的安全措施,以达到系统安全的过程。安全评价的基本内容:识别危险源、评价风险、采取措施,直至达到安全指标。

13) 安全标志

安全标志由安全色、几何图形和图形符号构成,以此表达特定的安全信息。其目的是引起人们对不安全因素的注意,预防事故发生。安全标志分为禁止标志、警告标志、指令标志、提示性标志4类。

项目7.2 建设工程安全生产管理各方责任

国务院颁发的《建设工程安全生产管理条例》对政府部门、有关企业及相关人员的建设工程安全生产和管理行为进行了全面规范,完善了目前的市场准入制度中施工企业资质和施工许可制度,规定了建设活动各方主体应当承担的安全生产责任和安全生产监督管理体制。其主要框架内容包括:

①13项基本管理制度:备案制度、整改制度、持证制度、专家论证审查制度、消防制度、登记制度、考核教育培训制度、意外伤害保险制度、监督检查制度、许可证制度、淘汰制度、救援制度、报告制度等。

②明确规定了各方主体应当承担的安全责任。在《建设工程安全生产管理条例》中,对参与建设工程的各有关方,包括勘察、设计、建设单位、施工企业、工程监理、监管等单位,都规定了相应的安全生产工作中所必须遵守的安全生产规定及责任要求,并保证建设工程安全生产,依法承担建设工程安全生产责任。其中,有专门对工程监理所必须遵守的安全生产法律、法规以及必须依法承担的安全生产责任。《建设工程安全生产管理条例》的颁发,从法律责任上更加明细化,承担责任的主体也呈多元化,同时加大了对违法行为的制裁力度。用法律明确了相关人员和部门承担的行政责任、民事责任及刑事责任。

7.2.1 建设单位的安全责任

(1)规定建设单位安全责任的必要性

①建设单位是建筑工程的投资主体,在建筑活动中居于主导地位。作为业主和甲方,建设单位有权选择勘察、设计、施工、工程监理的单位,可以自行选购施工所需的主要建筑材料,检查工程质量、控制进度、监督工程款使用,对施工的各个环节实行综合管理。

②因建设单位的市场行为不规范所造成的事故居多,必须依法规范。有的建设单位为降低工程造价,不择手段地追求利润最大化,在招投标中压价,将工程发包价压低于成本价。为降低成本,向勘察、设计和监理单位提出违法要求,强令改变勘察设计;对安全措施费不认可,拒付安全生产合理费用,安全投入低;强令施工单位压缩工期,偷工减料,搞"豆腐渣工程";将工程交给不具备资质和安全条件的单位或者个人施工或者拆除。

《建设工程安全生产管理条例》针对建设单位的不规范行为,从7个方面作出了严格的规定。

(2)建设单位应当如实向施工单位提供有关施工资料

《建设工程安全生产管理条例》第六条规定,建设单位应当向施工单位提供施工现场及毗邻区域内供水、排水、供电、供气、供热、通信、广播电视等地下观测资料,相邻建筑物和构筑物、地下工程的有关资料,并保证资料的真实、准确、完整。这里强调了4个方面的内容:一是施工资料的真实性,不得伪造、篡改;二是施工资料的科学性,必须经过科学论证,数据准确;三是施工资料的完整性,必须齐全,能够满足施工需要;四是有关部门和单位应当协助提供施工资料,不得推诿。

(3)建设单位不得向有关单位提出非法要求,不得压缩合同工期

《建设工程安全生产管理条例》第七条规定,建设单位不得对勘察、设计、施工、工程监理等单位提出不符合建设工程安全生产法律、法规和强制性标准规定的要求,不得要求压缩合同的工期。

①遵守建设工程安全生产法律、法规和安全标准,是建设单位的法定义务。进行建筑活动,必须严格遵守法定的安全生产条件,依法进行建设施工。违法从事工程建设,将要承担法律责任。

②若勘察、设计、施工、工程监理等单位违法从事有关活动,必然会给建设工程带来重大结构性的安全隐患和施工中的安全隐患,容易造成事故。建设单位不得为了盲目赶工期,简化工序,粗制滥造,或者留下建设工程安全隐患。

③压缩合同工期必然带来事故隐患,必须禁止。压缩工期是建设单位为了早产生效益,迫使施工单位增加人力、物力,损害承包方利益,其结果是赶工期、简化工序和违规操作,诱发很多事故,或者留下了结构性安全隐患。确定合理工期是保证建设施工安全和质量的重要措施。合理工期应经双方充分论证、协商一致确定,具有法律效力。要采用科学合理的施工工艺、管理方法和工期定额,保证施工质量和安全。

(4)必须保证必要的安全投入

《建设工程安全生产管理条例》第八条规定,建设单位在编制工程概算时,应当确定建设工程安全作业环境及安全施工所需的费用。

这是对《安全生产法》第二十三条规定的具体落实。要保证建设施工安全,必须要有相应的资金投入。安全投入不足的直接结果,必然是降低工程造价,不具备安全生产条件,甚至导致建设施工事故的发生。工程建设中改善安全作业环境、落实安全生产措施及其相应资金一般由施工单位承担,但是安全作业环境及施工措施所需费用应由建设单位承担。一是安全作业环境及施工措施所需费用是保证建设工程安全和质量的重要条件,该项费用已纳入工程总造价,应由建设单位支付。二是建设工程作业危险复杂,要保证安全生产,必须有大量的资金投入,应由建设单位支付。安全作业环境和施工措施所需费用应符合《建设施工安全检查标准》的要求,建设单位应据此承担的安全施工措施费用,不得随意降低取费标准。

(5)不得明示或者暗示施工单位购买不符合安全要求的设备、设施、器材和用具

《安全生产法》第三十八条规定,国家对严重危及生产安全的工艺、设备实行淘汰制度。生产经营单位不得使用应当淘汰的危及生产安全的工艺、设备。《建设工程安全生产管理条例》第九条进一步规定,建设单位不得明示或者暗示施工单位购买、租赁、使用不符合安全施工要求的安全防护用具、机械设备、施工机具及配件、消防设施和器材。

为了确保工程质量和施工安全,施工单位应严格按照勘察设计文件、施工工艺和施工规范的要求选用符合国家质量标准、卫生标准和环保标准的安全防护用具、机械设备、施工机具及配件、消防设施和器材。但实践中因违反国家规定使用不符合要求的安全防护用具、机械设备、施工机具及配件、消防设施和器材,导致生产安全事故屡见不鲜的重要原因之一,就是受利益驱动的,建设单位干预施工单位造成的。施工单位购买不安全的设备、设施、器材和用具,对施工安全和建筑物安全构成极大威胁。为此,《建设工程安全生产管理条例》严禁建设单位明示或者暗示施工单位购买不符合安全要求的设备、设施、器材和用具,并规定了相应的法律责任。

(6)开工前报送有关安全施工措施的资料

依照《建设工程安全生产管理条例》第十条的规定,建设单位在申请领取施工许可证时,应当提供建设工程有关安全施工措施的资料。依法批准开工报告的建设工程,建设单位应自开工报告批准之日起15日内,将保证安全施工的措施报送建设工程所在地的县级以上人民政府建设行政主管部门或其他有关部门备案。建设单位在申请领取施工许可证前,应提供安全施工措施的资料:

①施工现场总平面布置图;

②临时设施规划方案和已搭建情况;

③施工现场安全防护设施(防护网、棚)搭设(设置)计划;

④施工进度计划、安全措施费用计划;

⑤施工组织设计(方案、措施);

⑥拟进入现场使用的起重机械设备(塔式起重机、物料提升机、外用电梯)的型号、数量;

⑦工程项目负责人、安全管理人员和特种作业人员持证上岗情况;

⑧建设单位安全监督人员和工程监理人员的花名册。

建设单位在申请领取施工许可证时,所报送的安全施工措施资料应当真实、有效,能够反映建设工程的安全生产准备情况、达到的条件和施工实施阶段的具体措施。必要时,建设行政主管部门收到资料后,应尽快派员到现场进行实地勘察。

安全要求不够明确,致使拆除工程安全没有纳入法律规范,比较混乱,从事拆除工程活动的单位中有的无资质和无技术力量,致使拆除工程事故频发。为了规范拆除工程安全,《建设工程安全生产管理条例》第十一条规定,建设单位应将拆除工程发包给具有相应资质等级的施工单位。建设单位应在拆除工程施工15日前,将下列资料报送建设工程所在地县级以上人民政府建设行政主管部门或者其他有关部门备案:

①施工单位资质等级证明;

②拟拆除建筑物、构筑物及可能危及毗邻建筑的说明;

③拆除施工组织方案；

④堆放、清除废弃物的措施。

实施爆破作业的，应当遵守国家有关民用爆炸物品管理的规定。依照《中华人民共和国民用爆炸物品管理条例》的规定，进行大型爆破作业，或在城镇与其他居民聚集的地方、风景名胜区和重要工程设施附近进行控制爆破作业，施工单位必须事先将爆破作业方案，报县、市以上主管部门批准，并征得所在县、市公安局同意，方准实施爆破作业。

7.2.2 施工单位的安全责任

1) 主要负责人、项目负责人的安全责任

《建设工程安全生产管理条例》第二十一条规定，施工单位的主要负责人依法对本单位的安全生产工作全面负责。这里的"主要负责人"并不仅限于法定代表人，而是指对施工单位有生产经营决策权的人。该条还规定，施工单位的项目负责人对建设工程项目的安全负责。具体地讲，项目负责人就应对公司交给你的工程项目的安全施工负责。

项目负责人的安全责任主要包括：

①落实安全生产责任制度、安全生产规章制度和操作规程；

②确保安全生产费用的有效使用；

③根据工程的特点组织制订安全施工措施，消除安全施工隐患；

④及时、如实报告生产安全事故。

2) 施工单位依法应当采取的安全措施

（1）编制安全技术措施、施工现场临时用电方案和专项施工方案

①编制安全技术措施。《建设工程安全生产管理条例》第二十六条规定，施工单位应当在施工组织设计中编制安全技术措施。

《建设工程施工现场管理规定》第十一条规定了施工组织设计应包括的主要内容，其中对安全技术措施作了相关规定。安全技术的具体措施在此不作赘述。

②编制施工现场临时用电方案。临时用电方案直接关系到用电人员的安全，应严格按照《施工现场临时用电安全技术规范》进行编制，保障施工现场用电防止触电和电气火灾事故的发生。

③编制专项施工方案。对下列达到一定规模的危险性较大的分部分项工程编制专项施工方案，并附具安全验算结果，经单位技术负责人、总监理工程师签字后实施，由专职安全生产管理人员进行现场监督：基坑支护与降水工程；土方开发工程；模板工程；起重吊装工程；脚手架工程；拆除、爆破工程；其他危险性较大的大工程。

（2）安全施工技术交底

《建设工程安全生产管理条例》第二十七条规定，建设工程施工前，施工单位负责项目管理的技术人员应当对有关安全施工的技术要求向施工作业班组、作业人员作出详细说明，并由双方签字确认。施工前的安全施工技术交底的目的就是让所有安全生产从业人员都对安全生产有所了解，最大限度地避免安全事故的发生。

(3) 施工现场设置安全警示标志

《建设工程安全生产管理条例》第二十八条第一款规定，施工单位应在施工现场入口处、施工起重机械、临时用电设施、脚手架、出入通道口、楼梯口、电梯井口、孔洞口、桥梁口、隧道口、基坑边沿、爆破物及有害危险气体和液体存放处等危险部位，设置明显的安全警示标志。安全警示标志必须符合国家标准。《民法典》第一千二百五十八条规定，在公共场所或者道路上挖掘、修缮安装地下设施等造成他人损害，施工人不能证明已经设置明显标志和采取安全措施的，应当承担侵权责任。安全警示标志可以采取各种标牌、文字、符号、灯光等形式。

(4) 施工现场的安全防护

《建设工程安全生产管理条例》第二十八条第二款规定，施工单位应根据不同施工阶段和周围环境及季节、气候的变化，在施工现场采取相应的安全施工措施。施工现场暂时停止施工的，施工单位应做好现场防护，所需费用由责任方承担，或者按照合同约定执行。

(5) 施工现场的布置应当符合安全和文明的要求

《建设工程安全生产管理条例》第二十九条规定，施工单位应当将施工现场的办公、生活区与作业区分开设置，并保持安全距离；办公、生活区的选址应符合安全性要求。职工的膳食、饮水、休息场所等应符合卫生标准。施工单位不得在尚未竣工的建筑物内设置员工集体宿舍。

(6) 对周边环境采取防护措施

工程建设不能以牺牲环境为代价，施工时必须采取措施减少对周边环境的不良影响。

《建筑法》第四十一条规定，建筑施工企业应遵守有关环境保护和安全生产的法律、法规的规定，采取控制和处理施工现场的各种粉尘、废气、废水、固体废物以及噪声、振动对环境的污染和危害的措施。

《建设工程安全生产管理条例》第三十条规定，施工单位对因建设工程施工可能造成损害的毗邻建筑物、构筑物和地下管线等，应采取专项防护措施。施工单位应遵守有关环境保护法律、法规的规定，在施工现场采取措施，防止或减少粉尘、废气、废水、固体废物、噪声、振动和施工照明对人和环境的危害和污染。在城市市区内的建设工程，施工单位应当对施工现场实行封闭围挡。

《建设工程施工现场管理规定》第三十一、三十二条规定，施工单位应当遵守国家有关环境保护的法律规定，采取措施控制施工现场的各种粉尘、废气、废水、固体废弃物以及噪声、振动对环境的污染和危害。施工单位应采取下列防止环境污染的措施：

①妥善处理泥浆水，未经处理不得直接排入城市排水设施和河流；

②除设有符合规定的装置外，不得在施工现场熔融沥青或者焚烧油毡、油漆以及其他会产生有毒有害烟尘和恶臭气体的物质；

③使用密封式的圈筒或者采取其他措施处理高空废弃物；

④采取有效措施控制施工过程中的扬尘；

⑤禁止将有毒有害废弃物用作土方回填；

⑥对产生噪声、振动的施工机械，应采取有效控制措施，减轻噪声扰民。

另外，施工单位还应建立健全施工现场的消防安全措施，建立健全安全防护设备的使用和管理制度。

7.2.3　勘察、设计单位的安全责任

建设工程具有投资规模大、建设周期长、生产环节多、参与主体多等特点。安全生产是贯穿于工程建设的勘察、设计、工程监理及其他有关单位的活动。勘察单位的勘察文件是设计和施工的基础材料和重要依据,勘察文件的质量又直接关系到设计工程质量和安全性能。设计单位的设计文件质量又关系到施工安全操作、安全防护以及作业人员和建设工程的主体结构安全。工程监理单位是保证建设工程安全生产的重要一方,对保证施工单位作业人员的安全起着重要的作用。施工机械设备生产、租赁、安装以及检验检测机构等与工程建设有关的其他单位是否依法从事相关活动,直接影响建设工程安全。

1) 勘察单位的安全责任

建设工程勘察是指根据工程要求,查明、分析、评价建设场地的地质、地理环境特征和岩土工程条件,编制建设工程勘察文件的活动。

①勘察单位的注册资本、专业技术人员、技术装备和业绩应符合规定,取得相应资质等级证书后,在许可范围内从事勘察活动。

②勘察必须满足工程强制性标准的要求。工程建设强制性标准是指工程建设标准中,直接涉及人民生命财产安全、人身健康、环境保护和其他公共利益的、必须强制执行的条款。只有满足工程强制性标准,才能满足工程对安全、质量、卫生、环保等多方面的要求,必须严格执行。如房屋建筑部分的工程建设强制性标准主要由建筑设计、建筑防火、建筑设备、勘察和地质基础、结构设计、房屋抗震设计、结构鉴定和加固、施工质量和安全 8 个方面的相关标准组成。

③勘察单位提供的勘察文件应真实、准确,满足安全生产的要求。工程勘察就是要通过测量、测绘、观察、调查、钻探、试验、测试、鉴定、分析资料和综合评价等工作查明场地的地形、地貌、地质、岩型、地质构造、地下水条件和各种自然或者人工地质现象,并提出基础、边坡等工程设计准则和工程施工的指导意见,提出解决岩土工程问题的建议,进行必要的岩土工程治理。

④勘察单位应严格执行操作规程、采取措施保证各类管线、设施和周边建筑物、构筑物的安全。一是勘察单位应当按照国家有关规定,制订勘察操作规程和勘查钻机、精探车、经纬仪等设备和检测仪器的安全操作规程,并严格遵守,防止生产安全事故的发生;二是勘察单位应采取措施,保证现场各类管线、设施和周边建筑物、构筑物的安全。

2) 设计单位的安全责任

①设计单位必须取得相应的资质等级证书,在许可范围内承揽设计业务。

②设计单位必须依法和标准进行设计,保证设计质量和施工安全。

③设计单位应考虑施工安全和防护需要,对涉及施工安全的重点部位和环节,在设计文件中注明,并对防范生产安全事故提出指导意见。

④采用新结构、新材料、新工艺的建设工程以及特殊结构的工程,设计单位应提出保障施工作业人员安全和预防生产安全事故的措施建议。

⑤设计单位和注册建筑师等注册执业人员应对其设计负责。

7.2.4 工程监理单位的安全责任

①工程监理单位应审查施工组织设计中的安全技术措施或者专项施工方案是否符合工程建设强制性标准。

②工程监理单位在实施监理过程中,发现事故隐患的,应要求施工单位整改;情节严重的,应要求施工单位停止施工,并及时报告建设单位。施工单位拒不整改或者不停止施工的,工程监理单位应及时向有关主管部门报告。

③工程监理单位和监理工程师应按照法律、法规和工程建设强制性标准实施监理,对建设工程安全生产承担监理职责。

7.2.5 安全生产监督管理职责

根据《建设工程安全生产管理条例》第三十九条规定,国务院负责安全生产监督管理的部门依照《安全生产法》对全国建筑工程安全生产工作实施综合监督管理。县级以上地方人民政府负责安全生产监督管理的部门依照《安全生产法》对本行政区域内建筑工程安全生产工作实施综合监督管理。

建筑工程安全生产的行业监督管理职责有:

根据《建设工程安全生产管理条例》第四十条第一款规定,国务院建设行政主管部门主管全国建筑工程安全生产的行业监督管理工作。其主要职责是:

①贯彻执行国家有关安全生产的法规和方针、政策,起草或者制定建筑安全生产管理的法规、标准;

②统一监督管理全国工程建设方面的安全生产工作,完善建筑安全生产的组织保证体系;

③制定建筑安全生产管理的中、长期规划和近期目标,组织建筑安全生产技术的开发与推广应用;

④指导和监督检查省、自治区、直辖市人民政府建筑行政主管部门开展建筑安全生产的行业监督管理工作;

⑤统计全国建筑职工因工伤亡人数,掌握并发布全国建筑安全生产动态;

⑥负责对申报资质等级一级企业和国家一、二级企业以及国家和部级先进建筑企业进行安全资格审查或者审批,行使安全生产否决权;

⑦组织全国建筑安全生产检查,总结交流建筑安全生产管理经验,并表彰先进;

⑧检查和督促工程建设重大事故的调查处理,组织或参与工程建设特别重大事故的调查。

根据《建设工程安全生产管理条例》第四十条第一款规定,国务院铁路、交通、水利等有关部门按照国务院规定的职责分工,负责有关专业建筑工程安全生产的监督管理。

根据《建设工程安全生产管理条例》第四十条第二款规定,县级以上地方人民政府建设行政主管部门负责本行政区域建筑工程安全生产的行业监督管理工作,其主要职责是:

①贯彻执行国家和地方有关安全生产的法规、标准和方针、政策,起草或者制定本行政区域建筑安全生产管理的实施细则或者实施办法;

②制定本行政区域建筑安全生产管理的中、长期规划和近期目标,组织建筑安全生产技术的开发与推广应用;

③建立建筑安全生产的监督管理体系,制定本行政区域建筑安全生产监督管理工作制度,组织落实各级领导分工负责的建筑安全生产责任制;

④负责本行政区域建筑职工因工伤亡的统计和上报工作,掌握和发布本行政区域建筑安全生产动态;

⑤负责对申报晋升企业资质等级、企业升级和报评先进企业的安全资格进行审查或者审批,行使安全生产否决权;

⑥组织或参与本行政区域工程建设中人身伤亡事故的调查处理工作,并依照有关规定上报重大伤亡事故;

⑦组织开展本行政区域建筑安全生产检查,总结交流建筑安全生产管理经验,并表彰先进;

⑧监督检查施工现场、构配件生产车间等安全管理和防护措施,纠正违章指挥和违章作业;

⑨组织开展本行政区域建筑企业的生产管理人员、作业人员的安全生产教育、培训、考核及发证工作,监督检查建筑企业对安全技术措施费的提取和使用;

⑩领导和管理建筑安全生产监督机构的工作。

根据《建设工程安全生产管理条例》第四十条第二款规定,县级以上地方人民政府交通、水利等有关部门在各自的职责范围内,负责本行政区域内的专业建设工程安全生产的监督管理。

建筑工程安全生产监督机构根据同级人民政府建设行政主管部门的授权,依据有关的法规、标准,对本行政区域内建筑工程安全生产实施监督管理。

7.2.6 有关单位的安全责任

1) 提供机械设备和配件的单位的安全责任

为建设工程提供机械设备和配件的单位,应当按照安全施工的要求配备齐全有效的保险、限位等安全设施和装置。一是向施工单位提供安全可靠的起重机、挖掘机械、土方铲运机械、凿岩机械、基础及凿井机械、钢筋、混凝土机械、筑路机械以及其他施工机械设备;二是应依照国家有关法律法规和安全技术规范进行有关机械设备和配件的生产经营活动;三是机械设备和配件的生产制造单位应严格按照国家标准进行生产,保证产品的质量和安全。

2) 出租单位的安全责任

一是出租机械设备、施工机具及配件,应当具有生产(制造)许可证、产品合格证;二是应当对出租机械设备、施工机具及配件的安全性能进行检测,在签订租赁协议时,应当出具检测合格证明;三是禁止出租检测不合格的机械设备、施工机具及配件。

3)现场安装、拆卸单位的安全责任

一是在施工现场安装、拆卸施工起重机械和整体提升脚手架、模板等自升式架设设施，必须由具有相应资质的单位承担；二是安装、拆卸起重机械、整体提升脚手架、模板等自升式架设设施，应编制拆装方案、制订安全施工措施，并由专业技术人员现场监督；三是施工起重机械、整体提升脚手架、模板等自升式架设设施安装完毕后，安装单位应当自检，出具自检合格证明，并向施工单位进行安全使用说明，办理验收手续并签字。

《建设工程安全生产管理条例》规定，施工起重机械、整体提升脚手架、模板等自升式架设设备的使用达到国家规定的检验检测期限的，必须经具有专业资质的检验检测机构进行检测。经检测不合格的，不得继续使用。检验检测机构对检测合格的施工起重机械和整体提升脚手架、模板等自升式架设设备，应出具安全合格证明文件，并对检测结果负责。

4)检验检测机构的安全责任

《建设工程安全生产管理条例》第十九条规定，检验检测机构对检测合格的施工起重机械和整体提升脚手架、模板等自升式架设设施，应当出具安全合格证明文件，并对检测结果负责。

设备检验检测机构进行设备检验检测时发现严重事故隐患，应及时告知施工单位，并立即向特种设备安全监督管理部门报告。

项目7.3 安全生产管理主要内容

7.3.1 危险源辨识与风险评价

1)两类危险源

危险源是安全管理的主要对象，在实际生活和生产过程中的危险源是以多种多样的形式存在的。虽然危险源的表现形式不同，但从本质上说，能够造成危害后果的(如伤亡事故、人身健康受损害、物体受破坏和环境污染等)，均可归结为能量的意外释放或约束、限制能量和危险物质措施失控的结果。因此，存在能量、有害物质以及对能量和有害物质失去控制是危险源导致事故的根源和状态。

根据危险源在事故发生发展中的作用把危险源分为两大类，即第一类危险源和第二类危险源。

(1)第一类危险源

能量和危险物质的存在是危害产生的最根本原因，通常把可能发生意外释放的能量(能源或能量载体)或危险物质称作第一类危险源。第一类危险源是事故发生的物理本质，一般来说，系统具有的能量越大，存在的危险物质越多，则其潜在的危险性和危害性也就越大。例如，锅炉爆炸产生的冲击波、温度和压力、高处作业或吊起重物的势能、带电导体的电能、噪声的声能、生产中需要的热能、机械和车辆的动能、各类辐射能等，在一定条件下都可能造成事故，能破坏设备和物体的效能，损伤人体的生理机能和正常的代谢功能。例如，在油漆

作业中,苯和其他溶剂中毒是主要的职业危害。急性苯中毒主要是对中枢神经系统有麻醉作用,另外尚有肌肉抽搐和黏膜刺激作用。慢性苯中毒可引起造血器官损害,使得白细胞和血小板减少,最后导致再生障碍性贫血,甚至白血病。

(2)第二类危险源

造成约束、限制能量和危险物质措施失控的各种不安全因素称作第二类危险源。第二类危险源主要体现在设备故障或缺陷(物的不安全状态)、人为失误(人的不安全行为)和管理缺陷等几个方面。它们之间会互相影响,大部分是随机出现的,具有渐变性和突发性的特点,很难准确判定它们何时、何地、以何种方式发生,是事故发生的条件和可能性的主要因素。

设备故障或缺陷极易产生安全事故,如电缆绝缘层破坏会造成人员触电,压力容器破裂会造成有毒气体或可燃气体泄漏导致中毒或爆炸,脚手架扣件质量低劣给高处坠落事故提供了条件,起重机钢绳断裂导致重物坠落伤人毁物等。

人的不安全行为大多是对安全不重视、态度不正确、技能或知识不足、健康或生理状态不佳和劳动条件不良等因素造成的。人的不安全行为可归纳为操作失误、忽视安全、忽视警告而造成安全装置失效,使用不安全设备,用手代替工具操作,物体存放不当,冒险进入危险场所,攀、坐不安全位置,在吊物下作业、停留,在机器运转时进行加油、修理、检查、调整、焊接、清扫等工作,有分散注意力行为,在必须使用个人防护用品用具的作业或场合中忽视其使用,不安全装束,对易燃、易爆等危险物品处理错误等行为。

管理缺陷会引起设备故障或人员失误,许多事故的发生是由于管理不到位而造成的。

2)危险源辨识

(1)危险源类型

在平地上滑倒(跌倒);人员从高处坠落(包括从地平处坠入深坑);工具和材料等从高处坠落;头顶上空间不足;用手举起、搬运工具、材料等有关的危险源;与装配、试车、操作、维护、改造、修理和拆除等有关的装置、机械的危险源;车辆危险源,包括场地运输和公路运输等;火灾和爆炸;邻近高压线路和起重设备伸出界外;可吸入的物质;可伤害眼睛的物质或试剂;可通过皮肤接触和吸收而造成伤害的物质;可通过摄入(如通过口腔进入体内)而造成伤害的物质;有害能量(如电、辐射、噪声以及振动等);由于经常性的重复动作而造成的与工作有关的上肢损伤;不适的热环境(如过热等);照度;易滑、不平坦的场地(地面);不合适的楼梯护栏和扶手等。以上所列并不全面,应根据工程项目的具体情况,提出各自的危险源提示表。

(2)危险源辨识方法

专家调查法是通过向有经验的专家咨询、调查,辨识、分析和评价危险源的一类方法,其优点是简便、易行,其缺点是受专家的知识、经验和占有资料的限制,可能出现遗漏。常用的有头脑风暴法和德尔菲法。头脑风暴法是通过专家创造性的思考,从而产生大量的观点、问题和议题的方法。德尔菲法是采用"背对背"的方式对专家进行调查,其特点是避免了集体讨论中的从众性倾向,更代表专家的真实意见。要求对调查的各种意见进行汇总统计处理,再反馈给专家反复征求意见。

(3)安全检查表法

安全检查表法实际上就是实施安全检查和诊断项目的明细表。运用已编制好的安全检查表,进行系统的安全检查,辨识工程项目存在的危险源。检查表的内容一般包括分类项目、检查内容及要求、检查以后处理意见等。可用"是""否"作回答或"√""×"符号作标记,同时注明检查日期,并由检查人员和被检单位同时签字。

3)风险评价

(1)风险评价的目的

风险评价是评估危险源所带来的风险大小及确定风险是否可容许的全过程。根据评价结果对风险进行分级,按不同级别的风险有针对性地采取风险控制措施。

(2)风险评价方法

①风险等级评价方法。风险大小的计算:根据风险的概念,用某一特定危险情况发生的可能性和它可能导致后果的严重程度的乘积来表示风险的大小,可用以下公式表达:

$$R = P \times f \tag{7.1}$$

式中　R——风险的大小;

　　　P——危险情况发生的可能性;

　　　f——发生危险造成后果的严重程度。

②风险等级的划分。根据上述公式计算风险的大小,可用近似的方法来估计。首先把危险发生的可能性P分为"很大""中等"和"极小"3个等级;然后把发生危险可能产生后果的严重程度f分为"轻度损失(轻微伤害)""中度损失(伤害)"和"重大损失(严重伤害)"3个等级;P和f的乘积就是风险的大小R,可近似按级别分为:"可忽略风险""可容许风险""中度风险""重大风险"和"不容许风险"共5级,见表7.1。

表7.1　风险等级评估表

可能性	后果		
	轻度损失	中度损失	重大损失
很大	Ⅲ	Ⅳ	Ⅴ
中等	Ⅱ	Ⅲ	Ⅳ
极小	Ⅰ	Ⅱ	Ⅲ

注:Ⅰ—可忽略风险;Ⅱ—可容许风险;Ⅲ—中度风险;Ⅳ—重大风险;Ⅴ—不容许风险。

4)风险控制策划原则

风险评价后,应分别列出所找出的所有危险源和重大危险源清单。有关单位和项目部一般需要对已评价出的不允许发生的重大风险(重大危险源)进行优先排序,由工程技术主管部门的有关人员制订危险源控制措施和管理方案。对于一般危险源可以通过日常管理程序来实施控制。

①尽可能完全消除有不可接受风险的危险源,如用安全品取代危险品;

②如果是不可能消除有重大风险的危险源,应努力采取降低风险的措施,如使用低压电

器等；

③在条件允许时,应使工作适合于人,如考虑降低人的精神压力和体能消耗；
④应尽可能利用技术进步来改善安全控制措施；
⑤应考虑保护每个工作人员的措施；
⑥将技术管理与程序控制结合起来；
⑦应考虑引入诸如机械安全防护装置的维护计划的要求；
⑧在各种措施还不能绝对保证安全的情况下,作为最终手段,还应考虑使用个人防护用品；
⑨应有可行、有效的应急方案；
⑩预防性测定指标是否符合监视控制措施计划的要求。

7.3.2 施工安全技术措施

1) 施工安全控制

(1) 施工安全控制的特点

①控制面广。由于建筑工程规模较大、生产工艺复杂、工序多,在建造过程中流动作业多、高处作业多、作业位置多变,遇到的不确定因素多,安全控制工作涉及范围大,控制面广。

②控制的动态性。由于建筑工程项目的单件性,使得每项工程所处的条件不同,所面临的危险因素和防范措施也会有所改变,员工在转移工地后,熟悉一个新的工作环境需要一定的时间,有些工作制度和安全技术措施也会有所调整,员工同样有个熟悉的过程。

现场施工是分散于施工现场的各个部位,尽管有各种规章制度和安全技术交底的环节,但面对具体的生产环境时,仍需要自己的判断和处理,有经验的人员还必须适应不断变化的情况。

③控制系统交叉性。建筑工程项目是开放系统,受自然环境和社会环境影响很大,同时也会对社会和环境造成影响,安全控制需要把工程系统、环境系统及社会系统结合起来。

④控制的严谨性。由于建筑工程施工的危害因素复杂、风险程度高、伤亡事故多,因此预防控制措施必须严谨,如有疏漏就可能发展到失控,从而酿成事故,造成损失和伤害。

(2) 施工安全控制程序

施工安全控制程序包括确定每项具体建筑工程项目的安全目标,编制建筑工程项目安全技术措施计划,安全技术措施计划的落实和实施,安全技术措施计划的验证,持续改进等。

2) 施工安全技术措施的一般要求

(1) 施工安全技术措施必须在工程开工前制订

施工安全技术措施是施工组织设计的重要组成部分,应在工程开工前与施工组织设计一同编制。为保证各项安全设施的落实,在工程图纸会审时,就应特别注意考虑安全施工的问题,并在开工前制定好安全技术措施,使得用于该工程的各种安全设施有较充分的时间进行采购、制作和维护等准备工作。

(2)施工安全技术措施要有全面性

按照有关法律法规的要求,在编制工程施工组织设计时,应根据工程特点制订相应的施工安全技术措施。对于大中型工程项目、结构复杂的重点工程,除必须在施工组织设计中编制施工安全技术措施外,还应编制专项工程施工安全技术措施,详细说明有关安全方面的防护要求和措施,确保单位工程或分部分项工程的施工安全。对爆破、拆除、起重吊装、水下、基坑支护和降水、土方开挖、脚手架、模板等危险性较大的作业,必须编制专项安全施工技术方案。

(3)施工安全技术措施要有针对性

施工安全技术措施是针对每项工程的特点制定的,编制安全技术措施的技术人员必须掌握工程概况、施工方法、施工环境、条件等一手资料,并熟悉安全法规、标准等,才能制订有针对性的安全技术措施。

(4)施工安全技术措施应力求全面、具体、可靠

施工安全技术措施应把可能出现的各种不安全因素考虑周全,制订的对策措施方案应力求全面、具体、可靠,这样才能真正做到预防事故的发生。但是,全面具体不等于罗列一般通常的操作工艺、施工方法以及日常安全工作制度、安全纪律等。这些制度性规定,安全技术措施中不需要再作抄录,但必须严格执行。

(5)施工安全技术措施必须包括应急预案

由于施工安全技术措施是在相应的工程施工实施之前制订的,所涉及的施工条件和危险情况大都是建立在可预测的基础上,而建筑工程施工过程是开放的过程,在施工期间的变化是经常发生的,还可能出现预测不到的突发事件或灾害(如地震、火灾、台风、洪水等)。所以,施工技术措施计划必须包括面对突发事件或紧急状态的各种应急设施、人员逃生和救援预案,以便在紧急情况下,能及时启动应急预案,减少损失,保护人员安全。

(6)施工安全技术措施要有可行性和可操作性

施工安全技术措施应能够在每个施工工序之中得到贯彻实施,既要考虑保证安全要求,又要考虑现场环境条件和施工技术条件能够做得到。

7.3.3 安全检查

1)安全检查的注意事项

①安全检查要深入基层、紧紧依靠职工,坚持领导与群众相结合的原则,组织好检查工作。

②建立检查的组织领导机构,配备适当的检查力量,挑选具有较高技术业务水平的专业人员参加。

③做好检查的各项准备工作,包括思想、业务知识、法规政策和物资、奖金准备。

④明确检查的目的和要求,既要严格要求,又要防止一刀切,要从实际出发,分清主次矛盾,力求实效。

⑤把自查与互查有机结合起来。基层以自检为主,企业内相应部门间互相检查,取长补短,相互学习和借鉴。

⑥坚持查改结合。检查不是目的,只是一种手段,整改才是最终目的。发现问题,要及时采取切实有效的防范措施。

⑦建立检查档案。结合安全检查表的实施,逐步建立健全检查档案,收集基本数据,掌握基本安全状况,为及时消除隐患提供数据,同时也为以后的职业健康安全检查奠定基础。

⑧在制订安全检查表时,应根据用途和目的具体确定安全检查表的种类。安全检查表的主要种类有设计用安全检查表、厂级安全检查表、车间安全检查表、班组及岗位安全检查表、专业安全检查表等。制订安全检查表要在安全技术部门的指导下,充分依靠职工来进行。初步制订出来的检查表,要经过群众的讨论,反复试行,再加以修订,最后由安全技术部门审定后方可正式实行。

2）安全检查的主要内容

（1）查思想

检查企业领导和员工对安全生产方针的认识程度,建立健全安全生产管理和安全生产规章制度。

（2）查管理

主要检查安全生产管理是否有效,安全生产管理和规章制度是否真正得到落实。

（3）查隐患

主要检查生产作业现场是否符合安全生产要求,检查人员应深入作业现场,检查工人的劳动条件、卫生设施、安全通道、零部件的存放、防护设施状况、电气设备、压力容器、化学用品的储存、粉尘及有毒有害作业部位点的达标情况、车间内的通风照明设施、个人劳动防护用品的使用是否符合规定等。要特别注意对一些要害部位和设备加强检查,如锅炉房、变电所、各种剧毒、易燃、易爆等场所。

（4）查整改

主要检查对过去提出的安全问题和发生生产事故及安全隐患是否采取了安全技术措施和安全管理措施,进行整改的效果如何。

（5）查事故处理

检查对伤亡事故是否及时报告,对责任人是否已作出严肃处理。在安全检查中必须成立一个适应安全检查工作需要的检查组,配备适当的人力物力。检查结束后应编写安全检查报告,说明已达标项目,未达标项目,存在问题,原因分析,作出纠正和预防措施的建议。

3）施工安全生产规章制度的检查

为了实施安全生产管理制度,工程承包企业应结合本身的实际情况,建立健全一整套本企业的安全生产规章制度,并落实到具体的工程项目施工任务中。在安全检查时,应对企业的施工安全生产规章制度进行检查。施工安全生产规章制度一般应包括:安全生产奖励制度;安全值班制度;各种安全技术操作规程;危险作业管理审批制度;易燃、易爆、剧毒、放射性、腐蚀性等危险物品生产、储运使用的安全管理制度;防护物品的发放和使用制度;安全用电制度;加班加点审批制度;危险场所动火作业审批制度;防火、防爆、防雷、防静电制度;危险岗位巡回检查制度;安全标志管理制度。

项目 7.4 安全生产管理机构

安全生产管理机构是指建筑施工企业在建筑工程项目中设置的负责安全生产管理工作的独立职能部门,其工作人员都是专职安全生产管理人员。安全生产管理机构的作用是落实国家有关安全生产法律法规,组织生产经营单位内部各种安全检查活动,负责日常安全检查。及时整改各种事故隐患,监督安全生产责任制的落实等。安全生产管理机构是生产经营单位安全生产的重要组织保证。

7.4.1 安全生产管理机构的职责

①落实国家有关安全生产法律法规和标准;
②编制并适时更新安全生产管理制度;
③组织开展全员安全教育培训及安全检查等活动。

7.4.2 安全生产管理小组的组成

按照《建筑施工企业安全生产管理机构设置及专职安全生产管理人员配备办法》规定,建筑工程项目应当成立由项目经理负责的安全生产管理小组,小组成员应包括企业派驻到项目的专职安全生产管理人员,对专职安全生产管理机构人数的要求:

(1)建筑工程、装修工程按照建筑面积
① 1 万 m^2 及以下,≥1 人;
② 1 万~5 万 m^2,≥2 人;
③ 5 万 m^2 以上,≥3 人,且应设置安全主管,按土建、机电设备等专业设置专职安全生产管理人员。

(2)土木工程、线路管道、设备按照安装总造价
① 5 000 万元以下,≥1 人;
② 5 000 万~1 亿元,≥2 人;
③ 1 亿元以上,≥3 人,且应设置安全主管,按土建、机电设备等专业设置专职安全生产管理人员。

(3)劳务分包

劳务分包企业建筑工程项目施工人员 50 人以下的,应设置 1 名安全生产管理人员;50~200 人的,应设 2 名专职安全生产管理人员;200 人以上的,应根据所承担的分部分项工程施工危险实际情况增配,并不少于企业总人数的 5‰。

(4)作业班组

作业班组应设置兼职安全巡查员,对本班组的作业场所进行安全监督检查。

7.4.3 施工企业安全管理组织机构

施工企业安全管理组织机构图,如图 7.1 所示。

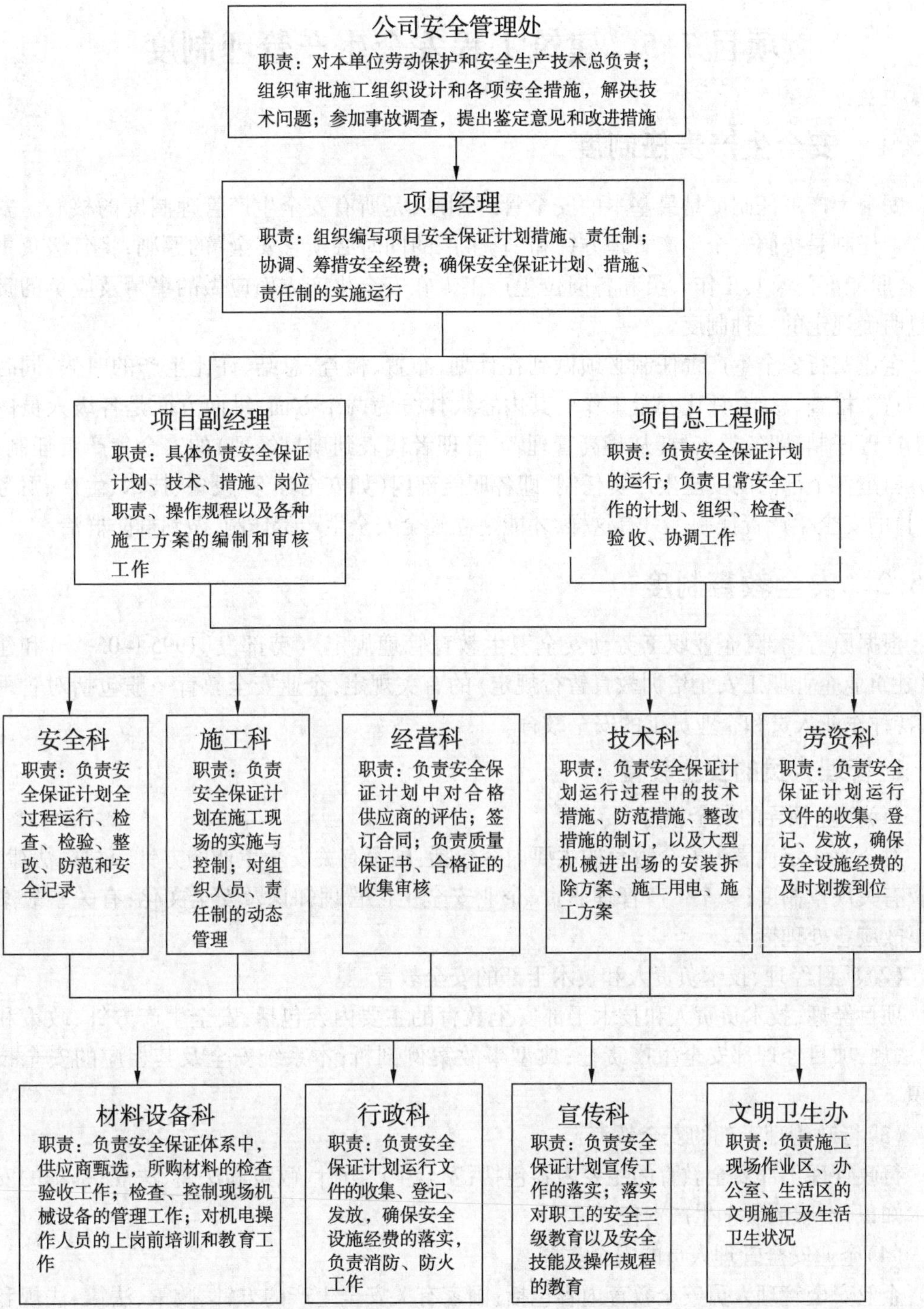

单元 7 建筑工程项目安全管理基础

```
┌─────────────────────────────────┐
│         公司安全管理处           │
│ 职责：对本单位劳动保护和安全生产 │
│ 技术总负责；组织审批施工组织设计 │
│ 和各项安全措施，解决技术问题；参 │
│ 加事故调查，提出鉴定意见和改进措施│
└─────────────────────────────────┘
                │
┌─────────────────────────────────┐
│            项目经理              │
│ 职责：组织编写项目安全保证计划措 │
│ 施、责任制；协调、筹措安全经费； │
│ 确保安全保证计划、措施、责任制的 │
│ 实施运行                         │
└─────────────────────────────────┘
           │                │
┌──────────────────┐ ┌──────────────────┐
│    项目副经理     │ │   项目总工程师    │
│ 职责：具体负责安全 │ │ 职责：负责安全保证│
│ 保证计划、技术、措 │ │ 计划的运行；负责日│
│ 施、岗位职责、操作 │ │ 常安全工作的计划、│
│ 规程以及各种施工方 │ │ 组织、检查、验收、│
│ 案的编制和审核工作 │ │ 协调工作          │
└──────────────────┘ └──────────────────┘
```

┌────────┬────────┬────────┬────────┬────────┐
│ 安全科 │ 施工科 │ 经营科 │ 技术科 │ 劳资科 │
├────────┼────────┼────────┼────────┼────────┤
│职责：负│职责：负│职责：负│职责：负│职责：负│
│责安全保│责安全保│责安全保│责安全保│责安全保│
│证计划全│证计划在│证计划中│证计划运│证计划运│
│过程运行、│施工现场│对合格供│行过程中│行文件的│
│检查、检│的实施与│应商的评│的技术措│收集、登│
│验、整改、│控制；对│估，签订│施、防范│记、发放、│
│防范和安│组织人员、│合同；负│措施、整│确保安全│
│全记录   │责任制的│责质量保│改措施的│设施经费│
│   │动态管理│证书、合│制订，以│的及时划│
│   │   │格证的收│及大型机│拨到位   │
│   │   │集审核   │械进出场│   │
│   │   │   │的安装拆│   │
│   │   │   │除方案、│   │
│   │   │   │施工用电、│   │
│   │   │   │施工方案│   │
└────────┴────────┴────────┴────────┴────────┘

┌──────────┬──────────┬──────────┬──────────┐
│材料设备科│ 行政科 │ 宣传科 │文明卫生办│
├──────────┼──────────┼──────────┼──────────┤
│职责：负责│职责：负责│职责：负责│职责：负责│
│安全保证体│安全保证计│安全保证计│施工现场作│
│系中，供应│划运行文件│划宣传工作│业区、办公│
│商甄选，所│的收集、登│的落实；落│室、生活区│
│购材料的检│记、发放，│实对职工的│的文明施工│
│查验收工作；│确保安全设│安全三级教│及生活卫生│
│检查、控制│施经费的落│育以及安全│状况   │
│现场机械设│实，负责消│技能及操作│   │
│备的管理工│防、防火工│规程的教育│   │
│作；对机电│作   │   │   │
│操作人员的│   │   │   │
│上岗前培训│   │   │   │
│和教育工作│   │   │   │
└──────────┴──────────┴──────────┴──────────┘

图 7.1　施工企业安全管理组织机构图

项目 7.5 建筑工程安全生产管理制度

7.5.1 安全生产责任制度

安全生产责任制度是最基本的安全管理制度,是所有安全生产管理制度的核心。安全生产责任制是按照安全生产管理方针和"管生产的同时必须管安全"的原则,将各级负责人员、各职能部门及其工作人员和各岗位生产工人在安全生产方面应做的事情及应负的责任加以明确规定的一种制度。

企业实行安全生产责任制必须做到在计划、布置、检查、总结、评比生产的时候,同时计划、布置、检查、总结、评比安全工作。其内容大体分为两个方面:纵向方面是各级人员的安全生产责任制,即各类人员(从最高管理者、管理者代表到项目经理)的安全生产责任制;横向方面是各个部门的安全生产责任制,即各职能部门(如安全环保、设备、技术、生产、财务等部门)的安全生产责任制。只有这样,才能建立健全安全生产责任制,做到群防群治。

7.5.2 安全教育制度

根据原劳动部《企业职工劳动安全卫生教育管理规定》(劳部发〔1995〕405号)和建设部《建筑业企业职工安全培训教育暂行规定》的有关规定,企业安全教育一般包括对管理人员、特种作业人员和企业员工的安全教育。

1)管理人员的安全教育

(1)企业领导的安全教育

对企业法定代表人安全教育的主要内容包括:国家有关安全生产的方针、政策、法律、法规及有关规章制度;安全生产管理职责、企业安全生产管理知识及安全文化;有关事故案例及事故应急处理措施。

(2)项目经理、技术负责人和技术干部的安全教育

项目经理、技术负责人和技术干部安全教育的主要内容包括:安全生产方针、政策和法律、法规;项目经理部安全生产责任;典型事故案例剖析;本系统安全及其相应的安全技术知识。

(3)行政管理干部的安全教育

行政管理干部安全教育的主要内容包括:安全生产方针、政策和法律、法规;基本的安全技术知识,本职的安全生产责任。

(4)企业安全管理人员的安全教育

企业安全管理人员安全教育内容包括:国家有关安全生产的方针、政策、法律、法规和安全生产标准;企业安全生产管理、安全技术、职业病知识、安全文件;员工伤亡事故和职业病统计报告及调查处理程序;有关事故案例及事故应急处理措施。

(5)班组长和安全员的安全教育

班组长和安全员的安全教育内容包括:安全生产法律、法规、安全技术及技能、职业病和安全文化的知识;本企业、本班组和工作岗位的危险因素、安全注意事项;本岗位安全生产职

责;典型事故案例;事故抢救与应急处理措施。

2) 特种作业人员的安全教育

(1) 特种作业的定义

对操作者本人,尤其对他人或周围设施的安全有重大危害因素的作业,称为特种作业。直接从事特种作业的人,称为特种作业人员。

(2) 特种作业人员的范围

依据《特种作业人员安全技术培训考核管理规则》,特种作业人员的范围:电工作业;锅炉司炉;压力容器操作;起重机械操作;爆破作业;金属焊接(气割)作业;煤矿井下瓦斯检验;机动车辆驾驶;机动船舶驾驶和轮机操作;建筑登高架设作业;其他符合特种作业基本定义的作业。

特种作业人员应具备的条件:必须年满18周岁,而从事爆破作业和煤矿井下瓦斯检验的人员,年龄不得低于20周岁;工作认真负责,身体健康,没有妨碍从事本种作业的疾病和生理缺陷;具有本种作业所需的文化程度和安全、专业技术知识及实践经验。

(3) 特种作业人员的安全教育

由于特种作业较一般作业的危险性更大,因此,特种作业人员必须经过安全培训和严格考核。对特种作业人员的安全教育应注意以下3点:

①特种作业人员上岗作业前,必须进行专门的安全技术和操作技能的培训教育,这种培训教育要实行理论教学与操作技术训练相结合的原则,重点放在提高其安全操作技术和预防事故的实际能力上。

②培训后,经考核合格方可取得操作证,并准许独立作业。

③取得操作证的特种作业人员,必须定期进行复审。复审期限除机动车辆驾驶按国家有关规定执行外,其他特种作业人员两年进行一次。凡未经复审者不得继续独立作业。

3) 企业员工的安全教育

企业员工的安全教育主要有新员工上岗前的三级安全教育、改变工艺和变换岗位时的安全教育、经常性安全教育3种形式。

(1) 新员工上岗前的三级安全教育

三级安全教育通常是指进厂、进车间、进班组三级,对建筑工程来说,具体指企业(公司)、项目(或工区、工程处、施工队)、班组三级。企业新员工上岗前必须进行三级安全教育,企业新员工须按规定通过三级安全教育和实际操作训练,并经考核合格后方可上岗。

(2) 改变工艺和变换岗位时的安全教育

企业(或工程项目)在实施新工艺、新技术或使用新设备、新材料时,必须对有关人员进行相应级别的安全教育,要按新的安全操作规程教育和培训参加操作的岗位员工和有关人员,使其了解新工艺、新设备、新产品的安全性能及安全技术,以适应新的岗位作业的安全要求。

当组织内部员工存在从一个岗位调到另外一个岗位,或从某工种改变为另一工种,或因放长假离岗一年以上重新上岗的情况,企业必须进行相应的安全技术培训和教育,以使其掌握现岗位安全生产特点和要求。

(3)经常性安全教育

无论何种教育都不可能是一劳永逸的,安全教育同样如此,必须坚持不懈、经常不断地进行,这就是经常性安全教育。在经常性安全教育中,安全思想、安全态度教育最重要。进行安全思想、安全态度教育,要采取各种形式的安全教育活动,激发员工搞好安全生产的热情,促使员工重视和真正实现安全生产。经常性安全教育的形式有:每天的班前班后会上说明安全注意事项;安全活动日;安全生产会议;事故现场会;张贴安全生产招贴画、宣传标语及标志等。

7.5.3　安全检查制度

安全检查制度是清除隐患、防止事故、改善劳动条件的重要手段,是企业安全生产管理工作的一项重要内容。通过安全检查可以发现企业及生产过程中的危险因素,以便有计划地采取措施,保证安全生产。

安全检查要深入生产现场,主要针对生产过程中的劳动条件、生产设备以及相应的安全卫生设施和员工的操作行为是否符合安全生产的要求进行检查。为保证检查效果,应根据检查的目的和内容成立一个适应安全生产检查工作需要的检查组,配备适当的力量,绝不能敷衍走过场。

7.5.4　安全措施计划制度

安全措施计划制度是指企业进行生产活动时,必须编制安全措施计划。它是企业有计划地改善劳动条件和安全卫生设施,防止工伤事故和职业病的重要措施之一,对企业加强劳动保护,改善劳动条件,保障职工的安全和健康,促进企业生产经营的发展都起着积极作用。

1)安全措施计划的依据

①国家发布的有关职业健康安全政策、法规和标准;

②在安全检查中发现的尚未解决的问题;

③造成伤亡事故和职业病的主要原因和所采取的措施;

④生产发展需要所应采取的安全技术措施;

⑤安全技术革新项目和员工提出的合理化建议。

2)编制安全技术措施计划的一般步骤

①工作活动分类;

②危险源识别;

③风险确定;

④风险评价;

⑤制订安全技术措施计划;

⑥评价安全技术措施计划的充分性。

7.5.5　安全监察制度

安全监察制度是指国家法律、法规授权的行政部门,代表政府对企业的生产过程实施职业安全卫生监察,以政府的名义,运用国家权力对生产单位在履行职业安全卫生职责和执行职业安全卫生政策、法律、法规和标准的情况依法进行监督、检举和惩戒的制度。

安全监察具有特殊的法律地位。执行机构设在行政部门,设置原则、管理体制、职责、权限、监察人员任免均由国家法律、法规所确定。职业安全卫生监察机构与被监察对象没有上下级关系,只有行政执法机构和法人之间的法律关系。

职业安全卫生监察机构的监察活动是从国家整体利益出发,依据法律、法规对政府和法律负责,既不受行业部门或其他部门的限制,也不受用人单位的约束。职业安全卫生监察机构对违反职业安全卫生法律、法规、标准的行为,有权采取行政措施,并具有一定的强制特点。这是因为它是以国家的法律、法规为后盾的,任何单位或个人必须服从,以保证法律的实施,维护法律的尊严。

7.5.6 "三同时"制度

"三同时"制度是指凡是我国境内新建、改建、扩建的基本建设项目(工程),技术改建项目(工程)和引进的建设项目,其安全生产设施必须符合国家规定的标准,必须与主体工程同时设计、同时施工、同时投入生产和使用。安全生产设施主要是指安全技术方面的设施、职业卫生方面的设施、生产辅助性设施。《中华人民共和国劳动法》第五十三条规定:"新建、改建、扩建工程的劳动安全卫生设施必须与主体工程同时设计、同时施工、同时投入生产和使用"。《中华人民共和国安全生产法》第三十一条规定:"生产经营单位新建、改建、扩建工程项目的安全设施,必须与主体工程同时设计、同时施工、同时投入生产和使用。安全设施投资应当纳入建设项目概算"。

新建、改建、扩建工程的初步设计要经过行业主管部门、安全生产管理部门、卫生部门和工会的审查,征得同意后方可进行施工;工程项目完成后,必须经过主管部门、安全生产管理行政部门、卫生部门和工会的竣工检验;建设工程项目投产后,不得将安全设施闲置不用,生产设施必须和安全设施同时使用。

7.5.7 安全生产许可证的管理制度

1)安全生产许可证的申请

建筑施工企业从事建筑施工活动前,应依照本规定向省级以上建设主管部门申请领取安全生产许可证。

中央管理的建筑施工企业(集团公司、总公司)应当向国务院建设主管部门申请领取安全生产许可证。其他建筑施工企业,包括中央管理的建筑施工企业(集团公司、总公司)下属的建筑施工企业,应向企业注册所在地省、自治区、直辖市人民政府建设主管部门申请领取安全生产许可证。

依据《建筑施工企业安全生产许可证管理规定》第六条规定,建筑施工企业申请安全生产许可证时,应向建设主管部门提供下列材料:

①建筑施工企业安全生产许可证申请表;
②企业法人营业执照;
③与申请安全生产许可证应具备的安全生产条件相关的文件、材料。

建筑施工企业申请安全生产许可证,应对申请材料实质内容的真实性负责,不得隐瞒有关情况或提供虚假材料。

2)安全生产许可证的有效期

《安全生产许可证条例》第九条规定,安全生产许可证的有效期为3年。安全生产许可证有效期满需要延期的,企业应于期满前3个月向原安全生产许可证颁发管理机关办理延期手续。企业在安全生产许可证有效期内,严格遵守有关安全生产的法律法规,未发生死亡事故的,安全生产许可证有效期届满时,经原安全生产许可证颁发管理机关同意,不再审查,安全生产许可证有效期延期3年。

3)安全生产许可证的变更与注销

建筑施工企业变更名称、地址、法定代表人等,应在变更后10日内,到原安全生产许可证颁发管理机关办理安全生产许可证变更手续。

建筑施工企业破产、倒闭、撤销的,应将安全生产许可证交回原安全生产许可证颁发管理机关予以注销。

建筑施工企业遗失安全生产许可证,应立即向原安全生产许可证颁发管理机关报告,并在公众媒体上声明作废后,方可申请补办。

4)安全生产许可证的管理

根据《安全生产许可证条例》和《建筑施工企业安全生产许可证管理规定》,建筑施工企业应遵守以下强制性规定:

①未取得安全生产许可证的,不得从事建筑施工活动。建设主管部门在审核发放施工许可证时,应对已经确定的建筑施工企业是否有安全生产许可证进行审查,对没有取得安全生产许可证的,不得颁发施工许可证。

②企业不得转让、冒用安全生产许可证或使用伪造的安全生产许可证。

③企业取得安全生产许可证后,不得降低安全生产条件,并应加强日常安全生产管理,接受安全生产许可证颁发管理机关的监督检查。

7.5.8 安全预评价制度

安全预评价是在建设工程项目前期,应用安全评价的原理和方法对工程项目的危险性、危害性进行预测性评价。

开展安全预评价工作,是贯彻落实"安全第一、预防为主"方针的重要手段,是企业实施科学化、规范化安全管理的工作基础。科学、系统地开展安全评价工作,不仅直接起到了消除危险有害因素、减少事故发生的作用,有利于全面提高企业的安全管理水平,而且有利于系统地、有针对性地加强对不安全状况的治理、改造,最大限度地降低安全生产风险。

单元小结

通过本单元的学习,学生应了解建筑工程安全生产管理的基本概念、特点、方针、原则,熟悉建筑工程安全生产管理各方责任,熟悉安全生产管理主要内容,掌握安全生产管理机构的构成,熟悉建筑工程安全生产管理制度。

单元训练

1. 简述建筑工程安全生产管理的方针。
2. 建筑工程安全生产管理的原则有哪些?
3. 建筑工程安全生产管理各方责任有哪些?
4. 危险源类型有哪些?
5. 什么叫第一类危险源、第二类危险源?
6. 危险源辨识方法有哪些?
7. 施工安全技术措施的一般要求有哪些?
8. 安全检查的主要内容和注意事项有哪些?
9. 安全生产管理小组如何组成?
10. 施工企业安全管理组织机构如何组成?
11. 施工单位的安全责任有哪些?
12. 安全生产责任制度有哪些?
13. 安全教育制度有哪些?
14. 安全检查制度有哪些?
15. 安全措施计划制度有哪些?
16. 安全监察制度有哪些?
17. 简述"三同时"制度。
18. 简述安全预评价制度。

单元 8
职业健康安全管理

项目 8.1　职业健康安全管理体系原理

职业健康安全管理体系是20世纪80年代后期在国际上兴起的现代安全生产管理模式,它与ISO 9000和ISO 14000等被称为后工业化时代的管理方法,其产生的一个主要原因是企业自身发展的要求。随着企业的发展壮大,企业必须采取更为现代化的管理模式,包括质量管理、职业健康安全管理等在内的所有生产经营活动科学化、标准化和法律化。国际上一些著名的大企业在大力加强质量管理工作的同时,已经建立了自律和比较完善的职业健康安全管理体系,较好地提升了自身的社会形象,大幅控制和减少了职业伤害给企业所带来的损失。职业健康安全管理体系产生的另一个重要原因是国际一体化进程的加速进行,由于与生产过程密切相关的职业健康安全问题正日益受到国际社会的关注和重视,与此相关的立法更加严格,相关的经济政策和措施也不断出台和完善。

在20世纪80年代,一些发达国家率先研究和实施职业健康安全管理体系。其中,英国在1996年颁布了BS8800《职业安全卫生管理体系指南》;此后,美国、澳大利亚、日本、挪威的一些组织也制定了相关的指导性文件,1999年英国标准协会、挪威船级社等13个组织提出了职业健康安全评价系列(OHSAS)标准,即OHSAS18001《职业健康安全管理体系——规范》、OHSAS18002《职业健康安全管理体系——OHSAS18001实施指南》,尽管国际标准组织(ISO)决定暂不颁布这类标准,但许多国家和国际组织继续进行相关的研究和实践,并使之成为继ISO 9000、ISO 14000之后又一个国际关注的标准。2007年,OHSAS18001得到进一步修订,使其与ISO 9001和ISO 14001标准的语言和架构得到进一步融合。直到2013年,国际标准化组织(ISO)开始编制一项新的标准——ISO 45001《职业健康安全管理体系　要求及使用指南》,用于取代OHSAS18001标准。2018年3月12日,ISO正式颁布ISO 45001:2018标准。

在我国,《职业健康安全管理体系 要求》(GB/T 28001)和《职业健康安全管理体系实施指南》(GB/T 28002)已实施了近20年,并先后经历了两次修订。

8.1.1 职业健康安全管理体系标准

1)《职业健康安全管理体系 要求及使用指南》标准体系构成

职业健康安全管理体系是企业总体管理体系的一部分。作为我国推荐性标准的职业健康安全管理体系标准,目前被企业普遍采用,用以建立职业健康安全管理体系。2020年3月6日,国家市场监管总局、国家标准化管理委员会(SAC)批准《职业健康安全管理体系 要求及使用指南》(GB/T 45001—2020),该标准等同采用ISO 45001:2018(Occupational health and safety management systems-Requirements with guidance for use),代替了GB/T 28001—2011、GB/T 28002—2011。

根据《职业健康安全管理体系 要求及使用指南》(GB/T 45001—2020)的规定,职业健康安全管理体系的目的是防止对工作人员造成与工作相关的伤害和健康损害,并提供健康安全的工作场所。

2)职业健康安全管理体系的结构和模式

(1)职业健康安全管理体系的结构

《职业健康安全管理体系 要求及使用指南》(GB/T 45001—2020)有关职业健康安全管理体系的结构如图8.1所示。该标准由"范围""规范性引用文件""术语和定义""组织所处的环境""领导作用和工作人员参与""策划""支持""运行""绩效评价"和"改进"10个部分组成。

"范围"中规定了管理体系标准中的一般要求,即规定了职业健康安全管理体系的要求,并给出了其使用指南,以使组织能够通过防止与工作相关的伤害和健康损害,主动改进其职业健康安全绩效来提供安全和健康的工作场所。本标准有助于组织实现其职业健康安全管理体系的预期结果。本标准使组织能够借助其职业健康安全管理体系整合健康和安全的其他方面,如工作人员的福利和(或)幸福等。

(2)职业健康安全管理体系的运行模式

为适应现代职业健康安全管理的需要,《职业健康安全管理体系 要求及使用指南》(GB/T 45001—2020)强调,职业健康安全管理体系的目的和预期结果是防止对工作人员造成与工作相关的伤害和健康损害,并提供健康安全的工作场所。实施符合本标准的职业健康安全管理体系,能使组织管理其职业健康安全风险并提升职业健康安全绩效。职业健康安全管理体系可有助于组织满足法律法规要求和其他要求。具体实施中采用了戴明模型,即一种动态循环并螺旋上升的系统化管理模式。职业健康安全管理体系运行模式如图8.2所示。

(3)各要素之间的相互关系

职业健康安全管理体系的实施和保持,其有效性和实现预期结果的能力取决于诸多关键因素。这些关键因素包括:

①最高管理者的领导作用、承诺、职责和担当。

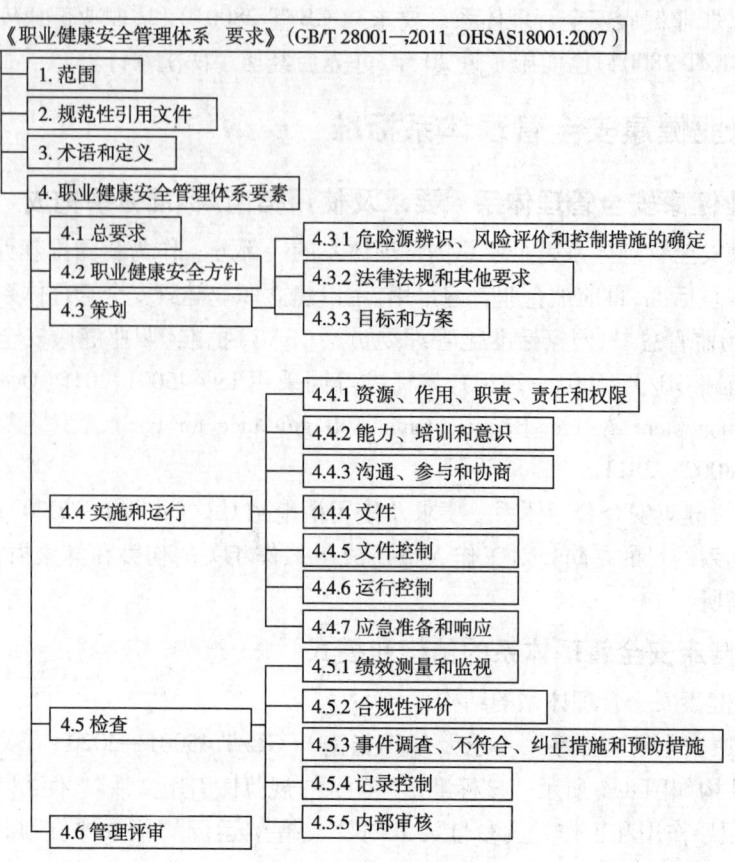

图 8.1　职业健康安全管理体系结构（节选）

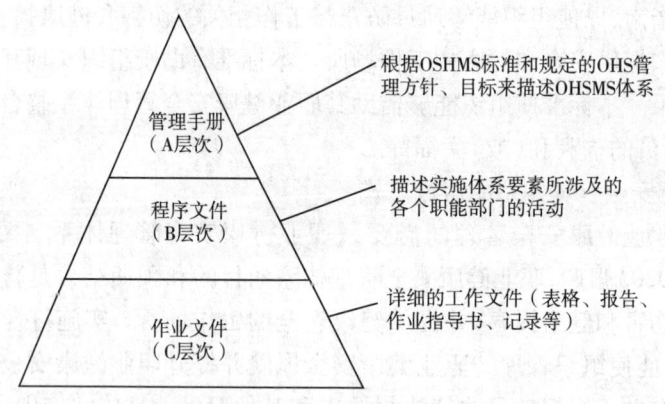

图 8.2　职业安全健康管理体系文件的层次关系

②最高管理者在组织内建立、引导和促进支持实现职业健康安全管理体系预期结果的文化。

③沟通。

④工作人员及其代表（若有）的协商和参与。

⑤为保持职业健康安全管理体系而所需的资源配置。

⑥符合组织总体战略目标和方向的职业健康安全方针。
⑦辨识危险源、控制职业健康安全风险和利用职业健康安全机遇的有效过程。
⑧为提升职业健康安全绩效而对职业健康安全管理体系绩效的持续监视和评价。
⑨将职业健康安全管理体系融入组织的业务过程。
⑩符合职业健康安全方针并必须考虑组织的危险源、职业健康安全风险和职业健康安全机遇的职业健康安全目标。
⑪符合法律法规要求和其他要求。

3) 建设工程职业健康安全管理的目的

职业健康安全管理的目的是在生产活动中通过开展职业健康安全生产的管理活动,对影响生产的具体因素进行状态控制,使生产因素中的不安全行为和状态尽可能减少或消除,且不引发事故,以保证生产活动中人员的健康和安全。对于建设工程项目,职业健康安全管理的目的是防止和尽可能减少安全生产事故、保护产品生产者的健康与安全、保障人民群众的生命和财产免受损失;控制影响或可能影响工作场所内的员工或其他工作人员(包括临时工和承包方员工)、访问者或任何其他人员的健康安全的条件和因素;避免因管理不当对在组织控制下工作的人员健康和安全造成危害。

8.1.2 职业健康安全管理的特点和要求

1) 建设工程职业健康安全管理的特点

依据建设工程产品的特性,建设工程职业健康安全管理有以下特点:

①复杂性。建设项目的职业健康安全管理涉及大量的露天作业,受到气候条件、工程地质和水文地质、地理条件和地域资源等不可控因素的影响较大。

②多变性。一方面是项目建设现场材料、设备和工具的流动性大,另一方面由于技术进步,项目不断引入新材料、新设备和新工艺,这都加大了相应的管理难度。

③协调性。项目建设涉及的工种甚多,包括大量的高空作业、地下作业、用电作业、爆破作业、施工机械、起重作业等较危险的工程,并且各工种经常需要交叉或平行作业。

④持续性。项目建设一般具有建设周期长的特点,从设计、实施直至投产阶段,诸多工序环环相扣。前一道工序的隐患,可能在后续的工序中暴露,酿成安全事故。

⑤经济性。产品的时代性、社会性与多样性决定管理的经济性。

⑥多样性。产品的时代性和社会性决定了管理的多样性。

2) 建设工程职业健康安全管理的要求

(1) 建设工程项目决策阶段

建设单位应按照有关建设工程法律法规的规定和强制性标准的要求,办理各种有关安全方面的审批手续。对需要进行安全预评价的建设工程项目,应组织或委托有相应资质的单位进行建设工程项目安全预评价。

(2) 建设工程设计阶段

设计单位应按照有关建设工程法律法规的规定和强制性标准的要求,进行安全设施的设计,防止因设计考虑不周而导致生产安全事故的发生。

在进行工程设计时,设计单位应当考虑施工安全和防护需要,对涉及施工安全的重点部分和环节在设计文件中应进行注明,并对防范生产安全事故提出指导意见。

对于采用新结构、新材料、新工艺的建设工程和特殊结构的建设工程,设计单位应在设计中提出保障施工作业人员安全和预防生产安全事故的措施建议。

在工程总概算中,应明确工程安全环保设施费用、安全施工和环境保护措施费等。

设计单位和注册建筑师等执业人员应当对其设计负责。

(3)建设工程施工阶段

建设单位在申请领取施工许可证时,应当提供建设工程有关安全施工措施的资料。

对于依法批准开工报告的建设工程,建设单位应当自开工报告批准之日起15日内,将保证安全施工的措施报送建设工程所在地的县级以上人民政府建设行政主管部门或者其他有关部门备案。

对于应当拆除的工程,建设单位应当在拆除工程施工15日前,将拆除施工单位资质等级证明,拟拆除建筑物、构筑物及可能涉及毗邻建筑的说明,拆除施工组织方案,堆放、清除废弃物措施的资料报送建设工程所在地的县级以上的地方人民政府主管部门或者其他有关部门备案。

施工企业在其经营生产的活动中必须对本企业的安全生产负全面责任。企业的法定代表人是安全生产的第一负责人,项目负责人是施工项目生产的主要负责人。施工企业应当具备安全生产的资质条件,取得安全生产许可证的施工企业应设立安全生产管理机构,配备合格的安全生产管理人员,提供必要的资源;要建立健全职业健康安全体系以及有关的安全生产责任制和各项安全生产规章制度。对项目要编制切合实际的安全生产计划,制定职业健康安全保障措施;实施安全教育培训制度,不断提高员工的安全意识和安全生产素质。

建设工程实行总承包的,由总承包单位对施工现场的安全生产负总责并自行完成工程主体结构的施工。分包单位应当接受总承包单位的安全生产管理,分包合同中应当明确各自的安全生产方面的权利、义务。分包单位不服从管理导致生产安全事故的,由分包单位承担主要责任,总承包和分包单位对分包工程的安全生产承担连带责任。

(4)项目验收试运行阶段

项目竣工后,建设单位应向审批建设工程项目环境影响报告书、环境影响报告或者环境影响登记表的环境保护行政主管部门申请对环保设施进行竣工验收。环保行政主管部门应在收到申请环保设施竣工验收之日起30日内完成验收。验收合格后,才能投入生产和使用。

对于需要试生产的建设工程项目,建设单位应当在项目投入试生产之日起3个月内向环保行政主管部门申请对其项目配套的环保设施进行竣工验收。

8.1.3 职业健康安全管理体系的建立和运行

1)职业健康安全管理体系的建立

(1)领导决策

最高管理者亲自决策,以便获得各方面的支持,有助于获得体系建立过程中所需的资源。

(2) 成立工作组

最高管理者或授权管理者代表组建工作小组负责建立体系。工作小组的成员要覆盖组织的主要职能部门，组长负责协调各职能部门间人力、资金、信息获取工作。

(3) 人员培训

培训的目的是使有关人员具有完成对职业健康有影响的任务的相应能力，了解建立体系的重要性，了解标准的主要思想和内容。

(4) 初始状态评审

初始状态评审是对组织过去和现在的职业健康安全的信息、状态进行收集、调查分析、识别，获取现行法律法规和其他要求，进行危险源辨识和风险评价、环境因素识别和重要环境因素评价。评审结果将作为确定职业健康安全与环境方针、制定管理方案、编制体系文件的基础。初始状态评审的内容包括：

①辨识工作场所中的危险源和环境因素。
②明确适用的有关职业健康安全法律、法规和其他要求。
③评审组织现有的管理制度，并与标准进行对比。
④评审过去的事故，进行分析评价，检查组织是否建立了处罚和预防措施。
⑤了解相关方对组织在职业健康安全管理工作的看法和要求。

(5) 制订方针、目标、指标和管理方案

方针是组织对其职业健康安全行为的原则和意图的声明，也是组织自觉承担其责任和义务的承诺。方针不仅为组织确定了总的指导方向和行动准则，而且是评价一切后续活动的依据，并为更加具体的目标和指标提供一个框架。

职业健康安全目标、指标的制订是组织为了实现其在职业健康安全方针中所体现出的管理理念及其对整体绩效的期许与原则，与企业的总目标相一致。目标和指标制订的依据和准则为：

①依据并符合方针。
②考虑法律、法规和其他要求。
③考虑自身潜在的危险和重要环境因素。
④考虑商业机会和竞争机遇。
⑤考虑可实施性。
⑥考虑监测考评的现实性。
⑦考虑相关方的观点。

管理方案是实现目标、指标的行动方案。为保证职业健康安全管理体系目标的实现，需结合年度管理目标和企业客观实际情况，策划制定职业健康安全管理方案，方案中应明确旨在实现目标指标的相关部门的职责、方法、时间表以及资源的要求。

(6) 管理体系策划与设计

管理体系策划与设计依据制订的方针、目标和指标、管理方案，确定组织机构职责和筹划各种运行程序。管理体系策划与设计的主要工作有：

①确定文件结构。
②确定文件编写格式。

③确定各层文件名称及编号。
④制订文件编写计划。
⑤安排文件的审查、审批和发布工作。

(7) 体系文件编写

①体系文件编写的原则。职业健康安全与环境管理体系是系统化、结构化、程序化的管理体系，是遵循PDCA管理模式并以文件为支持的管理制度和管理办法。

体系文件编写和实施应遵循以下原则：标准要求的要写到、文件写到的要做到、做到的要有有效记录。

②管理手册的编写。管理手册是对组织整个管理体系的整体性描述，为体系的进一步展开以及后续程序文件的制定提供了框架要求和原则规定，是管理体系的纲领性文件。手册可使组织的各级管理者明确体系概况，了解各部门的职责权限和相互关系，以便统一分工和协调管理。

管理手册除了反映了组织管理体系需要解决的问题所在，也反映出了组织的管理思路和理念。同时也向组织内外部人员提供了查询所需文件和记录的途径，相当于体系文件的索引。

其主要内容包括：方针、目标、指标、管理方案；管理、运行、审核和评审工作人员的主要职责、权限和相互关系；关于程序文件的说明和查询途径；关于管理手册的管理、评审和修订工作的规定。

③程序文件的编写。程序文件的编写应符合以下要求：程序文件要针对需要编制程序文件体系的管理要素；程序文件的内容可按"4W1H"的顺序和内容来编写，即明确程序中管理要素由谁做（who）、什么时间做（when）、在什么地点做（where）、做什么（what）、怎么做（how）；程序文件一般格式可按照目的和适用范围、引用的标准及文件、术语和定义、职责、工作程序、报告和记录的格式以及相关文件等的顺序来编写。

④作业文件的编制。作业文件是指管理手册、程序文件之外的文件，一般包括作业指导书（操作规程）、管理规定、监测活动准则及程序文件引用的表格。其编写的内容和格式与程序文件的要求基本相同。在编写之前应对原有的作业文件进行清理，摘其有用，删除无关。

(8) 文件的审查、审批和发布

文件编写完成后应进行审查，经审查、修改、汇总后进行审批，然后发布。

2) 职业健康安全管理体系的运行

(1) 管理体系的运行

管理体系运行是指按照已建立体系的要求实施，其实施的重点包括培训意识和能力，信息交流，文件管理，执行控制程序，监测，不符合、纠正和预防措施，记录等。

①培训意识和能力。组织应确定与职业健康安全管理风险、环境风险及体系相关的培训需求，应提供培训或采取其他措施来满足这些需求，评价培训或采取的措施的有效性，并保存相关记录。

②信息交流。信息交流是确保各要素构成一个完整的、动态的、持续改进的体系和基础，应关注信息交流的内容和方式。

③文件管理。对现有有效文件进行整理编号，方便查询索引。对适用的规范、规程等行

业标准应及时购买补充,对适用的表格要及时发放。对在内容上有抵触的文件和过期的文件要及时作废并妥善处理。

④执行控制程序文件的规定。体系的运行离不开程序文件的指导,程序文件及其相关的作业文件在组织内部都具有法定效力,必须严格执行,才能保证体系正确运行。

⑤监测。为保证体系正确有效地运行,必须严格监测体系的运行情况。监测中应明确监测的对象和监测的方法。

⑥不符合、纠正和预防措施。体系在运行过程中,不符合的出现是不可避免的,包括事故也难免要发生,关键是相应的纠正与预防措施是否及时有效。组织应建立、实施并保持程序,以处理实际和潜在的不符合,并采取纠正措施和预防措施。

⑦记录。在体系运行过程中及时按文件要求进行记录,如实反映体系运行情况。

(2)管理体系的维持

①内部审核。内部审核是组织对其自身的管理体系进行的审核,是对体系是否正常运行以及是否达到了规定的目标所作的独立的检查和评价,是管理体系自我保证和自我监督的一种机制。

内部审核前要明确审核的方式方法和步骤,形成审核计划,并发至相关部门。

②管理评审。管理评审是由组织的最高管理者对管理体系的系统评价,判断组织的管理体系面对内部情况和外部环境的变化是否充分适应有效,由此决定是否对管理体系做出调整,包括方针、目标、机构和程序等。

管理评审中应注意以下问题:信息输入的充分性和有效性;评审过程充分严谨,应明确评审的内容和对相关信息的收集、整理,并进行充分的讨论和分析;评审结论应该清楚明了,表述准确;评审中提出的问题应认真进行整改,不断持续改进。

③合规性评价。为了履行遵守法律法规要求的承诺,合规性评价分为公司级和项目组级评价两个层次进行。

项目组级评价,由项目经理组织有关人员对施工中应遵守的法律法规和其他要求的执行情况进行一次合规性评价。当某个阶段施工时间超过半年时合规性评价不少于一次。项目工程结束时应针对整个项目工程进行系统的合规性评价。

公司级评价每年进行一次,制订计划后由管理者代表组织企业相关部门和项目组,对公司应遵守的法律法规和其他要求的执行情况进行合规性评价。

各级合规性评价后,对不能充分满足要求的相关活动或行为,通过管理方案或纠正措施等方式进行逐步改进。上述评价和改进的结果,应形成必要的记录和证据,作为管理评审的输入。

管理评审时,最高管理者应结合上述合规性评价的结果、企业的客观管理实际、相关法律法规和其他要求,系统评价体系运行过程中对适用法律法规和其他要求的遵守执行情况,并由相关部门或最高管理者提出改进要求。

项目8.2　建筑工程施工现场安全生产保证体系

施工现场安全生产保证体系的建立、有效实施和不断完善是工程项目部强化安全生产管理的核心,也是控制不安全状态和不安全行为,实现安全生产管理目标的需要。

8.2.1 建立施工现场安全生产保证体系的目的

1) 满足工程项目部自身安全生产管理的要求

为了达到安全管理目标,负责施工现场的工程项目部应建立相应的安全生产保证体系,使影响施工安全的技术、管理、人及环境处于受控状态。所有的这些控制应针对减少、消除安全隐患与缺陷,改善安全行为,特别是通过预防活动来进行,使体系有效运行,持续改进。

2) 满足相关方对工程项目部的要求

工程项目部需要向工程项目的相关方(政府、社会、投资者、业主、银行、保险公司、雇员、分包方等)展示自己的安全生产保证能力,并以资料和数据形式向相关方提供关于安保体系的现状和持续改善的客观证据,以取得相关方的信任。应当指出,工程项目部作为施工企业的窗口,通过施工现场建立安保体系,在市场竞争中便可提高企业的形象和信誉;提高满足相关方要求的能力;提高工程项目部自身素质;扩大商机,显示一种社会责任感。

8.2.2 建立施工现场安全生产保证体系的基本原则

1) 安全生产管理是工程项目管理最重要的工作之一

安全生产管理是工程项目管理最重要的工作之一,只有将安全目标纳入工程项目部综合决策的优先序列和重要议事日程,才能保证工程项目部为实现经济、社会和环境效益的统一而采取强有力的管理行为。

2) 持续改进是贯彻安保体系的基本目的

贯彻安保体系的一个基本目的是工程项目部安全生产状况的持续改进。所谓持续改进是一个强化安保体系的过程,目的是根据施工现场的安全管理目标,实现整个安全状况的改进。因此它不仅包括通过检查、审核等方式,不断根据内部和外部条件及要求的变化,及时调整和完善,组织安保体系的改进,而且也包括随体系的改进,按照安全管理改进目标,实现安全生产状况的改进。在通过安全生产保证体系实现安全状况改进的过程中,一个基本的要求是保持改进的持续性和不间断性,即建立自我约束的安全生产保证体系的动态循环机制。

3) 预防事故是贯彻安全生产保证体系的根本要求

预防事故是指为防止、减少或控制安全隐患,对各种行为、过程、设施进行动态管理,从事故的发生源头去预防事故发生的活动。预防事故并不否认把对事故处理作为降低事故发生率最后的有效手段的必要性,但它更强调避免事故发生对经济社会的影响,预防事故比事故发生后的处理更为可取。

4) 项目的施工周期是贯彻安全生产保证体系的基本周期

工程项目部应对包括从施工准备直至竣工交付的工程各个施工阶段与生产环节、各个施工专业的安全因素进行分析,对工程项目施工周期内执行安全生产保证体系进行全面规划、控制和评价。

5) 工程项目部建立安全生产保证体系应从实际出发

工程项目部在施工现场建立安全生产保证体系必须符合安保体系的全部要求,并应结合企业和现场的具体条件和实际需要,与其他管理体系兼容与协同运作,包括质量管理体系和环境管理体系,这并不意味着将现有体系一律推倒重建,而是一个改造、更新和完善的过程,当然这对每个施工现场都不是轻而易举的,其难易程度完全取决于现有体系的完善程度。

6) 立足于全员意识和全员参与是安全生产保证体系成功实施的重要基础

施工现场的全体员工,特别是工程项目部负责人,都要以高度的安全责任感参与安全生产保证活动。根据安保体系规定的要求,安全管理的职责不应仅限于各级负责人,更要渗透到施工现场内所有层次与职能,它既强调纵向的层次,又强调横向的职能,任何职能部门或人员,只要其工作可能对安全生产产生影响,就应具备适当的安全意识,并应该承担相应的责任。

8.2.3 建立安全生产保证体系的程序

工程项目部建立安保体系的一般程序可分为3个阶段。

1) 策划与准备阶段

①教育培训,统一认识。安全生产保证体系的建立和完善的过程,是始于教育、终于教育的过程,也是提高认识和统一认识的过程。教育培训要分层次、循序渐进地进行。

②组织落实,拟订工作计划。

2) 文件化阶段

按照相关的标准、法律法规和规章要求编制安保体系文件。

①体系文件编制的范围。包括:制定安全管理目标;准备本企业制定的各类安全管理标准;准备国家、行业、地方的各类有关安全生产的地方法律法规、标准规范(规程)等;编制安全保证计划及相应的专项计划、作业指导书等支持性文件;准备各类安全记录、报表和台账。

②安保体系文件的编制要求。具体包括:安全管理目标应与企业的安全管理总目标协调一致;安全保证计划应围绕安全管理目标,将"要素"用矩阵图的形式,按职能部门(岗位)对安全职能各项活动进行展开和分解,依据安全生产策划的要求和结果,就各"要素"在工程项目的实施提出具体方案;体系文件应经过自上而下、自下而上的多次反复讨论与协调,以提高编制工作的质量,并按安保体系的规定由上级机构对安全生产责任制、安全保证计划的完整性和可行性、工程项目部满足安全生产的保证能力等进行确认,建立并保存确认记录;安全保证计划送上级主管部门备案。

3) 运行阶段

①发布施工现场安保体系文件,有针对性地多层次开展宣传活动,使现场每个员工都能明确本部门、本岗位在实施安保体系中应做些什么工作,使用什么文件,如何依据文件要求开展这些工作,以及如何建立相应的安全记录等。

②配备必要的资源和人员。应保证适应工作需要的人力资源,适宜而充分的设施、设

备,以及综合考虑成本效益和风险的财务预算。

③加强信息管理、日常安全监控和组织协调。通过全面、准确、及时地掌握安全管理信息,对安全活动过程及结果进行连续监视和验证,对涉及体系的问题与矛盾进行协调,促进安保体系的正常运行和不断完善,是安保体系形成良性循环运行机制的必要条件。

④由企业按规定对施工现场的安保体系运行进行内部审核、验证,确认安全生产保证体系的符合性、有效性。其重点是:规定的安全管理目标是否可行;体系文件是否覆盖了所有的主要安全活动,文件之间的接口是否清楚;组织结构是否满足安保体系运行的需要,各部门(岗位)的安全职责是否明确;规定的安全记录是否起到见证作用;所有员工是否养成按安保体系文件工作或操作的习惯,执行情况如何;通过内审暴露问题,组织纠正并实施纠正措施,达到不断改进的目的,在适当时机可向审核认证机构申请。

单元小结

通过本单元的学习,学生应了解职业健康安全管理体系标准(OHSMS)、施工企业职业健康安全管理体系认证的基本程序、施工企业职业健康安全管理体系认证的重点工作内容,熟悉PDCA循环程序和内容、PDCA循环实施步骤与工具,建立施工现场安全生产保证体系的目的和作用,掌握建立施工现场安全生产保证体系的基本原则、建立安全生产保证体系的程序。

单元训练

1. 简述职业健康安全管理体系标准(OHSMS)。
2. 简述施工企业职业健康安全管理体系认证的基本程序。
3. 简述施工企业职业健康安全管理体系认证的重点工作内容。
4. 简述职业健康安全管理PDCA循环程序和内容。
5. 建立施工现场安全生产保证体系的目的和作用有哪些?
6. 建立施工现场安全生产保证体系的基本原则有哪些?
7. 如何建立安全生产保证体系的程序?

单元 9
现场安全生产管理

项目 9.1　土方工程施工安全措施

9.1.1　施工准备

①勘查现场,清除地面及地上障碍物。摸清工程实地情况、开挖土层的地质、水文情况、运输道路、邻近建筑、地下埋设物、古墓、旧人防地道、电缆线路、上下水管道、煤气管道、地面障碍物、水电供应情况等,以便有针对性地采取安全措施,清除施工区的地面及地下障碍物。勘察范围应根据开挖深度及场地条件确定,应大于开挖边界外按开挖深度1倍以上范围布置勘探点。

②做好施工场地防洪排水工作,全面规划场地,平整各部分的标高,保证施工场地排水通畅不积水,场地周围设置必要的截水沟、排水沟。

③保护测量基准桩,以保证土方开挖标高位置与尺寸准确无误。

④备好施工用电、用水及其他设施。平整施工道路。

⑤需要做挡土桩的深基坑,要先做挡土桩。

9.1.2　土方开挖的安全技术

①在施工组织设计中,要有单项土方工程施工方案,对施工准备、开挖方法、放坡、排水、边坡支护应根据有关规范要求进行设计,边坡支护要有设计计算书。

②土石方作业和基坑支护的设计、施工应根据现场的环境、地质与水文情况,针对基坑开挖深度、范围大小,综合考虑支护方案、土方开挖、降排水方法以及对周边环境采取的措施来进行。

③根据土方工程开挖深度和工程量的大小,选择机械和人工挖土或机械挖土方案。挖

掘应自上而下进行，严禁先挖坡脚。软土基坑无可靠措施时应分层均衡开挖，层高不宜超过1 m。坑（槽）沟边 1 m 以内不得堆土、堆料，不得停放机械。

④基坑工程应贯彻先设计后施工；先支撑后开挖；边施工边监测；边施工边治理的原则。严禁坑边超载，相邻基坑施工应有防止相互干扰的技术措施。

⑤挖土方前对周围环境要认真检查，不能在危险岩石或建筑物下进行作业。

⑥人工挖基坑时，操作人员之间要保持安全距离，一般大于 2.5 m，多台机械开挖，挖土机间距应大于 10 m。

⑦机械挖土，多台机同时开挖土方时，应验算边坡和稳定。根据规定和验算确定挖土机离边坡的安全距离。

⑧如开挖的基坑（槽）比邻近建筑物基础深时，开挖应保持一定距离和坡度，以免在施工时影响邻近建筑物的稳定，如不能满足要求，应采取边坡支撑加固措施。并在施工过程中进行沉降和位移观测。

⑨当基坑施工深度超过 2 m 时，坑边应按照高处作业的要求设置临边防护，作业人员上下应有专用梯道。当深基坑施工中形成立体交叉作业时，应合理布局基位、人员、运输通道，并设置防止落物伤害的防护层。

⑩为防止基坑底的土被扰动，基坑挖好后要尽量减少暴露时间，及时进行下一道工序的施工。如不能立即进行下一道工序，要预留 15～30 cm 厚覆盖土层，待基础施工时再挖去。

⑪应加强基坑工程的监测和预报工作，包括对支护结构、周围环境及对岩土变化的监测，应通过监测分析及时预报并提出建议，做到信息化施工，防止隐患扩大和随时检验设计施工的正确性。

⑫弃土应及时运出，如需要临时推土，或留作回填土，推土坡脚至坑边距离应按挖坑深度、边坡坡度和土的类别确定，在进行边坡支护设计时应考虑推土附加的侧压力。

⑬运土道路的坡度、转弯半径要符合有关安全规定。

⑭爆破土方要遵守爆破作业安全的有关规定。

9.1.3　边坡稳定及支护安全技术

1）影响边坡稳定的因素

基坑开挖后，其边坡失稳坍塌的实质是边坡土体中的剪应力大于土的抗剪强度。而土体的抗剪强度是来源于土体的内摩阻力和内聚力。因此，凡是能影响土体中剪应力、内摩阻力和内聚力的，都能影响边坡的稳定。

（1）土类别的影响

不同类别的土，其土体的内摩阻力和内聚力不同。例如，砂土的内聚力为零，只有内摩阻力，靠内摩阻力来保持边坡稳定平衡。而黏性土则同时存在内摩阻力和内聚力，因此，不同类别的土其保持边坡的最大坡度不同。

（2）土湿化程度的影响

土内含水越多，湿化程度增高，土颗粒之间产生滑润作用，内摩阻力和内聚力均降低。其土的抗剪强度降低，边坡容易失去稳定。同时含水量增加，使土的自重增加，裂缝中产生静水压力，增加了土体内剪应力。

(3)气候的影响

气候的影响使土质松软,如冬季冻融又风化,也可降低土体抗剪强度。

(4)基坑边坡上面附加荷载或外力松动的影响

该影响能使土体中剪应力大大增加,甚至超过土体的抗剪强度,使边坡失去稳定而塌方。

2)基坑(槽)边坡的稳定性

为了防止塌方,保证施工安全,开挖土方深度超过一定限度时,边坡均应做成一定坡度。土方边坡的坡度以其高度 H 与底 B 之比表示。

土方边坡的大小与土质、开挖深度、开挖方法、边坡留置时间的长短、排水情况、附近堆积荷载等有关。开挖的深度越深,留置时间越长,边坡应设计得平缓一些,反之,则可陡一些,用井点降水时边坡可陡一些。边坡可以做成斜坡式,根据施工需要也可做成踏步式。

(1)基坑(槽)边坡的规定

当地质情况良好、土质均匀、地下水位低于基坑(槽)或管沟底面标高时,挖方深度在 5 m 以内,不加支撑的边坡最陡坡度应按表9.1的规定。

表9.1 基坑(槽)边坡的最陡坡规定

土的类别	边坡坡度(高:宽)		
	坡顶无荷载	坡顶有荷载	坡顶有动载
中密砂土	1:1.00	1:1.25	1:1.50
中密的碎石类土(充填物砂土)	1:0.75	1:1.00	1:1.25
硬塑的黏质粉土	1:0.67	1:0.75	1:1.00
中密的碎石类土(充填物为黏性土)	1:0.50	1:0.67	1:0.75
硬塑的粉质黏土、黏土	1:0.33	1:0.50	1:0.67
老黄土	1:0.10	1:0.25	1:0.33
软土(经井点降水后)	1:1.00	—:—	—:—

注:①静载指堆土或材料等,动载指机械挖土或汽车运输作业等。在挖方边坡上侧堆土或材料以及移动施工机械时,应与挖方边缘保持一定距离,以保证边坡的稳定,当土质良好时,堆土或材料距挖方边缘0.8 m 以外,高度不宜超过1.5 m。

②若有成熟的经验或科学理论计算并经实验证明者可不受本表限制。

(2)基坑(槽)无边坡垂直挖深高度规定

①无地下水或地下水位低于基坑(槽)或管沟底面标高且土质均匀时,其挖方边坡可做成直立壁不加支撑,挖方深度应根据土质确定,但不宜超过表9.2的规定。

②天然冻结的速度和深度,能确保施工挖方的安全,在深度为 4 m 以内的基坑(槽)开挖时,允许采用天然冻结法垂直开挖而不设支撑,但在干燥的砂土中应严禁采用冻结法施工。

表9.2　基坑(槽)做成直立壁不加支撑的深度规定

土的类别	挖方深度/m
密实、中密的砂土和碎石类土(充填物为砂)	1.00
硬塑、可塑的粉土及粉质黏土	1.25
硬塑、可塑的黏土和碎石类土(充填物为黏性土)	1.50
坚硬的黏土	2.00

采用直立壁挖土的基坑(槽)或管沟挖好后,应及时进行地下结构和安装工程施工,在施工过程中,应经常检查坑壁的稳定情况。

挖方深度超过表9.2规定,应按表9.1的规定,放坡或直立壁加支撑。

3) 滑坡与边坡塌方的分析处理

(1)滑坡的产生和防治

①滑坡的产生。

a. 震动的影响,如工程中采用大爆破而触发滑坡。

b. 水的作用,多数滑坡的发生都是与水的参数有关,水能增大土体质量,降低土的抗剪强度和内聚力,产生静水和动水压力,因此,滑坡多发生在雨季。

c. 土体(或岩体)本身层理发达,破碎严重,或内部夹有软泥或软弱层受水浸或震动滑坡。

d. 土层下岩层或夹层倾斜度较大,上表面堆土或堆材料较多,增加了土体质量,致使土体与夹层间,土体与岩石之间的抗剪强度降低而引起滑坡。

e. 不合理的开挖或加荷,如在开挖坡脚或在山坡上加荷过大,破坏原有的平衡而产生滑坡。

f. 如路堤、土坝筑于尚未稳定的古滑坡体上,或是易滑动的土层上,使重心改变产生滑坡。

②滑坡的防治。

a. 使边坡有足够的坡度,并应尽量将土坡削成较平缓的坡度或做成台阶形,使中间具有数个平台以增加稳定。土质不同时,可按不同土质削成不同坡度,一般可使坡度角小于土的内摩擦角。

b. 禁止滑坡范围以外的水流入滑坡区域以内,对滑坡范围以内的地下水,应设置排水系统疏干或引出。

c. 对于施工地段或危及建筑安全的地段设置抗滑结构,如抗滑柱、抗滑挡墙、锚杆挡墙等。这些结构物的基础底必须设置在滑动面以下的稳定土层或岩基中。

d. 将不稳定的陡坡部分削去,以减轻滑坡体质量,减少滑坡体的下滑力,达到滑体的静力平衡。

e. 严禁随意切割滑坡体的坡脚,同时也切忌在坡体被动区挖土。

(2)边坡塌方的防治

①边坡塌方的发生原因。

a. 由于边坡太陡,土体本身的稳定性不够而发生塌方。

b. 气候干燥,基坑暴露时间长,使土质松软或黏土中的夹层因浸水而产生润滑作用,以及饱和的细砂、粉砂因受振动而液化等原因引起土体内抗剪强度降低而发生塌方。

c. 边坡顶面附近有动荷载,或下雨使土体的含水量增加,导致土体的自重增加和水在土中渗流产生一定的动水压力,以及土体裂缝中的水产生静水压力等原因,引起土体抗剪应力的增加而产生塌方。

②边坡塌方的防治。

a. 开挖基坑(槽)时,若因场地限制不能放坡或放坡后所增加的土方量太大,为防止边坡塌方,可采用设置挡土支撑的方法。

b. 严格控制坡顶护道内的静荷载或较大的动荷载。

c. 防止地表水流入坑槽内和渗入土坡体。

d. 对开挖深度大、施工时间长、坑边要停放机械等,应按规定的允许坡度适当地放平缓些,当基坑(槽)附近有主要建筑物时,基坑边坡的最大坡度为 1∶1~1∶1.5。

4)基坑挡土桩设计要素及安全检查要点

我国高层建筑、构筑物深基础工程施工常用的支护结构,有钢板桩和钢筋混凝土钻孔桩等,根据具体情况选择使用。

钢板桩和钢筋混凝土钻孔桩支护结构,根据有无锚碇结构,分为有锚桩和无锚桩两类。有锚桩是依靠拉锚和桩入土深度共同来维持板桩的稳定,用于较深的基坑;无锚桩用于较浅的基础,是依靠部分土压力来维持桩的稳定。

总结支护结构挡土桩的工程事故,其原因主要有3个方面:

①桩的入土深度不够,在土压力作用下桩入土部分走动而出现坑壁滑坡,对钢板桩来说,由于入土深度不够还可能发生隆起和管涌现象。

②拉锚的强度不够,使锚碇结构破坏;或者拉锚长度不足,位于土体滑动面之内,当土体要滑动时,拉锚桩随着滑动而失去拉锚的作用。

③桩本身的刚度和抗弯强度不够,在土压力作用下,桩本身失稳而弯曲,或者强度不够而破坏。

为此,对于拉锚挡土桩支护结构来说,入土深度、锚杆(强度和长度)、桩截面刚度和强度是挡土桩设计的"三要素"。

各类挡土桩,在施工组织设计中,必须有单项设计和详细的结构计算书,内容应包括下列5个方面,施工前必须逐一检查:

①绘制挡土桩设计图,设计图应包括桩位布置、桩的施工详图(包括桩长、标高、断面尺寸、配筋及预埋件详图)、锚杆及支承钢梁布置与详图、节点详图(包括锚杆的标高、位置、平面布置、锚杆长度、断面、角度、支撑钢梁的断面及锚杆与支撑钢梁的节点大样)、顶部钢筋混凝土圈梁或斜角拉梁的施工详图等。设计图应有材料要求说明、锚杆灌浆养护及预应力张拉的要求等。

②根据挖土施工方案及挡土桩各类荷载,对挡土桩结构进行计算或验算。挡土桩的计算书应包括下列项目的计算:

a. 桩的入土深度计算,以确保桩的稳定;

b. 计算桩最危险截面处的最大弯矩和剪力,验算桩的强度和刚度,以确保桩的承载能力;

c. 计算在最不利荷载的情况下,锚杆的最大拉力,验算锚杆的抗拉强度,验算土层锚杆非锚固段与锚固段长度,以保证锚杆抗拉力;

d. 桩顶设拉锚的除验算拉锚杆强度外,还应验算锚桩的埋设深度,以及检查锚桩是否埋设在土体稳定区域内(见图9.1)。

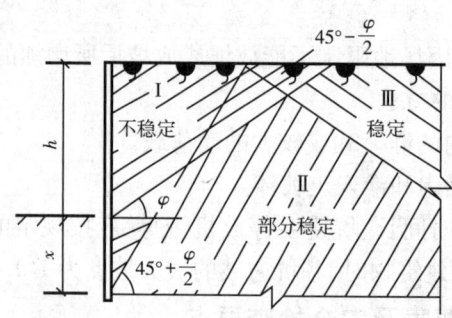

图 9.1 固拉结区域稳定性划分

③明确挡土桩的施工顺序,锚杆施工与挖土工序之间的时间安排,锚杆与支撑梁施工说明,多层锚杆施工过程中的预应力调整等。

④挡土桩的主要施工方法。

⑤施工安全技术措施以及估计可能发生的问题应如何解决。

5)坑(槽)壁支护工程施工安全要点

①一般坑壁支护都应进行设计计算,并绘制施工详图,比较浅的基坑(槽),若确有成熟可靠的经验,可根据经验绘制简明的施工图。在运用已有经验时,一定要考虑土壁土的类别、深度、干湿程度、槽边荷载以及支撑材料和做法是否与经验做法相同或近似,不能生搬硬套已有的经验。

②选用坑壁支撑的木材,要选坚实的、无枯节的、无穿心裂折的松木或杉木,不宜用杂木。木支撑要随挖随撑,并严密顶紧牢固,不能整个挖好后最后一次支撑。挡土板或板桩与抗壁间填土应分层回填夯实,使之密实以提高回填土的抗剪强度。

③锚杆的锚固段应埋在稳定性较好的土层中或岩层中,并用水泥砂浆灌注密实。锚固须经计算或试验确定,不得锚固在松软土层中。应合理布置锚杆的间距与倾角,锚杆上下间距不宜小于2.0 m,水平间距不宜小于1.5 m;锚杆倾角宜为15°~25°,且不应大于45°。最上一道锚杆覆土厚不得小于4 m。

④挡土桩顶埋深的拉锚,应用挖沟方式埋设,沟宽尽可能小,不能采取全部开挖回填方式,扰动土体固结状态。拉锚安装后应按设计要求预拉应力进行拉紧。

⑤当采用悬臂式结构支护时,基坑深度不宜大于6 m。基坑深度超过6 m时,可选用单支点和多支点的支护结构。地下水位低的地区和能保证降水施工时,也可采用土钉支护。

⑥施工中应经常检查支撑和观测邻近建筑物的稳定与变形情况。如发现支撑有松动、变形、位移等现象,应及时采取加固措施。

⑦支撑的拆除应按回填顺序依次进行,多层支撑应自上而下逐层拆除,拆除一层,经回填夯实后,再拆上层。拆除支撑应注意防止附近建筑物或构筑物产生下沉或裂缝,必要时采取加固措施。

⑧护坡桩施工的安全技术:

a.打桩前,对邻近施工范围内的已有建筑物、驳岸、埋下管线等,必须认真检查,针对具体情况采取有效加固或隔震措施,对危险而又无法加固的建筑征得有关方面同意可以拆除,以确保施工安全和邻近建筑物及人身的安全。

机器进场,要注意危桥、陡坡、限地和防止碰撞电杆、房屋等。打桩场地必须平整夯实,必要时宜铺设道渣,经压路机碾压密实,场地四周应挖排水沟以利排水。在打桩过程中,遇有地坪隆起或下陷时,应随时对机器及路轨调平或整平。

b.钻孔灌注桩施工,成孔钻机操作时,应注意钻机固定平整,防止钻架突然倾倒或钻具突然下落而造成事故。已钻成的孔在尚未灌混凝土前,必须用盖板封严。

9.1.4 基坑排水安全技术

基坑开挖要注意预防基坑被浸泡,引起坍塌和滑坡事故的发生。为此,在制订土方施工方案时应注意采取措施。

①土方开挖及地下工程要尽可能避开雨期施工,当地下水位较高、开挖土方较深时,应尽可能在枯水期施工,尽量避免在水位以下进行土方工程。

②为防止基坑浸泡,除做好排水沟外,要在坑四周做水堤,防止地面水流入坑内,坑内要做排水沟、集水井以排除暴雨和其他突然而来的明水倒灌,基坑边坡视需要可覆盖塑料布,应防止大雨对土坡的侵蚀。

③软土基坑、高水位地区应做截水帷幕,应防止单纯降水造成基土流失。

④开挖低于地下水位的基坑(槽)、管沟和其他挖方时,应根据当地工程地质资料,挖方深度和尺寸,选用集水坑或井点降水。采用集水坑降水时,应符合以下规定:

a.根据现场条件,应能保持开挖边坡的稳定。

b.集水坑应与基础底边有一定距离。边坡如有局部渗出地下水时,应在渗水处设置过滤层,防止土粒流失,并应设置排水沟,将水引出坡面。

⑤采用井点降水,降水前应考虑降水影响范围内的已有建筑物和构筑物可能产生附加沉降、位移。定期进行沉降和水位观测并作好记录。发现问题,应及时采取措施。

⑥膨胀土场地应在基坑边缘采取抹水泥地面等防水措施,封闭坡顶及坡面,防止各种水流渗入坑壁。不得向基坑边缘倾倒各种废水并应防止水管泄漏冲走桩间土。

9.1.5 流沙的防治

基坑(槽)开挖,深入地下水位 0.5 m 以下时,在坑(槽)内抽水,有时坑底土成为流动状态,随地下水涌起,边挖边冒,以致无法挖深的现象,称为流沙。

如果是挖基坑(槽),流沙使地基土受扰动,可能造成坑壁坍塌,对附近的建筑物则可能因地基土扰动而沉陷。若不及时制止将可能使附近建筑物倾斜,甚至倒塌,造成严重的后果。同时对新挖的基坑,地基土的扰动将影响其他基坑承载力,并且使施工不能继续进行下去。

1）流沙发生的原因

根据理论分析，土工试验与实践经验总结可知，当土具有下列性质，就有可能发生流沙现象：

①土的颗粒组成中，黏土颗粒含量小于10%，粉粒（粒径为0.005~0.05 mm）含量大于75%；

②颗粒级配中，土的不均匀系数小于5；

③土的天然孔隙比大于0.75；

④土的天然含水量大于30%。

总之，流沙现象经常发生在细砂、粉砂及砂质粉土中，是否发生流沙现象，还取决于动水压力的大小。当地下水位较高、坑内外水位差较大时，动水压力也就越大，就越易发生流沙现象。一般经验是，在可能发生流沙的土质处，基坑挖深超过地下水位线0.5 m左右，就可能发生流沙现象。

另外，与流沙现象相似的是管涌现象，当基坑坑底位于不透水土层中，而不透水层下面为承压蓄水层，坑底不透水层的覆盖物的质量小于承压水的顶托力时，基坑底部即可发生管涌冒沙现象。

为了防止管涌冒沙，可以采取人工降低地下水位的办法来降低承压层的压力水位。

2）流沙防治

根据流沙形成的原因，防治流沙的方法主要是减小动水压力，或采取加压措施以平衡动水压力。根据不同情况可采取以下措施：

①枯水期施工。当根据地质报告了解到必须在水位以下开挖粉细砂土层时，应尽量在枯水期施工。因地下水位低，坑内外压差小，动水压力可减小，就不易发生流沙现象。

②水下挖土法。就是不排水挖土，使坑内水压与坑外地下水压相平衡，避免流沙现象发生，此法在沉井挖土过程中常采用，但水下挖土太深不宜采用。

③人工降低地下水位方法。采用井点降水，由于地下水的渗流向下，使动水压力的方向也朝下，增加土颗粒间的压力，从而有效地制止流沙现象发生，此法较可靠，采用较广。

④地下连续墙法。此方法是在地面上开挖一条狭长的深槽（一般宽0.6~1 m，深可达20~30 m），在槽内浇注钢筋混凝土，可截水防止流沙，又可挡土护壁，并作为正式工程的承重挡土墙。

⑤采取加压措施。下面先铺芦席，然后抛大石块增加土的压力，以平衡动水压力，采取此方法，应组织分段抢挖，使挖土速度超过冒砂速度，挖至标高（即铺芦席）处加大石块把流沙压住。此方法用以解决局部流沙或轻微流沙有效。如果坑底冒砂较快，土已失去承载力，抛入大石块会很快沉入土中，无法阻止流沙现象。

⑥打钢板桩法。以增加地下水从坑外流入坑内的渗流路线，减少水力坡度，从而减小动水压力，防止流沙发生，但此方法要投入大量钢板桩，不经济，较少采用。

项目9.2　主体结构施工安全措施

9.2.1　脚手架工程

脚手架是建筑施工中必不可少的临时设施。例如,砖墙的砌筑、墙面的抹灰、装饰和粉刷、结构构件的安装,都需要在其近旁搭设脚手架,以便在其上进行施工操作、堆放施工用料和必要时的短距离水平运输。脚手架虽然是随着工程进度而搭设,工程完毕后拆除,但它对建筑施工速度、工作效率、工程质量以及工人的人身安全有着直接的影响。如果脚手架搭设不及时,势必会拖延工程进度;脚手架搭设不符合施工需要,工人操作就不方便,质量得不到保证,工效也提不高,脚手架搭设不牢固、不稳定,就容易造成施工中的伤亡事故。因此,脚手架的选型、构造、搭设质量等绝不可疏忽大意、轻率处理。

1)脚手架的分类

按不同分类方法,常见脚手架有以下5种:

①按搭设部位不同,可分为外脚手架、内脚手架;

②按搭设材质不同,可分为钢管脚手架、竹脚手架(《建筑施工安全检查标准》(JGJ 59—99)中已强调将逐步淘汰毛竹脚手架)、木脚手架;

③按用途不同,可分为砌筑脚手架、装饰脚手架;

④按搭设形式不同,可分为普通脚手架、特殊脚手架;

⑤按立杆排数不同,可分为单排脚手架、双排脚手架、满堂脚手架。

2)脚手架的材质及构造要求

(1)木脚手架

木脚手架立杆、纵向水平杆、斜撑、剪刀撑、连墙件应选用剥皮杉、落叶松木杆;横向水平杆应选用杉木、落叶松、柞木、水曲柳。立杆有效部分的小头直径不得小于70 mm,纵向水平杆有效部分的小头直径不得小于80 mm。

(2)竹脚手架

一般采用3年以上楠竹,青嫩、枯黄、黑斑、虫蛀以及裂纹连通两节以上的竹竿不能使用。使用竹脚手架时,其立杆、斜杆、顶撑、大横杆的小头直径一般不小于75 mm,小横杆的小头直径不小于90 mm。

(3)钢管脚手架

①钢管的材质及规格要求:一般采用符合《碳素结构钢》(GB/T 700)技术要求的A3钢,外表平直光滑,无裂纹、分层、变形扭曲、打洞截口以及锈蚀程度小于0.5 mm的钢管,必须具有生产厂家的产品检验合格证或租赁单位的质量保证证明。

各杆件均应优先采用外径48 mm、壁厚3~3.5 mm的焊接钢管,也可采用同种规格的无缝钢管或外径50~51 mm、壁厚3~4 mm的焊接钢管。用于立杆、大横杆和斜杆的钢管长度以4~4.5 m为宜,用于小横杆的钢管长度以2.1~2.3 m为宜。

②扣件的材质及规格要求:扣件是专门用来对钢管脚手架杆件进行连接的,它有回转、

直角(十字)和对接(一字)3种形式,扣件应采用可锻铸铁制成,其技术要求应符合《钢管脚手架扣件》(GB15831)的规定,严禁使用变形、裂纹、滑丝、砂眼等疵病的扣件,所使用的扣件还应具有出厂合格证明或租赁单位的质量保证证明。

在使用时,直角扣件和回转扣件不允许沿轴心方向承受拉力;直角扣件不允许沿十字轴方向承受扭力;对接扣件不宜承受拉力,当用于竖向节点时只允许承受压力。扣件螺栓的紧固力矩应控制在40~50 N·m,使用直角和回转扣件紧固时,钢管端部应伸出扣件盖板边缘不小于100 mm。扣件夹紧钢管时,开口处最小距离不小于5 mm;回转扣件的两旋转面间隙要小于1 mm。

(4)绑扎材料的材质及规格要求

①钢丝:绑扎木脚手架时一般采用8号镀锌钢丝,某些受力不大的地方也可用10号镀锌钢丝。

②竹篾:一般竹脚手架均采用竹篾绑扎。竹篾要求质地新鲜、坚韧带青,厚度为0.6~0.8 mm,宽度为5 mm左右。

③塑竹篾:由塑料纤维编织而成带状,可代替竹篾,一般宽度为10~15 mm,厚约1 mm,应具有出厂合格证和力学性能数据。

(5)脚手架构造要求应符合下列规定

①单、双排脚手架的立杆纵距及水平杆步距不应大于2.1 m,立杆横距不应大于1.6 m。

②应按规定的间隔采用连墙件(或连墙杆)与建筑结构进行连接,在脚手架使用期间不得拆除。

③沿脚手架外侧应设置剪刀撑,并随脚手架同步搭设和拆除。

④双排扣件式钢管脚手架高度超过24 m时,应设置横向斜撑。

⑤门式钢管脚手架的顶层门架上部、连墙件设置层、防护棚设置处必须设置水平架。

⑥竹脚手架应设置顶撑杆,并与立杆绑扎在一起顶紧横向水平杆。

⑦架高超过40 m且有风涡流作用时,应设置抗风涡流上翻作用的连墙措施。

⑧脚手板必须按脚手架宽度铺满、铺稳,脚手板与墙面的间隙不应大于200 mm,作业层脚手板的下方必须设置防护层。

⑨作业层外侧,应按规定设置防护栏杆和挡脚板。

⑩脚手架应按规定采用密目式安全立网封闭。

⑪钢管脚手架中扣件式单排架不宜超过24 m,扣件式双排架不宜超过50 m。门式架不宜超过60 m。

⑫木脚手架中单排架不宜超过20 m,双排架不宜超过30 m。

⑬竹脚手架中不得搭设单排架,双排架不宜超过35 m。

3)脚手架设计的基本要求

(1)荷载

①荷载:可分为恒荷载和活荷载。

②恒荷载:包括立杆、大小横杆、脚手板、扣件等脚手架各构件的自重。

③活荷载:脚手架附属构件(如安全网、防护材料等)的自重、施工荷载及风荷载。其中施工荷载砌筑脚手架取3 kN/m²(考虑两步同时作业),装修脚手架取2 kN/m²(考虑三步同

时作业),工具式脚手架取 1 kN/m² (吊篮脚手架等)。

(2) 脚手架的设计计算方法

脚手架的设计计算方法有极限状态设计法和容许应力法两种。

极限状态设计法要求进行两种极限状态,即承载能力和正常使用两种极限状态的计算。当按承载能力的极限状态计算时应采用荷载的设计值;当按正常使用的极限状态计算时应采用荷载的标准值。荷载的设计值等于荷载的标准值乘以荷载的分项系数。其中恒载的分项系数为 1.2,活载的分项系数为 1.4。

脚手架的具体计算方法可参照建筑施工安全技术手册中脚手架的设计这一章节。

(3) 设计安全要求

①使用荷载:脚手架具有荷载安全系数的规定。脚手架的使用荷载是以脚手板上实际承受的荷载为准。一般规定,结构用的里、外承重脚手架,均布荷载不超过 2 700 N/m²,即在脚手架上,堆砖只准单行侧放 3 层;用于装修工程,均布荷载不超过 2 000 N/m²,桥式、吊挂和挑式等架子,使用荷载必须经过计算和试验来确定。

②安全系数:脚手架搭拆比较频繁,施工荷载变动较大,因此,安全系数一般均采用容许应力法计算,考虑总的安全系数 k,一般取 $k=3$。

多立杆式脚手架大、小横杆的允许挠度,一般暂定为杆件长度的 1/150,桥式架的允许挠度暂定为 1/200。

4) 脚手架安全作业的基本要求

(1) 脚手架的搭设

①脚手架搭设安装前应先对基础等架体承重部分进行验收;搭设安装后应进行分段验收,特殊脚手架须由企业技术部门会同安全、施工管理部门验收合格后才能使用。验收要定量与定性相结合,验收合格后应在脚手架上悬挂合格牌,且在脚手架上明示使用单位、监护管理单位和负责人。施工阶段转换时,对脚手架重新实施验收。

②施工层应连续三步铺设脚手板,脚手板必须满铺且固定。

③施工层脚手架部分与建筑物之间实施密闭,当脚手架与建筑物之间的距离大于 20 cm 时,还应自上而下做到四步一隔离。

④操作层必须设置 1.2 m 高的栏杆和 180 mm 高的挡脚板,挡脚板应与立杆固定,并有一定的机械强度。

⑤架体外侧必须用密目式安全网封闭,网体与操作层不应有大于 10 mm 的缝隙;网间不应有大于 25 mm 的缝隙。

⑥钢管脚手架必须有良好的接地装置,接地电阻不大于 4 Ω,雷电季节应按规范设置避雷装置。

⑦从事架体搭设作业人员应是专业架子工,且取得劳动部门核发的特殊工种操作证。架子工应定期进行体检,凡患有不适合高处作业病症的不准上岗作业。架子工工作时必须戴好安全帽、系好安全带和穿防滑鞋。

(2) 脚手架的运用

①操作人员上下脚手架必须有安全可靠的斜道或挂梯,斜道坡度走人时取不大于 1:3,运料时取不大于 1:4,坡面应每 30 cm 设一防滑条,防滑条不能使用无防滑作用的竹条等材

料。在构造上,当架高小于 6 m 时可采用一字形斜道,当架高大于 6 m 时应采用之字形斜道;斜道的杆件应单独设置。挂梯可用钢筋预制,其位置不应在脚手架通道的中间,也不应垂直贯通。

②脚手架通常应每月进行一次专项检查。脚手架的各种杆件、拉结及安全防护设施不能随意拆除,如确需拆除,应事先办理拆除申请手续。有关拆除加固方案应经工程技术负责人和原脚手架工程安全技术措施审批人书面同意后方可实施。

③严禁在脚手架上堆放钢模板、木料及施工多余的物料等,以确保脚手架畅通和防止超荷载。

④遇 6 级以上大风或大雾、雨、雪等恶劣天气时应暂停脚手架作业。

(3)脚手架的拆除

①脚手架搭设与拆除前,均应由单位工程负责人召集有关人员进行书面交底。

②脚手架拆除时应划分作业区,周围设绳绑围栏或竖立警戒标志;地面应设专人指挥,禁止非作业人员入内。

③拆除时要统一指挥、上下呼应、动作协调,当解开与另一人有关的结扣时,应先通知对方,以防坠落。

④拆除时严禁撞碰脚手架附近电源线,以防止事故发生。

⑤拆除时不能撞碰门窗、玻璃、水落管、房檐瓦片、地下明沟等。

⑥在拆架过程中,不能中途换人,如必须换人时,应将拆除情况交代清楚后方可离开。

⑦拆除顺序应遵守由上而下,先搭后拆、后搭先拆的原则。先拆栏杆、脚手架、剪刀撑、斜撑,再拆小横杠、大横杆、立杆等,并按一步一清原则依次进行,严禁上下同时进行拆除作业。

⑧拆脚手架的高处作业人员应戴安全帽、系安全带、扎裹脚、穿软底鞋才允许上架作业。

⑨拆立杆时,要先抱住立杆再拆开后两个扣,拆除大横杆、斜撑、剪刀撑时,应先拆中间扣,然后托住中间,再解端头扣。

⑩连墙杆应随拆除进度逐层拆除,拆抛撑前,应用临时支撑柱,然后才能拆抛撑。

⑪大片架子拆除后所预留的斜道、上料平台、通道、小飞跳等,应在大片架子拆除前先进行加固,以便拆除后确保其完整、安全和稳定。

⑫拆除烟囱、水塔外架时,禁止架料碰断缆风绳,同时拆至缆风绳处方可解除该处缆风绳,不能提前解除。

⑬拆下的材料应用绳索拴住,利用滑轮徐徐放下,严禁抛掷。运至地面的材料应按指定地点,随拆随运,分类堆放。钢类最好放置室内,堆放在室外应加以遮盖。对扣件、螺栓等零星小构件应用柴油清洗干净装箱、袋分类存放室内以备再用。弯曲变形的钢构件应调直,损坏的及时修复并刷漆以备再用,不能修复的应集中报废处理。

9.2.2 模板工程

模板工程,就其材料用量、人工、费用及工期来讲,在混凝土结构工程施工中是十分重要的组成部分,在整个建筑施工中也占有相当重要的位置。据统计每平方米竣工面积需要配置 0.15 m² 模板。模板工程的劳动用工约占混凝土工程总用工的 1/3。特别是近年来城市建设高层建筑增多,现浇钢筋混凝土结构数量增加,据测算约占全部混凝土工程的70%以上,模板工程的重要性更为突出。

1) 模板的构造与设计

一般模板通常由3个部分组成:模板面、支撑结构(包括水平支撑结构,如龙骨、桁架、小梁等,以及垂直支撑结构,如立柱、格构柱等)和连接配件(包括穿墙螺栓、模板面联结卡扣、模板面与支撑构件以及支撑构件之间连接零配件等)。模板构造必须满足以下要求:

①各种模板的支架应自成体系,严禁与脚手架进行连接。

②模板支架立杆在安装的同时,应加设水平支撑,立杆高度大于2 m时,应设两道水平支撑,每增高1.5~2 m时,再增设一道水平支撑。

③满堂模板立杆除必须在四周及中间设置纵、横双向水平支撑外,当立杆高度超过4 m时,尚应每隔2步设置一道水平剪刀撑。

④模板支架立杆底部应设置垫板,不得使用砖及脆性材料铺垫。并应在支架的两端和中间部分与建筑结构进行连接。

⑤当采用多层支模时,上下各层立杆应保持在同一垂直线上。

⑥需进行二次支撑的模板,当安装二次支撑时,模板上不得有施工荷载。

⑦应严格控制模板上堆料及设备荷载,当采用小推车运输时,应搭设小车运输通道,将荷载传给建筑结构。

⑧模板支架的安装应按照设计图纸进行,安装完毕浇筑混凝土前,经验收确认符合要求。

模板的结构设计,必须能承受作用于模板结构上的所有垂直荷载和水平荷载(包括混凝土的侧压力、振捣和倾倒混凝土产生的侧压力、风力等)。在所有可能产生的荷载中要选择最不利的荷载组合验算模板整体结构和构件及配件的强度、稳定性和刚度。当然首先在模板结构设计上必须保证模板结构形成空间稳定结构体系。模板结构必须经过计算设计,并绘制模板施工图,制订相应的施工安全技术措施。为了保证模板工程设计与施工的安全,要加强安全检查监督,要求安全技术人员必须有一定的基本知识。如混凝土对模板的侧压力、作用在模板上的荷载重、模板材料的物理力学性质和结构计算的基本知识、各类模板的安全施工的知识等。了解模板结构安全的关键所在,能更好地在施工过程中进行安全监督指导。

2) 模板安全作业基本要求

(1) 模板工程的一般要求

①模板工程的施工方案必须经过上一级技术部门批准。

②模板施工前现场负责人要认真审查施工组织与设计中关于模板的设计资料,模板设计的主要内容:

a.绘制模板设计图,包括细部构造大样图和节点大样,注明所选材料的规格、尺寸和连接方法,绘制支撑系统的平面图和立面图,并注明间距及剪刀撑的设置。

b.根据施工条件确定荷载,并按所有可能产生的荷载中最不利组合验算模板整体结构和支撑系统的强度、刚度和稳定性,并有相应的计算书。

c.制订模板的制作、安装和拆除等施工程序及方法。应根据混凝土输送方法(泵送混凝土、人力挑送混凝土、在浇灌运输道上用手推翻斗车运送混凝土)制定模板工程的有针对性的安全措施。

③模板施工前的准备工作：

a. 模板施工前，现场施工负责人应认真向有关工作人员进行安全交底。

b. 模板构件进场后，应认真检查构件和材料是否符合设计要求。

c. 做好模板垂直运输的安全施工准备工作，排除模板施工中现场的不安全因素。

④支撑模板立柱宜采用钢材，材料的材质应符合有关的专门规定。当采用木材时，其树种可根据各地实际情况选用，立杆的有效尾径不得小于8 cm，立杆要直顺，接头数量不得超过30%，且不应集中。

(2)模板的安装

①基础及地下工程模板的安装，应先检查基坑土壁边坡的稳定情况，发现有塌方危险时，必须采取加固安全措施后，才能开始作业。

②混凝土柱模板支模时，四周必须设牢固支撑或用钢筋、钢丝绳拉结牢固，避免柱模整体歪斜甚至倾倒。

③混凝土墙模板安装时，应从内、外墙角开始，向相互垂直的两个方向拼装，连接模板的U形卡要正反交替安装，同一道墙(梁)的两侧模板应同时组合，以便确保模板安装时的稳定。

④单梁或整体楼盖支模，应搭设牢固的操作平台，设防身栏。

⑤支圈梁模板需有操作平台，不允许在墙上操作。支阳台模板的操作地点要设护身栏、安全网。底层阳台支模立柱支撑在散水回填土上，一定要夯实并垫垫板，否则雨季下沉、冬季冻胀都可能造成事故。

⑥模板支撑不能固定在脚手架或门窗上，避免发生倒塌或模板位移。

⑦竖向模板和支架的立柱部分，当安装在基土上时应加设垫板，且基土必须坚实并有排水措施，对湿陷性黄土，还应有防水措施；对冻胀性土，必须有防冻融措施。

⑧当极少数立柱长度不足时，应采用相同材料加固接长，不得采用垫砖增高的方法。

⑨当支柱高度小于4 m时，应设上下两道水平撑和垂直剪刀撑。以后支柱每增高2 m再增加一道水平撑，水平撑之间还需增加剪刀撑一道。

⑩当楼层高度超过10 m时，模板的支柱应选用长料，同一支柱的连接接头不宜超过两个。

⑪主梁及大跨度梁的立杆应由底到顶整体设置剪刀撑，与地面成45°~60°夹角。设置间距不大于5 m，若跨度大于5 m的应连接设置。

⑫各排立柱应用水平杆纵横拉接，每高2 m拉接一次，使各排立柱杆形成一个整体，剪刀撑、水平杆的设置应符合设计要求。

⑬大模板立放易倾倒，应采取支撑、围系、绑箍等防倾倒措施，视具体情况而定。长期存放的大模板，应用拉杆连接绑牢。存放在楼层时，须在大模板横梁上挂钢丝绳或花篮螺栓钩在楼板吊钩或墙体钢筋上。没有支撑或自稳角不足的大模板，要存放在专用的堆放架上或卧倒平放，不应靠在其他模板或构件上。

⑭在2 m以上高处支模或拆模要搭设脚手架，满铺架板，使操作人员有可靠的立足点，

并应按高处作业、悬空和临边作业的要求采取防护措施。不准站在拉杆、支撑杆上操作,也不准在梁底模上行走操作。

⑮走道垫板应铺设平稳,垫板两端应用镀锌铁丝扎紧,或用压条扣紧,牢固不松动。

⑯作业面孔洞及临边必须设置牢固的盖板、防护栏杆、安全网或其他坠落的防护设施,具体要求应符合《建筑施工高处作业安全技术规范》(JGJ 80)的有关规定。

⑰模板安全时,应先内后外,单面模板就位后,用工具将其支撑牢固。双面板就位后,用拉杆和螺栓固定,未就位和未固定前不得摘钩。

⑱里外角膜和临时悬挂的面板与大模板必须连接牢固,防止脱开和断裂坠落。

⑲支模应按规定的作业程序进行,模板未固定前不得进行下一道工序。严禁在连接件和支撑件上上下攀爬,并严禁在上下同一垂直面安装、拆模板。

⑳支设高度在 3 m 以上的柱模板,四周应设斜撑,并应设立操作平台,低于 3 m 的可用马凳操作。

㉑支设悬挑形式的模板时,应有稳定的立足点。支设临空构建物模板时,应搭设支架。模板上有预留洞时,应在安装后将洞盖没。混凝土板上拆模后形成的临边或洞口,应按规定进行防护。

㉒在架空输电线路下面安装和拆除组合钢模板时,吊机起重臂、吊物、钢丝绳、外脚手架和操作人员等与架空线路的最小安全距离应符合有关规范的要求。当不能满足最小安全距离要求时,要停电作业;不能停电时,应有隔离防护措施。

㉓楼层高度超过 4 m 或两层及两层以上的建筑物,安装和拆除模板时,周围应设安全网或搭设脚手架和加设防护栏杆。在临街及交通要道地区,尚应设警示牌,并设专人维持安全,防止伤及行人。

㉔现浇多层房屋和构筑物,应采取分层分段支模方法,并应符合下列要求:

a. 下层楼板混凝土强度达到 1.2 MPa 以后,才能上料具。料具要分散堆放,不得过分集中。

b. 下层楼板结构的强度要达到能承受上层模板、支撑系统和新浇筑混凝土的质量时,方可进行上层模板支撑、浇筑混凝土。否则下层楼板结构的支撑系统不能拆除,同时上层支架的立柱应对准下层支架的立柱,并铺设木垫板。

c. 如采用悬吊模板、桁架支模方法,其支撑结构必须要有足够的强度和刚度。

㉕烟囱、水塔及其他高大特殊的构筑物模板工程,要进行专门设计,制定专项安全技术措施,并经主管安全技术部门审批。

(3)模板的运用

①浇灌楼层梁、柱混凝土,一般应设浇灌运输道。整体现浇楼面支底模后,浇捣楼面混凝土,不得在底模上用手推车或人力运输混凝土,应在底模上设置混凝土的走道垫板,防止底模松动。

②操作人员上下通行时,不许攀登模板或脚手架,不许在墙顶、独立梁及其他狭窄而无防护栏的模板面上行走。

③堆放在模板上的建筑材料要均匀,如集中堆放,荷载集中,则会导致模板变形,影响构件质量。

④模板工程作业高度在 2 m 及以上时,应根据高空作业安全技术规范的要求进行操作和防护,在 4 m 以上或两层及两层以上周围应设安全网和防护栏杆。

⑤各工种进行上下立体交叉作业时,不得在同一垂直方向上操作。下层作业的位置,必须处于依上层高度确定的可能坠落范围半径外。不符合以上条件时,应设置安全防护隔离层。

⑥模板工程应按楼层,用模板分项工程质量检验评定表和施工组织设计有关内容检查验收,班、组长和项目经理部施工负责人均应签字,手续齐全。验收内容包括模板分项工程质量检验评定表的保证项目、一般项目和允许偏差项目以及施工组织设计的有关内容。

⑦冬期施工,应对操作地点和人行交通的冰雪事先清除;雨期施工,对高耸结构的模板作业应安装避雷设施;五级以上大风天气,不宜进行大块模板的拼装和吊装作业。

⑧遇六级以上大风时,应暂停室外的高空作业。

(4) 模板的拆除

①模板拆除前,现浇梁柱侧模应拆除,拆模时要确保梁、柱边角的完整,施工班组长应向项目经理部施工负责人口头报告,经同意后再拆除。

②工作前,应检查所使用的工具是否牢固,扳手等工具必须用绳链系挂在身上,工作时思想要集中,防止钉子扎脚和从空中滑落。

③现浇或预制梁、板、柱混凝土模板拆除前,应有 7d 和 28d 龄期强度报告,达到强度要求后,再拆除模板。

④各类模板拆除的顺序和方法,应根据模板设计的规定进行,如无具体规定,应按先支的后拆,先拆非承重的模板,后拆承重的模板和支架的顺序进行拆除。模板拆除应按区域逐块进行,定型钢模板拆除不得大面积撬落。拆除薄壳模板从结构中心向四周均匀放松,向周边对称进行。

⑤大模板拆除前,要用起重机垂直吊牢,然后再进行拆除。

⑥拆除模板一般采用长撬杠,严禁操作人员站在正拆除的模板下。在拆除楼板模板时,要注意防止整块模板掉下,尤其是定型模板做平台模板时,更要注意防止模板突然全部掉下伤人。

⑦严禁站在悬臂结构上面敲拆底模。严禁在同一垂直平面上操作。

⑧拆除较大跨度梁下支柱时,应先从跨中开始,分别向两端拆除。拆除多层楼板支柱时,应确认上部施工荷载不需要传递的情况下方可拆除下部支柱。

⑨当水平支撑超过两道时,应先拆除两道以上水平支撑,最下一道大横杆与立杆应同时拆除。

⑩拆模高处作业,应配置登高用具或搭设支架,必要时应戴安全带。

⑪拆模时,必须设置警戒区域,并派人监护。拆模必须拆除干净彻底,不得留有悬空模板。

⑫拆模间歇时,应将已活动的模板、牵杠、支撑等运走或妥善堆放,防止因踏空、扶空而坠落。

⑬在混凝土墙体、平板上有预留洞时,应在模板拆除后,随即在墙洞上做好安全护栏,或将板的洞盖严。

⑭拆下的模板不准随意向下抛掷,应及时清理。临时堆放处离楼层边沿不应小于 1 m,堆放高度不得超过 1 m,楼层边口、通道、脚手架边缘严禁堆放任何拆下物件。

⑮拆模后模板或木方上的钉子,应及时拔除或敲平,防止钉子扎脚。

⑯模板拆除后,在清扫和涂刷隔离剂时,模板要临时固定好,板面相对停放之间应留出 50～60 cm 宽的人行通道,模板上方要用拉杆固定。

⑰各种模板若露天存放,其下应垫高 30 cm 以上,防止受潮。不论存放在室内或室外,应按不同的规格堆码整齐,用麻绳或镀锌铁丝系稳。模板堆放不得过高,以免倾倒。

⑱木模板堆放、安装场地附近严禁烟火,须在附近进行电、气焊时,应有可靠的防火措施。

9.2.3 钢筋工程

1) 钢筋制作安装安全要求

①钢筋加工机械应保证安全装置齐全有效。钢筋加工机械的安装必须坚实稳固,保持水平位置。固定式机械应有可靠的基础,移动式机械作业时应揳紧行走轮。

②钢筋加工场地应由专人看管,各种加工机械在作业人员下班后拉闸断电,非钢筋加工制作人员不得擅自进入钢筋加工场地。外作业应设置机棚,机旁应有堆放原料、半成品的场地。

③钢筋在运输和储存时,必须保留标牌,并按批分别堆放整齐,避免锈蚀和污染。钢筋堆放要分散、稳当、防止倾倒和塌落。

④现场人工断料,所用工具必须牢固,掌錾子和打锤要站成斜角,注意扔锤区域内的人和物体。切断小于 30 cm 的短钢筋,应用钳子夹牢,禁止用手把扶,并在外侧设置防护箱笼罩或朝向无人区。

⑤钢筋冷拉时,冷拉卷扬机应设置防护挡板,没有挡板时,应让卷扬机与冷拉方向成 90°,并且应用封闭式导向滑轮。冷拉线两端必须装置防护设施。冷拉时严禁在冷拉线两端站人,或跨越、触动正在冷拉的钢筋。冷拉卷扬机前应设置防护挡板,没有挡板时,应将卷扬机与冷拉方向成 90°,并采用封闭式导向滑轮,操作时要站在防护挡板后,冷拉场地不准站人和通行。冷拉钢筋要上好夹具,人员离开后再发开车信号。发现滑动或其他问题时,要先行停车,放松钢筋后,才能重新进行操作。

⑥对从事钢筋挤压连接施工的各有关人员应经常进行安全教育,防止发生人身和设备安全事故。

⑦在高处进行挤压操作,必须遵守国家现行标准《建筑施工高处作业安全技术规范》(JGJ 80)的规定。

⑧多人合运钢筋,起、落、转、停动作要一致,人工上下传送不得在同一直线上。

⑨起吊钢筋骨架时,下方禁止站人,待骨架降落至距安装标高 1 m 以内放准靠近,就位支撑好后,方可摘钩。吊运短钢筋应使用吊笼,吊运超长钢筋应加横担,捆绑钢筋应使用钢丝绳千斤头,双条绑扎,禁止用单条千斤头或绳索吊绑。吊运在楼层搬运、绑扎钢筋,应注意不要靠近和碰撞电线,并注意与裸露电线的安全距离(1 kV 以下≥4 m,1～10 kV≥6 m)。

⑩绑扎基础钢筋时,应按施工设计规定摆放钢筋支架或马凳架起上部钢筋,不得任意减

少支架或马凳。

⑪绑扎立柱、墙体钢筋,不得站在钢筋骨架上和攀爬骨架上下。柱筋在4 m以内,质量不大,可在地面或楼面上绑扎,整体竖起;柱筋在4 m以上,应搭设工作台。柱梁骨架应用临时支撑拉牢,以防倾倒。

⑫绑扎高层建筑的圈梁、挑檐、外墙、边柱钢筋,应搭设外架或安全网。绑扎时挂好安全带。

⑬钢筋焊接必须注意以下要求:

a.操作前应先检查焊机和工具,如焊钳和焊接电缆的绝缘、焊机外壳保护接地和焊机的各接线点等,确认安全合格方可作业。

b.焊工必须穿戴防护衣具。电弧焊焊工要戴防护面罩。焊工应站立在干燥木板或其他绝缘垫上。

c.室内电弧焊时,应有排气通风装置。焊工操作地点相互之间应设挡板,以防弧光刺伤眼睛。

d.焊接时,二次线必须双线到位,严禁借用金属管道、金属脚手架、轨道及结构钢筋作回路地线。

e.焊接过程中,如焊机发生不正常响声,变压器绝缘电阻过小、导线破裂、漏电等,均应立即停机进行检修。

f.大量焊接时,焊接变压器不得超负荷,变压器升温不得超过60 ℃,为此,要特别注意遵守焊机暂载率规定,以免过分发热而损坏。

g.电焊作业现场周围10 m范围内不得堆放易燃易爆物品。

⑭夜间施工灯光要充足,不准把灯具挂在竖起的钢筋上或其他金属构件上,导线应架空。

⑮雨、雪、风力六级以上(含六级)天气不得露天作业。雨雪后应清除积水、积雪后方可作业。

2)钢筋机械安全技术要求

(1)切断机

①机械运转正常,方准断料。断料时,手与刀口距离不得少于15 cm。动刀片前进时禁止送料。

②切断钢筋禁止超过机械的负载能力。切断低合金钢等特种钢筋,应用高硬度刀片。

③切长钢筋应有专人固定住,操作时动作要一致,不得任意拖拉。切短钢筋应用套管或钳子夹料,不得用手直接送料。

④切断机旁应设放料台,机械运转中严禁用手直接清除刀口附近的短头和杂物。在钢筋摆动范围和刀口附近,非操作人员不得停留。

(2)调直机

①机械上不准堆放物件,以防机械振动落入机体。

②钢筋装入压滚,手与滚筒应保持一定距离。机器运转中不得调整滚筒。严禁戴手套操作。

③钢筋调直到末端时,人员必须躲开,以防甩动伤人。

(3)弯曲机

①钢筋要贴紧挡板,注意放入插头的位置和回转方向,不得开错。

②弯曲长钢筋,应有专人扶住,并站在钢筋弯曲方向的外面,互相配合,不得拖拉。

③调头弯曲,防止碰撞人和物,更换插头、加油和清理,必须停机后进行。

(4)冷拔丝机

①先用压头机将钢筋头部压小,站在滚筒的一侧操作,与工作台应保持 50 cm。禁止用手直接接触钢筋和滚筒。

②钢筋的末端将通过冷拔的模子时,应立即踩脚闸分开离合器,同时用工具压住钢筋端头防止回弹。

③冷拔过程中,注意放线架、压辘架和滚筒三者之间的运行情况,发现故障应立即停机修理。

(5)点焊、对焊机(包括墩头机)

①焊机应设在干燥的地方,平稳牢固,要有可靠的接地装置,导线绝缘良好。

②焊接前,应根据钢筋截面调整电压,发现焊头漏电,应立即更换,禁止使用。

③操作时,应戴防护眼镜和手套,并站在橡胶板或木板上。工作棚要用防火材料搭设。棚内严禁堆放易燃、易爆物品,并备有灭火器材。

④对焊机断路器的接触点、电板(铜头),要定期检查修理。冷却水管保持畅通,不得漏水和超过规定温度。

9.2.4 混凝土工程

1)混凝土安全生产的准备工作

混凝土的施工准备工作,主要是模板、钢筋检查、材料、机具、运输道路准备。安全生产准备工作主要是对各种安全设施认真检查,检查是否安全可靠及有无隐患,尤其是对模板支撑、脚手架、操作台、架设运输道路及指挥、信号联络等。对于重要的施工部件,其安全要求应详细交底。

2)混凝土搅拌

①机械操作人员必须经过安全技术培训,经考试合格,持有安全作业证才准独立操作。机械必须检查,并经试车,确定机械运转正常后,方能正式作业。搅拌机必须安置在坚实的地方用支架或支脚筒架稳,不准用轮胎代替支撑。

②起吊爬斗以及爬斗进入料仓前,必须发出信号示警。进料斗升起时严禁人员在料斗下方通过或停留;机械运转过程中,严禁将工具伸入拌和筒内,工作完毕后料斗用挂钩挂牢固。

搅拌机开动前应检查离合器、制动器、齿轮、钢丝绳等是否良好,滚筒内不得有异物。

③搅拌站内必须按规定设置良好的通风与防尘设备,空气中的粉尘含量不得超过国家规定的标准。

④清理爬斗坑时,必须停机,固定好爬斗,锁好开关箱,再进行清理。

3)混凝土运输

①机械水平运输,司机应遵守交通规定,控制好车辆。用井架、龙门架运输时,车把不得

超出吊盘之外,车轮前后要挡牢,稳起稳落。用塔吊运送混凝土时,小车必须焊有牢固的吊环,吊点不得少于4个并保持车身平衡,使用专用吊斗时吊环应牢固可靠,吊索钢筋绳应符合起重机械安全规程要求。操纵皮带运输机时,必须正确使用防护用品,禁止一切人员在输送机上行走和跨越;机械发生事故时,应立即停车检修,查明情况。

②混凝土泵送设备的放置,距离机坑不得小于2 m;设备的停车制动和锁紧制动应同时使用;泵送系统工作时,不得打开任何输送管道和液压管道。用输送泵输送混凝土时,管道接头、安全阀必须完好,管架必须牢固,输送前必须试送,检修时必须卸压。

③使用手推车运混凝土时,其运输通道应合理布置,使浇灌地点形成回路,避免车辆拥挤阻塞造成事故,运输通道应搭设平坦牢固,遇钢筋过密时可用马凳支撑支设,马凳间距一般不超过2 m。在架子上推车运送混凝土时,两车之间必须保持一定距离,并靠右道通行。车道板单车行走不小于1.4 m宽,双车来回不小于2.8 m宽,在运料时,前后应保持一定车距,不准奔走、抢道或超车。到终点卸料时,双手应扶牢车柄倒料,严禁双手脱把,防止翻车伤人。

4) 混凝土现浇作业安全技术

①施工人员应严格遵守混凝土作业安全操作规程,振捣设备安全可靠,以防发生触电事故。

②浇筑混凝土若使用溜槽时,溜槽必须牢固,若使用串筒,串筒节间应连接牢靠。在操作部位应设护身栏杆,严禁直接站在溜槽帮上操作。

③预应力灌浆,应严格按照规定压力进行,输浆管应畅通,阀门接头应严格牢固。

④浇筑预应力框架、梁、柱、雨篷、阳台的混凝土时,应搭设操作平台,并有安全防护措施,严禁站在模板或支撑上操作。

5) 混凝土机械的安全规定

(1) 混凝土搅拌机的安全规定

①混凝土搅拌机进料时,严禁将头或手伸入料斗与机架之间察看或探摸进料情况,运转中不得将手或工具等物伸入搅拌筒内扒料、出料。

②搅拌机料斗升起时,严禁在料斗下方工作或穿行。料坑底部要设料斗枕垫,清理料坑时必须将料斗用链条扣牢。

③向搅拌筒内加料应在运转中进行;添加新料必须先将搅拌机内原有的混凝土全部卸出来才能进行,不得中途停机或在满载时启动搅拌机,反转出料除外。

④搅拌机作业中,如发生故障不能继续运转,应立即切断电源,将筒内的混凝土清除干净,然后进行检修。

(2) 混凝土泵送设备作业的安全要求

①混凝土泵支腿应全部伸出并支固,未支固前不得启动布料杆。布料杆升离支架后方可回转。布料杆伸出应按顺序进行。严禁用布料杆起吊或拖拉物件。

②当布料杆处于全伸状态时,严禁移动车身。作业中需要移动时,应将上段布料杆折叠固定,移动速度不超过10 km/h。布料杆不得使用超过规定直径的配管,装接的软管应系防脱安全绳(带)。

③应随时监视混凝土泵各种工作仪表和指示灯,发现不正常应及时调整或处理。如出现输送管道堵塞时,应进行逆向运转使混凝土返回料斗,必要时应拆管排除堵塞。

④泵送工作应连续作业,必须暂停时应每隔 5~10 min(冬期 3~5 min)泵送一次。若停止较长时间后泵送时,应逆向运转 1~2 个行程,然后顺向泵送。泵送时料斗内应保持一定量的混凝土,不得吸空。

⑤应保持储满清水,发现水质混浊并有较多砂粒时应及时检查处理。

⑥泵送系统受压力时,不得开启任何输送管道和液压管道。液压系统的安全阀不得任意调整,蓄能器只能充入氮气。

(3)混凝土振捣器的使用规定

①混凝土振捣器使用前应检查各部件是否连接牢固,旋转方向是否正确。

②振捣器不得放在初凝的混凝土、地板、脚手架、道路和干硬的地面上进行试振,维修或作业间断时,应切断电源。

③插入式振捣器软轴的弯曲半径不得小于 50 cm,并不多于两个弯,操作时振动棒自然垂直地沉入混凝土,不得用力硬插、斜推或使钢筋夹住棒头。

④振捣器应保持清洁,不得有混凝土黏接在电动机外壳上妨碍散热。

⑤作业转移时,电动机的导线应保持有足够的长度和松度。严禁用电源线拖拉振捣器。

⑥用绳拉平板振捣器时,绳应干燥绝缘,移动或转向时不得用脚踢电动机。

⑦平板振捣器的振捣器与平板应连接牢固,电源线必须固定在平板上,电器开关应装在手把上。

⑧在一个构件上同时使用几台附着式振捣器工作时,所有振捣器的频率必须相同。

⑨操作人员必须穿戴绝缘手套。

⑩作业后,必须做好清洗、保养工作。振捣器要放在干燥处。

9.2.5 钢结构工程

1)钢零件及钢部件加工

①一切机械、砂轮、电动工具、气电焊等设备都必须设有安全防护装置。

②机械和工作台等设备的布置应便于安全操作,通道宽度不得小于 1 m。

③对电气设备和电动工具,必须保证绝缘良好,露天电气开关要设防雨箱并加锁。

④凡是受力构件用电焊点固后,在焊接时不准在点焊处起弧,以防熔化塌落。

⑤焊接、切割、气刨前,应清除现场的易燃易爆物品。离开操作现场前,应切断电源,锁好闸箱。

⑥焊接、切割锰钢、合金钢、有色金属部件时,应采取防毒措施。接触焊件,必要时应用橡胶绝缘板或干燥的木板隔离,并隔离容器内的照明灯具。

⑦在现场进行射线探伤时,周围应设警戒区,并挂"危险"标识牌,提醒操作人员应背离射线 10 m 以外,在 30°投射角范围内,且人员要远离 50 m 以上。

⑧构件就位时应用撬棍拨正,不得用手扳或站在不稳固的构件上操作,严禁在构件下面操作。

⑨用尖头扳子拨正配合螺栓孔时,必须插入一定深度方能撬动构件,如发现螺栓孔不符

合要求,不得用手指塞入检查。
⑩用撬棍拨正物体时,必须手压撬杠,禁止骑在撬杠上,不得将撬杠放在肋下,以免回弹伤人。在高空使用撬杠不能向下使劲过猛。
⑪保证电气设备绝缘良好。在使用电气设备时,首先应检查是否有保护接地,接好保护接地后再进行操作。另外,电线的外皮、电焊钳的手柄,以及一些电动工具都要保证良好的绝缘。
⑫带电体与地面、带电体之间,带电体与其他设备和设施之间均需要保持一定的安全距离。如常用开关设备的安装高度应为 1.3~1.5 m;起重吊装的索具、重物等与导线的距离不得小于 1.5 m(电压在 4 kV 及其以下)。
⑬工地或车间的用电设备,一定要按要求设置熔断器、断路器、漏电开关等器件。如熔断器的熔丝熔断后,必须查明原因,由电工更换,不得随意加大熔丝断面或用铜丝代替。
⑭推拉闸刀开关时,一般应戴好干燥的皮手套,头不要偏斜,以防推拉开关时被电火花灼伤。
⑮手持电动工具,必须加装漏电开关,在金属容器内施工必须采用安全低电压。
⑯使用电气设备时,操作人员必须穿胶底鞋和戴胶皮手套,以防触电。
⑰工作中,当有人触电时,不要赤手接触触电者,应该迅速切断电源,然后立即组织抢救。
⑱一切材料、构件的堆放必须平整稳固,应放在不妨碍交通和吊装安全的地方,边角余料应及时清除。

2) 钢结构焊接工程
①必须在易燃易爆气体或液体扩散区施焊时,应经有关部门检验许可后,方可施焊。
②电焊机要设单独的开关,开关应放在防雨的闸箱内,拉合闸时应戴手套侧向操作。
③焊接预热工件时,应有石棉布或挡板等隔热措施。
④焊钳与把线必须绝缘良好,连接牢固,更换焊条应戴手套。在潮湿地点工作,应站在绝缘胶板或木板上。
⑤把线、地线禁止与钢丝绳接触,更不得用钢丝绳或机电设备代替零线。所有地线接头,必须连接牢固。
⑥更换场地移动把线时,应切断电源,并不得手持把线爬梯登高。
⑦多台焊机在一起集中施焊时,焊接平台或焊件必须接地,并应有隔光板。
⑧施焊场地周围应清除易燃易爆物品,或进行覆盖、隔离。
⑨清除焊渣、采用电弧气刨清根时,应戴防护眼镜或面罩,以防止铁渣飞溅伤人。
⑩工作结束后,应切断焊机电源,并检查操作地点,确认无起火危险后,方可离开。
⑪雷雨时,应停止露天焊接工作。

3) 钢构件预拼装工程
①每台提升油缸上装有液压锁,以防油管破裂,重物下坠。
②液压和电控系统采用连锁设计,以免提升系统由于误操作造成事故。
③控制系统具有异常自动停机、断电保护等功能。

④钢绞线在安装时,地面应划分安全区,以避免重物坠落,造成人员伤亡。
⑤在正式施工时,也应划定安全区,高空要有安全操作通道,并设有扶梯、栏杆。
⑥在提升过程中,应指定专人观察地锚、安全锚、油缸、钢绞线等的工作情况;若有异常,直接报告控制中心。
⑦提升过程中,未经许可不得擅自进入施工现场。
⑧雨天或五级风以上停止提升。
⑨施工过程中,要密切观察网架结构的变形情况。

4) 钢结构安装工程

(1) 防止高空坠落

①吊装人员应戴安全帽,高空作业人员应系好安全带,穿防滑鞋,带工具袋。
②吊装工作区应有明显标识,并设专人警戒,与吊装无关的人员严禁入内。起重机工作时,起重臂杆旋转半径范围内,严禁站人。
③运输吊装构件时,严禁在被运输、吊装的构件上站人指挥和放置材料、工具。
④高空作业施工人员应站在操作平台或轻便的梯子上工作。吊装屋架应在上弦设临时安全防护栏杆或采取其他安全措施。
⑤登高用梯子、吊篮、临时操作台应绑扎牢靠,梯子与地面夹角以60°~70°为宜,操作台跳板应铺平绑扎,严禁出现挑头板。

(2) 防物体落下伤人

①高空往地面运输物件时,应用绳捆好吊下。吊装时,不得在构件上堆放或悬挂零星物件。零星材料和物件必须用吊笼或钢丝绳、保险绳捆扎牢固,才能吊运和传递,不得随意抛掷材料物件、工具,防止滑脱伤人或意外事故。
②构件绑扎必须绑牢固,起吊点应通过构件的重心位置,吊升时应平稳,避免振动或摆动。
③起吊构件时,速度不应太快,不得在高空停留过久,严禁猛升猛降,以防构件脱落。
④构件就位后临时固定前,不得松钩、解开吊装索具。构件固定后,应检查连接牢固和稳定情况,当连接确实安全可靠,方可拆除临时固定工具和进行下步吊装。
⑤风雪天、霜雾天和雨期吊装,高空作业应采取必要的防滑措施,如在脚手架、走道、屋面铺麻袋或草垫,夜间作业应有充分照明。

(3) 防止起重机倾翻

①起重机行驶的道路,必须平整、坚实、可靠,停放地点必须平坦。
②吊装时,应有专人负责统一指挥,指挥人员应选择恰当地点,并能清楚看到吊装的全过程。起重机驾驶人员必须熟悉信号,并按指挥人员的各种信号进行操作,并不得擅自离开工作岗位,遵守现场秩序,服从命令听指挥。指挥信号应事先统一规定,发出的信号要鲜明、准确。
③起重机停止工作时,应刹住回转和行走机构,关闭和锁好司机室门。吊钩上不得悬挂构件,并升到高处,以免摆动伤人和造成吊车失稳。
④在风力等于或大于六级时和吊装作业,禁止露天进行桅杆组立或拆除。

(4) 防止吊装结构失稳

①构件吊装应按规定的吊装工艺和程序进行,未经计算和可靠的技术措施,不得随意改

变或颠倒工艺程序安装结构构件。

②构件吊装就位,应经初校和临时固定或连接可靠后方可卸钩,最后固定后才能拆除临时固定工具。高宽比很大的单个构件,未经临时或最后固定组成一稳定单元体系前,应设溜绳或斜撑拉(撑)固。

③构件固定后不得随意撬动或移动位置,如需重校,必须回钩。

④多层结构吊装或分节柱吊装,应吊装完一层节,灌浆固定后,方可安装上层或上一节柱。

5) 压型金属板工程

①压型钢板施工时两端要同时拿起,轻拿轻放,避免滑动或翘头,施工剪切下来的料头要放置稳妥,随时收集,避免坠落。非施工人员禁止进入施工楼层,避免焊接弧光灼伤眼睛或晃眼造成摔伤,焊接辅助施工人员应戴墨镜配合施工。

②施工时下一楼层应有专人监控,防止其他人员进入施工区和焊接火花坠落造成失火。

③施工中工人不可聚集,以免集中荷载过大,造成板面损坏。

④施工的工人不得在屋面奔跑、打闹、抽烟和乱扔垃圾。

⑤当天吊至屋面上的板材应安装完毕,如果有未安装完的板材应做临时固定,以免被风刮下,造成事故。

⑥现场切割过程中,切割机械的底面不宜与彩板面直接接触,最好垫以薄三合板材。

⑦吊装中不要将彩板与脚手架、柱子、砖墙等碰撞和摩擦。

⑧早上屋面常有露水,坡屋面上彩板面滑,应特别注意防滑措施。

⑨不得将其他材料散落在屋面上或污染板材。

⑩在屋面上施工的工人应穿胶底不带钉子的鞋。

⑪操作工人携带的工具等应放在工具袋中,如放在屋面上应放在专用的布或其他片材上。

⑫用密封胶封堵缝时,应将附着面擦干净,以便密封胶在彩板上有良好的结合面。

⑬电动工具的连接插座应加防雨措施,避免造成事故。

⑭板面铁屑清理。板面在切割和钻孔中会产生铁屑,这些铁屑必须及时清除,不可过夜。因为铁屑在潮湿空气条件下或雨天会立即锈蚀,在彩板面上形成一片片红色的锈斑,附着在彩板面上,现场很难清除。此外,其他切除的彩板上,铝合金拉铆钉上拉断的铁杆等也应及时清理。

6) 钢结构涂装工程

①配制使用乙醇、苯、丙酮等易燃材料的施工现场,应严禁烟火和使用电炉等明火设备,并应配置消防器材。

②配制硫酸溶液时,应将硫酸注入水中,严禁将水注入酸中;配制硫酸乙酯时,应将硫酸慢慢注入酒精中,并充分搅拌,温度不得超过60 ℃,以防酸液飞溅伤人。

③防腐涂料的溶剂,容易挥发出易燃易爆的蒸汽,当达到一定浓度后,遇火易引起燃烧或爆炸,施工时应加强通风,降低积聚浓度。

④涂料施工的安全措施主要要求是涂料施工场地要有良好的通风,如在通风条件不好

的环境涂漆时必须安装通风设备。

⑤使用机械除锈工具(如钢丝刷、粗挫、风动或电动除锈工具)清除锈层、工业粉尘、旧漆膜时,为了避免眼睛被沾污或受伤,要戴上防护眼镜,并戴上防尘口罩,以防呼吸道被感染。

⑥在喷涂硝基漆或其他挥发性、易燃性较大的涂料时,严禁使用明火,严格遵守防火规则,以免失火或引起爆炸。

⑦高空作业时要系好安全带,双层作业时要戴安全帽;要仔细检查跳板、脚手杆子、吊篮、云梯、绳索、安全网等施工用具有无损坏、捆扎牢不牢,有无腐蚀或搭接不良等隐患;每次使用之前均应在平地上做起重试验,以防造成事故。

⑧施工场所的电线,要按防爆等级的规定安装;电动机的启动装置与配电设备,应是防爆式的,要防止漆雾飞溅在照明灯泡上。

⑨不允许把盛装涂料、溶剂或用剩的漆罐开口放置。浸染涂料或溶剂的破布及废棉纱等物,必须及时清除;涂漆环境或配料房要保持清洁,出入畅通。

⑩在涂装对人体有害的漆料(如红丹的铅中毒、天然大漆的漆毒、挥发性漆的溶剂中毒等)时,需要戴上防毒口罩、封闭式眼罩等保护用品。

⑪因操作不小心,涂料溅到皮肤上时,可用木屑加肥皂擦洗;最好不用汽油或强溶剂擦洗,以免引起皮肤发炎。

⑫操作人员涂漆施工时,如感觉头疼、心悸或恶心,应立即离开施工现场,到通风良好、空气新鲜的地方,如仍感到不适,应速去医院检查治疗。

9.2.6 砌体工程

1) 砌筑砂浆工程

①砂浆搅拌机械必须符合《建筑机械使用安全技术规程》(JGJ 33)及《施工现场临时用电安全技术规范》(JGJ 46)的有关规定,施工中应定期对其进行检查、维修,保证机械使用安全。

②落地砂浆应及时回收,回收时不得夹有杂物,并应及时运至拌和地点,掺入新砂浆中拌和使用。

2) 砖砌工程

①建立健全安全环保责任制度、技术交底制度、奖惩制度等各项管理制度。
②现场施工用电严格按照《施工现场临时用电安全技术规范》(JGJ 46)执行。
③施工机械严格按照《建筑机械使用安全技术规程》(JGJ 33)执行。
④现场各施工面安全防护设施齐全有效,个人防护用具使用正确。

3) 砌块砌体工程

①根据工程实际及所需用机械设备等情况采取可行的安全防护措施:吊放砌块前应检查吊索及钢丝绳的安全可靠程度,不灵活或性能不符合要求的严禁使用;堆放在楼层上的砌块质量,不得超过楼板允许承载力;所使用的机械设备必须安全可靠、性能良好,同时设有限位保险装置;机械设备用电必须符合"三相五线制"及三级保护的规定;操作人员必须戴好安全帽,佩戴劳动保护用品等;作业层周围必须进行封闭维护,同时设置防护栏及张挂安全网;

楼层内的预留孔洞、电梯口、楼梯口等,必须进行防护,采取栏杆搭设的方法进行围护,预留洞口采取加盖的方法进行围护。

②砌体中的落地灰及碎砌块应及时清理成堆,装车或装袋运输,严禁从楼上或架子上抛下。

③吊装砌块和构件时应注意重心位置,禁止用起重拔杆托运砌块,不得起吊有破裂、脱落、危险的砌块。起重拔杆回转时,严禁将砌块停留在操作人员上空或在空中整修、加工砌块。吊装较长构件时应加稳绳。

④安装砌块时,不准站在墙上操作和在墙上设置受力支撑、缆绳等,在施工过程中,对稳定性较差的窗间墙、独立柱应加稳定支撑。

⑤当遇到下列情况时,应停止吊装工作:
a. 因刮风,使砌块和构件在空中摆动不能停稳时。
b. 噪声过大,不能听清楚指挥信号时。
c. 起吊设备、索具、夹具有不安全因素而没有排除时。
d. 大雾天气或照明不足时。

4) 石砌体工程

①操作人员应戴安全帽和帆布手套。
②搬运石块时应检查搬运工具及绳索是否牢固,抬石应用双绳。
③在架子上凿石应注意打凿方向,避免飞石伤人。
④用锤打石时,应先检查铁锤有无破裂,锤柄是否牢固。打锤要按照石纹走向落锤,锤口要平,落锤要准,同时要看清附近情况有无危险,然后落锤,以免伤人。
⑤不准在墙顶或脚手架上修改石材,以免震动墙体影响质量或石片掉下伤人。
⑥砌筑时,脚手架上堆石不宜过多,应随砌随运。
⑦堆放材料必须离开槽、坑、沟边沿 1 m 以外,堆放高度不得高于 0.5 m;往槽、坑、沟内运石料及其他物质时,应用溜槽或吊运,下方严禁有人停留。
⑧墙身砌体高度超过地坪 1.2 m 时,应搭设脚手架。
⑨石块不得往下掷。运石上下时,脚手板要钉装防滑条及扶手栏杆。
⑩砌筑时用的脚手架和防护栏板应经检查验收,方可使用,施工中不得随意拆除或改动。

5) 填充墙砌体工程

①砌体施工脚手架要搭设牢固。
②外墙施工时,必须有外墙防护及施工脚手架,墙与脚手架间的间隙应封闭以防高空坠物伤人。
③严禁站在墙上做画线、吊线、清扫墙面、支设模板等施工作业。
④现场施工机械应根据《建筑机械使用安全技术规程》(JGJ 33)检查各部件工作是否正常,确认运转合格后方能投入使用。
⑤现场临时用电必须按照施工方案布置完成并根据《施工现场临时用电安全技术规范》(JGJ 46)检查合格后方能投入使用。

⑥在脚手架上堆放普通砖不得超过两层。
⑦现场实行封闭化施工,有效控制噪声、扬尘、废物、废水等排放。
⑧操作时精神要集中,不得嬉戏打闹,以防止意外事故发生。

项目9.3　装饰工程施工安全措施

9.3.1　饰面作业

1)饰面作业

①施工前班组长对所有人员进行有针对性的安全交底。
②外装饰为多工种立体交叉作业,必须设置可靠的安全防护隔离层。
③贴面使用预制件、大理石、瓷砖等,应堆放整齐平稳,边用边运。安装要稳拿稳放,待灌浆凝固稳定后,方可拆除临时设施。
④瓷砖墙面作业时,瓷砖碎片不得向窗外抛扔。剔凿瓷砖应戴防护镜。
⑤使用电钻、砂轮等手持电动工具,必须装有漏电保护器,作业前应试机检查,作业时应戴绝缘手套。
⑥夜间操作应有足够的照明。
⑦遇有六级以上强风、大雨、大雾,应停止室外高处作业。

2)刷(喷)浆工程

①喷浆设备使用前应检查,使用后应洗净,喷头堵塞,疏通时不准对人。
②喷浆要戴口罩、手套和保护镜、穿工作服,手上、脸上最好抹上护肤油脂(凡士林等)。
③喷浆要注意风向,尽量减少污染及喷洒到他人身上。
④使用人字梯,拉绳必须结牢,并不得站在最上一层操作,不准站在梯子上移位,梯子脚下要绑胶布防滑。
⑤活动架子应牢固、平稳,移动时人要下来。移动式操作平台面积不应超过 $10\ m^2$,高度不超过 $5\ m$。

3)外檐装饰抹灰工程

①施工前对抹灰工进行必要的安全和技能培训,未经培训或考试不合格者,不得上岗作业。更不得使用童工、未成年工、身体有疾病的人员作业。
②对脚手板不牢固之处和跷头板等及时处理,要铺有足够的宽度,以保证手推车运灰浆时的安全。
③脚手架上的材料要分散放稳,不得超过允许荷载(装修架不得超过 $200\ kg/m^2$,集中载荷不得超过 $150\ kg/m^2$)。
④不准随意拆除、斩断脚手架软硬拉结,不准随意拆除脚手架上的安全设施,如妨碍施工,必须经施工负责人批准后,方能拆除妨碍部位。
⑤使用吊篮进行外墙抹灰时,吊篮设备必须具备三证(检验报告、生产许可证、产品合格证),并对抹灰人员进行吊篮操作培训,专篮专人使用,更换人员必须经安全管理人员批准并

重新教育、登记,吊篮架上作业必须系好安全带且必须系在专用保险绳上。

⑥吊篮架子升降由架子工负责,非架子工不得擅自拆改或升降;作业过程中遇有脚手架与建筑物之间拉接,未经领导同意,严禁拆除。必要时由架子工负责采取加固措施后方可拆除。

⑦井架吊篮起吊或放下时,必须关好井架安全门,头、手不得伸入井架内,待吊篮停稳,方能进入吊篮内工作。采用井字架、龙门架、外用电梯垂直运送材料时,预先检查卸料平台通道的两侧边防护是否齐全、牢固,吊盘(笼)内小推车必须加挡车板,不得向井内探头张望。

⑧在架子上工作,工具和材料要放置稳当,不准随便乱扔。

⑨砂浆机应有专人操作维修、保养,电气设备应绝缘良好并接地,并做到二级漏电保护。

⑩用塔吊上料时,要有专职指挥,遇六级以上大风时暂停作业。

⑪高空作业时,应检查脚手架是否牢固,特别是大风及雨后作业。

4)室内水泥砂浆抹灰工程

①操作前应检查架子、高凳等是否牢固,如发现不安全的地方立即作加固等处理,不准用 50 mm×100 mm、50 mm×200 mm 木料(2 m 以上跨度)及钢模板等作为立人板。

②搭设脚手不得有跷头板,脚手板不得搭设在门窗、暖气片、洗脸池等非承重的物器上。阳台通廊部位抹灰,外侧必须挂设安全网。严禁踩踏脚手架的护身栏杆和阳台栏板进行操作。

③室内抹灰使用的木凳、金属支架应搭设平稳牢固,脚手板高度不大于 2 m,架子上堆放材料不得过于集中,存放砂浆的灰斗、灰桶等要放稳。

④室内抹灰采用高凳上铺脚手板时,宽度不得少于两块脚手板,间距不得大于 2 m,移动高凳时上面不得站人,作业人员最多不得超过两人。高度超过 2 m 时,应由架子工搭设脚手架。

⑤在室内推运输小车时,特别是在过道中拐弯时要注意小车挤手。在推小车时不准倒退。

⑥在高大门、窗旁作业时,必须将门窗扇关好,并插上插销。

⑦严禁从窗口向下随意抛掷物件。

⑧搅拌与抹灰时(尤其在抹顶棚时),注意灰浆溅落眼内。

9.3.2 玻璃安装

1)玻璃安装安全技术

①切割玻璃,应在指定场所进行。切下的边角余料应集中堆放,及时处理,不得随地乱丢。

②搬运和安装玻璃时,注意行走路线,手戴手套,防止玻璃划伤。

③安装门、窗及安装玻璃时严禁操作人员站在榉子、阳台栏板上操作。门、窗临时固定,封填材料未达到强度,严禁手拉门、窗进行攀登。

④使用的工具、钉子应装在工具袋内,不准口含铁钉。

⑤玻璃未钉牢固前,不得中途停工,以防掉落伤人。

⑥安装窗扇玻璃时,不能在垂直方向的上下两层间同时安装,以免玻璃破碎时掉落伤人。

⑦安装玻璃不得将梯子靠在门窗扇上或玻璃上。

⑧在高处安装玻璃,必须系安全带、穿软底鞋,应将玻璃放置平稳,垂直下方禁止通行。安装屋顶采光玻璃,应铺设脚手板。

⑨在高处外墙安装门、窗而无外脚手架时应张挂安全网。无安全网时,操作人员应系好安全带,其保险钩应挂在操作人员上方的可靠物件上,操作人员的重心应位于室内,不得在窗台上站立。

⑩施工时严禁从楼上向下抛撒物料,安装或更换玻璃要有防止玻璃坠落措施。

⑪施工中使用的电动工具及电气设备,均应符合国家现行标准《施工现场临时用电安全技术规范》(JGJ 46)的规定。

⑫门窗扇玻璃安装完后,应随即将风钩或插销挂上,以免因刮风而打碎玻璃伤人。

⑬储存时,要将玻璃摆放平稳,立面平放。

2) 玻璃幕墙安装安全技术

①安装构件前应检查混凝土梁柱的强度等级是否达到要求,预埋件焊接是否牢靠,不松动;不准使用膨胀螺栓把玻璃幕墙与主体结构拉结在一起。

②严格按照施工组织设计方案及安全技术措施施工。

③吸盘机必须有产品合格证和产品使用证明书,使用前必须检查电源电线、电动机绝缘应良好无漏电,重复接地和接保护零线牢靠,触电保护器动作灵敏,液压系统连接牢固无漏油,压力正常,并进行吸附力和吸持时间试验,符合要求,方可使用。

④遇有大雨、大雾或五级阵风及其以上,必须立即停止作业。

9.3.3 涂料工程

1) 涂料工程安全注意事项

①施工前进行教育培训,严格执行安全技术交底工作,坚持特殊工种持证上岗制度,进场施工人员每人进行安全考试,考试合格后方可进场施工。

②漆材料(汽油、漆料、稀料)应单独存放在专用库房内,不得与其他材料混放。库房应通风良好。易挥发的汽油、稀料应装入密闭容器中,严禁在库内吸烟和使用任何烟火,照明灯具必须防爆。施工现场严禁吸烟、使用任何明火和可导致引起火灾的电气设备,并有专职消防员在现场旁站监督,现场设置足够的消防器材,确保使用满足灭火要求。

③库房应通风良好,并设置消防器材和"严禁烟火"标识。库房与其他建筑物应保持一定的安全距离。

④沾染油漆的棉纱、破布、油纸等废物,应收集存放在有盖的金属容器内,并及时处理。

⑤施工现场一切用电设施须安装漏电保护装置,施工用电动工具应正确使用。

⑥室内照明使用36V,地下室使用24V,电线不可拖地,严禁无证操作。

⑦配备足够的灭火器(一般情况按照 200 m^2 一个灭火器的密度)。消防器材要设在易发生火灾隐患或位置明显处,所有的消防器材均要涂上红油漆,设置标识牌。要保障消防道

路的畅通。

⑧作业的人员应注意：

a. 严禁从高处向下方投掷或从低处向高处投掷物料、工具；

b. 清理楼内物料时，应设溜槽或使用垃圾桶或垃圾袋；

c. 手持工具和零星物料应随手放在工具袋内；

d. 如头痛、恶心、胸闷或心悸等，应停止作业，到户外通风处换气；

e. 从事有机溶剂、腐蚀和其他损坏皮肤的作业，应使用橡皮或塑料专用手套，不能用粉尘过滤器代替防毒过滤器，因为有机溶剂蒸汽，可直接通过粉尘过滤器等。

2) 涂料工程施工安全技术

① 施工中使用油漆、稀料等易燃物品时，应限额领料。禁止交叉作业；禁止在作业场分装、调料。

② 油工施工前，应将易弄脏部位用塑料布、水泥袋或油毡纸遮挡盖好，不得把白灰浆、油漆、腻子撒到地上，沾到门窗、玻璃和墙上。

③ 在施工过程中，必须遵守"先防护，后施工"的规定，施工人员必须佩戴安全帽、穿工作服、耐温鞋，严禁在没有任何防护的情况下违章作业。

④ 使用煤油、汽油、松香水、丙酮等调配油料，应戴好防护用品，严禁吸烟。熬胶、熬油必须远离建筑物，在空旷地方进行，严防发生火灾。

⑤ 在室内或容器内喷涂时，应戴防护镜。喷涂含有挥发性溶液和快干油漆时，严禁吸烟，作业周围不准有火种，并戴防护口罩和保持良好的通风。

⑥ 刷涂外开窗扇，将安全带挂在牢固的地方。刷涂封檐板、水落管等应搭设脚手架或吊架。在大于25℃的铁皮屋面上刷油，应设置活动板梯、防护栏杆和安全网。

⑦ 使用喷灯，加油不得过满，打气不应过足，使用时间不宜过长，点灯时火嘴不准对人，加油应待喷灯冷却后进行，离开工作岗位时，必须将火熄灭。

⑧ 喷砂机械设备的防护设备必须齐全可靠。

⑨ 用喷砂除锈，喷嘴接头要牢固，不准对人。喷嘴堵塞，应停机消除压力后，方可进行修理或更换。

⑩ 使用喷浆机，电动机接地必须可靠，电线绝缘良好。手上沾有浆水时，不准开关电闸，以防触电。通气管或喷嘴发生故障时，应关闭闸门后再进行修理。喷嘴堵塞，疏通时不准对人。

⑪ 采用静电喷漆，为避免静电聚集，喷漆室（棚）应有接地保护装置。

⑫ 使用合页梯作业时，梯子坡度不宜过限或过直，梯子下挡用绳子拴好，梯子脚应绑扎防滑物。在合页梯上搭设架板作业时，两人不得挤在一处操作，应分段顺向进行，以防人员集中发生危险。使用单梯坡度宜为60°。

⑬ 使用人字梯应遵守以下规定：

a. 高度2 m以下作业（超过2 m按规定搭设脚手架）使用的人字梯应四脚落地，摆放平稳，梯脚应设防滑皮垫和保险拉链。

b. 人字梯上搭铺脚手板，脚手板两端搭接长度不得小于20 cm，脚手板中间不得同时两人操作，梯子挪动时，作业人员必须下来，严禁站在梯子上踩高跷式挪动。人字梯顶部铰轴不准站人、不准铺设脚手板。

c. 人字梯应经常检查,发现开裂、腐朽、榫头松动、缺档等不得使用。

⑭空气压缩机压力表和安全阀必须灵敏有效。高压气管各种接头必须牢固,修理料斗气管时应关闭气门,试喷时不准对着人。

⑮防水作业上方和周围 10 m 应禁止动用明火交叉作业。

⑯临边作业必须采取防坠落的措施。外墙、外窗、外楼梯等高处作业时,应系好安全带,安全带应高挂低用,挂在牢靠处。油漆窗户时,严禁站在或骑在窗栏上操作。刷封沿板或水落管时,应在脚手架或专用操作平台架上进行。

⑰在施工休息、吃饭、收工后,现场油漆等易燃材料要清理干净,油料临时堆放处要安排专人看守,防止无人看守易燃物品引起火灾隐患。

⑱作业后应及时清理现场遗料,运往指定位置存放。

3)油漆工程安全技术

油漆涂料的配置应遵守以下规定:

①调制油漆应在通风良好的房间内进行。调制有害油漆涂料时,应戴好防毒口罩、护目镜,穿好与之相适应的个人防护用品,工作完毕应冲洗干净。

②操作人员应进行体检,患有眼病、皮肤病、气管炎、结核病者不宜从事此项事业。

③高处作业时必须支搭平台,平台下方不得有人。

④工作完毕,各种油漆涂料的溶剂桶(箱)要加盖封严。

⑤在用钢丝刷、板锉、气动、电动工具清除铁锈、铁鳞时为避免眼睛沾污和受伤,需戴上防护眼镜。

⑥在涂刷或喷涂对人体有害的油漆时;需戴上防护口罩,如对眼睛有害,需戴上密闭式眼镜进行保护。

⑦在涂刷红丹防锈漆及含铅颜料的油漆时,应注意防止铅中毒,操作时要戴口罩。

⑧在喷涂硝基漆或其他挥发性、易燃性溶剂稀释的涂料时不准使用明火。

⑨为了避免静电集聚引起事故,对罐体涂漆或喷涂应安装接地线装置。

⑩涂刷大面积场地时,(室内)照明和电气设备必须按防火等级,规定进行安装。

⑪在配料或提取易燃晶时严禁吸烟,浸擦过清油、清漆、油的棉纱及擦手布不能随意乱丢。

⑫不得在同一脚手板上交换工作面。

⑬油漆仓库明火不准入内,须配备灭火机。不准装小太阳灯。

项目 9.4　高处作业安全技术

9.4.1　高处作业安全技术

凡在坠落高度基准面 2 m 以上(含 2 m)有可能坠落的高处进行的作业均称为高处作业。其含义有两个:一是相对概念,可能坠落的底面高度大于或等于 2 m,就是说不论在单层、多层或高层建筑物作业,即使是在平地,只要作业处的侧面有可能导致人员坠落的坑、井、洞或空间,其高度达到 2 m 及其以上,就属于高处作业;二是高低差距标准定为 2 m,因为一般情况下,当人在 2 m 以上的高度坠落时,就很可能会造成重伤、残废甚至死亡。

因此,对高处作业的安全技术措施在开工前就须特别留意以下有关事项。

1) 一般规定

①技术措施及所需料具要完整地列入施工计划;

②进行技术教育和现场技术交底;

③所有安全标识、工具和设备等,在施工前逐一检查;

④做好对高处作业人员的培训考核等。

2) 高处作业的级别

高处作业的级别可分为 4 级,即高处作业在 2.5~5 m 时,为一级高处作业;5~15 m 时为二级高处作业;在 15~30 m 时,为三级高处作业;大于 30 m 时,为特级高处作业。高处作业又分为一般高处作业和特殊高处作业,其中特殊高处作业又分为 8 类。

①在阵风风力六级(风速 10.8 m/s)以上的情况下进行的高处作业,称为强风高处作业。

②在高温或低温环境下进行的高处作业,称为异温高处作业。

③降雪时进行的高处作业,称为雪天高处作业。

④降雨时进行的高处作业,称为雨天高处作业。

⑤室外完全采用人工照明时进行的高处作业,称为夜间高处作业。

⑥在接近或接触带电体条件下进行的高处作业,称为带电高处作业。

⑦在无立足点或无牢靠立足点的条件下进行的高处作业,称为悬空高处作业。

⑧对突然发生的各种灾害事故进行抢救的高处作业,称为抢救高处作业。

一般高处作业是指除特殊高处作业以外的高处作业。

3) 高处作业的标记

高处作业的分级,以级别、类别和种类做标记。一般高处作业做标记时,写明级别和种类;特殊高处作业做标记时,写明级别和类别,种类可省略不写。

4) 高处作业时的安全防护技术措施

①凡是进行高处作业施工的,应使用脚手架、平台、梯子、防护围栏、挡脚板、安全带和安全网等。作业前应认真检查所用的安全设施是否牢固、可靠。

②凡从事高处作业人员应接受高处作业安全知识的教育;特殊高处作业人员应持证上岗,上岗前应依据有关规定进行专门的安全技术交底。采用新工艺、新技术、新材料和新设备的,应按规定对作业人员进行相关安全技术教育。

③高处作业人员应经过体检,合格后方可上岗。施工单位应为作业人员提供合格的安全帽、安全带等必备的个人安全防护用具,作业人员应按规定正确佩戴和使用。

④施工单位应按类别,有针对性地将各类安全警示标识悬挂于施工现场各相应部位,夜间应设红灯示警。

⑤高处作业所用工具、材料严禁投掷,上下立体交叉作业确有需要时,中间须设隔离设施。

⑥高处作业应设置可靠扶梯,作业人员应沿着扶梯上下,不得沿着立杆与栏杆攀登。

⑦在雨雪天应采取防滑措施,当风速在 10.8 m/s 以上和雷电、暴雨、大雾等气候条件下,不得进行露天高处作业。

⑧高处作业上下应设置联系信号或通信装置,并指定专人负责。

⑨高处作业前,工程项目部应组织有关部门对安全防护设施进行验收,经验收合格签字后方可作业。需要临时拆除或变动安全设施的,应经项目技术负责人审批签字,并组织有关部门验收,经验收合格签字后方可实施。

5) 高处作业时应注意的事项:

①发现安全措施有隐患时,应立即采取措施,消除隐患,必要时停止作业。

②遇到各种恶劣天气时,必须对各类安全设施进行检查、校正、修理使之完善。

③现场的冰霜、水、雪等均须清除。

④搭拆防护棚和安全设施,需设警戒区、有专人防护。

9.4.2 临边作业安全技术

在建筑工程施工中,施工人员大部分时间处在未完成的建筑物的各层各部位或构件的边缘处作业。临边的安全施工一般须注意3个问题:

①临边处在施工过程中是极易发生坠落事故的场合;

②必须明确哪些场合属于规定的临边,这些地方不得缺少安全防护设施;

③必须严格遵守防护规定。

如果忽视上述问题就容易出现安全事故,因此,要保证临边作业安全必须做好以下4个方面的工作:

1) 临边防护

在施工现场,当作业中工作面的边沿没有围护设施或围护设施的高度低于 80 cm 时的作业称为临边作业。例如,在沟、坑、槽边、深基础周边、楼层周边梯段侧边、平台或阳台边、屋面周边等地方施工。在进行临边作业时设置的安全防护设施主要为防护栏杆和安全网。

2) 防护栏杆

这类防护设施,形式和构造较简单,所用材料为施工现场所常用,不需专门采购,可节省费用,更重要的是效果较好。以下 3 种情况必须设置防护栏杆:

①基坑周边、尚未安装栏板的阳台、料台与各种挑平台周边、雨篷与挑檐边、无外脚手架的屋面和楼层边,以及水箱与水塔周边等处,都必须设置防护栏杆。

②分层施工的楼梯口和梯段边,必须安装临边防护栏杆;顶层楼梯口应随工程结构的进度安装正式栏杆或临时栏杆;梯段旁边也应设置两道栏杆,作为临时护栏。

③垂直运输设备(如井架、施工用电梯等)与建筑物相连接的通道两侧边,也需加设防护栏杆。栏杆的下部还必须加设挡脚板、挡脚竹笆或者金属网片。

3) 防护栏杆的选材和构造要求

临边防护用的栏杆是由栏杆立柱和上下两道横杆组成,上横杆称为扶手。栏杆的材料应按规范标准的要求选择,选材时除需满足力学条件外,其规格尺寸和连接方式还应符合构造上的要求,应紧固而不动摇,能够承受突然冲击,阻挡人员在可能状态下的下跌和防止物料的坠落,还要有一定的耐久性。

搭设临边防护栏杆时:

①上杆离地高度为 1.0~1.2 m,下杆离地高度为 0.5~0.6 m,坡度大于 1:2.2 的屋面,防护栏杆应高 1.5 m,并加挂安全立网。除经设计计算外,横杆长度大于 2 m,必须加栏杆立柱。

②栏杆柱的固定应符合下列要求:

a. 当在基坑四周固定时,可采用钢管并打入地面深 50~70 cm。钢管离边口的距不应小于 50 cm。当基坑周边采用板桩时,钢管可打在板桩外侧。

b. 当在混凝土楼面、屋面或墙面固定时,可用预埋件与钢管或钢筋焊牢。采用竹、栏杆时,可在预埋件上焊接长 30 cm 的 L50×5 角钢。其上下各钻一孔,然后用 10 mm 螺栓与竹、木杆件拴牢。

c. 当在砖或砌块等砌体上固定时,可预先砌入规格相适应的 80×6 弯转扁钢作预埋铁的混凝土块,然后用上项方法固定。

栏杆柱的固定及其与横杆的连接,其整体构造应使防护栏杆在上杆任何处,能经受任何方向的 1 000 N 外力。当栏杆所处位置有发生人群拥挤、车辆冲击或物件碰撞等可能时,应加大横杆截面或加密柱距。

防护栏杆必须自上而下用安全立网封闭。

这些要求既是根据实践又是根据计算而作出的。如栏杆上杆的高度,是从人身受到冲击后,冲向横杆时要防止重心高于横杆,导致从杆上翻出去考虑的;栏杆的受力强度应能防止受到大个子人员突然冲击时,不受损坏;栏杆立柱的固定须使它在受到可能出现的最大冲击时,不致被冲倒或拉出。

4)防护栏杆的计算

临边作业防护栏杆主要用于防止人员坠落,能经受一定的撞击或冲击,在受力性能上耐受 1 000 N 的外力,因此除结构构造上应符合规定外,还应经过一定的计算,方能确保安全。

此项计算应纳入施工组织设计。

9.4.3 外檐洞口作业安全技术

施工现场,在建筑工程上往往存在着各式各样的洞口,在洞口旁的作业称为洞口作业。在水平方向的楼面、屋面、平台等上面短边小于 25 cm(大于 2.5 cm)的称为孔,必须覆盖,等于或大于 25 cm 的称为洞。在垂直楼面、地面的垂直面上,高度小于 75 cm 的称为孔,高度等于或大于 75 cm,宽度大于 45 cm 的均称为洞。凡深度在 2 m 及以上的桩孔、人孔、沟槽与管道等孔洞边沿上的高处作业都属于洞口作业范围。如因特殊工序需要而产生使人与物有坠落危险及危及人身安全的各种洞口,都应按洞口作业加以防护。否则就会造成安全事故。

为此,做好洞口作业安全技术工作是十分重要的。

1)洞口类型

洞口作业的防护措施,主要有设置防护栏杆、栅门、格栅及架设安全网等多种方式。不

同情况下的防护设施,主要有:

①各种板与墙的洞口,按其大小和性质分别设置牢固的盖板。防护栏杆、安全网格或其他防坠落的防护设施。

②电梯井口。根据具体情况设防护栏或固定栅门与工具式栅门,电梯井内每隔两层或最多 10 m 设一道安全平网。也可按当地习惯,在井口设固定的格栅或采取砌筑坚实的矮墙等措施。

③钢管桩。钻孔桩等桩孔口,柱形、条形等基础上口,未填土的坑、槽口,以及天窗、地板门和化粪池等处,都要作为洞口采取符合规范的防护措施。

④在施工现场与场地通道附近的各类洞口与深度在 2 m 以上的敞口等处除设置防护设施与安全标识外,夜间还应设红灯示警。

⑤物料提升机上料口,应装设有联锁装置的安全门。同时采用断绳保护装置或安全停靠装置;通道口走道板应平行于建筑物满铺并固定牢靠。两侧边应设置符合要求的防护栏杆和挡脚板,并用密目式安全网封闭两侧。

2) 洞口安全防护措施要求

洞口作业时根据具体情况采取设置防护栏杆、加盖件、张挂安全网与装栅门等措施:

①楼板面的洞口,可用竹、木等作盖板,盖住洞口。盖板须能保持四周搁置均衡,并有固定其位置的措施。

②短边边长为 50 cm×50 cm 的洞口,必须设置以扣件扣接钢管而成的网络,并在其上满铺竹笆或脚手板。也可采用贯穿于混凝土板内的钢筋构成防护网,钢筋网络间距不得大于 20 cm。

③边长在 150 cm 以上的洞口,四周设防护栏杆,洞口下张设安全平网。

④墙面等处的竖向洞口,凡落地的洞口应加装开关式、工具式或固定式的防护门,门栅网络的间距不应大于 15 cm,也可采用防护栏杆,下设挡脚板(笆)。

⑤下边沿至楼板或底面低于 80 cm 的窗台等竖向的洞口,如侧边落差大于 2 m 应加设 1.2 m 高的临时护栏。

3) 洞口防护的构造要求

一般来讲,洞口防护的构造形式可分为 3 类:

①洞口防护栏杆,通常采用钢管。

②利用混凝土楼板,采用钢筋网片或利用结构钢筋或加密的钢筋网片等。

③垂直方向的电梯井口与洞口,可设木栏门、铁栅门与各种开启式或固定式的防护门。防护栏杆的力学计算和防护设施的构造形式应符合规范要求。

项目 9.5　施工现场临时用电安全管理

9.5.1　临时用电安全管理基本要求

施工现场临时用电应按《建筑施工安全检查标准》(JGJ 59—2011)的要求,从用电环境、接地接零、配电线路、配电箱及开关、照明等安全用电方面进行安全管理和控制。从技术上、制度上确保施工现场临时用电安全。

1）施工现场临时用电组织设计要求

①按照《施工现场临时用电安全技术规范》(JGJ 46)的规定,临时用电设备在5台及5台以上或设备总容量在50 kW及50 kW以上者,应编制临时用施工组织设计,临时用电设备在5台以下和设备总容量在50 kW以下者,应制定安全用电技术措施及电气防火措施。以上是施工现场临时用电管理应遵循的第一项技术原则。

②施工现场临时用电组织设计的主要内容：

a. 现场勘测。

b. 确定电源进线、变电所或配电室、配电装置、用电设备位置及线路走向。

c. 进行负荷计算。

d. 选择变压器。

e. 设计配电系统：

- 设计配电线路,选择导线或电缆;
- 设计配电装置,选择电器;
- 设计接地装置;
- 绘制临时用电工程图纸,主要包括用电工程总平面图、配电装置布置图、配电系统接线图、接地装置设计图;
- 设计防雷装置;
- 确定防护措施;
- 制定安全用电措施和电气防火措施。

③临时用电工程图纸应单独绘制,临时用电工程应按图施工。

④临时用电组织设计及变更时,必须履行"编制、审核、批准"程序,由电气工程技术人员组织编制,经相关部门审核及具有法人资格企业的技术负责人批准后实施。变更用电组织设计时应补充有关图纸资料。

⑤临时用电工程必须经编制、审核、批准部门和使用单位共同验收,合格后方可投入使用。

⑥临时用电施工组织设计审批手续：

a. 施工现场临时用电施工组织设计必须由施工单位的电气工程技术人员编制,技术负责人审核。封面上要注明工程名称、施工单位、编制人并加盖单位公章。

b. 施工单位所编制的施工组织设计,必须符合《施工现场临时用电安全技术规范》(JGJ 46)中的有关规定。

c. 临时用电施工组织设计必须在开工前15日内报上级主管部门审核、批准后方可进行临时用电施工。施工时要严格执行审核后的施工组织设计,按图施工。当需要变更施工组织设计时,应补充有关图纸资料,同样需要上报主管部门批准,待批准后,按照修改前、后的临时用电施工组织设计对照施工。

施工现场临时用电组织设计是施工现场临时用电的实施依据、规范、程序。也是施工现场所有施工人员必须遵守的用电准则。是施工现场用电安全的保证,必须严格地、不折不扣地遵守。

2）电工及用电人员要求

建筑业中发生的很多触电事故与管理上的安全用电意识差及工人的安全用电知识不足有关。因此,在全员中进行安全用电的科普教育,人人自觉学习掌握安全用电基本知识,不断增强安全用电意识,遵守安全用电的制度和规范,对遏制触电事故频发,是十分重要的。

①电工必须经过按国家现行标准考核合格后,持证上岗工作;其他用电人员必须通过相关安全教育培训和技术交底,考核合格后方可上岗工作。

②安装、巡检、维修或拆除临时用电设备和线路,必须由电工完成,并应有人监护。

③电工等级应同工程的难易程度和技术复杂性相适应。

④各类用电人员应掌握安全用电基本知识和所用设备的性能。

⑤使用电气设备前必须按规定穿戴和配备好相应的劳动防护用品,并应检查电气装置和保护设施,严禁设备带"缺陷"运转。

⑥用电人员保管和维护所用设备,发现问题及时报告解决。

⑦现场暂时停用设备的开关箱必须分断电源隔离开关,并应关门上锁。

⑧用电人员移动电气设备时,必须经电工切断电源并作妥善处理后进行。

据有关资料统计,由于人的因素造成触电伤亡事故占整个触电伤亡事故的80%以上,因此,抓好人的素质培养,控制人的事故行为心态,是搞好施工现场安全用电的关键。

3）安全技术交底要求

施工现场用电人员应加强自我保护意识,特别是电动建筑机械的操作人员必须掌握安全用电的基本知识,以减少触电事故的发生。现场中一些固定机械设备的防护和操作人员应进行以下交底:

①开机前,认真检查开关箱内的控制开关设备是否齐全有效,漏电保护器是否可靠,发现问题及时向工长汇报,工长派电工处理。

②开机前,仔细检查电气设备的接零保护线端子有无松动,严禁赤手触摸一切带电绝缘导线。

③严格执行安全用电规范,凡一切属于电气维修、安装的工作,必须由电工来操作,严禁非电工进行电工作业。

④施工现场临时用电施工,必须执行施工组织设计和安全操作规程。

4）安全技术档案要求

①施工现场临时用电必须建立安全技术档案,并应包括下列内容:

a. 用电组织设计的全部资料;

b. 修改用电组织设计的资料;

c. 用电技术交底资料;

d. 用电工程检查验收表;

e. 电气设备的试、检验凭单和调试记录;

f. 接地电阻、绝缘电阻和漏电保护器漏电动作参数测定记录表;

g. 定期检(复)查表;

h. 电工安装、巡检、维修、拆除工作记录。

②安全技术档案应由主管该现场的电气技术人员负责建立与管理。其中"电工安装、巡检、维修、拆除工作记录"可指定电工代管,每周由项目经理审核认可,并应在临时用电工程拆除后统一归档。

③临时用电工程应定期检查。定期检查时,应复查接地电阻值和绝缘电阻值。检查周期最长可为:施工现场每月一次,基层公司每季一次。

④临时用电工程定期检查应按分部、分项工程进行,对安全隐患必须及时处理,并应履行复查验收手续。

5)临时用电线路和电气设备防护

(1)外电线路防护

外电线路是指施工现场内原有的架空输电线路,施工企业必须严格按有关规范的要求妥善处理好外电线路的防护工作,否则,极易造成触电事故而影响工程施工的正常进行。为此,外电线路防护必须符合以下要求:

①在建工程不得在外电架空线路正下方施工、搭设作业棚、建造生活设施或堆放构件、架具、材料及其他杂物等。

②在建工程(含脚手架)的周边与外电架空线路的边线之间的最小安全操作距离应符合表9.3 的规定。

表9.3 在建工程(含脚手架)的周边与架空线路的边线之间的最小安全操作距离

外电线路电压等级/kV	<1	1~10	35~110	220	330~500
最小安全操作距离/m	4.0	6.0	8.0	10	15

注:上、下脚手架的斜道不宜设在有外电线路的一侧。

③施工现场的机动车道与外电架空线路交叉时,架空线路的最低点与路面的最小垂直距离应符合表9.4 的规定。

表9.4 施工现场的机动车道与架空线路交叉时的最小垂直距离

外电线路电压等级/kV	<1	1~10	35
最小垂直距离/m	6.0	7.0	7.0

④起重机严禁越过无防护设施的外电架空线路作业。在外电架空线路附近吊装时,起重机的任何部位或被吊物边缘在最大偏斜时与架空线路边线的最小安全距离应符合表9.5 的规定。

表9.5 起重机与架空线路边线的最小安全距离

电压/kV	<1	10	35	110	220	330	500
沿垂直方向最小安全距离/m	1.5	3.0	4.0	5.0	6.0	7.0	8.5
沿水平方向最小安全距离/m	1.5	2.0	3.5	4.0	6.0	7.0	8.5

⑤施工现场开挖沟槽边缘与外电埋地电缆沟槽边缘之间的距离不得小于0.5 m。

⑥当达不到第②~④条中的规定时,必须采取绝缘隔离防护措施,并应悬挂醒目的警告标识。

⑦防护设施宜采用木、竹或其他绝缘材料搭设,不宜采用钢管等金属材料搭设。防护设施应坚固、稳定,且对外电线路的隔离防护应达到IP30级。

⑧架设防护设施时,必须经有关部门批准,采用线路暂时停电或其他可靠的安全技术措施,并应有电气工程技术人员和专职安全人员监护。

⑨防护设施与外电线路之间的安全距离不应小于表9.6所列数值。

表9.6 防护设施与外电线路之间的最小安全距离

外电线路电压等级/kV	≤10	35	110	220	330	500
最小安全距离/m	1.7	2.0	2.5	4.0	5.0	6.0

⑩在外电架空线路附近开挖沟槽时,必须会同有关部门采取加固措施,防止外电架空线路电杆倾斜、悬倒。

(2)电气设备防护

①电气设备现场周围不得存放易燃易爆物、污染源和腐蚀介质,否则,应予清除或作防护处置,其防护等级必须与环境条件相适应。

②电气设备设置场所应能避免物体打击和机械损伤,否则应作防护处置。

9.5.2 电气设备接零或接地

1)一般规定

①在施工现场专用变压器供电的TN-S接零保护系统中,电气设备的金属外壳必须与保护零线连接。保护零线应由工作接地线、配电室(总配电箱)电源侧零线或总漏电保护器电源侧零线处引出(见图9.2)。

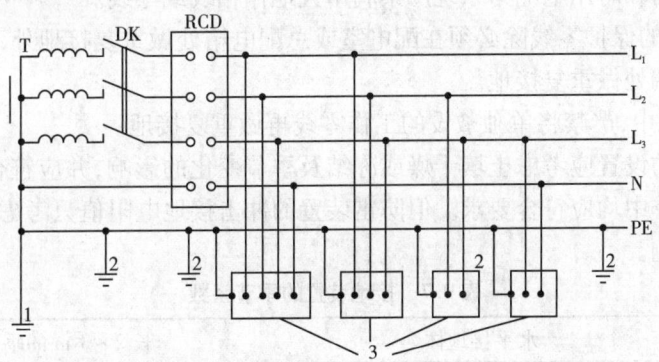

图9.2 专用变压器供电时TN-S接零保护系统示意图
1—工作接地;2—PE线重复接地;3—电气设备金属外壳
(正常不带电的外露可导电部分);L_1、L_2、L_3—相线;
N—工作零线;PE—保护零线;DK—总电源隔离开关
RCD—总漏电保护器(兼有短路、过载、漏电保护功能的漏电断路器);T—变压器

②当施工现场与外电线路共用同一供电系统时,电气设备的接地、接零保护应与原系统

保持一致。不得一部分设备做保护接零,另一部分设备做保护接地。

③采用 TN 系统做保护接零时,工作零线(N 线)必须通过总漏电保护器,保护零线(PE 线)必须由电源进线零线重复接地处或总漏电保护器电源侧零线处,引出形成局部 TN-S 接零保护系统(见图9.3)。

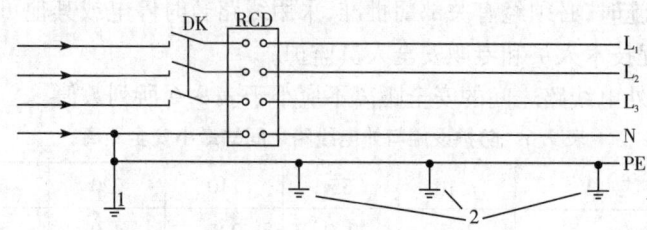

图9.3　三相四线供电时局部 TN-S 接零保护系统保护零线引出示意图

1—NPE 线重复接地;2—PE 线重复接地;L_1,L_2,L_3—相线;N—工作零线;
PE—保护零线;DK—总电源隔离开关;RCD—总漏电保护器
(兼有短路、过载、漏电保护功能的漏电断路器)

④在 TN 接零保护系统中,通过总漏电保护器的工作零线与保护零线之间不得再作电气连接。

⑤在 TN 接零保护系统中,PE 零线应单独敷设。重复接地线必须与 PE 线相连接,严禁与 N 线相连接。

⑥使用一次侧由 50V 以上电压的接零保护系统供电,二次侧为 50V 及以下电压的安全隔离变压器时,二次侧不得接地,并应将二次线路用绝缘管保护或采用橡皮护套软线。

⑦当采用普通隔离变压器时,其二次侧一端应接地,且变压器正常不带电的外露可导电部分应与一次回路保护零线相连接。

⑧变压器应采取防直接接触带电体的保护措施。

⑨施工现场的临时用电电力系统严禁利用大地作相线或零线。

⑩TN 系统中的保护零线除必须在配电室或总配电箱处做重复接地外,还必须在配电系统的中间处和末端处做重复接地。

⑪在 TN 系统中,严禁将单独敷设的工作零线再做重复接地。

⑫接地装置的设置应考虑土壤干燥或冻结及季节变化的影响,并应符合表9.7 的规定,接地电阻值在四季中均应符合要求。但防雷装置的冲击接地电阻值只考虑在雷雨季节中土壤干燥状态的影响。

表9.7　接地装置的季节系数

埋深/m	水平接地体	长 2~3 m 的垂直接地体
0.5	1.4~1.8	1.2~1.4
0.8~1.0	1.25~1.45	1.15~1.3
2.5~3.0	1.0~1.1	1.0~1.1

注:大地比较干燥时,取表中较小值;反之比较潮湿时,取表中较大值。

⑬PE 线所用材质与相线、工作零线(N 线)相同时,其最小截面应符合表9.8 的规定。

表9.8 PE线截面与相线截面的关系

相线芯线截面 S/mm^2	PE线最小截面$/\text{mm}^2$
$S \leq 16$	S
$16 < S \leq 35$	16
$S > 35$	$S/2$

⑭保护零线必须采用绝缘导线。

⑮配电装置和电动机械相连接的PE线应为截面不小于2.5 mm^2的绝缘多股铜线。手持式电动工具的PE线应为截面不小于1.5 mm^2的绝缘多股铜线。

⑯PE线上严禁装设开关或熔断器,严禁通过工作电流,且严禁断线。

⑰相线、N线、PE线的颜色标记必须符合以下规定:相线L1(A)、L2(B)、L3(C)相序的绝缘颜色依次为黄、绿、红色;N线的绝缘颜色为淡蓝色;PE线的绝缘颜色为绿/黄双色。任何情况下上述颜色标记严禁混用和互相代用。

⑱移动式发电机系统接地应符合电力变压器系统接地的要求。下列情况可不另做保护接零:

a.移动式发电机和用电设备固定在同一金属支架上,且不供给其他设备用电时。

b.不超过2台的用电设备由专用的移动式发电机供电,供、用电设备间距不超过50 m,且供、用电设备的金属外壳之间有可靠的电气连接时。

2)安全检查要点

(1)保护接零

①在TN系统中,下列电气设备不带电的外露可导电部分应做保护接零:

a.电机、变压器、电器、照明器具、手持式电动工具的金属外壳;

b.电气设备传动装置的金属部件;

c.配电柜与控制柜的金属框架;

d.配电装置的金属箱体、框架及靠近带电部分的金属围栏和金属门;

e.电力线路的金属保护管、敷线的钢索、起重机的底座和轨道、滑升模板金属操作平台等;

f.安装在电力线路杆(塔)上的开关、电容器等电气装置的金属外壳及支架。

②城防、人防、隧道等潮湿或条件特别恶劣施工现场的电气设备必须采用保护接零。

③在TN系统中,下列电气设备不带电的外露可导电部分,可不做保护接零:

a.在木质、沥青等不良导电地坪的干燥房间内,交流电压380 V及以下的电气装置金属外壳(当维修人员可能同时触及电气设备金属外壳和接地金属物件时除外)。

b.安装在配电柜、控制柜金属框架和配电箱的金属箱体上,且与其可靠电气连接的电气测量仪表、电流互感器、电器的金属外壳。

(2)接地与接地电阻

①单台容量超过100 kV·A或使用同一接地装置并联运行且总容量超过100 kV·A的电力变压器或发电机的工作接地电阻值不得大于4 Ω。

②单台容量不超过 100 kV·A 或使用同一接地装置并联运行且总容量不超过100 kV·A的电力变压器或发电机的工作接地电阻值不得大于 10 Ω。

③在土壤电阻率大于 1 000 Ω·m 的地区,当接地电阻值达到 10 Ω 有困难时,工作接地电阻值可提高到 30 Ω。

④在 TN 系统中,保护零线每一处重复接地装置的接地电阻值不应大于 10 Ω。在工作接地电阻值允许达到 10 Ω 的电力系统中,所有重复接地的等效电阻值不应大于 10 Ω。

⑤每一接地装置的接地线应采用两根及以上导体,在不同点与接地体做电气连接。

⑥不得采用铝导体做接地体或地下接地线。垂直接地体宜采用角钢、钢管或光面圆钢,不得采用螺纹钢。

⑦接地可利用自然接地体,但应保证其电气连接和热稳定。

⑧移动式发电机供电的用电设备,其金属外壳或底座应与发电机电源的接地装置有可靠的电气连接。

9.5.3 配电室

1）一般规定

①配电室应靠近电源,并应设在灰尘少、潮气少、振动小、无腐蚀介质、无易燃易爆物及道路畅通的地方。

②成列的配电柜和控制柜两端应与重复接地线及保护零线做电气连接。

③配电室和控制室应能自然通风,并应采取防止雨雪侵入和动物进入的措施。

④配电室内的母线涂刷有色油漆,以标识相序;以柜正面方向为基准,其涂色符合表9.9的规定。

表9.9 母线涂色

相 别	颜 色	垂直排列	水平排列	引下排列
L1(A)	黄	上	后	左
L2(B)	绿	中	中	中
L3(C)	红	下	前	右
N	淡蓝	—	—	—

⑤配电室的建筑物和构筑物的耐火等级不低于 3 级,室内配置砂箱和可用于扑灭电气火灾的灭火器。

⑥配电室的门向外开,并配锁。

⑦配电室的照明分别设置正常照明和事故照明。

⑧配电柜应编号,并应有用途标记。

⑨配电柜或配电线路停电维修时,应挂接地线,并应悬挂"禁止合闸、有人工作"停电标识牌。停送电必须由专人负责。

⑩配电室应保持整洁,不得堆放任何妨碍操作、维修的杂物。

2) 安全检查要点

①配电柜正面的操作通道宽度,单列布置或双列背对背布置不小于 1.5 m,双列面对面布置不小于 2 m。

②配电柜后面的维护通道宽度,单列布置或双列面对面布置不小于 0.8 m,双列背对背布置不小于 1.5 m,个别地点有建筑物结构凸出的地方,则此点通道宽度可减少 0.2 m。

③配电柜侧面的维护通道宽度不小于 1 m。

④配电室的顶棚与地面的距离不低于 3 m。

⑤配电室内设置值班或检修室时,该室边缘距配电柜的水平距离大于 1 m,并采取屏障隔离。

⑥配电室内的裸母线与地面垂直距离小于 2.5 m 时,采用遮栏隔离,遮栏下面通道的高度不小于 1.9 m。

⑦配电室围栏上端与其正上方带电部分的净距不小于 0.075 m。

⑧配电装置的上端距顶棚不小于 0.5 m。

⑨配电柜应装设电度表,并应装设电流、电压表。电流表与计费电度表不得共用一组电流互感器。

⑩配电柜应装设电源隔离开关及短路、过载、漏电保护电器。电源隔离开关分断时应有明显可见分断点。

9.5.4 配电箱及开关箱

1) 一般规定

①配电箱、开关箱应装设在干燥、通风及常温场所,不得装设在有严重损伤作用的瓦斯、烟气、潮气及其他有害介质中,也不得装设在易受外来固体物撞击、强烈振动、液体浸溅及热源烘烤场所。否则,应予清除或作防护处理。

②配电箱、开关箱周围应有足够两人同时工作的空间和通道,不得堆放任何妨碍操作、维修的物品,不得有灌木、杂草。

③总配电箱应设在靠近电源的区域,分配电箱应设在用电设备或负荷相对集中的区域。

④动力配电箱与照明配电箱若合并设置为同一配电箱时,动力和照明应分路配电;动力开关箱与照明开关箱必须分设。

⑤配电箱、开关箱应采用冷轧钢板或阻燃绝缘材料制作,钢板厚度应为 1.2~2.0 mm,其中开关箱箱体钢板厚度不得小于 1.2 mm,配电箱箱体钢板厚度不得小于 1.5 mm,箱体表面应作防腐处理。

⑥配电箱、开关箱内的连接线必须采用铜芯绝缘导线。导线绝缘的颜色标识应按要求配置并排列整齐;导线分支接头不得采用螺栓压接,应采用焊接并做绝缘包扎,不得有外露带电部分。

⑦配电箱、开关箱的金属箱体、金属电器安装板以及电器正常不带电的金属底座、外壳等必须通过 PE 线端子板与 PE 线作电气连接,金属箱门与金属箱体必须通过采用编织软铜线作电气连接。

⑧配电箱、开关箱中导线的进线口和出线口应设在箱体的下底面。

⑨配电箱、开关箱的进、出线口应配置固定线卡,进出线应加绝缘护套并成束卡固在箱体上,不得与箱体直接接触。移动式配电箱、开关箱的进、出线应采用橡皮护套绝缘电缆,不得有接头。

⑩配电箱、开关箱外形结构应能防雨、防尘。

2)安全检查要点

①每台用电设备必须有各自专用的开关箱,严禁用同一个开关箱直接控制两台及两台以上用电设备(含插座)。

②配电箱、开关箱应装设端正、牢固。固定式配电箱、开关箱的中心点与地面的垂直距离应为1.4~1.6 m。移动式配电箱、开关箱应装设在坚固、稳定的支架上。其中心点与地面的垂直距离宜为0.8~1.6 m。

③配电箱、开关箱内的电器(含插座)应先安装在金属或非木质阻燃绝缘电器安装板上,然后方可整体紧固在配电箱、开关箱箱体内。金属电器安装板与金属箱体应作电气连接。

④配电箱、开关箱内的电器(含插座)应按其规定位置紧固在电器安装板上,不得歪斜和松动。

⑤配电箱的电器安装板上必须分设N线端子板和PE线端子板。N线端子板必须与金属电器安装板绝缘;PE线端子板必须与金属电器安装板作电气连接。进出线中的N线必须通过N线端子板连接;PE线必须通过PE线端子板连接。

⑥配电箱、开关箱的箱体尺寸应与箱内电器的数量和尺寸相适应,箱内电器安装尺寸可按照表9.10确定。

表9.10 配电箱、开关箱内电器安装尺寸选择值

间距名称	最小净距/mm
并列电器(含单极熔断器)间	30
电器进、出线瓷管(塑胶管)孔与电器边沿间	15A,30 20~30A,50 60A及以上,80
上、下排电器进出线瓷管(塑胶管)孔间	25
电器进、出线瓷管(塑胶管)孔至板边	40
电器至板边	40

9.5.5 施工用电线路

1)一般规定

①架空线和室内配线必须采用绝缘导线或电缆。

②架空线导线截面的选择应符合下列要求:

a.导线中的计算负荷电流不大于其长期连续负荷允许载流量。

b.线路末端电压偏移不大于其额定电压的5%。

c.三相四线线路的N线和PE线截面不小于相线截面的50%,单相线路的零线截面与相线截面相同。

d.按机械强度要求,绝缘铜线截面不小于10 mm^2,绝缘铝线截面不小于16 mm^2。

e.在跨越铁路、公路、河流、电力线路挡距内,绝缘铜线截面不小于16 mm^2,绝缘铝线截面不小于25 mm^2。

③架空线路相序排列应符合下列规定:

a.动力、照明线在同一横担上架设时,导线相序排列是:面向负荷从左侧起依次为L1,N,L2,L3,PE。

b.动力、照明线在二层横担上分别架设时,导线相序排列是:上层横担面向负荷从左侧起依次为L1,L2,L3;下层横担面向负荷从左侧起依次为L1(L2,L3),N,PE。

④架空线路宜采用钢筋混凝土杆或木杆。钢筋混凝土杆不得有露筋、宽度大于0.4 mm的裂纹和扭曲;木杆不得腐朽,其梢径不应小于140 mm。

⑤电杆埋设深度宜为杆长的1/10加0.6 m,回填土应分层夯实。在松软土质处宜加大埋入深度或采用卡盘等加固。

⑥电缆中必须包含全部工作芯线和用作保护零线或保护线的芯线。需要三相四线制配电的电缆线路必须采用五芯电缆。五芯电缆必须包含淡蓝、绿/黄两种颜色绝缘芯线。淡蓝色芯线必须用作N线;绿/黄双色芯线必须用作PE线,严禁混用。

⑦电缆线路应采用埋地或架空敷设,严禁沿地面明设,并应避免机械损伤和介质腐蚀。埋地电缆路径应设方位标识。

⑧电缆埋地敷设宜选用铠装电缆,当选用无铠装电缆时,应能防水、防腐。架空敷设宜选用无铠装电缆。

⑨埋地电缆在穿越建筑物、构筑物、道路、易受机械损伤、介质腐蚀场所及引出地面从2.0 m高到地下0.2 m处,必须加设防护套管,防护套管内径不应小于电缆外径的1.5倍。

⑩在建工程内的电缆线路必须采用电缆埋地引入,严禁穿越脚手架引入。电缆垂直敷设应充分利用在建工程的竖井、垂直孔洞等,并宜靠近用电负荷中心,固定点每楼层不得少于一处。电缆水平敷设宜沿墙或门口刚性固定,最大弧垂距地不得小于2.0 m。

⑪装饰装修工程或其他特殊阶段,应补充编制单项施工用电方案。电源线可沿墙角、地面敷设,但应采取防机械损伤和防火措施,可采用穿阻燃绝缘管或线槽等遮护的办法。

⑫室内配线应根据配线类型采用瓷瓶、瓷(塑料)夹、嵌绝缘槽、穿管或钢索敷设。

⑬潮湿场所或埋地非电缆配线必须穿管敷设,管口和管接头应密封;当采用金属管敷设时,金属管必须做等电位连接,且必须与PE线相连接。

⑭架空线路、电缆线路和室内配线必须有短路保护和过载保护。

a.采用熔断器做短路保护时,其熔体额定电流不应大于明敷绝缘导线长期连续负荷允许载流量的1.5倍。

b.采用断路器做短路保护时,其瞬动过流脱扣器脱扣电流整定值应小于线路末端单相短路电流。

c.采用熔断器或断路器做过载保护时,绝缘导线长期连续负荷允许载流量不应小于熔断器熔体额定电流或断路器长延时过流脱扣器脱扣电流整定值的 1.25 倍。

d. 对穿管敷设的绝缘导线线路,其短路保护熔断器的熔体额定电流不应大于穿管绝缘导线长期连续负荷允许载流量的 2.5 倍。

2) 安全检查要点

(1) 架空线路

①架空线必须架设在专用电杆上,严禁架设在树木、脚手架及其他设施上。

②架空线在一个挡距内,每层导线的接头数不得超过该层导线条数的 50%,且一条导线应只有一个接头。在跨越铁路、公路、河流、电力线路挡距内,架空线不得有接头。

③架空线路的挡距不得大于 35 m。

④架空线路的线间距不得小于 0.3 m,靠近电杆的两导线的间距不得小于 0.5 m。

⑤架空线路横担间的最小垂直距离不得小于表 9.11 的数值;横担宜采用角钢或方木,低压铁横担角钢应按表 9.12 选用,方木横担截面应按 80 mm × 80 mm 选用;横担长度应按表 9.13 选用。

表 9.11 横担间的最小垂直距离

排列方式	直线杆/m	分支或转角杆/m
高压与低压	1.2	1.0
低压与低压	0.6	0.3

表 9.12 低压铁横担角钢选用

导线截面/mm²	直线杆	分支或转角杆	
		二线及三线	四线及以上
16 25 35 50	∟50 × 5	2 × ∟50 × 5	2 × ∟63 × 5
70 95 120	∟63 × 5	2 × ∟63 × 5	2 × ∟70 × 6

表 9.13 横担长度

二线/m	三线,四线/m	五线/m
0.7	1.5	1.8

⑥架空线路与邻近线路或固定物的距离应符合表 9.14 的规定。

表9.14 架空线路与邻近线路或固定物的距离

项目	距离类别					
最小净空距离/m	架空线路的过引线、接下线与邻线	架空线与架空线电杆外缘		架空线与摆动最大时树梢		
最小垂直距离/m	架空线同杆架设下方的通信、广播线路	架空线最大弧垂与地面			架空线最大弧垂与暂设工程顶端	架空线与邻近电力线路交叉
		施工现场	机动车道	铁路轨道		1 kV 以下 / 1~10 kV
	1.0	4.0	6.0	7.5	2.5	1.2 / 2.5
最小水平距离/m	架空线电杆与路基边缘	架空线电杆与铁路轨道边缘			架空线边线与建筑物凸出部分	
	1.0	杆高(m)+3.0			1.0	

⑦直线杆和15°以下的转角杆,可采用单横担单绝缘子,但跨越机动车道时应采用单横担双绝缘子;15°~45°的转角杆应采用双横担双绝缘子;45°以上的转角杆应采用十字横担。

⑧电杆的拉线宜采用不少于3根直径4.0 mm的镀锌钢丝。拉线与电杆的夹角应为30°~45°。拉线埋设深度不得小于1 m。电杆拉线若从导线之间穿过,应在高于地面2.5 m处装设拉线绝缘子。

⑨因受地形环境限制不能装设拉线时,可采用撑杆代替拉线,撑杆埋设深度不得小于0.8 m,其底部应垫底盘或石块。撑杆与电杆夹角宜为30°。

⑩接户线在挡距内不得有接头,进线处离地高度不得小于2.5 m。接户线最小截面应符合表9.15的规定。接户线之间及与邻近线路间的距离应符合表9.16的要求。

表9.15 接户线的最小截面

接户线架设方式	接户线长度/m	接户线截面/mm²	
		铜线	铝线
架空或沿墙敷设	10~25	6.0	10.0
	≤10	4.0	6.0

表9.16 接户线之间及与邻近线路间的距离

接户线架设方式	接户线挡距/m	接户线之间的距离/mm
架空敷设	≤25	150
	>25	200

续表

接户线架设方式	接户线挡距/m	接户线之间的距离/mm
沿墙敷设	≤6	100
	>6	150
架空接户线与广播电话线交叉时的距离/mm		接户线在上部,600 接户线在下部,300
架空或沿墙敷设的接户线零线和相线交叉时的距离/mm		100

(2)电缆线路

①电缆直接埋地敷设的深度不应小于0.7 m,并应在电缆紧邻上、下、左、右侧均匀敷设不小于50 mm厚的细砂,然后覆盖砖或混凝土板等硬质保护层。

②埋地电缆与其附近外电电缆和管沟的平行间距不得小于2 m,交叉间距不得小于1 m。

③埋地电缆的接头应设在地面上的接线盒内,接线盒应能防水、防尘、防机械损伤,并应远离易燃、易爆、易腐蚀场所。

④架空电缆应沿电杆、支架或墙壁敷设,并采用绝缘子固定,绑扎线必须采用绝缘线,固定点间距应保证电缆能承受自重所带来的荷载,敷设高度应符合现行规范《施工现场临时用电安全技术规范》(JGJ 46)架空线路敷设高度的要求,但沿墙壁敷设时最大弧垂距地不得小于2.0 m。

⑤架空电缆严禁沿脚手架、树木或其他设施敷设。

(3)室内配线

①室内非埋地明敷主干线距地面高度不得小于2.5 m。

②架空进户线的室外端应采用绝缘子固定,过墙处应穿管保护,距地面高度不得小于2.5 m,并应采取防雨措施。

③室内配线所用导线或电缆的截面应根据用电设备或线路的计算负荷确定,但铜线截面不应小于1.5 mm^2,铝线截面不应小于2.5 mm^2。

④钢索配线的吊架间距不宜大于12 m。采用瓷夹固定导线时,导线间距不应小于35 mm,瓷夹间距不应大于800 mm;采用瓷瓶固定导线时,导线间距不应小于100 mm,瓷瓶间距不应大于1.5 m;采用护套绝缘导线或电缆时,可直接敷设于钢索上。

9.5.6　施工照明

1)一般规定

①现场照明宜选用额定电压为220 V的照明器,采用高光效、长寿命的照明光源。对需大面积照明的场所,应采用高压汞灯、高压钠灯或混光用的卤钨灯等。

②照明变压器必须使用双绕组型安全隔离变压器,严禁使用自耦变压器。

③照明系统宜使三相负荷平衡,其中每一单相回路上,灯具和插座数量不宜超过25个,负荷电流不宜超过15 A。

④路灯的每个灯具应单独装设熔断器保护。灯头线应作防水弯。

⑤荧光灯管应采用管座固定或用吊链悬挂。荧光灯的镇流器不得安装在易燃的结构物上。

⑥投光灯的底座应安装牢固,应按需要的光轴方向将枢轴拧紧固定。

⑦灯具内的接线必须牢固,灯具外的接线必须做可靠的防水绝缘包扎。

⑧灯具的相线必须经开关控制,不得将相线直接引入灯具。

⑨对夜间影响飞机或车辆通行的在建工程及机械设备,必须设置醒目的红色信号灯,其电源应设在施工现场总电源开关的前侧,并应设置外电线路停止供电时的应急自备电源。

⑩无自然采光的地下大空间施工场所,应编制单项照明用电方案。

2) 安全检查要点

①室外 220 V 灯具距地面不得低于 3 m,室内 220 V 灯具距地面不得低于 2.5 m。

②普通灯具与易燃物距离不宜小于 300 mm;聚光灯、碘钨灯等高热灯具与易燃物距离不宜小于 500 mm,且不得直接照射易燃物。达不到规定安全距离时,应采取隔热措施。

③碘钨灯及钠、铊、铟等金属卤化物灯具的安装高度宜在 3 m 以上,灯线应固定在接线柱上,不得靠近灯具表面。

④螺口灯头及其接线应符合下列要求:

a.灯头的绝缘外壳无损伤、无漏电。

b.相线接在与中心触头相连的一端,零线接在与螺纹口相连的一端。

⑤暂设工程的照明灯具宜采用拉线开关控制,开关安装位置宜符合下列要求:

a.拉线开关距地面高度为 2~3 m,与出入口的水平距离为 0.15~0.2 m,拉线的出口向下。

b.其他开关距地面高度为 1.3 m,与出入口的水平距离为 0.15~0.2 m。

⑥携带式变压器的一次侧电源线应采用橡皮护套或塑料护套铜芯软电缆,中间不得有接头,长度不宜超过 3 m,其中绿/黄双色线只可作 PE 线使用,电源插销应有保护触头。

⑦下列特殊场所应使用安全特低电压照明器:

a.隧道、人防工程、高温、有导电灰尘、比较潮湿或灯具离地面高度低于 2.5 m 等场所的照明,电源电压不应大于 36 V。

b.潮湿和易触及带电体场所的照明,电源电压不得大于 24 V。

c.特别潮湿场所、导电良好的地面、锅炉或金属容器内的照明,电源电压不得大于 12 V。

⑧使用行灯应符合下列要求:

a.电源电压不大于 36 V。

b.灯体与手柄应坚固、绝缘良好并耐热耐潮湿。

c.灯头与灯体结合牢固,灯头无开关。

d.灯泡外部有金属保护网。

e.金属网、反光罩、悬吊挂钩固定在灯具的绝缘部位上。

9.5.7 电动建筑机械和手持式电动工具

1)一般规定

①施工现场中电动建筑机械和手持式电动工具的选购、使用、检查和维修应遵守下列规定:

a.选购的电动建筑机械、手持式电动工具及其用电安全装置符合相应的国家现行有关强制性标准的规定,且具有产品合格证和使用说明书。

b.建立和执行专人专机负责制,并定期检查和维修保养。

c.接地和漏电保护符合要求,运行时产生振动的设备的金属基座、外壳与 PE 线的连接点不少于两处。

d.按使用说明书使用、检查、维修。

②塔式起重机、外用电梯、滑升模板的金属操作平台及需要设置避雷装置的物料提升机,除应连接 PE 线外,还应做重复接地。设备的金属结构构件之间应保证电气连接。

③手持式电动工具中的塑料外壳Ⅱ类工具和一般场所手持式电动工具中的Ⅲ类工具可不连接 PE 线。

④电动建筑机械和手持式电动工具的负荷线应按其计算负荷选用无接头的橡皮护套铜芯软电缆。

⑤电缆芯线数应根据负荷及其控制电器的相数和线数确定:三相四线时,应选用五芯电缆;三相三线时,应选用四芯电缆;当三相用电设备中配置有单相用电器具时,应选用五芯电缆;单相二线时,应选用三芯电缆。其中,PE 线应采用绿/黄双色绝缘导线。

⑥每一台电动建筑机械或手持式电动工具的开关箱内,除应装设过载、短路、漏电保护电器外,还应装设隔离开关或具有可见分断点的断路器和控制装置。正、反向运转控制装置中的控制电器应采用接触器、继电器等自动控制电器,不得采用手动双向转换开关作为控制电器。

2)安全检查要点

(1)起重机械安全技术交底

①塔式起重机的电气设备应符合现行国家标准《塔式起重机安全规程》(GB 5144)的要求。

②塔式起重机应按现行规范《施工现场临时用电安全技术规范》(JGJ 46)做重复接地和防雷接地。轨道式塔式起重机接地装置的设置应符合下列要求:

a.轨道两端各设一组接地装置。

b.轨道的接头处作电气连接,两条轨道端部作环形电气连接。

c.较长轨道每隔不大于 30 m 加一组接地装置。

③塔式起重机与外电线路的安全距离应符合《施工现场临时用电安全技术规范》(JGJ 46)第 4.1.4 条的要求。

④轨道式塔式起重机的电缆不得拖地行走。

⑤需要夜间工作的塔式起重机,应设置正对工作面的投光灯。

⑥塔身高于30 m的塔式起重机,应在塔顶和臂架端部设红色信号灯。

⑦在强电磁波源附近工作的塔式起重机,操作人员应戴绝缘手套和穿绝缘鞋,并应在吊钩与机体间采取绝缘隔离措施,或在吊钩吊装地面物体时,在吊钩上挂接临时接地装置。

⑧外用电梯梯笼内、外均应安装紧急停止开关。

⑨外用电梯和物料提升机的上、下极限位置应设置限位开关。

⑩外用电梯和物料提升机在每日工作前必须对行程开关、限位开关、紧急停止开关、驱动机构和制动器等进行空载检查,正常后方可使用。检查时必须有防坠落措施。

(2)桩工机械

①潜水式钻孔机电机的密封性能应符合现行国家标准《外壳防护等级(IP代码)》(GB 4208)中的IP68级的规定。

②潜水电机的负荷线应采用防水橡皮护套铜芯软电缆,长度不应小于1.5 m,且不得承受外力。

③配电箱、开关箱内的电器配置和接线严禁随意改动。熔断器的熔体更换时,严禁采用不符合原规格的熔体代替。漏电保护器每天使用前应启动漏电试验按钮试跳一次,试跳不正常时严禁继续使用。

(3)夯土机械

①夯土机械开关箱中的漏电保护器必须符合潮湿场所选用漏电保护器的要求。

②夯土机械PE线的连接点不得少于两处。

③夯土机械的负荷线应采用耐气候型橡皮护套铜芯软电缆。

④使用夯土机械必须按规定穿戴绝缘用品,使用过程应由专人调整电缆,电缆长度不应大于50 m。电缆严禁缠绕、扭结和被夯土机械跨越。

⑤多台夯土机械并列工作时,其间距不得小于5 m;前后工作时,其间距不得小于10 m。

⑥夯土机械的操作扶手必须绝缘。

⑦夯土机械检修或搬运时必须切断电源。

(4)焊接机械

①电焊机械应放置在防雨、干燥和通风良好的地方。焊接现场不得有易燃、易爆物品。

②交流弧焊机变压器的一次侧电源线长度不应大于5 m,其电源进线处必须设置防护罩。发电机式直流电焊机的换向器应经常检查和维护,应消除可能产生的异常电火花。

③电焊机械开关箱中的漏电保护器必须符合要求,交流电焊机械应配装防二次侧触电保护器。

④电焊机械的二次线应采用防水橡皮护套铜芯软电缆,电缆长度不应大于30 m,不得采用金属构件或结构钢筋代替二次线的地线。

⑤进行焊接作业时所用的焊钳及电缆必须完整无破损,使用电焊机械焊接时必须穿戴防护用品。严禁露天冒雨从事电焊作业。

(5)手持式电动工具

①空气湿度小于75%的一般场所可选用Ⅰ类或Ⅱ类手持式电动工具,其金属外壳与PE线的连接点不得少于两处;除塑料外壳Ⅱ类工具外,相关开关箱中漏电保护器的额定漏电动作电流不应大于15 mA,额定漏电动作时间不应大于0.1 s,其负荷线插头应具备专用的保护

触头。所用插座和插头在结构上应保持一致,避免导电触头和保护触头混用。

②在潮湿场所或金属构架上操作时,必须选用Ⅱ类或由安全隔离变压器供电的Ⅲ类手持式电动工具。金属外壳Ⅱ类手持式电动工具使用时,开关箱和控制箱应设置在作业场所外。在潮湿场所或金属构架上严禁使用Ⅰ类手持式电动工具。

③狭窄场所必须选用由安全隔离变压器供电的Ⅲ类手持式电动工具,其开关箱和安全隔离变压器均应设置在狭窄场所外面,并连接 PE 线。漏电保护器的选择应符合使用于潮湿或有腐蚀介质场所漏电保护器的要求。操作过程中,应有人在外面监护。

④手持式电动工具的负荷线应采用耐气候型的橡皮护套铜芯软电缆,并不得有接头。

⑤手持式电动工具的外壳、手柄、插头、开关、负荷线等必须完好无损,使用前必须做绝缘检查和空载检查,在绝缘合格、空载运转正常后方可使用。绝缘电阻不应小于表 9.17 规定的数值。

表 9.17　手持式电动工具绝缘电阻限值

测量部位	绝缘电阻/MΩ		
	Ⅰ类	Ⅱ类	Ⅲ类
带电零件与外壳之间	2	7	1

注:绝缘电阻用 500 V 兆欧表测量。

⑥使用手持式电动工具时,必须按规定穿戴绝缘防护用品。

(6)其他电动建筑机械

①混凝土搅拌机、插入式振动器、平板振动器、地面抹光机、水磨石机、钢筋加工机械、木工机械、盾构机械、水泵等设备的漏电保护应符合《施工现场临时用电安全技术规范》(JGJ 46)的要求。

②混凝土搅拌机、插入式振动器、平板振动器、地面抹光机、水磨石机、钢筋加工机械、木工机械、盾构机械的负荷线必须采用耐气候型橡皮护套铜芯软电缆,并不得有任何破损和接头。

③水泵的负荷线必须采用防水橡皮护套铜芯软电缆,严禁有任何破损和接头,并不得承受任何外力。

④盾构机械的负荷线必须固定牢固,距地高度不得小于 2.5 m。

⑤对混凝土搅拌机、钢筋加工机械、木工机械、盾构机械等设备进行清理、检查、维修时,必须首先将其开关箱分闸断电,呈现可见电源分断点,并关门上锁。

9.5.8　触电事故的急救

1)触电急救首先要使触电者迅速脱离电源

(1)脱离低压电源的方法

脱离低压电源的方法可以用以下 5 个字来概括:

"拉"——就近拉开电源开关、拔出插销或瓷插熔断器。

"切"——用带有绝缘柄的利器切断电源线。

"挑"——如导线搭落在触电者身上或压在身下,这时可用干燥的木棒、竹竿等挑开导线或用干燥的绝缘绳套拉导线或触电者,使之脱离电源。

"拽"——救护人可戴上手套或在手上包缠干燥的衣物等绝缘物品拖拽触电者,或直接用一只手抓住触电者不贴身的干燥衣裤,使之脱离电源。拖拽时切勿触及触电者的体肤。

"垫"——如果触电者由于痉挛手指紧握导线或导线缠绕在身上,救护人可先用干燥的木板塞进触电者身下使其与地绝缘来隔断电源,然后再采取其他办法把电源切断。

(2) 脱离高压电源的方法

脱离高压电源的方法是立即电话通知有关供电部门拉闸停电;若电源开关离触电现场不甚远,则可戴上绝缘手套,穿上绝缘靴,拉开高压断路器,或用绝缘棒拉开高压跌落式熔断器以切断电源。往架空线路抛挂裸金属软导线,人为造成线路短路,迫使继电保护装置动作,使电源开关跳闸。如果触电者触及断落在地上的带电高压导线,且尚未确证线路无电之前,救护人不可进入断线落地点 8~10 m 的范围内,以防止跨步电压触电。

2) 现场触电救护

现场救护触电者脱离电源后,应立即就地进行抢救。同时派人通知医务人员到现场并做好将触电者送往医院的准备工作。

① 如果触电者所受的伤害不太严重,神志尚清醒,未失去知觉,应让触电者在通风暖和的处所静卧休息,并派人严密观察,同时请医生前来或送往医院诊治。

② 如果触电者已失去知觉,但呼吸和心跳尚正常,则应使其平卧,解开衣服以利呼吸,四周保持空气流通,冷天应注意保暖,同时立即请医生前来或送往医院诊察。若发现触电者呼吸困难或心跳失常,应立即施行人工呼吸或胸外心脏按压。

③ 如果触电者呈现"假死"(电休克)现象,如心跳停止但尚能呼吸,或呼吸停止但心跳尚存、脉搏很弱,或呼吸和心跳均停止,此时应立即按心肺复苏法就地抢救。所谓心肺复苏法就是支持生命的三项基本措施,即通畅气道;口对口(鼻)人工呼吸;胸外按压(人工循环)。"假死"症状的判定方法是"看""听""试"。"看"是观察触电者的胸部,腹部有无起伏动作;"听"是用耳贴近触电者的口鼻处,听他有无呼气声音;"试"是用手或小纸条试测口鼻有无呼吸的气流,再用两手指轻压喉结旁凹陷处的颈动脉有无搏动感觉。当判定触电者呼吸和心跳停止时,应立即按心肺复苏法就地抢救。

A. 采用仰头抬颌法通畅气道。若触电者呼吸停止,要紧的是始终确保气道通畅,其操作要领是:清除口中异物,使触电者仰躺,迅速解开其领扣和裤带。救护人用一只手放在触电者前额,另一只手的手指将其颏颌骨向上抬起,两手协同将头部推向后仰,舌根自然随之抬起,气道即可畅通。

B. 口对口(鼻)人工呼吸。完成气道通畅的操作后,应立即对触电者实施口对口或口对鼻人工呼吸。口对鼻人工呼吸用于触电者嘴巴紧闭的情况。人工呼吸的操作要领如下:

a. 先大口吹气刺激起搏:救护人蹲跪在触电者的一侧;用放在触电者额上的手的手指捏住其鼻翼,另一只手的食指和中指轻轻托住其下巴,救护人深吸气后,与触电者口对口紧合,在不漏气的情况下,先连续大口吹气两次,每次 1~1.5 s;然后用手指试测触电者颈动脉是否有搏动,如果仍无搏动,可判断心跳确已停止,在施行人工呼吸的同时应进行胸外按压。

b. 正常口对口人工呼吸:大口吹气两次试测搏动后,立即转入正常的口对口人工呼吸阶段。正常的吹气频率是每分钟约12次。正常的口对口人工呼吸操作姿势如上所述。但吹气量不需过大,以免引起胃膨胀,如果触电者是儿童,吹气量宜小些,以免肺泡破裂。救护人换气时,应将触电者的鼻或口放松,让他借自己胸部的弹性自动吐气。吹气和放松时要注意触电者胸部有无起伏的呼吸动作。吹气时如有较大的阻力,可能是头部后仰不够,应及时纠正,使气道保持畅通。

c.触电者如果牙关紧闭,可改行口对鼻人工呼吸。吹气时要将触电者嘴唇紧闭,防止漏气。

C.胸外按压。胸外按压是借助人力使触电者恢复心脏跳动的急救方法。其操作要领简述如下:

a.确定正确的按压位置的步骤:右手的食指和中指沿触电者的右侧肋弓下缘向上,找到肋骨和胸骨接合处的中点。右手两手指并齐,中指放在切迹中点(剑突底部),食指平放在胸骨下部,另一只手的掌根紧挨食指上缘置于胸骨上,掌根处即为正确按压位置。

b.正确的按压姿势:使触电者仰躺并解开其衣服,仰卧姿势与口对口(鼻)人工呼吸法相同。救护人立或跪在触电者肩膀一侧,两肩位于触电者胸骨正上方,两臂伸直,肘关节固定不屈,两手掌相叠,手指翘起,不接触触电者胸壁。以髋关节为支点,利用上身的重力,垂直将正常成人胸骨压陷3～5 cm(儿童和瘦弱者酌减)。压至要求程度后,立即全部放松,但救护人的掌根不得离开触电者的胸壁。按压有效的标志是在按压过程中可以触到颈动脉搏动。

c.恰当的按压频率:胸外按压要以均匀速度进行。操作频率以每分钟80次为宜,每次包括按压和放松一个循环,按压和放松的时间相等。当胸外按压与口对口(鼻)人工呼吸同时进行时,操作的节奏为:单人救护时,每按压15次后吹气2次(15:2),反复进行;双人救护时,每按压15次后由另一人吹气1次(15:1),反复进行。

项目9.6 施工机械使用安全措施

9.6.1 施工机械安全管理的一般规定

①机械设备应按其技术性能的要求正确使用。缺少安全装置或安全装置已失效的机械设备不得使用。

②严禁拆除机械设备上的自动控制机构、力矩限位器等安全装置,及监测、指示、仪表、警报器等自动报警、信号装置。其调试和故障的排除应由专业人员负责进行。施工机械的电气设备必须由专职电工进行维护和检修。电工检修电气设备时严禁带电作业,必须切断电源并悬挂"有人工作,禁止合闸"的警告牌。

③新购或经过大修、改装和拆卸后重新安装的机械设备,必须按原厂说明书的要求和建筑机械技术试验的规定进行测试和试运转。新机(进口机械按原厂规定)和大修后的机械设备执行《建筑机械走合期使用规定》。

④机械设备的冬季使用,应执行建筑机械冬季使用的有关规定。

⑤处在运行和运转中的机械严禁对其进行维修、保养或调整等作业。

⑥机械设备应按时进行保养,当发现有漏保、失修或超载带病运转等情况时,有关部门应停止其使用。

⑦机械设备的操作人员必须经过专业培训考试合格,取得有关部门颁发的操作证后,方可独立操作。机械作业时,操作人员不得擅自离开工作岗位或将机械交给非本机操作人员操作。严禁无关人员进入作业区和操作室内。工作时,思想要集中,严禁酒后操作。

⑧凡违反相关操作规程的命令,操作人员有权拒绝执行。由于发令人强制违章作业而造成事故者,应追究发令人的责任,直至追究刑事责任。

⑨机械操作人员和配合人员,都必须按规定穿戴劳动保护用品。长发不得外露。高空作业必须戴安全带,不得穿硬底鞋和拖鞋。严禁从高处往下投掷物件。

⑩进行日作业两班及以上的机械设备均须实行交接班制。操作人员要认真填写交接班记录。

⑪机械进入作业地点后,施工技术人员应向机械操作人员进行施工任务及安全技术措施交底。操作人员应熟悉作业环境和施工条件,听从指挥,遵守现场安全规则。

⑫现场施工负责人应为机械作业提供道路、水电、临时机棚或停机场地等必需的条件,并消除对机械作业有妨碍或不安全的因素。夜间作业必须设置有充足的照明。

⑬在有碍机械安全和人身健康场所作业时,机械设备应采取相应的安全措施。操作人员必须配备适用的安全防护用品,并严格贯彻执行《中华人民共和国环境保护法》。

⑭当使用机械设备与安全发生矛盾时,必须服从安全要求。

⑮当机械设备发生事故或未遂恶性事故时,必须及时抢救,保护现场,并立即报告领导和有关部门听候处理。企业领导对事故应按"三不放过"的原则进行处理。

9.6.2 塔式起重机

塔式起重机(以下简称"塔机")是一种塔身直立,起重臂铰接在塔帽下部,能够作360°回转的起重机,通常用于房屋建筑和设备安装的场所,具有适用范围广、起升高度高、回转半径大、工作效率高、操作简便、运转可靠等特点。塔式起重机在我国建筑安装工程中得到了广泛使用,它具备起重、垂直运输和短距离水平运输的功能,特别对于高层建筑施工来说,更是一种不可缺少的重要施工机械。

由于塔式起重机身较高,其稳定性就较差,并且拆、装转移较频繁以及技术要求较高,也给施工安全带来一定困难,操作不当或违章装、拆极有可能发生塔机倾覆的机毁人亡事故,造成严重的经济损失和人身伤亡恶性事故。因此,机械操作、安装、拆卸人员和机械管理人员必须全面掌握塔机和技术性能,从思想上引起高度重视,从业务上掌握正确的安装、拆卸、操作的技能,保证塔机的正常运行,确保安全生产。

1)塔机的安全装置

为了确保塔机的安全作业,防止发生意外事故,塔机必须配备各类安全保护装置。

(1)起重力矩限制器

起重力矩限制器主要作用是防止塔机超载的安全装置,避免塔机由于严重超载而引起塔机的倾覆或折臂等恶性事故。

力矩限制器有机械式、电子式和复合式3种,大多数采用机械电子连锁式的结构。

(2)起重量限制器

起重量限制器(也称超载限位)是用以防止塔机的吊物重量超过最大额定荷载,避免发生机械损坏事故。当吊重超过额定起重量时,它能自动切断提升机构的电源或发出警报。

(3)起重高度限制器

起重高度限制器是用来限制吊钩接触到起重臂头部或载重小车之前,或是下降到最低点(地面或地面以下若干米)以前,使起升机构自动断电并停止工作。起升高度限制器一般都装在起重臂的头部。

(4)幅度限制器

动臂式塔机的幅度限制器是用以防止臂架在变幅达到极限位置时切断变幅机构的电源,使其停止工作,同时还设有机械止挡,以防臂架因起幅中的惯性而后翻。

小车运行变幅式塔机的幅度限制器用来防止运行小车超过最大或最小幅度的两个极限位置。一般小车变幅限位器是安装在臂架小车运行轨道的前后两端,用行程开关控制。

(5)塔机行走限制器

行走式塔机的轨道两端尽头所设的止挡缓冲装置,利用安装在台车架上或底架上的行程开关碰撞到轨道两端前的挡块切断电源来达到塔机停止行走,防止脱轨造成塔机倾覆事故。

(6)吊钩保险装置

吊钩保险装置是防止在吊钩上的吊索由钩头上自动脱落的保险装置,一般采用机械卡环式,用弹簧来控制挡板,阻止吊索滑钩。

(7)钢丝绳防脱槽装置

钢丝绳防滑槽装置主要用以防止钢丝绳在传动过程中脱离滑轮槽而造成钢丝绳卡死和损伤。

(8)夹轨钳

夹轨钳装设在台车金属结构上,用以夹紧钢轨,防止塔机在大风情况下被风吹动而行走造成塔机出轨倾翻事故。

(9)回转限制器

有些回转的塔机上安装了回转不能超过270°和360°的限制器,防止电源线扭断造成事故。

(10)风速仪

自动记录风速,当超过六级时自动报警,使操作司机及时采取必要的防范措施,如停止作业、放下吊物等。

(11)电器控制中的零位保护和紧急安全开关

所谓零位保护是指塔机操纵开关与主令控制器连锁,只有在全部操纵杆处于零位时,开关才能连通,从而防止无意操作。紧急安全开关则是一种能及时切断全部电源的安全装置。

2)塔机安装、拆卸的安全要求

(1)塔机的安装要求

①起重机安装过程中,必须分阶段进行技术检验。整机安装完毕后,应进行整机技术检验和调整,各机构动作应正确、平稳、无异响,制动可靠,各安全装置应灵敏有效;在无载荷情况下,塔身和基础平面的垂直度允许偏差为4/1 000,经分阶段及整机检验合格后,应填写检

验记录,经技术负责人审查签证后,方可交付使用。

②轨道路基必须经过平整压实,基础经处理后,土壤的承载能力要达到 $8\sim10\ t/m^2$。对妨碍起重机工作的障碍物,如高压线、照明线等应拆移。

③塔式起重机的基础及轨道铺设,必须严格按照图纸和说明书进行。塔式起重机安装前,应对路基及轨道进行检验,符合要求后,方可进行塔式起重机的安装。

④安装及拆卸作业前,必须认真研究作业方案,严格按照架设程序分工负责,统一指挥。

⑤安装起重机时,必须将大车行走缓冲止挡器和限位开关碰块安装牢固可靠,并应将各部位的栏杆、平台、扶杆、护圈等安全防护装置装齐。

⑥塔机在安装中对所有的螺栓都要拧紧,并达到紧固力矩要求。对钢丝绳要进行严格检查有否断丝磨损现象,如有损坏,立即更换。

⑦采用高强度螺栓连接的结构,应使用原厂制造的连接螺栓,自制螺栓应有质量合格的试验证明,否则不得使用。连接螺栓时,应采用扭矩扳手或专用扳手,并应按装配技术要求拧紧。

⑧用旋转塔身方法进行整体安装及拆卸时,应保证自身的稳定性。详细规定架设程序与安全措施,对主、副地锚的埋设位置、受力性能以及钢丝绳穿绕、起升机构制动等应进行检查,并排除塔式起重机旋转过程中障碍,确保塔式起重机旋转中途不停机。

⑨塔式起重机附墙杆件的布置和间隔,应符合说明书的规定。当塔身与建筑物水平距离大于说明书规定时,应验算附着杆的稳定性,或重新设计、制作,并经技术部门确认,主管部门验收。在塔式起重机未拆卸至允许悬臂高度前,严禁拆卸附墙杆件。

⑩钢轨中心距允许偏差不得超过 ±3 mm;纵横向的水平度不得超过 1/1 000;钢轨接头间隙为 $4\sim6$ mm。

⑪两台起重机之间的最小架设距离应保证处于低位的起重机的臂架端部与另一台起重机的塔身之间至少有 2 m 的距离;处于高位起重机的最低位置的部件(吊钩升至最高点或最高位置的平衡重)与低位起重机中处于最高位置部件之间的垂直距离不得小于 2 m。

⑫在有建筑物的场所,应注意起重机的尾部与建筑物外转施工设施之间的距离不小于 0.5 m。

⑬有架空输电线的场所,起重机的任何部位与输电线的安全距离,应符合表 9.18 的规定,以避免起重机结构进入输电线的危险区。

如果条件限制不能保证表 9.18 中的安全距离,应与有关部门协商,并采取安全防护措施后方可架设。

表 9.18 安全距离

电压/kV	<1	1~15	20~40	60~110	230
沿垂直方向安全距离/m	1.5	3.0	4.0	5.0	6.0
沿水平方向安全距离/m	1.0	1.5	2.0	4.0	6.0

(2)塔机拆卸的安全要求
①对装拆人员的要求:

a.参加塔机装拆人员,必须经过专业培训考核,持有效的操作证上岗;
b.装拆人员严格按照塔机的装拆方案和操作规程中的有关规定、程序进行装拆;
c.装拆作业人员严格遵守施工现场安全生产的有关制度,正确使用劳动保护用品。
②对塔机装拆的管理要求:
a.塔机装拆前,必须向全体作业人员进行装拆方案和安全操作技术的书面和口头交底,并履行签字手续;
b.装拆塔机的施工企业,必须具备装拆作业的资质,并按装拆塔机资质的等级进行装拆相对应的塔机,并有技术和安全人员在场监护;
c.施工企业必须建立塔机的装拆专业班组并配有起重工(装拆工)、电工、起重指挥、塔机操纵司机和维修钳工等;
d.进行塔机装拆,施工企业必须编制专项的装拆安全施工组织设计和装拆工艺要求,并经过企业技术主管领导的审批。
③装拆过程中的安全要求。拆装作业前检查项目应符合下列要求:
a.路基和轨道铺设或混凝土基础应符合技术要求。
b.对所拆装起重机的各机构、各部位、结构焊缝、重要部位螺栓、销轴、卷扬机构和钢丝绳、吊钩、吊具以及电气设备、线路等进行检查,使隐患排除于拆装作业之前。
c.对自升塔式起重机顶升液压系统的液压缸和油管、顶升套架结构、导向轮、顶升撑脚(爬爪)等进行检查,及时处理存在的问题。
d.对采用旋转塔身法所用的主副地锚架、起落塔身卷扬钢丝绳以及起升机构制动系统等进行检查,确认无误后方可使用。
e.对拆装人员所使用的工具、安全带、安全帽等进行检查,不合格者立即更换。
f.检查拆装作业中配备的起重机、运输汽车等辅助机械,应状况良好,技术性能应能保证拆装作业的需要。
g.拆装现场电源电压、运输道路、作业场地等应具备拆装作业条件。
h.安全监督岗的设置及安全技术措施的贯彻落实已达到要求。
i.装拆塔机的作业,必须在班组长的统一指挥下进行,并配有现场的安全监护人员,监控塔机装拆的全过程;塔机的装拆区域应设立警戒区域,派有专人进行值班。
j.对整体起扳安装的塔机,特别是起扳前要认真、仔细对全机各处进行检查,路轨路基和各金属结构的受力状况、要害部位的焊缝情况等应进行重点检查,发现隐患及时整改或修复后,方能起扳;对安装、拆卸中的滑轮组的钢丝绳要理整齐,其轧头要正确使用(轧头规格使用时比钢丝绳要小一号),轧头数量按钢丝绳规格配置;作业中遇有大雨、雾和风力超过四级时应停止作业。

3)塔机的事故隐患及安全技术要求

(1)塔机的常见事故隐患

近年来,塔机的事故频发,主要有5大类:整机倾覆、起重臂折断或碰坏、塔身折断或底架碰坏、塔机出轨、机构损坏,其中塔机的倾覆和断臂等事故占了70%。引起这些事故发生的原因主要有:
①塔机装拆管理不严、人员未经过培训、企业无塔机的装拆资质或无相应的资质;

②起重指挥失误或与司机配合不当,造成失误;
③超载起吊导致塔机失稳而倒塌;
④塔机的行走路基、轨道铺设不坚实、不平,致使路轨的高差过大,塔机重心失去平衡而倾覆;
⑤违章斜吊增加了张拉力矩再加上原起重力矩,往往容易造成超载;
⑥没有正确地挂钩,盛放或捆绑吊物不妥,致使吊物坠落伤人;
⑦塔机在工作过程中,由于力矩限制器失灵或被司机有意关闭,造成司机在操作中盲目或无意超载起吊;
⑧设备缺乏定期检修保养,安全装置失灵等造成事故;
⑨在恶劣气候中起吊作业(大风、雷雨等)。

(2)塔机使用中的安全技术要求
①作业前空车运转并检查下列各项:
a. 各控制器的传动装置是否正常;
b. 制动器闸瓦松紧程度,制动是否正常;
c. 传动部分润滑油量是否充足,声音是否正常;
d. 走行部分及塔身各主要连接部位是否牢靠;
e. 负荷限制器的额定最大起重量的位置是否变动;
f. 钢丝绳的磨损情况;
g. 塔机的基础是否符合安全使用的技术条件规定。

②起重机塔身在沿建筑物升降作业过程中,必须有专人指挥,专人照看电源,专人操作液压系统,专人拆除螺栓。非作业人员不得登上顶升套架的操作平台。操纵室内应只准一人操作,必须听从指挥信号。

③起重司机应持有与其所操纵的塔机的起重力矩相对应的操作证;指挥员应持证上岗,并正确使用旗语或对讲机。

④起吊作业中司机和指挥员必须遵守"十不吊"的规定:指挥信号不明或无指挥不吊;超负荷和斜吊不吊;细长物件单点或捆扎不牢不吊;吊物上站人不吊;吊物边缘锋利,无防护措施不吊;埋在地下的物体不吊;安全装置失灵不吊;光线阴暗看不清吊物不吊;六级以上强风区无防护措施不吊;散物装得太满或捆扎不牢不吊。

⑤塔机运行时,必须严格按照操作规程的要求规定执行。最基本要求:起吊前先鸣号,吊物禁止从人的头上越过。起吊时吊索应保持垂直、起降平稳,操作尽量避免急刹车或冲击。严禁超载,当起吊满载或接近满载时,严禁同时做两个动作,左右回转范围不应超过90°。

⑥塔机使用时,吊物必须落地不准悬在空中。并对塔机的停放位置和小车、吊钩、夹轨钳、电源等一一加以检查,确认无误后,方能离岗。

⑦严禁起吊重物长时间悬挂在空中,作业中遇突发故障,应采取措施将重物降落到安全地方,并关闭发动机或切断电源后进行检修。

⑧塔式起重机作业时严禁超载、斜拉和起吊埋在地下等不明质量的物件。

⑨塔机在使用中不得利用安全限制器停车;吊重物时不得调整起升、变幅的制动器;除

专门设计的塔机外,起吊和变幅两套起升机构不应同时开动。对没有限位开关的吊钩,其上升高度距离起重臂头部必须大于1 m。

⑩顶升作业时应遵守下列规定:

a.液压系统应空载运转,并检查和排净系统内的空气。

b.应按说明书规定调整顶升套架滚轮与塔身标准节的间隙,使起重臂力矩与平衡臂力矩保持平衡符合说明书要求,并将回转机构制动。

c.顶升作业应随时监视液压系统压力及套架与标准节间的滚轮间隙。顶升过程中严禁起重机回转和其他作业。

d.顶升作业应在白天进行,风力在四级及以上时必须立即停止,并应紧固上、下塔身连接螺栓。

⑪自升塔式起重机还应遵守下列规定:

a.附着式或固定式塔式起重机基础及其附着的建筑物抗拉的混凝土强度和配筋必须满足设计要求。

b.吊运构件时,平衡重按规定的质量移至规定的位置后才能起吊。

c.专用电梯禁止超员,当臂杆回转或起重作业时严禁升动电梯,用完后必须降到地面最近位置,不准长时间停在空中。

d.顶升前必须放松电缆,其长度略大于总的顶升高度,并做好电缆卷筒的紧固工作。

e.在顶升过程中,必须有专人指挥、看管电源、操纵液压系统和紧固螺栓,非工作人员禁止登上顶升架平台,更不准擅自按动开关或其他电气设备,禁止在夜间进行顶升工作。四级风以上时不准进行顶升工作。

f.顶升过程中,应把回转部分刹住,严禁回转塔帽,顶升时,发现故障,必须立即停车检查,排除故障后,方可继续顶升。

g.顶升后必须检查各连接螺栓,是否已紧固,爬升套架滚轮与塔身标准节是否吻合良好,左右操纵杆是否回到中间位置,液压顶升机构电源是否切断。

⑫起吊作业时,控制器严禁越挡操纵。不论哪一部分传动装置在运动中变换方向时,必须将控制器扳回零位,待转动停止后开始逆向运转。绝对禁止直接变换运转方向。

⑬起重、旋转和行走,可以同时操纵两种动作,不得3种动作同时进行。

⑭当起重机行走到接近轨道限位开关时应提前减速停车。并在轨道两端2 m处设置挡车装置,以防止起重机出轨。

⑮起吊重物应绑扎平稳、牢固,不得在重物上再堆放或悬挂零星物件。易散落物件应使用吊笼栅栏固定后方可起吊。标有绑扎位置的物件,应按标记绑扎后起吊,吊索与物件的夹角宜采用45°~60°,且不得小于30°,吊索与物件棱角之间应加垫块。

⑯起吊荷载达到起重机额定起重量的90%及以上时,应先将重物吊离地面20~50 cm后,检查起重机的稳定性、制动器的可靠性、重物的平稳性、绑扎的牢固性,确认无误后方可继续起吊。对易晃动的重物应拴拉绳。

⑰重物起升和下降速度应平稳、均匀,不得突然制动。左右回转应平稳,当回转未停稳前不得作反向动作。非重力下降式起重机,不得带载自由下降。

⑱严禁使用起重机进行斜拉、斜吊和起吊地下埋设或凝固在地面上的重物以及其他不

明质量的物体。现场浇筑的混凝土构件或模板,必须全部松动方可起吊。

⑲吊运散装物件时,应制作专用吊笼或容器,并应保障在吊运过程中物料不会脱落。吊笼或容器在使用前应按允许承载能力的两倍荷载进行试验,使用中应定期进行检查。

⑳吊运多根钢管、钢筋等细长材料时,必须确认吊索绑扎牢靠,防止吊运中吊索滑移物料散落。

㉑轨道式塔式起重机的供电电缆不得拖地行走;沿塔身垂直悬挂的电缆,应使用不被电缆自重拉伤和磨损的可靠装置悬挂。

㉒若保护装置动作造成断电时,必须先把控制器转至零位,再按闭合按钮开关,接通总电源,并分析断电原因,查明情况处理完后方可进行操作。

㉓吊起的重物严禁自由落下。落下重物时应用断续制动,使重物缓慢下降,以免发生意外事故。

㉔在突然停电时,应立即把所有控制器拨到零位,断开电源总开关,并采取措施使重物降到地面。

㉕履带塔式起重机应遵守下列规定:

a. 地面必须平坦、坚实,操作前左右履带板应全部伸出。

b. 竖立塔身应缓慢,履带前要加铁楔垫实。当塔身竖到90°时,防后倾装置应松动,塔身不得与防后倾装置相碰。

c. 严禁有负荷时行走,空车行走时塔身应稍向前倾,行驶中不得转弯及旋转上体。

d. 作业结束后,应将塔身放下,并将旋转机构锁住。

㉖作业完毕,塔式起重机应停放在轨道中间位置,起重臂应转到顺风方向,并应松开回转制动器,卡紧轨钳,各控制器转至零位,切断电源。

㉗定期对塔机的各安全装置进行维修保养,确保其在运行过程中发挥正常作用。

㉘多机作业,应注意保持各机操作距离。各机吊钩上所悬挂重物的距离不得小于3 m。

㉙在大风情况下(达10级以上),除夹轨钳夹住轨道外,还须将起重臂放下(幅度大于15 m)转至顺风向,吊钩升至顶部,并必须拉好避风缆绳。

冬季作业时,需将驾驶室窗子打开,注意指挥信号。驾驶室内取暖,应有防火、防触电措施。

9.6.3 物料提升机

1)提升机的类型、基本构造与设计

(1)提升机的类型

提升高度30 m以下(含30 m)为低架物料提升机,提升高度31~150 m为高架物料提升机。一般常用的是龙门架提升机和井架提升机两种。

①龙门架提升机以地面卷扬机为动力,由两根立柱与天梁和地梁构成门式架体的提升机,吊篮(吊笼)在两立柱中间沿轨道作垂直运动,也可由2台或3台龙门架并联在一起使用。

②井架提升机以地面卷扬机为动力,由型钢组成井字形架体的提升机,吊篮(吊笼)在井孔内沿轨道作垂直运动,可组成单孔或多孔井架并联在一起使用。

(2)井架与龙门架的基本构造

①龙门架、井字架升降机都是用作施工中的物料垂直运输。井架与龙门架主要由架体、天梁、吊篮、导轨、天轮、电动卷扬机以及各类安全装置组成。

②附墙架与建筑结构的连接。

a. 型钢制作的附墙架与建筑结构的连接可预埋专用铁件用螺栓连接。做法如图9.4和图9.5所示。

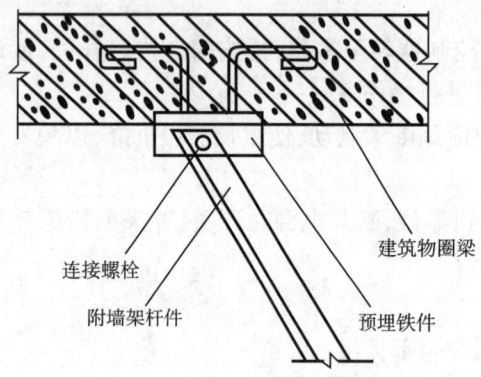

图9.4 型钢附墙架与埋件连接　　图9.5 节点详图

b. 脚手架钢管制作的附墙架与建筑结构连接,可预埋与附墙架规格相同的短管,用扣件连接。做法如图9.6所示。

c. 当墙体有足够的强度时,可将扣件钢管伸入墙内,用扣件加横管夹住。做法如图9.7所示。

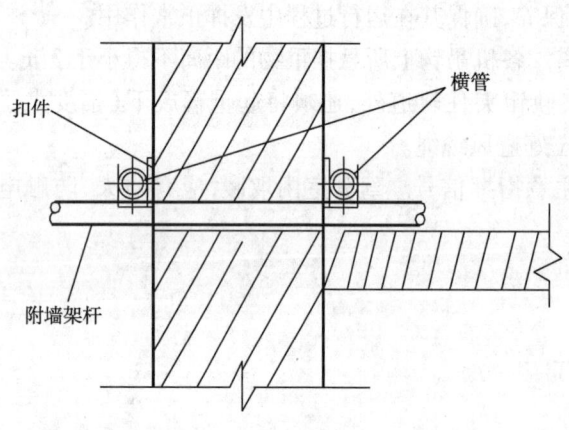 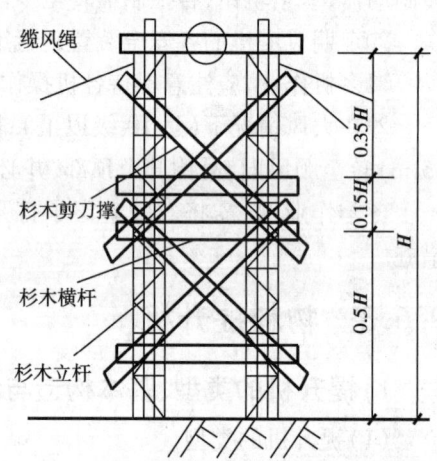

图9.6 附墙架与建筑结构连接做法　　图9.7 架体钢管伸入墙内用横管夹住墙体

③低架龙门架整体安装的加固,其做法如图9.8所示。

(3)物料提升机设计、制作的规定

①物料提升机的结构设计计算应符合现行行业标准《龙门架及井架物料提升机安全技术规范》(JGJ 88)及现行国家标准《钢结构设计规范》(GB 50017)的有关规定。

②物料提升机设计提升机结构的同时,应对其安全防护装置进行设计和选型,不得留给

使用单位解决。物料提升机应包括以下安全防护装置:安全停靠装置、断绳保护装置,楼层口停靠栏杆(门),吊篮安全门,上料口防护门,上极限限位器,信号、音响装置,对于高架(30 m以上)物料提升机。除此之外,还应具备下极限限位器、缓冲器、超载限制器、通信装置、安全装置。

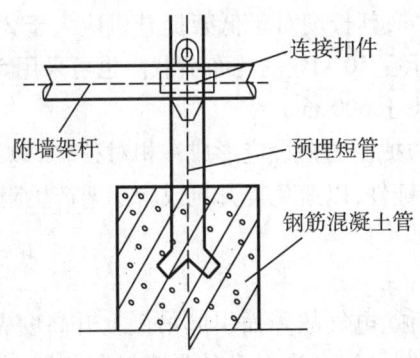

图9.8 龙门架整体吊立的加固方法

③物料提升机应有标牌,标明额定起重量、最大提升高度及制造单位、制造日期。

2) 安全防护装置

为保证物料提升机的承载性能和结构稳定性以及施工人员的安全,井架和龙门架必须设置以下安全防护装置。

(1) 安全停靠装置

当吊篮停靠到位时,该装置应能可靠地将吊篮定位,并能承担吊篮自重、额定荷载及运卸料人员和装卸物料时的工作荷载,此时起升钢丝绳应不受力。

安全停靠装置的形式不一,有机械式、电磁式、自动或手动型等。

(2) 断绳保护装置

吊篮在运行过程中发生钢丝绳突然断裂或钢丝绳尾端固定点松脱。吊篮会从高处坠落,严重的将造成机毁人亡的后果。断绳保护装置就是当上述情况发生时,此装置即刻动作,将吊篮卡在架体上,使吊篮不坠落,避免产生严重的事故。

断绳保护装置的形式较多,最常见的是弹闸式,其他还有偏心夹棍式、杠杆式和挂钩式等。无论哪种形式,都应能可靠地将吊篮在下坠时固定在架体上,其最大滑落行程,在吊篮满载时不得超过1 m。

(3) 吊篮安全门

吊篮的上下料口处应装设安全门,此门应制成自动开启型。当吊篮落地或停层时,安全门能自动打开,而在吊篮升降运行中此门处于关闭状态,成为一个四边都封闭的"吊篮",以防止所运载的物料从吊篮中滚落。

(4) 楼层口通道门

物料提升机与各楼层进料口一般均搭设了运料通道。在楼层进料口与运料通道的结合处必须设置通道安全门,此门在吊篮上下运行时应处于常闭状态,只有在卸运料时才能打开,以保证施工作业人员不在此处发生高处坠落事故。

此门的设置应设在楼层口,与架体保持一段距离,不能紧靠物料提升机架体。门高度宜为1.8 m,其强度应能承受1 kN/m水平荷载。

(5) 上料口防护棚

物料提升机地面进料口是运料人员经常出入和停留的地方，吊篮在运行过程中易发生落物伤人事故，因此，搭设上料口防护棚是防止落物伤人的有效措施。

上料口防护棚应设在提升机架体地面进料口的上方，其宽度应大于提升机架体最外部尺寸，两边对称，不得小于 1 m；其长度对于低架提升机应大于 3 m，对于高架提升机应大于 5 m。其顶部材料强度应能承受 10 kPa 的均布荷载。也可采用 50 mm 厚木板架设或采用两层竹笆、上下竹笆间距应不小于 600 mm。

应当指出的是，上料口防护棚的搭设应形成一相对独立的架体，不得将提升机架体或脚手架立杆作为防护棚的传力杆件，以避免提升机或脚手架产生附加力矩，保证提升机或脚手架的稳定。

(6) 上极限限位器

为防止司机误操作或机械、电气故障而引起吊篮上升高度失控造成事故而设置的安全装置。该装置应能有效地控制吊篮允许提升的最高极限位置，此极限位置应控制在天梁最低处以下 3 m。当吊篮上升达到极限位置时，限位器即行动作，切断电源，使吊篮只能下降，不能上升。

(7) 紧急断电开关

应设在司机便于操作的位置，在紧急情况下，能及时切断提升机的总控制电源。

(8) 信号装置

该装置由司机控制，能与各楼层进行简单的音响或灯光联络，以确定吊篮的需求情况。音量应能使各楼层使用提升机装卸物料人员清晰听到。

高架提升机除应满足上述规定外，尚需要下列安全装置并应满足以下要求：

①下极限限位器：该装置是控制吊篮下降最低极限位置的装置。在吊篮下降到最低限定位置时，即吊篮下降至尚未碰到缓冲器之前，此限位器自动切断电源，并使吊篮在重新启动时只能上升，不能下降。

②缓冲器：在架体底部坑内设置的，为缓解吊篮下坠或下极限限位器失灵时产生的冲击力的一种装置。该装置应能承受并吸收吊篮满载时和规定速度下所产生的相应冲击力。缓冲器可采用弹簧或弹性实体。

③超载限制器：此装置是为保证提升机在额定载重量之内安全使用而设置。当荷载达到额定荷载的 90% 时，即发出报警信号，提醒司机和运料人员注意。当荷载超过额定荷载时，应能切断电源，使吊篮不能启动。

④通信装置：由于架体高度较高，吊篮停靠楼层数较多，司机不能清楚地看到楼层上人员需要或分辨不清哪层楼面发生信号时，必须装设通信装置。通信装置必须是一个闭路的双向电气通信系统，司机应能听到或看清每一站的需求信息，并能与每一站人员通话。当低架提升机的架设是利用建筑物内部垂直通道，如采光井、电梯井、设备或管道井时，在司机不能看到吊篮运行情况下，也应装设通信联络装置。

3) 架体稳定要求

(1) 基本要求

①井架式提升机的架体，在与各楼层通道相接的开口处，应采取加强措施。

②提升机架体顶部的自由高度不得大于 6 m。

③提升机的天梁应使用型钢,宜选用两根槽钢,其截面高度应经计算确定,但不得小于两根。

④提升机吊篮的各杆件应选用型钢。杆件连接板的厚度不得小于 8 mm。

吊篮的结构架除按设计制作外,其底板材料可采用 50 mm 厚木板;当使用钢板时,应有防滑措施。吊篮的两侧应设置高度不小于 1 m 的安全挡板或挡网。高架提升机应选用有防护顶板的吊笼,其顶板材料可采用 50 mm 厚木板。

(2)基础

①高架提升机的基础应进行设计,基础应能可靠地承受作用在其上的全部荷载。基础的埋深与做法应符合设计和提升机出厂使用规定。

②低架提升机的基础,当无设计要求时,应符合下列要求:

a. 土层压实后的承载力应不小于 80 kPa;

b. 浇注 C20 混凝土厚度为 30 mm;

c. 基础表面应平整,水平度偏差不大于 10 mm。

③基础应有排水措施。距基础边缘 5 m 范围内,开挖沟槽或有较大振动的施工时,必须有保证架体稳定的措施。

(3)附墙架

①提升机附墙架的设置应符合设计要求,其间隔一般不宜大于 9 m,且在建筑物的顶层必须设置 1 组。

②附墙架与架体及建筑之间,均应采用刚性件连接,并形成稳定结构,不得连接在脚手架上,严禁使用钢丝绑扎。

③附墙架的材质应与架体的材质相同,不得使用木棒、竹竿等附墙架与金属架体连接。

④附墙架与建筑结构的连接应进行设计。

(4)缆风绳

①提升机受到条件限制无法设置附墙架时,应采用缆风绳稳固架体。高架提升机在任何情况下均不得采用缆风绳。

②提升机的缆风绳应经计算确定(缆风绳的安全系数 k 取 3.5)。缆风绳应选用圆股钢丝绳,直径不得小于 9.3 mm。提升机高度在 20 m 以下(含 20 m)时,缆风绳不少于 1 组(4 ~ 8 根);提升机高度在 21 ~ 30 m 时,缆风绳不少于 2 组。

③缆风绳应在架体四角有横向缀件的同一水平面上对称设置,使其在结构上引起的水平分力处于平衡状态。缆风绳与架体的连接处应采取措施,防止架体钢材对缆风绳的剪切破坏。对连接处的架体焊缝及附件必须进行设计计算。

④龙门架的缆风绳应设在顶部。若中间设置临时缆风绳时,应在此位置将架体两立柱做横向连接,不得分别牵拉立柱的单肢。

⑤缆风绳与地面的夹角应不大于 60°,其下端应与地锚连接,不得拴在树木、电杆或堆放构件等物体上。

⑥缆风绳与地锚之间,应采用与钢丝绳拉力相适应的花篮螺栓拉紧。缆风绳垂度不大于 0.01L(L 为长度),调节时应对角进行,不得在相邻两角同时拉紧。

⑦当缆风绳改变位置时,必须先做好预定位置的地锚,并加临时缆风绳确保提升机架体的稳定,方可移动原缆风绳的位置;待与地锚拴牢后,再拆除临时缆风绳。

⑧在安装、拆除以及使用提升机的过程中设置的临时缆风绳,其材料也必须使用钢丝绳,严禁使用钢丝、钢筋、麻绳等代替。

(5)地锚

①缆风绳的地锚,根据土质情况及受力大小设置,应经计算确定。

②缆风绳的地锚,一般宜采用水平式地锚,当土质坚实,地锚受力小于 15 kN 时,也可选用桩式地锚。

③当地锚无设计规定时,其规格和形式可按以下情况选用:

水平地锚可按规范中的水平地锚参数选用,见表 9.19。

表 9.19 水平地锚参数表

作用荷载/N	24 000	21 700	38 600	29 000	42 000	31 400	51 800	33 000
缆风绳水平夹角	45°	60°	45°	60°	45°	60°	45°	60°
横置木(ϕ240) 根数×长度/mm	1×2 500		3×2 500		3×3 200		3×3 300	
埋设深度/mm	1.70		1.70		1.80		2.20	
压板(密排 ϕ100 圆木) 长×宽/mm×mm	—		—		800×3 200		800×3 200	

桩式地锚采用木单桩时,圆木直径不小于 200 mm,埋深不小于 1.7 m,并在桩的前上方和后下方设两根横挡木。采用脚手钢管(DN48)或角钢(∟75×6)时,不少于两根,并排设置间距不小于 0.5 m,打入深度不小于 1.7 m,桩顶部应有缆风绳防滑措施。

④地锚的位置应满足对缆风绳的设置要求。

4)提升机的安装与拆除要求

(1)提升机安装前的准备工作

①根据施工现场工作条件及设备情况编制架体的安装方案。

②对作业人员根据方案进行安全技术交底,确定指挥人员与讯号,提升人员必须持证上岗。

③划定安全警戒区域,指定监护人员,非工作人员不得进入警戒区内。

④提升机架体的实际安装高度不得超出设计所允许的最大高度,并做好以下检查:

a. 金属结构的成套性和完好性。

b. 提升机构是否完整良好。

c. 电气设备是否齐全可靠。

d. 基础位置和做法是否符合要求。

e. 地锚位置、连墙杆(附墙杆)连接埋件的位置是否正确和埋设牢靠。

f. 提升机周围环境条件有无影响作业安全的因素,尤其是缆风绳是否跨越或靠近外电线路以及其他架空输电线路。必须靠近时,应保证最小距离并采取相应的安全防护措施。

其最小安全距离见表9.20。

表9.20　缆风绳距外电线最小安全距离

外电线路电压/kV	1以下	1~10	35~110	154~220	330~500
最小安全操作距离/m	4	6	8	10	15

（2）架体安装要求

①每安装两个标准节（一般不大于8 m），应采取临时支撑或临时缆风绳固定。

②安装龙门架时，两边立柱应交替进行，每安装两节，除将单肢柱进行临时固定外，尚应将两立柱横向连接成一体。

③装设摇臂扒杆时，应符合以下要求：

a. 扒杆不得装在架体的自由端；

b. 扒杆底座要高出工作面，其顶部不得高出架体；

c. 扒杆与水平面夹角应在45°~70°，转向时不得碰到缆风绳；

d. 扒杆应安装保险钢丝绳，起重吊钩应采用符合有关规定的吊具并设置吊钩上极限限位装置。

④架体安装完毕后，企业必须组织有关职能部门和人员对提升机进行试验和验收，检查验收合格后，方能交付使用，并挂上验收合格牌。

⑤利用建筑物内井道做架体时，各楼层进料口处的停靠门，必须与司机操作处装设的层站标识灯进行联锁，阴暗处应装照明。

⑥架体各节点的螺栓必须紧固，螺栓应符合孔径要求，严禁扩孔和开孔，更不得漏装或以钢丝代替。

⑦物料提升机架体应随安装随固定，节点采用设计图纸规定的螺栓连接不得任意扩孔。

⑧物料提升机稳固架体的缆风绳必须采用钢丝绳。附墙杆必须与物料提升机架体材质相同，严禁将附墙杆连接在脚手架上，必须可靠地与建筑结构相连接。架体顶端自由高度与附墙间距应符合设计要求。

⑨物料提升机卷扬机应安装在视线良好，远离危险作业的区域。钢丝绳应能在卷筒上整齐排列，其吊篮处于最低工作位置时，卷筒上应留有不少于3圈的钢丝绳。

⑩安装精度应符合以下规定：

a. 新制作的提升机，架体安装的垂直偏差，最大不应超过架体高度的0.15%；多次使用过的提升机，在重新安装时，其偏差不应超过0.3%，并不得超过200 mm。

b. 井架截面内，两对角线长度公差不得超过最大边长尺寸的0.3%。

c. 导轨接点截面错位不大于1.5 mm。

d. 吊篮导靴与导轨的安装间隙，应控制在5~10 mm。

（3）架体拆除要求

①拆除前应作必要的检查，其内容包括：

a. 查看提升机与建筑物的连接情况，特别是有否与脚手架连接的现象；

b. 查看提升机架体有无其他牵拉物；

c. 临时缆风绳及地锚的设置情况；

d. 架体或地梁与基础的连接情况。

②在拆除缆风绳或附墙架前,应先设置临时缆风绳或支撑,确保架体自由高度不得大于两个标准节(一般不大于8 m)。

③提升机的安装和拆卸工作必须按照施工方案进行,并设专人统一指挥。

④物料提升机采用旋转法整体安装或拆卸时,必须对架体采取加固措施,拆卸时必须待起重机吊点索具垂直拉紧后,方可松开缆风绳或拆除附墙杆件;安装时,必须将缆风绳与地锚拉紧或附墙杆与墙体连接牢靠后,起重机方可摘钩。

⑤拆除作业中,严禁从高处向下抛掷物件。

⑥拆除作业宜在白天进行,夜间确需作业的应有良好的照明,因故中断作业时,应采取临时稳固措施。

5)提升机的安全隐患及安全使用

(1)物料提升机的常见安全隐患及原因分析

①设计制造。一些企业为减少资金投入,自行制造龙门架或井架,但缺乏相应技术人员,未经设计计算和有关部门的验收便投入使用,严重危及提升机的安全使用。

有些工地因施工需要,盲目改制提升机或不按图纸的要求搭设,任意修改原设计参数,出现架体超高、随意增大额定起重量、提高起升速度等,给架体的稳定、吊篮的安全运行带来诸多安全隐患。

②架体的安装与拆除。架体的安装与拆除前未制订装拆方案和相应的安全技术措施;作业人员无证上岗;施工前未进行详尽的安全技术交底;作业中违章操作等,以致发生人员高处坠落、架体坍塌、落物伤人等事故。

另外,架体在安装过程中,对基础处理、连墙杆的设置不当,也给提升机的安全运行带来了严重的隐患;基础面不平整或水平偏差大于10 mm,严重影响架体的垂直度;连墙杆或缆风墙的随意设置,或与脚手架连接,或选用材料不符要求等都将影响架体的稳定性。

③安全装置不全或设置不当、失灵。未按规范要求设置安全装置或安全装置设置不当,如上极限限位器设置在越程距离上过小(小于3 m)或设置的位置和触动方式不合理,使上极限越程不能有效地及时切断电源,一旦发生误操作或电气故障等情况,将产生吊篮冒顶、钢丝绳拉断、吊篮坠落等严重事故。

此外,由于平时对各类安全装置疏于检查和维修,致使安全装置功能失灵而未察觉,提升机带病运行,安全隐患严重。

④使用和管理不当:

a. **违章乘坐吊篮上下**:个别人员违反规定乘坐吊篮时恰逢其他事故隐患发生,致使人员坠落伤亡;

b. **严重超载**:在物料提升机的使用过程中,不严格按提升机额定荷载控制物料重量,使吊篮与架体或卷扬机长期在超负荷工况下运行,导致架体变形、钢丝绳断裂、吊篮坠落等恶性事故的发生,若架体基础和连墙杆处理不当,甚至可发生架体整体坍塌,机毁人亡的严重后果;

c. **无通信或联络装置或装置失灵**:提升机缺乏必要的通信联络装置或装置失灵,使司机无法清楚看到吊篮需求信号,各楼层作业人员无法知道吊篮的运行情况,有些人甚至打开楼层通道门,站在通道口并将脑袋伸入架体内观察吊篮运行情况,从而导致人员高处坠落,或被刚好下降的吊篮夹住脑袋,有的当场卡死,有的卡住脑袋或肩部后将人从卸料平台拖进架体内坠落死亡;

d.此外,物料提升机未经验收便投入使用,缺乏定期检查和维修保养,电气设备不符规范要求,卷扬机设置位置不合理等都将引起安全事故。

(2)物料提升机的安全使用和管理

①提升机安装后,应由主管部门组织有关人员按规范和设计的要求进行检查验收,确定合格后发给使用证,方可交付使用。

②由专职司机操作。升降机司机应经专门培训,人员要相对稳定,每班开机前,应对卷扬机、钢丝绳、地锚、缆风绳进行检查,并进行空车运行,确认各类安全装置安全可靠后方能投入工作。

③每班作业前,应对物料提升机架体、缆风绳、附墙架及各安全防护装置进行检查,并经空载运行试验,确认符合要求后,方可投入使用。

④物料提升机运行时,物料在吊篮内应均匀分配,不得超载运行和物料超出吊篮外运行。

⑤物料提升机作业时,应设置统一信号指挥,当无可靠联系措施时,司机不得开机;高架提升机应使用通信装置联系,或设置摄像显示装置。

⑥设有起重扒杆的物料提升机,作业时,其吊篮与起重扒杆不得同时使用。

⑦不得随意拆除物料提升机安全装置,发现安全装置失灵时,应立即停机修复。

⑧严禁人员攀登物料提升机或乘其吊篮上下。

⑨提升机在工作状态下,不得进行保养、维修、排除故障等工作,若要进行则应切断电源并在醒目处挂"有人检查、禁止合闸"的标识牌,必要时应设专人监护。

⑩作业结束时,司机应降下吊篮,切断电源,锁好控制电箱门,防止其他无证人员擅自启动提升机。

⑪物料提升机司机下班或司机暂时离机,必须将吊篮降至地面,并切断电源,锁好电箱。

9.6.4 施工升降机

施工升降机是高层建筑施工中运送施工人员、建筑材料和工具设备必备的和重要的垂直运输设施。施工升降机又称为施工电梯,是一种使工作笼(吊笼)沿导轨作垂直(或倾斜)运动的机械。施工升降机在中、高层建筑施工中采用较为广泛,另外还可作为仓库、码头、船坞、高塔、高烟囱长期使用的垂直运输机械。施工升降机按其传动形式可分为齿轮齿条式、钢丝绳式和混合式3种。

1) 施工升降机的基本构造

常用的建筑施工升降机是由钢结构(天轮架、吊笼、导轨架、前附着架、后附着架和底笼)、驱动装置(电动机、涡轮减速箱、齿轮、齿条、钢丝绳及配重)、安全装置(限速器、制动器、限位器、行程开关及缓冲弹簧)和电气设备(操纵装置、电缆及电缆筒)4部分组成。

2）施工升降机的安全装置

（1）限速器

齿条驱动的建筑施工升降机，为了防止吊笼坠落均装有锥鼓式限速器，并可分为单向式和双向式两种，单向限速器只能沿吊笼下降方向起限速作用，双向限速器则可沿吊笼的升降两个方向起限速作用。

当齿轮达到额定限制转速时，限速器内的离心块在离心力与重力作用下推动制动轮，并逐渐增大制动力矩，直到将工作笼制动在导轨架上为止。在限速器制动的同时，导向板切断驱动电动机的电源。限速器每次动作后，必须进行复位，即使离心块与制动轮的凸齿脱开，并确认传动机构的电磁制动作用可靠，方能重新工作（限速器应按规定期限进行性能检测）。

（2）缓冲弹簧

在建筑施工升降机底笼的底盘上装有缓冲弹簧，以便当吊笼发生坠落事故时，减轻吊笼的冲击，同时保证吊笼和配重下降着地时呈柔性接触，缓冲吊笼和配重着地时的冲击。

缓冲弹簧有圆锥卷弹簧和圆柱螺旋弹簧两种。一般情况下，每个吊笼对应的底架上装有两个圆锥底弹簧。也有采用4个圆柱螺旋弹簧的。

（3）上、下限位器

这是为防止吊笼上下时超过需停位置，或因司机误操作和电气故障等原因继续上行或下降引发事故而设置的装置。上、下限位器安装在吊轨架和吊笼上，属于自动复位型的。

（4）上、下极限限位器

上、下极限限位器是在上、下限位器不起作用时，当吊笼运行超过限位开关和越程后，能及时切断电源使吊笼停车。极限限位器是非自动复位型，动作后只能手动复位才能使吊笼重新启动。极限限位器安装在导轨器或吊笼上（越程是指限位开关与极限限位开关之间所规定的安全距离）。

（5）安全钩

安全钩是为防止吊笼到达预先设定位置，上限位器和上极限限位器因各种原因不能及时动作，吊笼继续向上运行，将导致吊笼冲击导轨架顶部而发生倾翻坠落事故而设置的。安全钩是安装在吊笼上部的重要也是最后一道安全装置，它能使吊笼上行到导轨架顶部的时候，安全钩钩住导轨架，保证吊笼不发生倾翻坠落事故。

（6）急停开关

当吊笼在运行过程中发生各种原因的紧急情况时，司机能在任何时候按下急停开关，使吊笼停止运行。急停开关必须是非自行复位的安全装置，安装在吊笼顶部。

（7）吊笼门、底笼门连锁装置

施工升降机的吊笼门、底笼门均装有电气连锁开关，它们能有效地防止因吊笼或底笼门未关闭就启动运行而造成人员坠落和物料滚落，只有当吊笼门和底笼门完全关闭时才能启动行运。

（8）楼层通道门

施工升降机与各楼层均搭设了运料和人员进出的通道，在通道口与升降机接合部必须设置楼层通道门。此门在吊笼上下运行时处于常闭状态，只有在吊笼停靠时才能由吊笼内的人打开。应做到楼层内的人员无法打开此门，以确保通道口处在封闭的条件下不出现危险的边缘。楼层通道门的高度应不低于1.8 m,门的下沿离通道面不应超过50 mm。

(9)通信装置

由于司机的操作室位于吊笼内,无法知道各楼层的需求情况和分辨不清哪个层面发出信号,因此,必须安装一个闭路的双向电气通信装置,司机应能听到或看到每一层的需求信号。

(10)地面出入口防护棚

升降机在安装完毕时,应及时搭设地面出入后的防护棚。防护棚搭设的材质要选用普通脚手架钢管、防护棚长度不应小于5 m,有条件的可与地面通道防护棚连接起来。宽度应不小于升降机底笼最外部尺寸。其顶部材料可采用50 mm厚木板或两层竹笆,上下竹笆间距应不小于600 mm。

3)施工升降机的安装与拆卸要求

①施工升降机每次安装与拆卸作业之前,企业应根据施工现场工作环境及辅助设备情况编制安装拆卸方案,经企业技术负责人审批同意后方能实施。

②每次安装或拆除作业之前,应对作业人员按不同的工种和作业内容进行详细的技术、安装交底。参与装拆作业的人员必须持有专门的资格证书。

③升降机的装拆作业必须是经当地建设行政主管部门认可、持有相应的装拆资质证书的专业单位实施。

④升降机每次安装后,施工企业应组织有关职能部门和专业人员对升降机进行必要的试验和验收。确认合格后应向当地建设行政主管部门认定的检测机构申报,经专业检测机构检测合格后,才能正式投入使用。

⑤施工升降机在安装作业前,应对升降机的各部件作以下检查:

a. 导轨架、吊笼等金属结构的成套性和完好性;
b. 传动系统的齿轮、限速器的装配精度及其接触长度;
c. 电气设备主电路和控制电路是否符合国家规定的产品标准;
d. 基础位置和做法是否符合该产品的设计要求;
e. 附墙架设置处的混凝土强度和螺栓孔是否符合安装条件;
f. 各安全装置是否齐全,安装位置是否正确牢固,各限位开关动作是否灵敏、可靠;
g. 升降机安装作业环境有无影响作业安全的因素。

⑥安装作业应严格按照预先制订的安装方案和施工工艺要求实施,安装过程中有专人统一指挥,划出警戒区域,并有专人监控。

⑦施工升降机处于安装工况,应按照关于施工升降机的现行标准及说明书的规定,依次进行不少于两节导轨架标准节的接高试验。

⑧施工升降机导轨架随接高标准节的同时,必须按说明书规定进行附墙连接,导轨架顶部悬臂部分不得超过说明书规定的高度。

⑨施工升降机吊笼与吊杆不得同时使用。吊笼顶部应装设安全开关,当人员在吊笼顶部作业时,安全开关应处于吊笼不能启动的断路状态。

⑩有对重的施工升降机在安装或拆卸过程吊笼处于无对重运行时,应严格控制吊笼内载荷及避免超速刹车。

⑪施工升降机安装或拆卸导轨架作业不得与铺设或拆除各层通道作业上下同时进行。当搭设或拆除楼层通道时,吊笼严禁运行。

⑫施工升降机拆卸前,应对各机构、制动器及附件进行检查,确认正常时,方可进行拆卸工作。

⑬作业人员应按高处作业的要求,系好安全带。

⑭拆卸时严禁将物件从高处向下抛掷。

⑮安装与拆卸工作宜在白天进行,遇恶劣天气应停止作业。

4)施工升降机的事故隐患及安全使用

(1)施工升降机

施工升降机是一种危险性较大的设备,易导致重大伤亡事故。常见的事故隐患及其产生的原因主要有:

①施工升降机的装拆:

a. 一些施工企业将施工升降机的装拆作业发包给无相应装拆资质的队伍或个人,或装拆单位虽有相应资质,但由于业务量多而人手不足时,盲目开展众多的拆装业务,致使技术力量与经培训持有拆装资格的人员缺少,给施工升降机的装拆质量和安全运行造成极大威胁;

b. 不按施工升降机装拆方案施工或根本无装拆方案,即使有方案也无针对性,且缺乏必要的审批手续,拆装过程中也无专人统一指挥;

c. 施工升降机完成安装作业后即投入使用,不履行相关的验收手续和必经的试验程序,甚至不向当地建设行政主管部门指定的专业检测机构申报检测,以致发生机械、电气故障和各类事故;

d. 装拆人员未经专业培训即上岗作业;

e. 装拆作业前未进行详细的、有针对性的安全技术交底,作业时又缺乏必要的监护措施,现场违章作业随处可见,极易发生高处坠落、落物伤人等重大事故。

②安全装置装设不当甚至不装,使得吊笼在运行过程中一旦发生故障而安全装置无法发挥作用。常见的有上极限限位器安装位置与上限位开关之间的越程距离大于规定要求(SC 型升降机的规定越程为 0.15 m),安全钩安装位置也不符合设计要求,使得上极限位开关在紧急情况下不能及时动作,安全钩也不能发挥作用,吊笼冲出轨道,发生吊笼坠落的重大事故。

③楼层门设置不符要求,层门净高偏低,使有些运料人员把头伸出门外观察吊笼运作情况时,被正好落下的吊笼卡住脑袋甚至切断发生恶性伤亡事故;有些楼层门可从楼层内打开,使得通道口成为危险的临边口,造成人员坠落或物料坠落伤人的事故。

④施工升降机的司机未持证上岗,或司机离开驾驶室时未关闭电源,使无证人员有机会擅自开动升降机,一旦遇到意外情况不知所措,酿成事故。

⑤不按升降机额定荷载控制人员数量和物料质量,使升降机长期处于超载运行的状态,导致吊笼及其他受力部件变形,给升降机的安全运行带来了严重的安全隐患。

⑥不按设计要求及时配置配重,又不将额定荷载减半,极不利于升降机的安全运行。

⑦限速器未按规定进行每 3 个月 1 次的坠落试验,一旦发生吊笼下坠失速,限速器失灵

必将产生严重后果。

⑧另外,金属结构和电气金属外壳不接地或接地不符安全要求,悬挂配重的钢丝绳安全系数达不到8倍,电气装置不设置相序和断相保护器等,都是施工升降机使用过程中常见的事故通病。

(2)施工升降机的安全使用和管理

①施工企业必须建立健全施工升降机的各类管理制度,落实专职机构和专职管理人员,明确各级安全使用和管理责任制。

②驾驶升降机的司机应经有关行政主管部门培训合格的专职人员,严禁无证操作。

③司机应做好日常检查工作,即在电梯每班首次运行时,应分别作空载和满载试运行,将梯笼升高离地面0.5 m处停车,检查制动器的灵敏性和可靠性,确认正常后方可投入使用。

④建立和执行定期检查和维修保养制度,每周或每旬对升降机进行全面检查,对查出的隐患按"三定"原则落实整改。整改后须经有关人员复查确认符合安全要求后,方能使用。

⑤施工升降机额定荷载试验在每班首次载重运行时,应从最底层开始上升,不得自上而下运行,当吊笼升高离地面1~2 m时,停机试验制动器的可靠性。

⑥梯笼乘人、载物时,应尽量使荷载均匀分布,严禁超载使用。

⑦升降机应按规定单独安装接地保护和避雷装置。

⑧升降机运行至最上层和最下层时,严禁以碰撞上、下限位开关来实现停车。

⑨各停靠层的运料通道两侧必须有良好的防护。楼层门应处于常闭状态,其高度应符合规范要求,任何人不得擅自打开或将头伸出门外,当楼层门未关闭时,司机不得开动电梯。

⑩确保通信装置的完好,司机应当在确认信号后方能开动升降机,作业中无论任何人在任何楼层发出紧急停车信号,司机都应当立即执行。

⑪司机因故离开吊笼及下班时,应将吊笼降至地面,切断总电源并锁上电箱门,以防止其他无证人员擅自开动吊笼。

⑫严禁在升降机运行状态下进行维修保养工作。若需维修,必须切断电源并在醒目处挂上"有人检修,禁止合闸"的标识牌,并有专人监护。

⑬施工升降机的防坠安全器,不得任意拆检调整,应按规定的期限,由生产厂或指定的认可单位进行鉴定或检修。

⑭风力达六级以上,应停止使用升降机,并将吊笼降至地面。

单元小结

通过本单元的学习,学生应熟悉房屋拆除过程的安全措施、土方工程施工过程的安全措施、主体结构施工安全措施、装饰工程施工安全措施、高处作业安全技术、施工现场临时用电安全管理、施工机械使用安全措施。

单元训练

1. 拆除工程安全技术措施有哪些？
2. 土方工程施工安全技术措施有哪些？
3. 坑(槽)壁支护工程施工安全要点有哪些？
4. 基坑排水安全要点有哪些？
5. 脚手架工程施工安全要点有哪些？
6. 模板工程施工安全要点有哪些？
7. 钢筋制作安装施工安全要点有哪些？
8. 钢结构焊接工程施工安全要点有哪些？
9. 钢结构安装工程施工安全要点有哪些？
10. 砌体工程施工安全要点有哪些？
11. 装饰工程施工安全要点有哪些？
12. 高处作业安全技术有哪些？
13. 临边作业安全技术有哪些？
14. 外檐洞口作业安全技术有哪些？
15. 电工及用电人员要求有哪些？
16. 临时用电线路和电气设备防护要求有哪些？
17. 施工用电线路安全要求有哪些？
18. 简述触电事故的急救方法。
19. 施工机械安全管理的一般规定有哪些？
20. 塔机安装、拆卸的安全要求有哪些？
21. 塔机的常见事故隐患有哪些？
22. 提升机的安装与拆除要求有哪些？
23. 提升机的安全隐患有哪些？
24. 施工升降机的安装与拆卸要求有哪些？
25. 施工升降机的事故隐患有哪些？

单元 10
施工现场消防安全

项目 10.1　总平面布局

10.1.1　一般规定

①临时用房、临时设施的布置应满足现场防火、灭火及人员安全疏散的要求。

②下列临时用房和临时设施应纳入施工现场总平面布局：

a.施工现场的出入口、围墙、围挡；

b.场内临时道路；

c.给水管网或管路和配电线路敷设或架设的走向、高度；

d.施工现场办公用房、宿舍、发电机房、变配电房、可燃材料库房、易燃易爆危险品库房、可燃材料堆场及其加工场、固定动火作业场等；

e.临时消防车道、消防救援场地和消防水源。

③施工现场出入口的设置应满足消防车通行的要求，并宜布置在不同方向，其数量不宜少于两个。当确有困难只能设置1个出入口时，应在施工现场内设置满足消防车通行的环形道路。

④施工现场临时办公、生活、生产、物料储存等功能区宜相对独立布置，防火间距应符合规范规定。

⑤固定动火作业场应布置在可燃材料堆场及其加工场、易燃易爆危险品库房等全年最小频率风向的上风侧，并宜布置在临时办公用房、宿舍、可燃材料库房、在建工程等全年最小频率风向的上风侧。

⑥易燃易爆危险品库房应远离明火作业区、人员密集区和建筑物相对集中区。

⑦可燃材料堆场及其加工场、易燃易爆危险品库房不应布置在架空电力线下。

10.1.2 防火间距

①易燃易爆危险品库房与在建工程的防火间距不应小于 15 m,可燃材料堆场及其加工场、固定动火作业场与在建工程的防火间距不应小于 10 m,其他临时用房、临时设施与在建工程的防火间距不应小于 6 m。

②施工现场主要临时用房、临时设施的防火间距不应小于表 10.1 的规定,当办公用房、宿舍成组布置时,其防火间距可适当减小,但应符合下列规定:

a. 每组临时用房的栋数不应超过 10 栋,组与组之间的防火间距不应小于 8 m。

b. 组内临时用房之间的防火间距不应小于 3.5 m,当建筑构件燃烧性能等级为 A 级时,其防火间距可减少到 3 m。

表 10.1 施工现场主要临时用房、临时设施的防火间距

单位:m

名称	办公用房、宿舍	发电机房、变配电房	可燃材料库房	厨房操作间、锅炉房	可燃材料堆场及其加工场	固定动火作业场	易燃易爆危险品库房
办公用房、宿舍	4	4	5	5	7	7	10
发电机房、变配电房	4	4	5	5	7	7	10
可燃材料库房	5	5	5	5	7	7	10
厨房操作间、锅炉房	5	5	5	5	7	7	10
可燃材料堆场及其加工场	7	7	7	7	7	10	10
固定动火作业场	7	7	7	7	10	10	12
易燃易爆危险品库房	10	10	10	10	10	12	12

10.1.3 消防车道

①施工现场内应设置临时消防车道,临时消防车道与在建工程、临时用房、可燃材料堆场及其加工场的距离不宜小于 5 m,且不宜大于 40 m;施工现场周边道路满足消防车通行及灭火救援要求时,施工现场内可不设置临时消防车道。

②临时消防车道的设置应符合下列规定:

a. 临时消防车道宜为环形,设置环形车道确有困难时,应在消防车道尽端设置尺寸不小于 12 m×12 m 的回车场。

b. 临时消防车道的净宽度和净空高度均不应小于 4 m。

c. 临时消防车道的右侧应设置消防车行进路线指示标识。

d. 临时消防车道路基、路面及其下部设施应能承受消防车通行压力及工作荷载。

③下列建筑应设置环形临时消防车道,设置环形临时消防车道确有困难时,除应设置回车场外,尚应设置临时消防救援场地:

a. 建筑高度大于 24 m 的在建工程。
b. 建筑工程单体占地面积大于 3 000 m² 的在建工程。
c. 超过 10 栋,且成组布置的临时用房。
④临时消防救援场地的设置应符合下列规定:
a. 临时消防救援场地应在在建工程装饰装修阶段设置。
b. 临时消防救援场地应设置在成组布置的临时用房场地的长边一侧及在建工程的长边一侧。
c. 临时救援场地宽度应满足消防车正常操作要求,且不应小于 6 m,与在建工程外脚手架的净距不宜小于 2 m,且不宜超过 6 m。

项目 10.2　建筑防火

10.2.1　一般规定

①临时用房和在建工程应采取可靠的防火分隔和安全疏散等防火技术措施。
②临时用房的防火设计应根据其使用性质及火灾危险性等情况进行确定。
③在建工程防火设计应根据施工性质、建筑高度、建筑规模及结构特点等情况进行确定。

10.2.2　临时用房防火

(1)宿舍、办公用房的防火设计规定
①建筑构件的燃烧性能等级应为 A 级。当采用金属夹芯板材时,其芯材的燃烧性能等级应为 A 级。
②建筑层数不应超过 3 层,每层建筑面积不应大于 300 m²。
③层数为 3 层或每层建筑面积大于 200 m² 时,应设置至少两部疏散楼梯,房间疏散门至疏散楼梯的最大距离不应大于 25 m。
④单面布置用房时,疏散走道的净宽度不应小于 1.0 m;双面布置用房时,疏散走道的净宽度不应小于 1.5 m。
⑤疏散楼梯的净宽度不应小于疏散走道的净宽度。
⑥宿舍房间的建筑面积不应大于 30 m²,其他房间的建筑面积不宜大于 100 m²。
⑦房间内任一点至最近疏散门的距离不应大于 15 m,房门的净宽度不应小于 0.8 m;房间建筑面积超过 50 m² 时,房门的净宽度不应小于 1.2 m。
⑧隔墙应从楼地面基层隔断至顶板基层底面。
(2)发电机房、变配电房、厨房操作间、锅炉房、可燃材料库房及易燃易爆危险品库房的防火设计规定
①建筑构件的燃烧性能等级应为 A 级。
②层数应为 1 层,建筑面积不应大于 200 m²。
③可燃材料库房单个房间的建筑面积不应超过 30 m²,易燃易爆危险品库房单个房间的建筑面积不应超过 20 m²。

④房间内任一点至最近疏散门的距离不应大于 10 m,房门的净宽度不应小于 0.8 m。

(3) 其他防火设计规定

①宿舍、办公用房不应与厨房操作间、锅炉房、变配电房等组合建造。

②会议室、文化娱乐室等人员密集的房间应设置在临时用房的第一层,其疏散门应向疏散方向开启。

10.2.3 在建工程防火

①在建工程作业场所的临时疏散通道应采用不燃、难燃材料建造,并应与在建工程结构施工同步设置,也可利用在建工程施工完毕的水平结构、楼梯。

②在建工程作业场所临时疏散通道的设置应符合下列规定:

a. 耐火极限不应低于 0.5 h。

b. 设置在地面上的临时疏散通道,其净宽度不应小于 1.5 m;利用在建工程施工完毕的水平结构、楼梯做临时疏散通道时,其净宽度不宜小于 1.0 m;用于疏散的爬梯及设置在脚手架上的临时疏散通道,其净宽度不应小于 0.6 m。

c. 临时疏散通道为坡道,且坡度大于 25°时,应修建楼梯或台阶踏步或设置防滑条。

d. 临时疏散通道不宜采用爬梯,确需采用时,应采取可靠固定措施。

e. 临时疏散通道的侧面为临空面时,应沿临空面设置高度不小于 1.2 m 的防护栏杆。

f. 临时疏散通道设置在脚手架上时,脚手架应采用不燃材料搭设。

g. 临时疏散通道应设置明显的疏散指示标识。

h. 临时疏散通道应设置照明设施。

③既有建筑进行扩建、改建施工时,必须明确划分施工区和非施工区。施工区不得营业、使用和居住;非施工区继续营业、使用和居住时,应符合下列规定:

a. 施工区和非施工区之间应采用不开设门、窗、洞口的耐火极限不低于 3.0 h 的不燃烧体隔墙进行防火分隔。

b. 非施工区内的消防设施应完好和有效,疏散通道应保持畅通,并应落实日常值班及消防安全管理制度。

c. 施工区的消防安全应配有专人值守,发生火情应能立即处置。

d. 施工单位应向居住和使用者进行消防宣传教育,告知建筑消防设施、疏散通道的位置及使用方法,同时应组织疏散演练。

e. 外脚手架搭设不应影响安全疏散、消防车正常通行及灭火救援操作,外脚手架搭设长度不应超过该建筑物外立面周长的 1/2。

④外脚手架、支模架的架体宜采用不燃或难燃材料搭设,下列工程的外脚手架、支模架的架体应采用不燃材料搭设:

a. 高层建筑;

b. 既有建筑改造工程。

⑤下列安全防护网应采用阻燃型安全防护网:

a. 高层建筑外脚手架的安全防护网;

b. 既有建筑外墙改造时,其外脚手架的安全防护网;

c.临时疏散通道的安全防护网。
　⑥作业场所应设置明显的疏散指示标识,其指示方向应指向最近的临时疏散通道入口。
　⑦作业层的醒目位置应设置安全疏散示意图。

项目10.3　临时消防设施

10.3.1　一般规定

　①施工现场应设置灭火器、临时消防给水系统和应急照明等临时消防设施。
　②临时消防设施应与在建工程的施工同步设置。房屋建筑工程中,临时消防设施的设置与在建工程主体结构施工进度的差距不应超过3层。
　③在建工程可利用已具备使用条件的永久性消防设施作为临时消防设施。当永久性消防设施无法满足使用要求时,应增设临时消防设施,并应符合消防规范的有关规定。
　④施工现场的消火栓泵应采用专用消防配电线路。专用消防配电线路应自施工现场总配电箱的总断路器上端接入,且应保持不间断供电。
　⑤地下工程的施工作业场所宜配备防毒面具。
　⑥临时消防给水系统的贮水池、消火栓泵、室内消防竖管及水泵接合器等应设置醒目标识。

10.3.2　灭火器

在建工程及临时用房的下列场所应配置灭火器:
①易燃易爆危险品存放及使用场所;
②动火作业场所;
③可燃材料存放、加工及使用场所;
④厨房操作间、锅炉房、发电机房、变配电房、设备用房、办公用房、宿舍等临时用房;
⑤其他具有火灾危险的场所。
施工现场灭火器配置应符合下列规定:
①灭火器的类型应与配备场所可能发生的火灾类型相匹配。
②灭火器的最低配置标准应符合表10.2的规定。

表10.2　灭火器的最低配置标准

项目	固体物质火灾		液体或可熔化固体物质火灾、气体火灾	
	单具灭火器最小灭火级别	单位灭火级别最大保护面积/(m²·A⁻¹)	单具灭火器最小灭火级别	单位灭火级别最大保护面积/(m²·B⁻¹)
易燃易爆危险品存放及使用场所	3A	50	89B	0.5
固定动火作业场	3A	50	89B	0.5
临时动火作业点	2A	50	55B	0.5

续表

项 目	固体物质火灾		液体或可熔化固体物质火灾、气体火灾	
	单具灭火器最小灭火级别	单位灭火级别最大保护面积/($m^2 \cdot A^{-1}$)	单具灭火器最小灭火级别	单位灭火级别最大保护面积/($m^2 \cdot B^{-1}$)
可燃材料存放、加工及使用场所	2A	75	55B	1.0
厨房操作间、锅炉房	2A	75	55B	1.0
自备发电机房	2A	75	55B	1.0
变配电房	2A	75	55B	1.0
办公用房、宿舍	1A	100	—	—

③灭火器的配置数量应按现行国家标准《建筑灭火器配置设计规范》(GB 50140)的有关规定经计算确定,且每个场所的灭火器数量不应少于两具。

④灭火器的最大保护距离应符合表 10.3 的规定。

表 10.3 灭火器的最大保护距离

灭火器配置场所	固体物质火灾/m	液体或可熔化固体物质火灾、气体火灾/m
易燃易爆危险品存放及使用场所	15	9
固定动火作业场	15	9
临时动火作业点	10	6
可燃材料存放、加工及使用场所	20	12
厨房操作间、锅炉房	20	12
发电机房、变配电房	20	12
办公用房、宿舍等	25	—

10.3.3 临时消防给水系统

①施工现场或其附近应设置稳定、可靠的水源,并应能满足施工现场临时消防用水的需要。

消防水源可采用市政给水管网或天然水源。当采用天然水源时,应采取确保冰冻季节、枯水期最低水位时顺利取水的措施,并应满足临时消防用水量的要求。

②临时消防用水量应为临时室外消防用水量与临时室内消防用水量之和。

③临时室外消防用水量应按临时用房和在建工程的临时室外消防用水量的较大者确定,施工现场火灾次数可按同时发生 1 次确定。

④临时用房建筑面积之和大于 1 000 m^2 或在建工程单体体积大于 10 000 m^3 时,应设置

临时室外消防给水系统。当施工现场处于市政消火栓 150 m 保护范围内,且市政消火栓的数量满足室外消防用水量要求时,可不设置临时室外消防给水系统。

⑤临时用房的临时室外消防用水量不应小于表 10.4 的规定。

表 10.4 临时用房的临时室外消防用水量

临时用房的建筑面积之和	火灾持续时间/h	消火栓用水量/(L·s^{-1})	每支水枪最小流量/(L·s^{-1})
1 000 m² < 面积 ≤ 5 000 m²	1	10	5
面积 > 5 000 m²	1	15	5

⑥在建工程的临时室外消防用水量不应小于表 10.5 的规定。

表 10.5 在建工程的临时室外消防用水量

在建工程(单体)体积	火灾持续时间/h	消火栓用水量/(L·s^{-1})	每支水枪最小流量/(L·s^{-1})
10 000 m³ < 体积 ≤ 30 000 m³	1	15	5
体积 > 30 000 m³	2	20	5

⑦施工现场临时室外消防给水系统的设置应符合下列规定:

a.给水管网宜布置成环状。

b.临时室外消防给水干管的管径,应根据施工现场临时消防用水量和干管内水流计算速度计算确定,且不应小于 DN100。

c.室外消火栓应沿在建工程、临时用房和可燃材料堆场及其加工场均匀布置,与在建工程、临时用房和可燃材料堆场及其加工场的外边线的距离不应小于 5 m。

d.消火栓的间距不应大于 120 m。

e.消火栓的最大保护半径不应大于 150 m。

⑧建筑高度大于 24 m 或单体体积超过 30 000 m³ 的在建工程,应设置临时室内消防给水系统。

⑨在建工程的临时室内消防用水量不应小于表 10.6 的规定。

表 10.6 在建工程的临时室内消防用水量

建筑高度、在建工程体积(单体)	火灾持续时间/h	消火栓用水量/(L·s^{-1})	每支水枪最小流量/(L·s^{-1})
24 m < 建筑高度 ≤ 50 m 或 30 000 m³ < 体积 ≤ 50 000 m³	1	10	5
建筑高度 > 50 m 或 体积 > 50 000 m³	1	15	5

⑩在建工程临时室内消防竖管的设置应符合下列规定:

a.消防竖管的设置位置应便于消防人员操作,其数量不应少于两根,当结构封顶时,应将消防竖管设置成环状。

b. 消防竖管的管径应根据在建工程临时消防用水量、竖管内水流计算速度计算确定,且不应小于 DN100。

　　⑪设置室内消防给水系统的在建工程,应设置消防水泵接合器。消防水泵接合器应设置在室外便于消防车取水的部位,与室外消火栓或消防水池取水口的距离宜为 15～40 m。

　　⑫设置临时室内消防给水系统的在建工程,各结构层均应设置室内消火栓接口及消防软管接口,并应符合下列规定:

　　a. 消火栓接口及软管接口应设置在位置明显且易于操作的部位。

　　b. 消火栓接口的前端应设置截止阀。

　　c. 消火栓接口或软管接口的间距,多层建筑不应大于 50 m,高层建筑不应大于 30 m。

　　⑬在建工程结构施工完毕的每层楼梯处应设置消防水枪、水带及软管,且每个设置点不应少于两套。

　　⑭高度超过 100 m 的在建工程,应在适当楼层增设临时中转水池及加压水泵。中转水池的有效容积不应少于 10 m³,上、下两个中转水池的高差不宜超过 100 m。

　　⑮临时消防给水系统的给水压力应满足消防水枪充实水柱长度不小于 10 m 的要求;给水压力不能满足要求时,应设置消火栓泵,消火栓泵不应少于两台,且应互为备用;消火栓泵宜设置自动启动装置。

　　⑯当外部消防水源不能满足施工现场的临时消防用水量要求时,应在施工现场设置临时贮水池。临时贮水池宜设置在便于消防车取水的部位,其有效容积不应小于施工现场火灾持续时间内一次灭火的全部消防用水量。

　　⑰施工现场临时消防给水系统应与施工现场生产、生活给水系统合并设置,但应设置将生产、生活用水转为消防用水的应急阀门。应急阀门不应超过两个,且应设置在易于操作的场所,并应设置明显标识。

　　⑱严寒和寒冷地区的现场临时消防给水系统应采取防冻措施。

10.3.4　应急照明

　　施工现场的下列场所应配备临时应急照明:

　　①自备发电机房及变配电房;

　　②水泵房;

　　③无天然采光的作业场所及疏散通道;

　　④高度超过 100 m 的在建工程的室内疏散通道;

　　⑤发生火灾时仍需坚持工作的其他场所。

　　作业场所应急照明的照明度不应低于正常工作所需照度的 90%,疏散通道的照度值不应小于 0.5 lx。

　　临时消防应急照明灯具宜选用自备电源的应急照明灯具,自备电源的连续供电时间不应少于 60 min。

项目10.4 防火管理

10.4.1 一般规定

①施工现场的消防安全管理应由施工单位负责。

实行施工总承包时,应由总承包单位负责。分包单位应向总承包单位负责,并应服从总承包单位的管理,同时应承担国家法律、法规规定的消防责任和义务。

②监理单位应对施工现场的消防安全管理实施监理。

③施工单位应根据建设项目规模、现场消防安全管理的重点,在施工现场建立消防安全管理组织机构及义务消防组织,并应确定消防安全负责人和消防安全管理人员,同时应落实相关人员的消防安全管理责任。

④施工单位应针对施工现场可能导致火灾发生的施工作业及其他活动,制订消防安全管理制度。消防安全管理制度应包括下列主要内容:

a.消防安全教育与培训制度;

b.可燃及易燃易爆危险品管理制度;

c.用火、用电、用气管理制度;

d.消防安全检查制度;

e.应急预案演练制度。

⑤施工单位应编制施工现场防火技术方案,并应根据现场情况变化及时对其修改、完善。防火技术方案应包括下列主要内容:

a.施工现场重大火灾危险源辨识;

b.施工现场防火技术措施;

c.临时消防设施、临时疏散设施配备;

d.临时消防设施和消防警示标识布置图。

⑥施工单位应编制施工现场灭火及应急疏散预案。灭火及应急疏散预案应包括下列主要内容:

a.应急灭火处置机构及各级人员应急处置职责;

b.报警、接警处置的程序和通信联络的方式;

c.扑救初起火灾的程序和措施;

d.应急疏散及救援的程序和措施。

⑦施工人员进场时,施工现场的消防安全管理人员应向施工人员进行消防安全教育和培训。消防安全教育和培训应包括下列内容:

a.施工现场消防安全管理制度、防火技术方案、灭火及应急疏散预案的主要内容;

b.施工现场临时消防设施的性能及使用、维护方法;

c.扑灭初起火灾及自救逃生的知识和技能;

d.报警、接警的程序和方法。

⑧施工作业前,施工现场的施工管理人员应向作业人员进行消防安全技术交底。消防

安全技术交底应包括下列主要内容：
　　a. 施工过程中可能发生火灾的部位或环节；
　　b. 施工过程应采取的防火措施及应配备的临时消防设施；
　　c. 初起火灾的扑救方法及注意事项；
　　d. 逃生方法及路线。
　⑨施工过程中，施工现场的消防安全负责人应定期组织消防安全管理人员对施工现场的消防安全进行检查。消防安全检查应包括下列主要内容：
　　a. 可燃物及易燃易爆危险品的管理是否落实；
　　b. 动火作业的防火措施是否落实；
　　c. 用火、用电、用气是否存在违章操作，电、气焊及保温防水施工是否执行操作规程；
　　d. 临时消防设施是否完好有效；
　　e. 临时消防车道及临时疏散设施是否畅通。
　⑩施工单位应依据灭火及应急疏散预案，定期开展灭火及应急疏散的演练。
　⑪施工单位应做好并保存施工现场消防安全管理的相关文件和记录，并应建立现场消防安全管理档案。

10.4.2　可燃物及易燃易爆危险品管理

　①用于在建工程的保温、防水、装饰及防腐等材料的燃烧性能等级应符合设计要求。
　②可燃材料及易燃易爆危险品应按计划限量进场。进场后，可燃材料宜存放于库房内，露天存放时，应分类成垛堆放，垛高不应超过 2 m，单垛体积不应超过 50 m^3，垛与垛之间的最小间距不应小于 2 m，且应采用不燃或难燃材料覆盖；易燃易爆危险品应分类专库储存，库房内应通风良好，并应设置严禁明火标志。
　③室内使用油漆及其有机溶剂、乙二胺、冷底子油等易挥发产生易燃气体的物资作业时，应保持良好通风；作业场所严禁明火，并应避免产生静电。
　④施工产生的可燃、易燃建筑垃圾或余料应及时清理。

10.4.3　用火、用电、用气管理

　施工现场用火应符合下列规定：
　①动火作业应办理动火许可证；动火许可证的签发人收到动火申请后，应前往现场查验并确认动火作业的防火措施落实后，再签发动火许可证。
　②动火操作人员应具有相应资格。
　③焊接、切割、烘烤或加热等动火作业前，应对作业现场的可燃物进行清理；作业现场及其附近无法移走的可燃物应采用不燃材料对其覆盖或隔离。
　④安排施工作业时，宜将动火作业安排在使用可燃建筑材料的施工作业前进行。确需在使用可燃建筑材料的施工作业之后进行动火作业时，应采取可靠的防火措施。
　⑤裸露的可燃材料上严禁直接进行动火作业。
　⑥焊接、切割、烘烤或加热等动火作业应配备灭火器材，并应设置动火监护人进行现场监护，每个动火作业点均应设置 1 个监护人。

⑦五级(含五级)以上风力时,应停止焊接、切割等室外动火作业;确需动火作业时,应采取可靠的挡风措施。
⑧动火作业后,应对现场进行检查,并应在确认无火灾危险后,动火操作人员再离开。
⑨具有火灾、爆炸危险的场所严禁明火。
⑩施工现场不应采用明火取暖。
⑪厨房操作间炉灶使用完毕后,应将炉火熄灭,排油烟机及油烟管道应定期清理油垢。

施工现场用电应符合下列规定:
①施工现场供用电设施的设计、施工、运行和维护应符合现行国家标准《建设工程施工现场供用电安全规范》(GB 50194)的有关规定。
②电气线路应具有相应的绝缘强度和机械强度,严禁使用绝缘老化或失去绝缘性能的电气线路,严禁在电气线路上悬挂物品。破损、烧焦的插座、插头应及时更换。
③电气设备与可燃、易燃易爆危险品和腐蚀性物品应保持一定的安全距离。
④有爆炸和火灾危险的场所,应按危险场所等级选用相应的电气设备。
⑤配电屏上每个电气回路应设置漏电保护器、过载保护器,距配电屏2 m范围内不应堆放可燃物,5 m范围内不应设置可能产生较多易燃、易爆气体、粉尘的作业区。
⑥可燃材料库房不应使用高热灯具,易燃易爆危险品库房内应使用防爆灯具。
⑦普通灯具与易燃物的距离不宜小于300 mm,聚光灯、碘钨灯等高热灯具与易燃物的距离不宜小于500 mm。
⑧电气设备不应超负荷运行或带故障使用。
⑨严禁私自改装现场供用电设施。
⑩应定期对电气设备和线路的运行及维护情况进行检查。

施工现场用气应符合下列规定:
①储装气体的罐瓶及其附件应合格、完好和有效;严禁使用减压器及其他附件缺损的氧气瓶,严禁使用乙炔专用减压器、回火防止器及其他附件缺损的乙炔瓶。
②气瓶运输、存放、使用时,应符合下列规定:
a.气瓶应保持直立状态,并采取防倾倒措施,乙炔瓶严禁横躺卧放。
b.严禁碰撞、敲打、抛掷、滚动气瓶。
c.气瓶应远离火源,与火源的距离不应小于10 m,并应采取避免高温和防止暴晒的措施。
d.燃气储装瓶罐应设置防静电装置。
③气瓶应分类储存,库房内应通风良好;空瓶和实瓶同库存放时,应分开放置,空瓶和实瓶的间距不应小于1.5 m。
④气瓶使用时,应符合下列规定:
a.使用前,应检查气瓶及气瓶附件的完好性,检查连接气路的气密性,并采取避免气体泄漏的措施,严禁使用已老化的橡皮气管。
b.氧气瓶与乙炔瓶的工作间距不应小于5 m,气瓶与明火作业点的距离不应小于10 m。
c.冬季使用气瓶,气瓶的瓶阀、减压器等发生冻结时,严禁用火烘烤或用铁器敲击瓶阀,严禁猛拧减压器的调节螺丝。

d. 氧气瓶内剩余气体的压力不应小于0.1 MPa。
e. 气瓶用后应及时归库。

10.4.4　其他防火管理

①施工现场的重点防火部位或区域应设置防火警示标识。

②施工单位应做好施工现场临时消防设施的日常维护工作,对已失效、损坏或丢失的消防设施应及时更换、修复或补充。

③临时消防车道、临时疏散通道、安全出口应保持畅通,不得遮挡、挪动疏散指示标识,不得挪用消防设施。

④施工期间,不应拆除临时消防设施及临时疏散设施。

⑤施工现场严禁吸烟。

单元小结

通过本单元的学习,学生应了解总平面布局一般规定、防火间距、消防车道设置,熟悉建筑防火一般规定、临时用房防火、在建工程防火、临时消防设施一般规定、灭火器、临时消防给水系统、应急照明,熟悉防火管理一般规定、可燃物及易燃易爆危险品管理、用火、用电、用气管理。

单元训练

1. 施工现场总平面布局的一般规定有哪些?
2. 施工现场防火间距规定有哪些?
3. 施工现场临时消防车道设置规定有哪些?
4. 临时用房和在建工程建筑防火的一般规定有哪些?
5. 临时用房防火规定有哪些?
6. 在建工程防火规定有哪些?
7. 临时消防设施的一般规定有哪些?
8. 在建工程及临时用房配置灭火器的规定有哪些?
9. 临时消防给水系统规定有哪些?
10. 施工现场哪些场所应配备临时应急照明?
11. 防火管理的一般规定有哪些?
12. 可燃物及易燃易爆危险品管理规定有哪些?
13. 施工现场用火、用电、用气管理规定有哪些?

单元 11
施工安全事故处理及应急救援

项目 11.1 施工安全事故分类及处理

11.1.1 安全事故的分类

在建筑施工过程中,经常发生由于客观和主观的因素影响,使我们的工作停顿下来。例如,作为砌砖用的脚手架倒塌了,砌筑工作不得不暂时停止;吊车吊装构件时,构件碰伤了人等,这些都认为是事故。

所谓事故,从广义的角度可理解为:个人或集体在为了实现某一意图而采取行动的过程中,突然发生了与人意志相反的情况,迫使这种行动暂时或永久地停止的事件。

1) 按照事故发生的原因分类

根据现行国家标准《企业职工伤亡事故分类》(GB 6441)的规定分为20类,见表11.1。

表 11.1　企业职工伤亡事故分类表

序号	事故类别名称	序号	事故类别名称	序号	事故类别名称	序号	事故类别名称
01	物体打击	06	淹溺	11	冒顶	16	锅炉爆炸
02	车辆伤害	07	灼烫	12	透水	17	容器爆炸
03	机械伤害	08	火灾	13	放炮	18	其他爆炸
04	起重伤害	09	高处坠落	14	火药爆炸	19	中毒窒息
05	触电	10	坍塌	15	瓦斯爆炸	20	其他伤害

2) 事故损失分类

中华人民共和国国务院令(第493号)《生产安全事故报告和调查处理条例》规定,根据

生产安全事故造成的人员伤亡或直接经济损失,事故一般分为以下等级:

①特别重大事故,是指造成30人以上死亡,或者100人以上重伤(包括急性工业中毒,下同),或者1亿元以上直接经济损失的事故;

②重大事故,是指造成10人以上30人以下死亡,或者50人以上100人以下重伤,或者5 000万元以上1亿元以下直接经济损失的事故;

③较大事故,是指造成3人以上10人以下死亡,或者10人以上50人以下重伤,或者1 000万元以上5 000万元以下直接经济损失的事故;

④一般事故,是指造成3人以下死亡,或者10人以下重伤,或者1 000万元以下直接经济损失的事故。

3)事故后果分类

从客观的物质条件为中心来考察事故后果,事故可分为:

①物质遭受损失的事故,如火灾、质量缺陷返工、倒塌等发生的事故。

②物质完全没有受到损失的事故。

有些事故虽然物质没有受到损失,但由于操作者或机械设备停止了工作,则生产不得不停顿下来,这种事件就可称为事故。需要说明一下,这里所说的物质未受损失是未受直接物质损失,间接损失是有的,生产停顿下来,就意味着不进行物质的生产,在停顿期间内,自然会受到经济损失。

从上述分析来看,做到安全生产,安全施工,就是要消除施工过程中各种不安全的因素和隐患,防止事故的发生,以避免人的伤害、物的损失。因此,研究安全的问题涉及面非常广,是一门综合性科学。

11.1.2 安全事故原因分析

造成安全事故众多,归纳来说主要有三大方面:一是人的不安全因素;二是施工现场物的不安全状态;三是管理上的不安全因素等。

1)人的不安全因素

人的不安全因素,是指对安全产生影响的人方面的因素,即能够使系统发生问题或发生意外事件的人员、个人的不安全因素、违背设计和安全要求的错误行为。据统计资料分析,88%的事故是由人的不安全行为所造成的,而人的生理和心理特点又直接影响人的不安全行为。因此,人的不安全因素可分为个人的不安全因素和人的不安全行为两个大类。

(1)个人的不安全因素

个人的不安全因素是指人员的心理、生理、能力中所具有的不能适应工作、作业岗位要求而影响安全的因素。个人不安全因素包括以下两个方面:

①心理因素:心理上具有影响安全的性格、气质、情绪。

②生理因素:

a. 视觉、听觉等感觉器官不能适应工作、作业岗位的要求,影响安全的因素;

b. 体能不能适应工作、作业岗位要求影响安全的因素;

c. 年龄不能适应工作、作业岗位要求的因素;

d. 有不适应工作作业岗位要求的疾病;

e. 疲劳和酒醉或刚睡过觉,感觉朦胧。

③能力上包括知识技能、应变能力、资格不能适应工作作业岗位要求,影响安全的因素。

(2)人的不安全行为

人的不安全行为是指违反安全规则(程)或安全原则,使事故有可能或有机会发生的行为。不安全行为者可能是伤害者,也可能是非受伤害者。按《企业职工伤亡事故分类》(GB 6441),人的不安全行为可分为13个大类,见表11.2。

表11.2 人的不安全行为

序号	类型	具体行为
1	操作错误、忽视安全、忽视警告	未经许可开动、关停、移动机器; 开动、关停机器时未给信号; 忘记关闭设备; 忽视警告标识、警告信号; 操作错误(指按钮、阀门、扳手、把柄等的操作); 奔跑作业; 供料或送料速度过快; 机器超速运转; 违章驾驶机动车; 酒后作业; 客货混载; 冲压机作业时,手伸进冲压模; 工件紧固不牢; 用压缩空气吹铁屑; 其他
2	造成安全装置失效	拆除了安全装置; 安全装置堵塞,失去作用; 调整的错误造成安全装置失效; 其他
3	使用不安全设备	使用不牢固的设施; 使用无安全装置的设备; 其他
4	手代替工具操作	用手代替手动工具; 用手清除切屑; 不用夹具固定、用手拿工件进行机加工
5	物体存放不当	指成品、半成品、材料、工具、切屑和生产用品等存放不当

续表

序号	类型	具体行为
6	冒险进入危险场所	冒险进入涵洞； 接近漏料处（无安全设施）； 采伐、集材、运材、装车时，未离危险区； 未经安全监察人员允许进行油罐或井中； 未"敲帮问顶"开始作业； 冒进信号； 调车场超速上下车； 易燃易爆场合明火； 私自搭乘矿车； 在绞车道行走； 未及时瞭望
7	攀、坐不安全位置	（如平台护栏、汽车挡板、吊车吊钩）
8	在起吊物下作业、停留	
9	机器运转时加油、修理、检查、调整、焊接、清扫等操作	
10	有分散注意力的行为	
11	在必须使用个人防护用品、用具的作业或场合中，忽视其使用	未戴护目镜或面罩； 未戴防护手套； 未穿安全鞋； 未戴安全帽； 未佩戴呼吸护具； 未佩戴安全带； 未戴工作帽； 其他
12	不安全装束	在有旋转零部件的设备旁作业时穿过肥大服装； 操纵带有旋转零部件的设备时戴手套； 其他
13	对易燃、易爆等危险物品处理错误	

2）施工现场的不安全状态

施工现场的不安全状态是指直接形成或导致事故发生的物质（体）条件，包括物、作业环境潜在的危险。按《企业职工伤亡事故分类》（GB 6441），物的不安全状态可分为4大类，见表11.3。

表 11.3 物的不安全状态

序号	类型		具体行为
1	防护、保险、信号等装置缺乏或有缺陷	无防护	无防护罩； 无安全保险装置； 无报警装置； 无安全标识； 无护栏或护栏损坏； (电气)未接地； 绝缘不良； 风扇无消声系统、噪声大； 危房内作业； 未安装防止"跑车"的挡车器或挡车栏； 其他
		防护不当	防护罩未在适当位置； 防护装置调整不当； 坑道掘进、隧道开凿支撑不当； 防爆装置不当； 采伐、集材作业安全距离不够； 放炮作业隐蔽所有缺陷； 电气装置带电部分裸露； 其他
2	设备、设施、工具、附件有缺陷	设计不当,结构不合安全要求	通道门遮挡视线； 制动装置有欠缺； 安全间距不够； 拦车网有缺欠； 工件有锋利毛刺、毛边； 设施上有锋利倒棱； 其他
		强度不够	机械强度不够； 绝缘强度不够； 起吊重物的绳索不合安全要求； 其他
		设备在非正常状态下运行	设备带"病"运转； 超负荷运转； 其他
		维修、调整不良	设备失修； 地面不平； 保养不当、设备失灵； 其他

续表

序号	类型		具体行为
3	个人防护用品用具缺少或缺陷	无个人防护用品、用具	无防护服、手套、护目镜及面罩、呼吸器官护具、听力护具、安全带、安全帽、安全鞋等
		所用防护用品、用具不符合安全要求	
4	生产(施工)场地环境不良	照明光线不良	照度不足； 作业场地烟雾(尘)弥漫,视物不清； 光线过强
		通风不良	无通风； 通风系统效率低； 风流短路； 停电停风时放炮作业； 瓦斯排放未达到安全浓度放炮作业； 瓦斯超限； 其他
		作业场所狭窄	
		作业场地杂乱	工具、制品、材料堆放不安全； 采伐时,未开"安全道"； 迎门树、坐殿树、搭挂树未作处理； 其他
		交通线路的配置不安全	
		操作工序设计或配置不安全	
		地面滑	地面有油或其他液体； 冰雪覆盖； 地面有其他易滑物
		储存方法不安全	
		环境温度、湿度不当	

管理上的不安全因素通常也可称为管理上的缺陷,它也是事故潜在的不安全因素,作为间接的原因包括技术上的缺陷、教育上的缺陷、生理上的缺陷、心理上的缺陷、管理工作上的缺陷和学校教育以及社会、历史上的原因造成的缺陷等。

11.1.3 事故的特征

1)事故的因果性

所谓因果性一般是指某一现象作为另一现象发生的根据的两种现象的相关性。导致事故发生的原因有很多,而且它们之间相互制约、互相影响而共同存在,事故的发生有时是由于某种偶然因素而造成事故。研究事故就是要比较全面地了解整个情况,找出直接的和间接的因素,进而深入分析和归纳。因此,在施工前应制定施工安全技术措施,然后加以认真实施,防止同类事故的发生。

2) 事故的偶然性、必然性和规律性

事故是由于客观上存在的不安全因素没有消除,随着时间的推移,导致了某些意外情况的出现,即事故的发生。从总体而言,它是随机事件,有一定的偶然性。但在一定范围内,用一定的科学仪器手段及科学分析方法,是能够从繁多的因素、复杂的事物中找到内部的有机联系体,获得其规律性。因此,要从偶然性中找出必然性,认识事故的规律性,并采取针对性措施,防止不安全因素的产生和发展,化险为夷。

科学的安全管理就是要研究事故的规律性、必然性,采用相应的手段、方法及措施,达到安全生产和安全施工。

3) 事故的潜在性、再现性和预测性

无论人的全部活动还是机械系统作业的运动,在其所活动的时间内,安全隐患总是潜在的,造成事故的条件成熟时就会发生。事故的发生总具有时间的特征,事物在时间的进程中发展,事故可能会突然违反人的意愿而发生。因此,事故潜在于"绝对时间"之中,具有潜在性。由于事故在生产过程中经常发生,所以人们对已发生的事故积累了丰富的经验,对各种生产(施工)活动及有关因素有了深入的了解,掌握了一定的规律。因此,对未来进行的工作、生产行动而提出各种预测,以期指导行动,采取各种措施,避免事故发生,以达到预期的目的,这就是事故的预测。目前绝大多数是用"预测模型"对预测性进行研究的。一般情况,"预测模型"是对以往所发生的大量事故进行分类、归纳、演绎、抽象的结果。若"预测模型"的准确性高,则实际活动的发展,就会接近预测模型。但是客观条件是经常变化的,因此在施工时应正确掌握当时的条件,根据经验及时进行调整,以达到安全生产的目的。

安全工作就是发现伤亡事故的潜在性之再现,提高预测的可靠性。

11.1.4 伤亡事故报告

事故发生后,事故现场有关人员应立即向本单位负责人报告;单位负责人接到报告后,应于1 h内向事故发生地县级以上人民政府安全生产监督管理部门和负有安全生产监督管理职责的有关部门报告。

情况紧急时,事故现场有关人员可直接向事故发生地县级以上人民政府安全生产监督管理部门和负有安全生产监督管理职责的有关部门报告。

安全生产监督管理部门和负有安全生产监督管理职责的有关部门接到事故报告后,应依照下列规定上报事故情况,并通知公安机关、劳动保障行政部门、工会和人民检察院:

①特别重大事故、重大事故逐级上报至国务院安全生产监督管理部门和负有安全生产监督管理职责的有关部门;

②较大事故逐级上报至省、自治区、直辖市人民政府安全生产监督管理部门和负有安全生产监督管理职责的有关部门;

③一般事故上报至设区的市级人民政府安全生产监督管理部门和负有安全生产监督管理职责的有关部门。

安全生产监督管理部门和负有安全生产监督管理职责的有关部门依照前款规定上报事故情况,应同时报告本级人民政府。国务院安全生产监督管理部门和负有安全生产监督管理职责的有关部门以及省级人民政府接到发生特别重大事故、重大事故的报告后,应立即报告国务院。

必要时,安全生产监督管理部门和负有安全生产监督管理职责的有关部门可越级上报事故情况。

安全生产监督管理部门和负有安全生产监督管理职责的有关部门逐级上报事故情况,每级上报的时间不得超过 2 h。

事故报告应包括下列内容:
① 事故发生单位概况;
② 事故发生的时间、地点以及事故现场情况;
③ 事故的简要经过;
④ 事故已造成或者可能造成的伤亡人数(包括下落不明的人数)和初步估计的直接经济损失;
⑤ 已采取的措施;
⑥ 其他应当报告的情况。

11.1.5　事故调查

特别重大事故由国务院或国务院授权有关部门组织事故调查组进行调查。重大事故、较大事故、一般事故分别由事故发生地省级人民政府、设区的市级人民政府、县级人民政府负责调查。省级人民政府、设区的市级人民政府、县级人民政府可直接组织事故调查组进行调查,也可授权或委托有关部门组织事故调查组进行调查。未造成人员伤亡的一般事故,县级人民政府也可委托事故发生单位组织事故调查组进行调查。

事故调查组的组成应遵循精简、效能的原则。根据事故的具体情况,事故调查组由有关人民政府、安全生产监督管理部门、负有安全生产监督管理职责的有关部门、监察机关、公安机关以及工会派人组成,并应当邀请人民检察院派人参加。事故调查组可聘请有关专家参与调查。事故调查组成员应具有事故调查所需要的知识和专长,并与所调查的事故没有直接利害关系。事故调查组组长由负责事故调查的人民政府指定。事故调查组组长主持事故调查组的工作。

事故调查组履行下列职责:
① 查明事故发生的经过、原因、人员伤亡情况及直接经济损失;
② 认定事故的性质和事故责任;
③ 提出对事故责任者的处理建议;
④ 总结事故教训,提出防范和整改措施;
⑤ 提交事故调查报告。

事故调查组有权向有关单位和个人了解与事故有关的情况,并要求其提供相关文件、资料,有关单位和个人不得拒绝。事故发生单位的负责人和有关人员在事故调查期间不得擅离职守,并应随时接受事故调查组的询问,如实提供有关情况。事故调查中发现涉嫌犯罪的,事故调查组应及时将有关材料或其复印件移交司法机关处理。

事故调查中需要进行技术鉴定的,事故调查组应委托具有国家规定资质的单位进行技术鉴定。必要时,事故调查组可以直接组织专家进行技术鉴定。技术鉴定所需时间不计入事故调查期限。

事故调查组应当自事故发生之日起60日内提交事故调查报告;特殊情况下,经负责事故调查的人民政府批准,提交事故调查报告的期限可适当延长,但延长的期限最长不得超过60日。

事故调查报告应包括下列内容:
①事故发生单位概况;
②事故发生经过和事故救援情况;
③事故造成的人员伤亡和直接经济损失;
④事故发生的原因和事故性质;
⑤事故责任的认定以及对事故责任者的处理建议;
⑥事故防范和整改措施。

事故调查报告应当附具有关证据材料。事故调查组成员应在事故调查报告上签名。

事故调查报告报送负责事故调查的人民政府后,事故调查工作即告结束。事故调查的有关资料应归档保存。

11.1.6 事故处理

重大事故、较大事故、一般事故,负责事故调查的人民政府应当自收到事故调查报告之日起15日内作出批复;特别重大事故,30日内作出批复;特殊情况下,批复时间可以适当延长,但延长的时间最长不超过30日。有关机关应当按照人民政府的批复,依照法律、行政法规规定的权限和程序,对事故发生单位和有关人员进行行政处罚,对负有事故责任的国家工作人员进行处分。事故发生单位应按照负责事故调查的人民政府的批复,对本单位负有事故责任的人员进行处理。负有事故责任的人员涉嫌犯罪的,依法追究刑事责任。

事故发生单位应当认真吸取事故教训,落实防范和整改措施,防止事故再次发生。防范和整改措施的落实情况应当接受工会和职工的监督。安全生产监督管理部门和负有安全生产监督管理职责的有关部门应当对事故发生单位落实防范和整改措施的情况进行监督检查。

事故处理的情况由负责事故调查的人民政府或其授权的有关部门、机构向社会公布,依法应保密的除外。

事故发生单位主要负责人有下列行为之一的,处上一年年收入40%~80%的罚款;属于国家工作人员的,并依法给予处分;构成犯罪的,依法追究刑事责任:
①不立即组织事故抢救的;
②迟报或者漏报事故的;
③在事故调查处理期间擅离职守的。

事故发生单位及其有关人员有下列行为之一的,对事故发生单位处100万元以上500万元以下的罚款;对主要负责人、直接负责的主管人员和其他直接责任人员处上一年年收入60%～100%的罚款;属于国家工作人员的,并依法给予处分;构成违反治安管理行为的,由公安机关依法给予治安管理处罚;构成犯罪的,依法追究刑事责任:

①谎报或瞒报事故的;

②伪造或故意破坏事故现场的;

③转移、隐匿资金、财产,或者销毁有关证据、资料的;

④拒绝接受调查或者拒绝提供有关情况和资料的;

⑤在事故调查中作伪证或者指使他人作伪证的;

⑥事故发生后逃匿的。

事故发生单位对事故发生负有责任的,依照下列规定处以罚款:

①发生一般事故的,处10万元以上20万元以下的罚款;

②发生较大事故的,处20万元以上50万元以下的罚款;

③发生重大事故的,处50万元以上200万元以下的罚款;

④发生特别重大事故的,处200万元以上500万元以下的罚款。

事故发生单位主要负责人未依法履行安全生产管理职责,导致事故发生的,依照下列规定处以罚款;属于国家工作人员的,并依法给予处分;构成犯罪的,依法追究刑事责任:

①发生一般事故的,处上一年年收入30%的罚款;

②发生较大事故的,处上一年年收入40%的罚款;

③发生重大事故的,处上一年年收入60%的罚款;

④发生特别重大事故的,处上一年年收入80%的罚款。

有关地方人民政府、安全生产监督管理部门和负有安全生产监督管理职责的有关部门有下列行为之一的,对直接负责的主管人员和其他直接责任人员依法给予处分;构成犯罪的,依法追究刑事责任:

①不立即组织事故抢救的;

②迟报、漏报、谎报或者瞒报事故的;

③阻碍、干涉事故调查工作的;

④在事故调查中作伪证或指使他人作伪证的。

事故发生单位对事故发生负有责任的,由有关部门依法暂扣或者吊销其有关证照;对事故发生单位负有事故责任的有关人员,依法暂停或者撤销其与安全生产有关的执业资格、岗位证书;事故发生单位主要负责人受到刑事处罚或者撤职处分的,自刑罚执行完毕或者受处分之日起,5年内不得担任任何生产经营单位的主要负责人。

为发生事故的单位提供虚假证明的中介机构,由有关部门依法暂扣或者吊销其有关证照及其相关人员的执业资格;构成犯罪的,依法追究刑事责任。

项目11.2　施工安全事故的应急救援

随着施工企业生产规模的日趋扩大,施工生产过程中巨大能量潜藏着危险源导致事故的危害也随之扩大。通过安全设计、操作、维护、检查等措施可以预防事故,降低风险,但达不到绝对的安全。因此,需要制订一旦发生事故后所采取的紧急措施和应急方法,即事故应急救援预案。应急救援预案又称事故应急计划,是事故控制系统的重要组成部分,应急预案的总目标是控制紧急事件的发展并尽可能消除事故,将事故对人、财产和环境的损失减少到最低限度。据有关数据统计表明:有效的应急系统可将事故损失降低到无应急系统的6%。

建立重大事故应急救援预案和应急救援体系是一项复杂的安全系统工程。应急预案对于如何在事故现场组织开展应急救援工作具有重要的指导意义,它帮助实现应急行动的快速、有序、高效,以充分体现应急救援的"应急精神",因此,研究如何制定有效完善的应急救援预案具有重要现实意义。

根据《安全生产法》第六十九条的规定,建筑施工单位应建立应急救援组织;生产经营规模较小,可以不建立应急救援组织的,应指定兼职的应急救援人员。危险物品的生产、经营、储存单位以及矿山、建筑施工单位应配备必要的应急救援器材、设备,并进行经常性维护、保养,保证正常运转。

1) 目的

为快速科学地应对建设工程施工中可能发生的重大安全事故,有效预防、及时控制和最大限度消除事故的危害,保护人民群众的生命财产安全,规范建筑工程安全事故的应急救援管理和应急救援响应程序,明确有关机构职责,建立统一指挥、协调的应急救援工作保障机制,保障建筑工程生产安全,维护正常的社会秩序和工作秩序。

2) 工作原则

保障人民群众的生命和财产安全,最大限度地减少人员伤亡和财产损失。不断改进和完善应急救援手段和装备,切实加强应急救援人员的安全防护,充分发挥专家、专业技术人员和人民群众的创造性,实现科学救援与指挥。

3) 编制依据

①《安全生产法》。
②《建设工程安全生产管理条例》。
③《国务院关于特大安全事故行政责任追究的规定》。
④《国务院关于进一步加强安全生产工作的决定》。
⑤原建设部《建设工程重大质量安全事故应急预案》。
⑥《生产经营单位安全生产事故应急预案编制导则》(AQ/T9002)。

4) 应急救援预案的分类

根据事故应急预案的对象和级别,应急预案可分为以下3种类型:

(1) 综合应急预案

综合应急预案是从总体上阐述处理事故的应急方针、政策,应急组织结构及相关应急职责,应急行动、措施和保障等基本要求和程序,是应对各类事故的综合性文件。此类预案适用于集团公司、子公司或分公司。

(2) 专项应急预案

这类预案针对现场每项设施和危险场所可能发生的事故情况编制的应急预案,如现场防火、防爆的应急预案,高空坠落应急预案以及防触电应急预案等。应急预案要包括所有可能的危险状况,明确有关人员在紧急状况下的职责,这类预案仅说明处理紧急事务必需的行动,不包括事前要求和事后措施,此类预案适用于所有工程指挥部、项目部。建筑施工企业常见的事故专项应急预案主要有:坍塌事故应急预案、火灾事故应急预案、高处坠落事故应急预案、中毒事故应急预案等。

(3)现场处置方案

现场处置方案是针对具体的装置、场所或设施、岗位所制定的应急处置措施。现场处置方案应具体、简单、针对性强。并且应根据风险评估及危险性控制措施逐一编制,做到事故相关人员应知应会,熟练掌握,并通过应急演练,做到迅速反应、正确处置。按照事故类型分,施工项目部现场处置方案主要包括:高处坠落事故现场处置方案、物体打击事故现场处置方案、触电事故现场处置方案、机械伤害事故现场处置方案、坍塌事故现场处置方案、火灾事故现场处置方案、中毒事故现场处置方案等。

5)应急救援预案的基本内容

(1)组织机构及其职责

①明确应急响应组织机构、参加单位、人员及其作用;
②明确应急响应总负责人以及每一具体行动的负责人;
③列出本施工现场以外能提供援助的有关机构;
④明确企业各部门在事故应急中各自的职责。

(2)危害辨识与风险评价

①确认可能发生的事故类型、地点及具体部位;
②确定事故影响范围及可能影响的人数;
③按所需应急反应的级别,划分事故严重程度。

(3)通告程序和报警系统

①确定报警系统及程序;
②确定现场24小时的通告、报警方式,如电话、手机等;
③确定24小时与地方政府主管部门的通信、联络方式,以便应急指挥和疏散人员;
④明确相互认可的通告、报警形式和内容(避免误解);
⑤明确应急反应人员向外求援的方式;
⑥明确应急指挥中心怎样保证有关人员理解并对应急报警反应。

[案例]

某项目施工生产安全事故应急救援预案

为加强对施工生产安全事故的防范,及时做好安全事故发生后的救援处置工作,最大限度地减少事故损失,根据《安全生产法》《建设工程安全生产管理条例》《××省建筑施工安全事故应急救援预案规定》和《××市建筑施工安全事故应急救援预案管理办法》的有关规定,结合本企业施工生产的实际,特制订本企业施工生产安全事故应急救援预案。

一、应急预案的任务和目标

更好地适应法律和经济活动的要求,给企业员工的工作和施工场区周围居民提供更好更安全的环境;保证各种应急反应资源处于良好的备战状态;指导应急反应行动按计划有序地进行,防止因应急反应行动组织不力或现场救援工作的无序和混乱而延误事故的应急救援;有效地避免或降低人员伤亡和财产损失;帮助实现应急反应行动的快速、有序、高效;充分体现应急救援的"应急精神"。

二、应急救援组织机构情况

本企业施工生产安全事故应急救援预案的应急反应组织机构分为一、二级编制,公司总部设置急应预案实施的一级应急反应组织机构,工程项目经理部或加工厂设置应急计划实施的二级应急反应组织机构。具体组织框架如图11.1、图11.2所示。

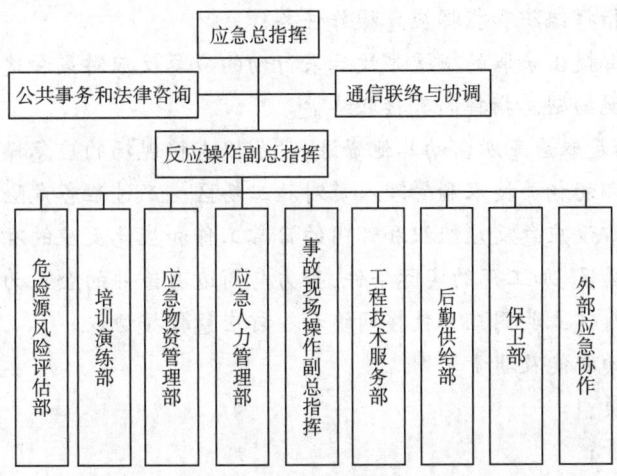

图11.1　公司总部一级应急反应组织机构框架图

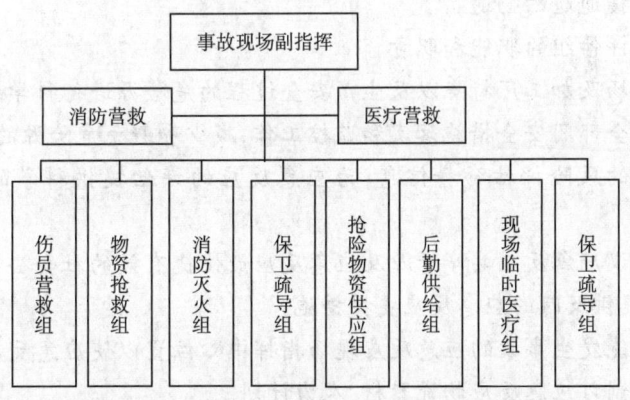

图11.2　工程项目经理部二级反应组织机构框架图

三、应急救援组织机构的职责、分工、组成

(一)一级应急反应组织机构各部门的职能及职责

1.应急预案总指挥的职能及职责

①分析紧急状态确定相应报警级别,根据相关危险类型、潜在后果、现有资源控制紧急情况的行动类型;

②指挥、协调应急反应行动;

③与企业外应急反应人员、部门、组织和机构进行联络;

④直接监察应急操作人员行动;

⑤最大限度地保证现场人员和外援人员及相关人员的安全;
⑥协调后勤方面以支援应急反应组织;
⑦应急反应组织的启动;
⑧应急评估、确定升高或降低应急警报级别;
⑨通报外部机构,决定请求外部援助;
⑩决定应急撤离,决定事故现场外影响区域的安全性。

2. 应急预案副总指挥的职能及职责

①协助应急总指挥组织和指挥应急操作任务;
②向应急总指挥提出采取的减缓事故后果行动的应急反应对策和建议;
③保持与事故现场副总指挥的直接联络;
④协调、组织和获取应急所需的其他资源,设备以支援现场的应急操作;
⑤组织公司总部的相关技术和管理人员对施工场区生产过程各危险源进行风险评估;
⑥定期检查各常设应急反应组织和部门的日常工作和应急反应的准备状态;
⑦根据各施工场区、加工厂的实际条件,努力与周边有条件的企业为在事故应急处理中共享资源、相互帮助、建立共同应急救援网络和签订应急救援协议。

3. 现场抢救组的职能及职责

①抢救现场伤员;
②抢救现场物资;
③组建现场消防队;
④保证现场救援通道的畅通。

4. 危险源风险评估组的职能和职责

①对各施工现场及加工厂特点以及生产安全过程的危险源进行科学的风险评估;
②指导生产安全部门安全措施落实和监控工作,减少和避免危险源的事故发生;
③完善危险源的风险评估资料信息,为应急反应的评估提供科学的、合理的、准确的依据;
④落实周边协议应急反应共享资源及应急反应最快捷有效的社会公共资源的报警联络方式,为应急反应提供及时的应急反应支援措施;
⑤确定各种可能发生事故的应急反应现场指挥中心位置以使应急反应及时启用;
⑥科学合理地制订应急反应物资器材、人力计划。

5. 技术处理组的职能和职责

①根据各项目经理部及加工厂的施工生产内容及特点,制订其可能出现而必须运用建筑工程技术解决的应急反应方案,整理归档,为事故现场提供有效的工程技术服务做好技术储备;
②应急预案启动后,根据事故现场的特点,及时向应急总指挥提供科学的工程技术方案和技术支持,有效地指导应急反应行动中的工程技术工作。

6. 善后工作组的职能和职责

①做好伤亡人员及家属的稳定工作,确保事故发生后伤亡人员及家属思想能够稳定,大灾之后不发生大乱;

②做好受伤人员医疗救护的跟踪工作,协调处理医疗救护单位的相关矛盾;
③与保险部门一起做好伤亡人员及财产损失的理赔工作;
④慰问有关伤员及家属。

7. 事故调查组的职能及职责
①保护事故现场;
②对现场的有关实物资料进行取样封存;
③调查了解事故发生的主要原因及相关人员的责任;
④按"三不放过"的原则对相关人员进行处罚、教育、总结。

8. 后勤供应组的职能及职责
①协助制订施工项目或加工厂应急反应物资资源的储备计划,按已制订的项目施工生产厂场的应急反应物资储备计划,检查、监督、落实应急反应物资的储备数量,收集和建立并归档;
②定期检查、监督、落实应急反应物资资源管理人员的到位和变更情况及时调整应急反应物资资源的更新和达标;
③定期收集和整理各项目经理部施工场区的应急反应物资资源信息、建立档案并归档,为应急反应行动的启动,做好物资源数据储备;
④应急预案启动后,按应急总指挥的部署,有效地组织应急反应物资资源到施工现场,并及时对事故现场进行增援,同时提供后勤服务。

(二)二级应急反应组织机构各部门的职能及职责

1. 事故现场副指挥的职能及职责
①所有施工现场操作和协调,包括与指挥中心的协调;
②现场事故评估;
③保证现场人员和公众应急反应行动的执行;
④控制紧急情况;
⑤做好与消防、医疗、交通管制、抢险救灾等各公共救援部门的联系。

2. 现场伤员营救组的职能与职责
①引导现场作业人员从安全通道疏散;
②对受伤人员进行营救至安全地带。

3. 物资抢救组的职能和职责
①抢救可以转移的场区内物资;
②转移可能引起新危险源的物资到安全地带。

4. 消防灭火组的职能和职责
①启动场区内的消防灭火装置和器材进行初期的消防灭火自救工作;
②协助消防部门进行消防灭火的辅助工作。

5. 保卫疏导组的职能和职责
①对场区内外进行有效的隔离工作和维护现场应急救援通道畅通的工作;
②疏散场区内外人员撤出危险地带。

6. 后勤供应组的职能及职责

①迅速调配抢险物资器材至事故发生点；
②提供和检查抢险人员的装备和安全防护；
③及时提供后续的抢险物资；
④迅速组织后勤必须供给的物品，并及时输送后勤物品到抢险人员手中。

(三) 应急反应组织机构人员的构成

应急反应组织机构在应急总指挥、应急副总指挥的领导下由各职能股室、加工厂、项目部的人员分别兼职构成。

①应急总指挥由公司的法定代表人担任；
②应急副总指挥由公司的副总经理担任；
③现场抢救组组长由公司的各工程项目经理担任，项目部组成人员为成员；
④危险源风险评估组组长由公司的总工担任，总工办其他人员为成员；
⑤技术处理组组长由公司的技术经营股股长担任，股室人员为成员；
⑥善后工作组组长由公司的工会、办公室负责人担任，股室人员为成员；
⑦后勤供应组组长由公司的财务股、机械管理股、物业管理股长担任，股室人员为成员；
⑧事故调查组组长由公司的质安股股长担任，股室人员为成员；
⑨事故现场副指挥由项目部的项目经理或加工厂负责人担任；
⑩现场伤员营救组由施工队长担任组长，各作业班组分别抽调人员组成；
⑪物资抢救组由施工员、材料员各作业班组抽调人员组成；
⑫消防灭火组由施工现场、加工厂电工或各作业班组抽调人员组成；
⑬后勤供应组、施工现场、加工厂由后勤人员或各作业班组抽调人员组成。

四、应急救援的培训与演练

(一) 培训

应急预案和应急计划确立后，按计划组织公司总部、施工项目部及加工厂的全体人员进行有效的培训，从而具备完成其应急任务所需的知识和技能。

①一级应急组织每年进行一次培训；
②二级应急组织每一项目开工前或半年进行一次培训；
③新加入的人员及时培训。

主要培训以下内容：

①灭火器的使用以及灭火步骤的训练；
②施工安全防护、作业区内安全警示设置、个人的防护措施施工用电常识、在建工程的交通安全、大型机械的安全使用；
③对危险源的突显特性辨识；
④事故报警；
⑤紧急情况下人员的安全疏散；
⑥现场抢救的基本知识。

(二) 演练

应急预案和应急计划确立后，经过有效的培训，公司总部人员、加工厂人员每年演练一次。施工项目部在项目开工后演练一次，根据工程工期长短不定期举行演练，施工作业人员变动较大时增加演练次数。每次演练结束,及时作出总结,对存有一定差距的在日后的工作中加以提高。

五、事故报告指定机构人员、联系电话

公司的质安股是事故报告的指定机构,联系人:×××,电话:××××××××××,质安股接到报告后及时向总指挥报告,总指挥根据有关法规及时、如实地向负责安全生产监督管理的部门、建设行政主管部门或其他有关部门报告,特种设备发生事故的,还应同时向特种设备安全监督管理部门报告。

六、救援器材、设备、车辆等的落实

公司每年从利润提取一定比例的费用,根据公司施工生产的性质、特点以及应急救援工作的实际需要有针对性、有选择地配备应急救援器材、设备,并对应急救援器材、设备进行经常性维护、保养,不得挪作他用。启动应急救援预案后,公司的机械设备、运输车辆统一纳入应急救援工作之中。

七、应急救援预案的启动、终止和终止后工作恢复

当事故的评估预测达到启动应急救援预案条件时,由应急总指挥启动应急反应预案令。

对事故现场经过应急救援预案实施后,引起事故的危险源得到有效控制、消除;所有现场人员均得到清点;不存在其他影响应急救援预案终止的因素;应急救援行动已完全转化为社会公共救援;应急总指挥认为事故的发展状态必须终止的;应急总指挥下达应急终止令。

应急救援预案实施终止后,应采取有效措施防止事故扩大,保护事故现场和物证,经有关部门认可后可恢复施工生产。

对应急救援预案实施的全过程,认真科学地作出总结,完善应急救援预案中的不足和缺陷,为今后预案建立、制订、修改提供经验和完善的依据。

单元小结

通过本单元的学习,学生熟悉安全事故的分类、安全事故原因分析、事故的特征、伤亡事故报告、事故调查、事故处理,了解施工安全事故的应急救援措施。

单元训练

1. 根据生产安全事故造成的人员伤亡或直接经济损失,事故如何分类?
2. 人的不安全因素有哪些?
3. 人的不安全行为有哪些?
4. 物的不安全状态有哪些?
5. 事故的特征有哪些?
6. 事故发生后,如何报告伤亡事故?
7. 事故发生后,如何开展事故调查?
8. 事故调查报告应包括哪些内容?
9. 事故发生后应如何处理?

10. 如何编写施工安全事故的应急救援预案？
11. 应急救援预案有哪些类型？
12. 应急救援预案的基本内容有哪些？

附 录

附录1　施工企业安全生产评价表

[参照《施工企业安全生产评价标准》(JGJ/T 77—2010)]

附表1.1　安全生产管理评分表

序号	评定项目	评分标准	评分方法	应得分	扣减分	实得分
1	安全生产责任制度	● 企业未建立安全生产责任制度,扣20分,各部门、各级(岗位)安全生产责任制度不健全,扣10~15分; ● 企业未建立安全生产责任制考核制度,扣10分,各部门、各级对各自安全生产责任制未执行,每起扣2分; ● 企业未按考核制度组织检查并考核的,扣10分,考核不全面扣5~10分; ● 企业未建立、完善安全生产管理目标,扣10分,未对管理目标实施考核的,扣5~10分; ● 企业未建立安全生产考核、奖惩制度扣10分,未实施考核和奖惩的,扣5~10分	查企业有关制度文本;抽查企业各部门、所属单位有关责任人对安全生产责任制的知晓情况,查确认记录,查企业考核记录。 查企业文件,查企业对下属单位各级管理目标设置及考核情况记录;查企业安全生产奖惩制度文本和考核、奖惩记录	20		

续表

序号	评定项目	评分标准	评分方法	应得分	扣减分	实得分
2	安全文明资金保障制度	• 企业未建立安全生产、文明施工资金保障制度,扣20分; • 制度无针对性和具体措施的,扣10～15分; • 未按规定对安全生产、文明施工措施费的落实情况进行考核,扣10～15分	查企业制度文本、财务资金预算及使用记录	20		
3	安全教育培训制度	• 企业未按规定建立安全培训教育制度,扣15分; • 制度未明确企业主要负责人、项目经理、安全专职人员及其他管理人员,特种作业人员,待岗、转岗、换岗职工,新进单位从业人员安全培训教育要求的,扣5～10分; • 企业未编制年度安全培训教育计划,扣5～10分,企业未按年度计划实施的,扣5～10分	查企业制度文本、企业培训计划文本和教育的实施记录、企业年度培训教育记录和管理人员的相关证书	15		
4	安全检查及隐患排查制度	• 企业未建立安全检查及隐患排查制度,扣15分,制度不全面、不完善的,扣5～10分; • 未按规定组织检查的,扣15分,检查不全面、不及时的,扣5～10分; • 对检查出的隐患未采取定人、定时、定措施进行整改的,每起扣3分,无整改复查记录的,每起扣3分; • 对多发或重大隐患未排查或未采取有效治理措施的,扣3～15分	查企业制度文本、企业检查记录、企业对隐患整改消项和处置情况记录、隐患排查统计表	15		
5	生产安全事故报告处理制度	• 企业未建立生产安全事故报告处理制度,扣15分; • 未按规定及时上报事故的,每起扣15分; • 未建立事故档案,扣5分; • 未按规定实施对事故的处理及落实"四不放过"原则的,扣10～15分	查企业制度文本; 查企业事故上报及结案情况记录	15		
6	安全生产应急救援制度	• 未制定事故应急救援预案制度的,扣15分,事故应急救援预案无针对性的,扣5～10分; • 未按规定制定演练制度并实施的,扣5分; • 未按预案建立应急救援组织或落实救援人员和救援物资的,扣5分	查企业应急预案的编制、应急队伍建立情况以相关演练记录、物资配备情况	15		
		分项评分		100		

附表1.2 安全技术管理评分表

序号	评定项目	评分标准	评分方法	应得分	扣减分	实得分
1	法规标准和操作规程配置	•企业未配备与生产经营内容相适应的现行有关安全生产方面的法律、法规、标准、规范和规程的,扣10分,配备不齐全,扣3~10分; •企业未配备各工种安全技术操作规程,扣10分,配备不齐全的,缺一个工种扣1分; •企业未组织学习和贯彻实施安全生产方面的法律、法规、标准、规范和规程,扣3~5分	查企业现有的法律、法规、标准、操作规程的文本及贯彻实施记录	10		
2	施工组织设计	•企业无施工组织设计编制、审核、批准制度的,扣15分; •施工组织设计中未明确安全技术措施的,扣10分; •未按程序进行审核、批准的,每起扣3分	查企业技术管理制度,抽查企业备份的施工组织设计	15		
3	专项施工方案（措施）	•未建立对危险性较大的分部、分项工程编写、审核、批准专项施工方案制度的,扣25分; •未实施或按程序审核、批准的,每起扣3分; •未按规定明确本单位需进行专家论证的危险性较大的分部、分项工程名录(清单)的,每起扣3分	查企业相关规定、实施记录和专项施工方案备份资料	25		
4	安全技术交底	•企业未制定安全技术交底规定的,扣25分; •未有效落实各级安全技术交底,扣5~10分; •交底无书面记录,未履行签字手续,每起扣1~3分	查企业相关规定、企业实施记录	25		
5	危险源控制	•企业未建立危险源监管制度,扣25分; •制度不齐全、不完善的,扣5~10分; •未根据生产经营特点明确危险源的,扣5~10分; •未针对识别评价出的重大危险源制定管理方案或相应措施,扣5~10分; •企业未建立危险源公示、告知制度的,扣8~10分	查企业规定及相关记录	25		
		分项评分		100		

附表1.3 设备和设施管理评分表

序号	评定项目	评分标准	评分方法	应得分	扣减分	实得分
1	设备安全管理	• 未制定设备(包括应急救援器材)采购、租赁、安装(拆除)、验收、检测、使用、检查、保养、维修、改造和报废制度,扣30分; • 制度不齐全、不完善的,扣10~15分; • 设备的相关证书不齐全或未建立台账的,扣3~5分; • 未按规定建立技术档案或档案资料不齐全的,每起扣2分; • 未配备设备管理的专(兼)职人员的,扣10分	查企业设备安全管理制度,查企业设备清单和管理档案	30		
2	设施和防护用品	• 未制定安全物资供应单位及施工人员个人安全防护用品管理制度的,扣30分; • 未按制度执行的,每起扣2分; • 未建立施工现场临时设施(包括临时建、构筑物和活动板房)的采购、租赁、搭设与拆除、验收、检查、使用的相关管理规定的,扣30分; • 未按管理规定实施或实施有缺陷的,每项扣2分	查企业相关规定及实施记录	30		
3	安全标志	• 未制定施工现场安全警示、警告标识、标志使用管理规定的,扣20分; • 未定期检查实施情况的,每项扣5分	查企业相关规定及实施记录	20		
4	安全检查测试工具	• 企业未制定施工场所安全检查、检验仪器、工具配备制度的,扣20分; • 企业未建立安全检查、检验仪器、工具配备清单的,扣5~15分	查企业相关记录	20		
		分项评分		100		

附表1.4 企业市场行为评分表

序号	评定项目	评分标准	评分方法	应得分	扣减分	实得分
1	安全生产许可证	●企业未取得安全生产许可证而承接施工任务的,扣20分; ●企业在安全生产许可证暂扣期间继续承接施工任务的,扣20分; ●企业资质与承发包生产经营行为不相符,扣20分; ●企业主要负责人、项目负责人、专职安全管理人员持有的安全生产合格证书不符合规定要求的,每起扣10分	查安全生产许可证及各类人员相关证书	20		
2	安全生产文明施工	●企业资质受到降级处罚,扣30分; ●企业受到暂扣安全生产许可证的处罚,每起扣5~30分; ●企业受当地建设行政主管部门通报处分,每起扣5分; ●企业受当地建设行政主管部门经济处罚,每起扣5~10分; ●企业受到省级及以上通报批评每次扣10分,受到地市级通报批评每次扣5分	查各级行政主管部门管理信息资料,各类有效证明材料	30		
3	安全质量标准化达标	●安全质量标准化达标优良率低于规定的,每5%扣10分; ●安全质量标准化年度达标合格率低于规定要求的,扣20分	查企业相应管理资料	20		
4	资质、机构与人员管理	●企业未建立安全生产管理组织体系(包括机构和人员等)、人员资格管理制度的,扣30分; ●企业未按规定设置专职安全管理机构的,扣30分,未按规定配足安全生产专管人员的,扣30分; ●实行总、分包的企业未制定对分包单位资质和人员资格管理制度的,扣30分,未按制度执行的,扣30分	查企业制度文本和机构、人员配备证明文件,查人员资格管理记录及相关证件,查总、分包单位的管理资料	30		
		分项评分		100		

附表1.5 施工现场安全管理评分表

序号	评定项目	评分标准	评分方法	应得分	扣减分	实得分
1	施工现场安全达标	●按《建筑施工安全检查标准》JGJ 59及相关现行标准规范进行检查不合格的,每1个工地扣30分	查现场及相关记录	30		
2	安全文明资金保障	●未按规定落实安全防护、文明施工措施费,发现一个工地扣15分	查现场及相关记录	15		
3	资质和资格管理	●未制定对分包单位安全生产许可证、资质、资格管理及施工现场控制的要求和规定,扣15分,管理记录不全扣5～15分; ●合同未明确参建各方安全责任,扣15分; ●分包单位承接的项目不符合相应的安全资质管理要求,或作业人员不符合相应的安全资格管理要求,扣15分; ●未按规定配备项目经理、专职或兼职安全生产管理人员(包括分包单位),扣15分	查对管理记录、证书,抽查合同及相应管理资料	15		
4	生产安全事故控制	●对多发或重大隐患未排查或未采取有效措施的,扣3～15分; ●未制定事故应急救援预案的,扣15分,事故应急救援预案无针对性的,扣5～10分; ●未按规定实施演练的,扣5分; ●未按预案建立应急救援组织或落实救援人员和救援物资的,扣5～15分	查检查记录及隐患排查统计表,应急预案的编制及应急队伍建立情况以及相关演练记录、物资配备情况	15		
5	设备设施工艺选用	●现场使用国家明令淘汰的设备或工艺的,扣15分; ●现场使用不符合标准的且存在严重安全隐患的设施,扣15分; ●现场使用的机械、设备、设施、工艺超过使用年限或存在严重隐患的,扣15分; ●现场使用不合格的钢管、扣件的,每起扣1～2分; ●现场安全警示、警告标志使用不符合标准的扣5～10分; ●现场职业危害防治措施没有针对性,扣1～5分	查现场及相关记录	15		
6	保险	●未按规定办理意外伤害保险的,扣10分; ●意外伤害保险办理率不足100%,每低2%扣1分	查现场及相关记录	10		
		分项评分		100		

附表1.6 施工企业安全生产评价汇总表

评价类型：□市场准入　□发生事故　□不良业绩　□资质评价　□日常管理　□年终评价　□其他

企业名称：_____　　　经济类型：有限公司_____

资质等级：_____　　　上年度施工产值：_____　　　在册人数：_____

<table>
<tr><th colspan="2" rowspan="2">评价内容</th><th colspan="5">评价结果</th></tr>
<tr><th>零分项（个）</th><th>应得分数（分）</th><th>实得分数（分）</th><th>权重系数</th><th>加权分数（分）</th></tr>
<tr><td rowspan="5">无施工项目</td><td>表1-1　安全生产管理</td><td>0</td><td>100</td><td>93</td><td>0.3</td><td>27.9</td></tr>
<tr><td>表1-2　安全技术管理</td><td>0</td><td>100</td><td>90</td><td>0.2</td><td>18</td></tr>
<tr><td>表1-3　设备和设施管理</td><td>0</td><td>100</td><td>88</td><td>0.2</td><td>17.6</td></tr>
<tr><td>表1-4　企业市场行为</td><td>0</td><td>100</td><td>91</td><td>0.3</td><td>27.3</td></tr>
<tr><td>汇总分数①＝表1-1～表1-4加权值</td><td colspan="3">90.8</td><td>0.6</td><td>54.48</td></tr>
<tr><td rowspan="2">有施工项目</td><td>表1-5　施工现场安全管理</td><td>0</td><td>100</td><td>89</td><td>0.4</td><td>35.6</td></tr>
<tr><td>汇总分数②＝汇总分数①×0.6＋表1-5×0.4</td><td colspan="3">90.08</td><td></td><td></td></tr>
<tr><td colspan="7">评价意见：

按JGJ/T 77—2010进行评价，结果为：合格

</td></tr>
<tr><td colspan="3">评价负责人
（签名）</td><td colspan="4">评价人员
（签名）</td></tr>
<tr><td colspan="3">企业负责人
（签名）</td><td colspan="4">企业签章</td></tr>
</table>

年　月　日

附录 2 建筑施工安全检查评分表

[《建筑施工安全检查标准》（JGJ 59—2011）]

工程名称：　　　　　　　　　　　　　　　　　　　　　　　　　　　　　　　资质等级：　　　　　　　　　　　年　月　日

附表 2.1　建筑施工安全检查评分汇总表

单位工程（施工现场）名　称	建筑面积（m²）	结构类型	总计得分（满分分值100分）	项目名称及分值									
				安全管理（满分10分）	文明施工（满分15分）	脚手架（满分10分）	基坑工程（满分10分）	模板支架（满分10分）	高处作业（满分10分）	施工用电（满分10分）	物料提升机与施工升降机（满分10分）	塔式起重机与起重吊装（满分10分）	施工机具（满分5分）

评语：

检查单位	负责人	受检项目	项目经理

附表2.2 安全管理检查评分表

序号	检查项目		扣分标准	应得分数	扣减分数	实得分数
1	保证项目	安全生产责任制	未建立安全生产责任制扣10分 安全生产责任制未经责任人签字确认扣3分 未制定各工种安全技术操作规程扣10分 未按规定配备专职安全员扣10分 工程项目部承包合同中未明确安全生产考核指标扣8分 未制定安全资金保障制度扣5分 未编制安全资金使用计划及实施扣2~5分 未制定安全生产管理目标(伤亡控制、安全达标、文明施工)扣5分 未进行安全责任目标分解的扣5分 未建立安全生产责任制、责任目标考核制度扣5分 未按考核制度对管理人员定期考核扣2~5分	10		
2		施工组织设计	施工组织设计中未制定安全措施扣10分 危险性较大的分部分项工程未编制安全专项施工方案,扣3~8分 未按规定对专项方案进行专家论证扣10分 施工组织设计、专项方案未经审批扣10分 安全措施、专项方案无针对性或缺少设计计算扣6~8分 未按方案组织实施扣5~10分	10		
3		安全技术交底	未采取书面安全技术交底扣10分 交底未做到分部分项扣5分 交底内容针对性不强扣3~5分 交底内容不全面扣4分 交底未履行签字手续扣2~4分	10		
4		安全检查	未建立安全检查(定期、季节性)制度扣5分 未留有定期、季节性安全检查记录扣5分 事故隐患的整改未做到定人、定时间、定措施扣2~6分 对重大事故隐患整改通知书所列项目未按期整改和复查扣8分	10		
5		安全教育	未建立安全培训、教育制度扣10分 新入场工人未进行三级安全教育和考核扣10分 未明确具体安全教育内容扣6~8分 变换工种时未进行安全教育扣10分 施工管理人员、专职安全员未按规定进行年度培训考核扣5分	10		

续表

序号	检查项目		扣分标准	应得分数	扣减分数	实得分数
6	保证项目	应急预案	未制定安全生产应急预案扣10分 未建立应急救援组织、配备救援人员扣3~6分 未配置应急救援器材扣5分 未进行应急救援演练扣5分	10		
	小计			60		
7	一般项目	分包单位安全管理	分包单位资质、资格、分包手续不全或失效扣10分 未签订安全生产协议书扣5分 分包合同、安全协议书、签字盖章手续不全扣2~6分 分包单位未按规定建立安全组织、配备安全员扣3分	10		
8		特种作业持证上岗	一人未经培训从事特种作业扣4分 一人特种作业人员资格证书未延期复核扣4分 一人未持操作证上岗扣2分	10		
9		生产安全事故处理	生产安全事故未按规定报告扣3~5分 生产安全事故未按规定进行调查分析处理,制订防范措施扣10分 未办理工伤保险扣5分	10		
10		安全标志	主要施工区域、危险部位、设施未按规定悬挂安全标志扣5分 未绘制现场安全标志布置总平面图扣5分 未按部位和现场设施的改变调整安全标志设置扣5分	10		
	小计			40		
	检查项目合计			100		

附表2.3 文明施工检查评分表

序号	评定项目		扣分标准	应得分数	扣减分数	实得分数
1	保证项目	现场围挡	在市区主要路段的工地周围未设置高于2.5 m的封闭围挡扣10分 一般路段的工地周围未设置高于1.8 m的封闭围挡扣10分 围挡材料不坚固、不稳定、不整洁、不美观扣5~7分 围挡没有沿工地四周连续设置扣3~5分	10		
2		封闭管理	施工现场出入口未设置大门扣3分 未设置门卫室扣2分 未设门卫或未建立门卫制度扣3分 进入施工现场不佩戴工作卡扣3分 施工现场出入口未标有企业名称或标识,且未设置车辆冲洗设施扣3分	10		
3		施工场地	现场主要道路未进行硬化处理扣5分 现场道路不畅通、路面不平整坚实扣5分 现场作业、运输、存放材料等采取的防尘措施不齐全、不合理扣5分 排水设施不齐全或排水不通畅、有积水扣4分 未采取防止泥浆、污水、废水外流或堵塞下水道和排水河道措施扣3分 未设置吸烟处、随意吸烟扣2分 温暖季节未进行绿化布置扣3分	10		
4		现场材料	建筑材料、构件、料具不按总平面布局码放扣4分 材料布局不合理,堆放不整齐,未标明名称、规格扣2分 建筑物内施工垃圾的清运,未采用合理器具或随意凌空抛掷扣5分 未做到工完场地清扣3分 易燃易爆物品未采取防护措施或未进行分类存放扣4分	10		
5		现场住宿	在建工程、伙房、库房兼做住宿扣8分 施工作业区、材料存放区与办公区、生活区不能明显划分扣6分 宿舍未设置可开启式窗户扣4分 未设置床铺、床铺超过2层、使用通铺、未设置通道或人员超编扣6分 宿舍未采取保暖和防煤气中毒措施扣5分 宿舍未采取消暑和防蚊蝇措施扣5分 生活用品摆放混乱,环境不卫生扣3分	10		

续表

序号	评定项目		评分标准	应得分	扣减分	实得分
6	保证项目	现场防火	未制定消防措施、制度或未配备灭火器材扣10分 现场临时设施的材质和选址不符合环保、消防要求扣8分 易燃材料随意码放,灭火器材布局、配置不合理或灭火器材失效扣5分 未设置消防水源(高层建筑)或不能满足消防要求扣8分 未办理动火审批手续或无动火监护人员扣5分	10		
	小计			60		
7		治安综合治理	生活区未给作业人员设置学习和娱乐场所扣4分 未建立治安保卫制度,责任未分解到人扣3~5分 治安防范措施不力,常发生失盗事件扣3~5分	8		
8		施工现场标牌	大门口处设置的"五牌一图"内容不全、缺一项扣2分 标牌不规范、不整齐扣3分 未张挂安全标语扣5分 未设置宣传栏、读报栏、黑板报扣4分	8		
9	一般项目	生活设施	食堂与厕所、垃圾站、有毒有害场所距离较近扣6分 食堂未办理卫生许可证或未办理炊事人员健康证扣5分 食堂使用的燃气罐未单独设置存放或存放间通风条件不好扣4分 食堂的卫生环境差,未配备排风、冷藏、隔油池、防鼠等设施扣4分 厕所的数量或布局不满足现场人员需求扣6分 厕所不符合卫生要求扣4分 不能保证现场人员卫生饮水扣8分 未设置淋浴室或淋浴室不能满足现场人员需求扣4分 未建立卫生责任制度、生活垃圾未装容器或未及时清理扣3~5分	8		
10		保健急救	现场未制订相应的应急预案,或预案实际操作性差扣6分 未设置经培训的急救人员或未设置急救器材扣4分 未开展卫生防病宣传教育或未提供必备防护用品扣4分 未设置保健医药箱扣5分	8		
11		社区服务	夜间未经许可施工扣8分 施工现场焚烧各类废弃物扣8分 未采取防粉尘、防噪声、防光污染措施扣5分 未建立施工不扰民措施扣5分	8		
	小计			40		
检查项目合计				100		

附表2.4 扣件式钢管脚手架检查评分表

序号	检查项目		扣分标准	应得分数	扣减分数	实得分数
1	保证项目	施工方案	架体搭设未编制施工方案或搭设高度超过24 m未编制专项施工方案扣10分 架体搭设高度超过24 m,未进行设计计算或未按规定审核、审批扣10分 架体搭设高度超过50 m,专项施工方案未按规定组织专家论证或未按专家论证意见组织实施扣10分 施工方案不完整或不能指导施工作业扣5~8分	10		
2		立杆基础	立杆基础不平、不实、不符合方案设计要求扣10分 立杆底部底座、垫板或垫板的规格不符合规范要求每一处扣2分 未按规范要求设置纵、横向扫地杆扣5~10分 扫地杆的设置和固定不符合规范要求扣5分 未设置排水措施扣8分	10		
3		架体与建筑结构拉结	架体与建筑结构拉结不符合规范要求每处扣2分 连墙件距主节点距离不符合规范要求每处扣4分 架体底层第一步纵向水平杆处未按规定设置连墙件或未采用其他可靠措施固定每处扣2分 搭设高度超过24 m的双排脚手架,未采用刚性连墙件与建筑结构可靠连接扣10分	10		
4		杆件间距与剪刀撑	立杆、纵向水平杆、横向水平杆间距超过规范要求每处扣2分 未按规定设置纵向剪刀撑或横向斜撑每处扣5分 剪刀撑未沿脚手架高度连续设置或角度不符合要求扣5分 剪刀撑斜杆的接长或剪刀撑斜杆与架体杆件固定不符合要求每处扣2分	10		
5		脚手板与防护栏杆	脚手板未满铺或铺设不牢、不稳扣7~10分 脚手板规格或材质不符合要求扣7~10分 每有一处探头板扣2分 架体外侧未设置密目式安全网封闭或网间不严扣7~10分 作业层未在高度1.2 m和0.6 m处设置上、中两道防护栏杆扣5分 作业层未设置高度不小于180 mm的挡脚板扣5分	10		
6		交底与验收	架体搭设前未进行交底或交底未留有记录扣5分 架体分段搭设分段使用未办理分段验收扣5分 架体搭设完毕未办理验收手续扣10分 未记录量化的验收内容扣5分	10		
小计				60		

续表

序号	检查项目		扣分标准	应得分数	扣减分数	实得分数
7	一般项目	横向水平杆设置	未在立杆与纵向水平杆交点处设置横向水平杆每处扣2分 未按脚手板铺设的需要增加设置横向水平杆每处扣2分 横向水平杆只固定一端每处扣1分 单排脚手架横向水平杆插入墙内小于180 mm每处扣2分	10		
8		杆件搭接	纵向水平杆搭接长度小于1 m或固定不符合要求每处扣2分 立杆除顶层顶步外采用搭接每处扣4分	10		
9		架体防护	作业层未用安全平网双层兜底,且以下每隔10 m未用安全平网封闭扣10分 作业层与建筑物之间未进行封闭扣10分	10		
10		脚手架材质	钢管直径、壁厚、材质不符合要求扣5分 钢管弯曲、变形、锈蚀严重扣4~5分 扣件未进行复试或技术性能不符合标准扣5分	5		
11		通道	未设置人员上下专用通道扣5分 通道设置不符合要求扣1~3分	5		
	小计			40		
	检查项目合计			100		

附表2.5 悬挑式脚手架检查评分表

序号	检查项目		扣分标准	应得分数	扣减分数	实得分数
1	保证项目	施工方案	未编制专项施工方案或未进行设计计算扣10分 专项施工方案未经审核、审批或架体搭设高度超过20 m未按规定组织进行专家论证扣10分	10		
2		悬挑钢梁	钢梁截面高度未按设计确定或截面高度小于160 mm扣10分 钢梁固定段长度小于悬挑段长度的1.25倍扣10分 钢梁外端未设置钢丝绳或钢拉杆与上一层建筑结构拉结每处扣2分 钢梁与建筑结构锚固措施不符合规范要求每处扣5分 钢梁间距未按悬挑架体立杆纵距设置扣6分	10		
3		架体稳定	立杆底部与钢梁连接处未设置可靠固定措施每处扣2分 承插式立杆接长未采取螺栓或销钉固定每处扣2分 未在架体外侧设置连续式剪刀撑扣10分 未按规定在架体内侧设置横向斜撑扣5分 架体未按规定与建筑结构拉结每处扣5分	10		
4		脚手板	脚手板规格、材质不符合要求扣7~10分 脚手板未满铺或铺设不严、不牢、不稳扣7~10分 每处探头板扣2分	10		
5		荷载	架体施工荷载超过设计规定扣10分 施工荷载堆放不均匀每处扣5分	10		
6		交底与验收	架体搭设前未进行交底或交底未留有记录扣5分 架体分段搭设分段使用,未办理分段验收扣7~10分 架体搭设完毕未保留验收资料或未记录量化的验收内容扣5分	10		
	小计			60		
7	一般项目	杆件间距	立杆间距超过规范要求,或立杆底部未固定在钢梁上每处扣2分 纵向水平杆步距超过规范要求扣5分 未在立杆与纵向水平杆交点处设置横向水平杆每处扣1分	10		
8		架体防护	作业层外侧未在高度1.2 m和0.6 m处设置上、中两道防护栏杆扣5分 作业层未设置高度不小于180 mm的挡脚板扣5分 架体外侧未采用密目式安全网封闭或网间不严扣7~10分	10		
9		层间防护	作业层未用安全平网双层兜底,且以下每隔10 m未用安全平网封闭扣10分 架体底层未进行封闭或封闭不严扣10分	10		
10		脚手架材质	型钢、钢管、构配件规格及材质不符合规范要求扣7~10分 型钢、钢管弯曲、变形、锈蚀严重扣7~10分	10		
	小计			40		
	检查项目各计			100		

附表2.6 门式钢管脚手架检查评分表

序号	检查项目		扣分标准	应得分数	扣减分数	实得分数
1	保证项目	施工方案	未编制专项施工方案或未进行设计计算扣10分 专项施工方案未按规定审核、审批或架体搭设高度超过50 m未按规定组织专家论证扣10分	10		
2		架体基础	架体基础不平、不实、不符合专项施工方案要求扣10分 架体底部未设垫板或垫板底部的规格不符合要求扣10分 架体底部未按规范要求设置底座每处扣1分 架体底部未按规范要求设置扫地杆扣5分 未设置排水措施扣8分	10		
3		架体稳定	未按规定间距与结构拉结每处扣5分 未按规范要求设置剪刀撑扣10分 未按规范要求高度做整体加固扣5分 架体立杆垂直偏差超过规定扣5分	10		
4		杆件锁件	未按说明书规定组装,或漏装杆件、锁件扣6分 未按规范要求设置纵向水平加固杆扣10分 架体组装不牢或紧固不符合要求每处扣1分 使用的扣件与连接的杆件参数不匹配每处扣1分	10		
5		脚手板	脚手板未满铺或铺设不牢、不稳扣5分 脚手板规格或材质不符合要求的扣5分 采用钢脚手板时挂钩未挂扣在水平杆上或挂钩未处于锁住状态每处扣2分	10		
6		交底与验收	脚手架搭设前未进行交底或交底未留有记录扣6分 脚手架分段搭设分段使用未办理分段验收扣6分 脚手架搭设完毕未办理验收手续扣6分 未记录量化的验收内容扣5分	10		
	小计			60		
7	一般项目	架体防护	作业层脚手架外侧未在1.2 m和0.6 m高度设置上、中两道防护栏杆扣10分 作业层未设置高度不小于180 mm的挡脚板扣3分 脚手架外侧未设置密目式安全网封闭或网间不严扣7~10分 作业层未用安全平网双层兜底,且以下每隔10 m未用安全平网封闭扣5分	10		
8		材质	杆件变形、锈蚀严重扣10分 门架局部开焊扣10分 构配件的规格、型号、材质或产品质量不符合规范要求扣10分	10		
9		荷载	施工荷载超过设计规定扣10分 荷载堆放不均匀每处扣5分	10		
10		通道	未设置人员上下专用通道扣10分 通道设置不符合要求扣5分	10		
	小计			40		
	检查项目合计			100		

附表 2.7 碗扣式钢管脚手架检查评分表

序号	检查项目		扣分标准	应得分数	扣减分数	实得分数
1	保证项目	施工方案	未编制专项施工方案或未进行设计计算扣 10 分 专项施工方案未按规定审核、审批或架体高度超过 50 m 未按规定组织专家论证扣 10 分	10		
2		架体基础	架体基础不平、不实,不符合专项施工方案要求扣 10 分 架体底部未设置垫板或垫板的规格不符合要求扣 10 分 架体底部未按规范要求设置底座每处扣 1 分 架体底部未按规范要求设置扫地杆扣 5 分 未设置排水措施扣 8 分	10		
3		架体稳定	架体与建筑结构未按规范要求拉结每处扣 2 分 架体底层第一步水平杆处未按规范要求设置连墙件或未采用其他可靠措施固定每处扣 2 分 连墙件未采用刚性杆件扣 10 分 未按规范要求设置竖向专用斜杆或八字形斜撑扣 5 分 竖向专用斜杆两端未固定在纵、横向水平杆与立杆汇交的碗扣结点处每处扣 2 分 竖向专用斜杆或八字形斜撑未沿脚手架高度连续设置或角度不符合要求扣 5 分	10		
4		杆件锁件	立杆间距、水平杆步距超过规范要求扣 10 分 未按专项施工方案设计的步距在立杆连接碗扣结点处设置纵、横向水平杆扣 10 分 架体搭设高度超过 24 m 时,顶部 24 m 以下的连墙件层未按规定设置水平斜杆扣 10 分 架体组装不牢或上碗扣紧固不符合要求每处扣 1 分	10		
5		脚手板	脚手板未满铺或铺设不牢、不稳扣 7~10 分 脚手板规格或材质不符合要求扣 7~10 分 采用钢脚手板时挂钩未挂扣在横向水平杆上或挂钩未处于锁住状态每处扣 2 分	10		
6		交底与验收	架体搭设前未进行交底或交底未留有记录扣 6 分 架体分段搭设分段使用未办理分段验收扣 6 分 架体搭设完毕未办理验收手续扣 6 分 未记录量化的验收内容扣 5 分	10		
	小计			60		

续表

序号	检查项目		扣分标准	应得分数	扣减分数	实得分数
7	一般项目	架体防护	架体外侧未设置密目式安全网封闭或网间不严扣7~10分 作业层未在外侧立杆的1.2 m和0.6 m的碗扣结点设置上、中两道防护栏杆扣5分 作业层外侧未设置高度不小于180 mm的挡脚板扣3分 作业层未用安全平网双层兜底，且以下每隔10 m未用安全平网封闭扣5分	10		
8		材质	杆件弯曲、变形、锈蚀严重扣10分 钢管、构配件的规格、型号、材质或产品质量不符合规范要求扣10分	10		
9		荷载	施工荷载超过设计规定扣10分 荷载堆放不均匀每处扣5分	10		
10		通道	未设置人员上下专用通道扣10分 通道设置不符合要求扣5分	10		
小计				40		
检查项目合计				100		

附表2.8 附着式升降脚手架检查评分表

序号	检查项目		扣分标准	应得分数	扣减分数	实得分数
1	保证项目	施工方案	未编制专项施工方案或未进行设计计算扣10分 专项施工方案未按规定审核、审批扣10分 脚手架提升高度超过150 m,专项施工方案未按规定组织专家论证扣10分	10		
2		安全装置	未采用机械式的全自动防坠落装置或技术性能不符合规范要求扣10分 防坠落装置与升降设备未分别独立固定在建筑结构处扣10分 防坠落装置未设置在竖向主框架处与建筑结构附着扣10分 未安装防倾覆装置或防倾覆装置不符合规范要求扣10分 在升降或使用工况下,最上和最下两个防倾装置之间的最小间距不符合规范要求扣10分 未安装同步控制或荷载控制装置扣10分 同步控制或荷载控制误差不符合规范要求扣10分	10		
3		架体构造	架体高度大于5倍楼层高扣10分 架体宽度大于1.2 m扣10分 直线布置的架体支承跨度大于7 m,或折线、曲线布置的架体支撑跨度的架体外侧距离大于5.4 m扣10分 架体的水平悬挑长度大于2 m或水平悬挑长度未大于2 m但大于跨度1/2扣10分 架体悬臂高度大于架体高度2/5或悬臂高度大于6 m扣10分 架体全高与支撑跨度的乘积大于110 m^2扣10分	10		
4		附着支座	未按竖向主框架所覆盖的每个楼层设置一道附着支座扣10分 在使用工况时,未将竖向主框架与附着支座固定扣10分 在升降工况时,未将防倾、导向的结构装置设置在附着支座处扣10分 附着支座与建筑结构连接固定方式不符合规范要求扣10分	10		
5		架体安装	主框架和水平支撑桁架的结点未采用焊接或螺栓连接或各杆件轴线未交汇于主节点扣10分 内外两片水平支承桁架的上弦和下弦之间设置的水平支撑杆件未采用焊接或螺栓连接扣5分 架体立杆底端未设置在水平支撑桁架上弦各杆件汇交结点处扣10分 与墙面垂直的定型竖向主框架组装高度低于架体高度扣5分 架体外立面设置的连续式剪刀撑未将竖向主框架、水平支撑桁架和架体构架连成一体扣8分	10		

续表

序号	检查项目		扣分标准	应得分数	扣减分数	实得分数
6	保证项目	架体升降	两跨以上架体同时整体升降采用手动升降设备扣10分 升降工况时附着支座在建筑结构连接处混凝土强度未达到设计要求或小于C10扣10分 升降工况时架体上有施工荷载或有人员停留扣10分	10		
	小计			60		
7	一般项目	检查验收	构配件进场未办理验收扣6分 分段安装、分段使用未办理分段验收扣8分 架体安装完毕未履行验收程序或验收表未经责任人签字扣10分 每次提升前未留有具体检查记录扣6分 每次提升后、使用前未履行验收手续或资料不全扣7分	10		
8		脚手板	脚手板未满铺或铺设不严、不牢扣3~5分 作业层与建筑结构之间空隙封闭不严扣3~5分 脚手板规格、材质不符合要求扣5~8分	10		
9		防护	脚手架外侧未采用密目式安全网封闭或网间不严扣10分 作业层未在高度1.2 m和0.6 m处设置上、中两道防护栏杆扣5分 作业层未设置高度不小于180 mm的挡脚板扣5分	10		
10		操作	操作前未向有关技术人员和作业人员进行安全技术交底扣10分 作业人员未经培训或未定岗定责扣7~10分 安装拆除单位资质不符合要求或特种作业人员未持证上岗扣7~10分 安装、升降、拆除时未采取安全警戒扣10分 荷载不均匀或超载扣5~10分	10		
	小计			40		
检查项目合计				100		

附表2.9 承插型盘扣式钢管支架检查评分表

序号	检查项目		扣分标准	应得分数	扣减分数	实得分数
1	保证项目	施工方案	未编制专项施工方案或搭设高度超过24 m未另行专门设计和计算扣10分 专项施工方案未按规定审核、审批扣10分	10		
2		架体基础	架体基础不平、不实、不符合方案设计要求扣10分 架体立杆底部缺少垫板或垫板的规格不符合规范要求每处扣2分 架体立杆底部未按要求设置底座每处扣1分 未按规范要求设置纵、横向扫地杆扣5~10分 未设置排水措施扣8分	10		
3		架体稳定	架体与建筑结构未按规范要求拉结每处扣2分 架体底层第一步水平杆处未按规范要求设置连墙件或未采用其他可靠措施固定每处扣2分 连墙件未采用刚性杆件扣10分 未按规范要求设置竖向斜杆或剪刀撑扣5分 竖向斜杆两端未固定在纵、横向水平杆与立杆汇交的盘扣结点处每处扣2分 斜杆或剪刀撑未沿脚手架高度连续设置或角度不符合要求扣5分	10		
4		杆件	架体立杆间距、水平杆步距超过规范要求扣2分 未按专项施工方案设计的步距在立杆连接盘处设置纵、横向水平杆扣10分 双排脚手架的每步水平杆层,当无挂扣钢脚手板时未按规范要求设置水平斜杆扣5~10分	10		
5		脚手板	脚手板不满铺或铺设不牢、不稳扣7~10分 脚手板规格或材质不符合要求扣7~10分 采用钢脚手板时挂钩未挂扣在水平杆上或挂钩未处于锁住状态每处扣2分	10		
6		交底与验收	脚手架搭设前未进行交底或未留有交底记录扣5分 脚手架分段搭设、分段使用未办理分段验收扣10分 脚手架搭设完毕未办理验收手续扣10分 未记录量化的验收内容扣5分	10		
	小计			60		

续表

序号	检查项目		扣分标准	应得分数	扣减分数	实得分数
7	一般项目	架体防护	架体外侧未设置密目式安全网封闭或网间不严扣7~10分 作业层未在外侧立杆的1 m和0.5 m的盘扣节点处设置上、中两道水平防护栏杆扣5分 作业层外侧未设置高度不小于180 mm的挡脚板扣3分	10		
8		杆件接长	立杆竖向接长位置不符合要求扣5分 搭设悬挑脚手架时,立杆的承插接长部位未采用螺栓作为立杆连接件固定扣7~10分 剪刀撑的斜杆接长不符合要求扣5~8分	10		
9		架体内封闭	作业层未用安全平网双层兜底,且以下每隔10 m未用安全平网封闭扣7~10分 作业层与主体结构间的空隙未封闭扣5~8分	10		
10		材质	钢管、构配件的规格、型号、材质或产品质量不符合规范要求扣5分 钢管弯曲、变形、锈蚀严重扣5分	5		
11		通道	未设置人员上下专用通道扣5分 通道设置不符合要求扣3分	5		
	小计			40		
	检查项目合计			100		

附表2.10 高处作业吊篮检查评分表

序号	检查项目		扣分标准	应得分数	扣减分数	实得分数
1	保证项目	施工方案	未编制专项施工方案或未对吊篮支架支撑处结构的承载力进行验算扣10分 专项施工方案未按规定审核、审批扣10分	10		
2		安全装置	未安装安全锁或安全锁失灵扣10分 安全锁超过标定期限仍在使用扣10分 未设置挂设安全带专用安全绳及安全锁扣,或安全绳未固定在建筑物可靠位置扣10分 吊篮未安装上限位装置或限位装置失灵扣10分	10		
3		悬挂机构	悬挂机构前支架支撑在建筑物女儿墙上或挑檐边缘扣10分 前梁外伸长度不符合产品说明书规定扣10分 前支架与支撑面不垂直或脚轮受力扣10分 前支架调节杆未固定在上支架与悬挑梁连接的结点处扣10分 使用破损的配重件或采用其他替代物扣10分 配重件的重量不符合设计规定扣10分	10		
4		钢丝绳	钢丝绳磨损、断丝、变形、锈蚀达到报废标准扣10分 安全绳规格、型号与工作钢丝绳不相同或未独立悬挂每处扣5分 安全绳不悬垂扣10分 利用吊篮进行电焊作业未对钢丝绳采取保护措施扣6~10分	10		
5		安装	使用未经检测或检测不合格的提升机扣10分 吊篮平台组装长度不符合规范要求扣10分 吊篮组装的构配件不是同一生产厂家的产品扣5~10分	10		
6		升降操作	操作升降人员未经培训合格扣10分 吊篮内作业人员数量超过2人扣10分 吊篮内作业人员未将安全带使用安全锁扣正确挂置在独立设置的专用安全绳上扣10分 吊篮正常使用,人员未从地面进入篮内扣10分	10		
	小计			60		

续表

序号	检查项目		扣分标准	应得分数	扣减分数	实得分数
7	一般项目	交底与验收	未履行验收程序或验收表未经责任人签字扣10分 每天班前、班后未进行检查扣5~10分 吊篮安装、使用前未进行交底扣5~10分	10		
8		防护	吊篮平台周边的防护栏杆或挡脚板的设置不符合规范要求扣5~10分 多层作业未设置防护顶板扣7~10分	10		
9		吊篮稳定	吊篮作业未采取防摆动措施扣10分 吊篮钢丝绳不垂直或吊篮距建筑物空隙过大扣10分	10		
10		荷载	施工荷载超过设计规定扣5分 荷载堆放不均匀扣10分 利用吊篮作为垂直运输设备扣10分	10		
小计				40		
检查项目各计				100		

附表2.11 满堂式脚手架检查评分表

序号	检查项目		扣分标准	应得分数	扣减分数	实得分数
1	保证项目	施工方案	未编制专项施工方案或未进行设计计算扣10分 专项施工方案未按规定审核、审批扣10分	10		
2		架体基础	架体基础不平、不实、不符合专项施工方案要求扣10分 架体底部未设置垫木或垫木的规格不符合要求扣10分 架体底部未按规范要求设置底座每处扣1分 架体底部未按规范要求设置扫地杆扣5分 未设置排水措施扣5分	10		
3		架体稳定	架体四周与中间未按规范要求设置竖向剪刀撑或专用斜杆扣10分 未按规范要求设置水平剪刀撑或专用水平斜杆扣10分 架体高宽比大于2时未按要求采取与结构刚性连结或扩大架体底脚等措施扣10分	10		
4		杆件锁件	架体搭设高度超过规范或设计要求扣10分 架体立杆间距水平杆步距超过规范要求扣10分 杆件接长不符合要求每处扣2分 架体搭设不牢或杆件结点紧固不符合要求每处扣1分	10		
5		脚手板	脚手板不满铺或铺设不牢、不稳扣5分 脚手板规格或材质不符合要求扣5分 采用钢脚手板时挂钩未挂扣在水平杆上或挂钩未处于锁住状态每处扣2分	10		
6		交底与验收	架体搭设前未进行交底或交底未留有记录扣6分 架体分段搭设分段使用未办理分段验收扣6分 架体搭设完毕未办理验收手续扣6分 未记录量化的验收内容扣5分	10		
	小计			60		
7	一般项目	架体防护	作业层脚手架周边,未在高度1.2 m和0.6 m处设置上、中两道防护栏杆扣10分 作业层外侧未设置180 mm高挡脚板扣5分 作业层未用安全平网双层兜底,且以下每隔10 m未用安全平网封闭扣5分	10		
8		材质	钢管、构配件的规格、型号、材质或产品质量不符合规范要求扣10分 杆件弯曲、变形、锈蚀严重扣10分	10		
9		荷载	施工荷载超过设计规定扣10分 荷载堆放不均匀每处扣5分	10		
10		通道	未设置人员上下专用通道扣10分 通道设置不符合要求扣5分	10		
	小计			40		
检查项目合计				100		

附表2.12 基坑支护、土方作业检查评分表

序号	检查项目		扣分标准	应得分数	扣减分数	实得分数
1	保证项目	施工方案	深基坑施工未编制支护方案扣20分 基坑深度超过5 m未编制专项支护设计扣20分 开挖深度3 m及以上未编制专项方案扣20分 开挖深度5 m及以上专项方案未经过专家论证扣20分 支护设计及土方开挖方案未经审批扣15分 施工方案针对性差不能指导施工扣12~15分	20		
2		临边防护	深度超过2 m的基坑施工未采取临边防护措施扣10分 临边及其他防护不符合要求扣5分	10		
3		基坑支护及支撑拆除	坑槽开挖设置安全边坡不符合安全要求扣10分 特殊支护的做法不符合设计方案扣5~8分 支护设施已产生局部变形又未采取措施调整扣6分 混凝土支护结构未达到设计强度提前开挖,超挖扣10分 支撑拆除没有拆除方案扣10分 未按拆除方案施工扣5~8分 用专业方法拆除支撑,施工队伍没有专业资质扣10分	10		
4		基坑降排水	高水位地区深基坑内未设置有效降水措施扣10分 深基坑边界周围地面未设置排水沟扣10分 基坑施工未设置有效排水措施扣10分 深基础施工采用坑外降水,未采取防止邻近建筑和管线沉降措施扣10分	10		
5		坑边荷载	积土、料具堆放距槽边距离小于设计规定扣10分 机械设备施工与槽边距离不符合要求且未采取措施扣10分	10		
	小计			60		
6	一般项目	上下通道	人员上下未设置专用通道扣10分 设置的通道不符合要求扣6分	10		
7		土方开挖	施工机械进场未经验收扣5分 挖土机作业时,有人员进入挖土机作业半径内扣6分 挖土机作业位置不牢、不安全扣10分 司机无证作业扣10分 未按规定程序挖土或超挖扣10分	10		
8		基坑支护变形监测	未按规定进行基坑工程监测扣10分 未按规定对毗邻建筑物、重要管线和道路进行沉降观测扣10分	10		
9		作业环境	基坑内作业人员缺少安全作业面扣10分 垂直作业上下未采取隔离防护措施扣10分 光线不足,未设置足够照明扣5分	10		
	小计			40		
	检查项目合计			100		

附表 2.13 模板支架检查评分表

序号	检查项目		扣分标准	应得分数	扣减分数	实得分数
1	保证项目	施工方案	未按规定编制专项施工方案或结构设计未经设计计算扣15分 专项施工方案未经审核、审批扣15分 超过一定规模的模板支架,专项施工方案未按规定组织专家论证扣15分 专项施工方案未明确混凝土浇筑方式扣10分	15		
2		立杆基础	立杆基础承载力不符合设计要求扣10分 基础未设排水设施扣8分 立杆底部未设置底座、垫板或垫板规格不符合规范要求每处扣3分	10		
3		支架稳定	支架高宽比大于规定值时,未按规定要求设置连墙杆扣15分 连墙杆设置不符合规范要求每处扣5分 未按规定设置纵、横向及水平剪刀撑扣15分 纵、横向及水平剪刀撑设置不符合规范要求扣5~10分	15		
4		施工荷载	施工均布荷载超过规定值扣10分 施工荷载不均匀,集中荷载超过规定值扣10分	10		
5		交底与验收	支架搭设(拆除)前未进行交底或无交底记录扣10分 支架搭设完毕未办理验收手续扣10分 验收无量化内容扣5分	10		
	小计			60		
6	一般项目	立杆设置	立杆间距不符合设计要求扣10分 立杆未采用对接连接每处扣5分 立杆伸出顶层水平杆中心线至支撑点的长度大于规定值每处扣2分	10		
7		水平杆设置	未按规定设置纵、横向扫地杆或设置不符合规范要求每处扣5分 纵、横向水平杆间距不符合规范要求每处扣5分 纵、横向水平杆件连接不符合规范要求每处扣5分	10		
8		支架拆除	混凝土强度未达到规定值,拆除模板支架扣10分 未按规定设置警戒区或未设置专人监护扣8分	10		
9		支架材质	杆件弯曲、变形、锈蚀超标扣10分 构配件材质不符合规范要求扣10分 钢管壁厚不符合要求扣10分	10		
	小计			40		
	检查项目合计			100		

附表2.14 "三宝、四口"及临边防护检查评分表

序号	检查项目	扣分标准	应得分数	扣减分数	实得分数
1	安全帽	作业人员不戴安全帽每人扣2分 作业人员未按规定佩戴安全帽每人扣1分 安全帽不符合标准每顶扣1分	10		
2	安全网	在建工程外侧未采用密目式安全网封闭或网间不严扣10分 安全网规格、材质不符合要求扣10分	10		
3	安全带	作业人员未系挂安全带每人扣5分 作业人员未按规定系挂安全带每人扣3分 安全带不符合标准每条扣2分	10		
4	临边防护	工作面临边无防护每处扣5分 临边防护不严或不符合规范要求每处扣5分 防护设施未形成定型化、工具化扣5分	10		
5	洞口防护	在建工程的预留洞口、楼梯口、电梯井口,未采取防护措施每处扣3分 防护措施、设施不符合要求或不严密每处扣3分 防护设施未形成定型化、工具化扣5分 电梯井内每隔两层(不大于10 m)未按要求设置安全平网每处扣5分	10		
6	通道口防护	未搭设防护棚或防护不严、不牢固可靠每处扣5分 防护棚两侧未进行防护每处扣6分 防护棚宽度不大于通道口宽度每处扣4分 防护棚长度不符合要求每处扣6分 建筑物高度超过30 m,防护棚顶未采用双层防护每处扣5分 防护棚的材质不符合要求每处扣5分	10		
7	攀登作业	移动式梯子的梯脚底部垫高使用每处扣5分 折梯使用未有可靠拉撑装置每处扣5分 梯子的制作质量或材质不符合要求每处扣5分	5		
8	悬空作业	悬空作业处未设置防护栏杆或其他可靠的安全设施每处扣5分 悬空作业所用的索具、吊具、料具等设备,未经过技术鉴定或验证、验收每处扣5分	5		
9	移动式操作平台	操作平台的面积超过10 m^2 或高度超过5 m扣6分 移动式操作平台,轮子与平台的连接不牢固可靠或立柱底端距离地面超过80 mm扣10分 操作平台的组装不符合要求扣10分 平台台面铺板不严扣10分 操作平台四周未按规定设置防护栏杆或未设置登高扶梯扣10分 操作平台的材质不符合要求扣10分	10		

续表

序号	检查项目	扣分标准	应得分数	扣减分数	实得分数
10	物料平台	物料平台未编制专项施工方案或未经设计计算扣10分 物料平台搭设不符合专项方案要求扣10分 物料平台支撑架未与工程结构连接或连接不符合要求扣8分 平台台面铺板不严或台面层下方未按要求设置安全平网扣10分 材质不符合要求扣10分 物料平台未在明显处设置限定荷载标牌扣3分	10		
11	悬挑式钢平台	悬挑式钢平台未编制专项施工方案或未经设计计算扣10分 悬挑式钢平台的搁支点与上部拉结点,未设置在建筑物结构上扣10分 斜拉杆或钢丝绳未按要求在平台两边各设置两道扣10分 钢平台未按要求设置固定的防护栏杆和挡脚板或栏板扣10分 钢平台台面铺板不严,或钢平台与建筑结构之间铺板不严扣10分 平台上未在明显处设置限定荷载标牌扣6分	10		
检查项目合计			100		

附表2.15 施工用电检查评分表

序号	检查项目		扣分标准	应得分数	扣减分数	实得分数
1	保证项目	外电防护	外电线路与在建工程(含脚手架)、高大施工设备、场内机动车道之间小于安全距离且未采取防护措施扣10分 防护设施和绝缘隔离措施不符合规范扣5~10分 在外电架空线路正下方施工、建造临时设施或堆放材料物品扣10分	10		
2		接地与接零保护系统	施工现场专用变压器配电系统未采用TN-S接零保护方式扣20分 配电系统未采用同一保护方式扣10~20分 保护零线引出位置不符合规范扣10~20分 保护零线装设开关、熔断器或与工作零线混接扣10~20分 保护零线材质、规格及颜色标记不符合规范每处扣3分 电气设备未接保护零线每处扣3分 工作接地与重复接地的设置和安装不符合规范扣10~20分 工作接地电阻大于4Ω，重复接地电阻大于10Ω扣10~20分 施工现场防雷措施不符合规范扣5~10分	20		
3		配电线路	线路老化破损，接头处理不当扣10分 线路未设短路、过载保护扣5~10分 线路截面不能满足负荷电流每处扣2分 线路架设或埋设不符合规范扣5~10分 电缆沿地面明敷扣10分 使用四芯电缆外加一根线替代五芯电缆扣10分 电杆、横担、支架不符合要求每处扣2分	10		
4		配电箱与开关箱	配电系统未按"三级配电、二级漏电保护"设置扣10~20分 用电设备违反"一机、一闸、一漏、一箱"每处扣5分 配电箱与开关箱结构设计、电器设置不符合规范扣10~20 总配电箱与开关箱未安装漏电保护器每处扣5分 漏电保护器参数不匹配或失灵每处扣3分 配电箱与开关箱内闸具损坏每处扣3分 配电箱与开关箱进线和出线混乱每处扣3分 配电箱与开关箱内未绘制系统接线图和分路标记每处扣3分 配电箱与开关箱未设门锁、未采取防雨措施每处扣3分 配电箱与开关箱安装位置不当、周围杂物多等不便操作每处扣3分 分配电箱与开关箱的距离、开关箱与用电设备的距离不符合规范每处扣3分	20		
	小计			60		

续表

序号	检查项目		扣分标准	应得分数	扣减分数	实得分数
5	一般项目	配电室与配电装置	配电室建筑耐火等级低于3级扣15分 配电室未配备合格的消防器材扣3~5分 配电室、配电装置布设不符合规范扣5~10分 配电装置中的仪表、电器元件设置不符合规范或损坏、失效扣5~10分 备用发电机组未与外电线路进行连锁扣15分 配电室未采取防雨雪和小动物侵入的措施扣10分 配电室未设警示标志、工地供电平面图和系统图扣3~5分	15		
6		现场照明	照明用电与动力用电混用每处扣3分 特殊场所未使用36V及以下安全电压扣15分 手持照明灯未使用36V以下电源供电扣10分 照明变压器未使用双绕组安全隔离变压器扣15分 照明专用回路未安装漏电保护器每处扣3分 灯具金属外壳未接保护零线每处扣3分 灯具与地面、易燃物之间小于安全距离每处扣3分 照明线路接线混乱和安全电压线路接头处未使用绝缘布包扎扣10分	15		
7		用电档案	未制定专项用电施工组织设计或设计缺乏针对性扣5~10分 专项用电施工组织设计未履行审批程序,实施后未组织验收扣5~10分 接地电阻、绝缘电阻和漏电保护器检测记录未填写或填写不真实扣3分 安全技术交底、设备设施验收记录未填写或填写不真实扣3分 定期巡视检查、隐患整改记录未填写或填写不真实扣3分 档案资料不齐全、未设专人管理扣5分	10		
	小计			40		
	检查项目合计			100		

附表2.16 物料提升机检查评分表

序号	检查项目		扣分标准	应得分数	扣减分数	实得分数
1	保证项目	安全装置	未安装起重量限制器、防坠安全器扣15分 起重量限制器、防坠安全器不灵敏扣15分 安全停层装置不符合规范要求,未达到定型化扣10分 未安装上限位开关的扣15分 上限位开关不灵敏、安全越程不符合规范要求的扣10分 物料提升机安装高度超过30 m,未安装渐进式防坠安全器、自动停层、语音及影像信号装置每项扣5分	15		
2		防护设施	未设置防护围栏或设置不符合规范要求扣5分 未设置进料口防护棚或设置不符合规范要求扣5~10分 停层平台两侧未设置防护栏杆、挡脚板每处扣5分,设置不符合规范要求每处扣2分 停层平台脚手板铺设不严、不牢每处扣2分 未安装平台门或平台门不起作用每处扣5分,平台门安装不符合规范要求、未达到定型化每处扣2分 吊笼门不符合规范要求扣10分	15		
3		附墙架与缆风绳	附墙架结构、材质、间距不符合规范要求扣10分 附墙架未与建筑结构连接或附墙架与脚手架连接扣10分 缆风绳设置数量、位置不符合规范扣5分 缆风绳未使用钢丝绳或未与地锚连接每处扣10分 钢丝绳直径小于8 mm扣4分,角度不符合45°~60°要求每处扣4分 安装高度30 m的物料提升机使用缆风绳扣10分 地锚设置不符合规范要求每处扣5分	10		
4		钢丝绳	钢丝绳磨损、变形、锈蚀达到报废标准扣10分 钢丝绳夹设置不符合规范要求每处扣5分 吊笼处于最低位置,卷筒上钢丝绳少于3圈扣10分 未设置钢丝绳过路保护或钢丝绳拖地扣5分	10		
5		安装与验收	安装单位未取得相应资质或特种作业人员未持证上岗扣10分 未制定安装(拆卸)安全专项方案扣10分,内容不符合规范要求扣5分 未履行验收程序或验收表未经责任人签字扣5分 验收表填写不符合规范要求每项扣2分	10		
	小计			60		

续表

序号	检查项目		扣分标准	应得分数	扣减分数	实得分数
6	一般项目	导轨架	基础设置不符合规范扣10分 导轨架垂直度偏差大于0.15%扣5分 导轨结合面阶差大于1.5 mm扣2分 井架停层平台通道处未进行结构加强的扣5分	10		
7		动力与传动	卷扬机、曳引机安装不牢固扣10分 卷筒与导轨架底部导向轮的距离小于20倍卷筒宽度,未设置排绳器扣5分 钢丝绳在卷筒上排列不整齐扣5分 滑轮与导轨架、吊笼未采用刚性连接扣10分 滑轮与钢丝绳不匹配扣10分 卷筒、滑轮未设置防止钢丝绳脱出装置扣5分 曳引钢丝绳为2根及以上时,未设置曳引力平衡装置扣5分	10		
8		通信装置	未按规范要求设置通信装置扣5分 通信装置未设置语音和影像显示扣3分	5		
9		卷扬机操作棚	卷扬机未设置操作棚的扣10分 操作棚不符合规范要求的扣5~10分	10		
10		避雷装置	防雷保护范围以外未设置避雷装置的扣5分 避雷装置不符合规范要求的扣3分	5		
	小计			40		
	检查项目合计			100		

附表2.17 施工升降机检查评分表

序号	检查项目		扣分标准	应得分数	扣减分数	实得分数
1	保证项目	安全装置	未安装起重量限制器或不灵敏扣10分 未安装渐进式防坠安全器或不灵敏扣10分 防坠安全器超过有效标定期限扣10分 对重钢丝绳未安装防松绳装置或不灵敏扣6分 未安装急停开关扣5分,急停开关不符合规范要求扣3~5分 未安装吊笼和对重用的缓冲器扣5分 未安装安全钩扣5分	10		
2		限位装置	未安装极限开关或极限开关不灵敏扣10分 未安装上限位开关或上限位开关不灵敏扣10分 未安装下限位开关或下限位开关不灵敏扣8分 极限开关与上限位开关安全越程不符合规范要求的扣5分 极限限位器与上、下限位开关共用一个触发元件扣4分 未安装吊笼门机电连锁装置或不灵敏扣8分 未安装吊笼顶窗电气安全开关或不灵敏扣4分	10		
3		防护设施	未设置防护围栏或设置不符合规范要求扣8~10分 未安装防护围栏门连锁保护装置或连锁保护装置不灵敏扣8分 未设置出入口防护棚或设置不符合规范要求扣6~10分 停层平台搭设不符合规范要求扣5~8分 未安装平台门或平台门不起作用每一处扣4分,平台门不符合规范要求、未达到定型化每一处扣2~4分	10		
4		附着	附墙架未采用配套标准产品扣8~10分 附墙架与建筑结构连接方式、角度不符合说明书要求扣6~10分 附墙架间距、最高附着点以上导轨架的自由高度超过说明书要求扣8~10分	10		
5		钢丝绳、滑轮与对重	对重钢丝绳绳数少于2根或未相对独立扣10分 钢丝绳磨损、变形、锈蚀达到报废标准扣6~10分 钢丝绳的规格、固定、缠绕不符合说明书及规范要求扣5~8分 滑轮未安装钢丝绳防脱装置或不符合规范要求扣4分 对重重量、固定、导轨不符合说明书及规范要求扣6~10分 对重未安装防脱轨保护装置扣5分	10		
6		安装、拆卸与验收	安装、拆卸单位无资质扣10分 未制定安装、拆卸专项方案扣10分,方案无审批或内容不符合规范要求扣5~8分 未履行验收程序或验收表无责任人签字扣5~8分 验收表填写不符合规范要求每一项扣2~4分 特种作业人员未持证上岗扣10分	10		
	小计			60		

续表

序号	检查项目		扣分标准	应得分数	扣减分数	实得分数
7	一般项目	导轨架	导轨架垂直度不符合规范要求扣7~10分 标准节腐蚀、磨损、开焊、变形超过说明书及规范要求扣7~10分 标准节结合面偏差不符合规范要求扣4~6分 齿条结合面偏差不符合规范要求扣4~6分	10		
8		基础	基础制作、验收不符合说明书及规范要求扣8~10分 特殊基础未编制制作方案及验收扣8~10分 基础未设置排水设施扣4分	10		
9		电气安全	施工升降机与架空线路小于安全距离又未采取防护措施扣10分 防护措施不符合要求扣4~6分 电缆使用不符合规范要求扣4~6分 电缆导向架未按规定设置扣4分 防雷保护范围以外未设置避雷装置扣10分 避雷装置不符合规范要求扣5分	10		
10		通信装置	未安装楼层联络信号扣10分 楼层联络信号不灵敏扣4~6分	10		
	小计			40		
检查项目合计				100		

附表2.18 塔式起重机检查评分表

序号	检查项目		扣分标准	应得分数	扣减分数	实得分数
1	保证项目	载荷限制装置	未安装起重量限制器或不灵敏扣10分 未安装力矩限制器或不灵敏扣10分	10		
2		行程限位装置	未安装起升高度限位器或不灵敏扣10分 未安装幅度限位器或不灵敏扣6分 回转不设集电器的塔式起重机未安装回转限位器或不灵敏扣6分 行走式塔式起重机未安装行走限位器或不灵敏扣8分	10		
3		保护装置	小车变幅的塔式起重机未安装断绳保护及断轴保护装置或不符合规范要求扣8~10分 行走及小车变幅的轨道行程末端未安装缓冲器及止挡装置或不符合规范要求扣6~10分 起重臂根部绞点高度大于50m的塔式起重机未安装风速仪或不灵敏扣4分 塔式起重机顶部高度大于30m且高于周围建筑物未安装障碍指示灯扣4分	10		
4		吊钩、滑轮、卷筒与钢丝绳	吊钩未安装钢丝绳防脱钩装置或不符合规范要求扣8分 吊钩磨损、变形、疲劳裂纹达到报废标准扣10分 滑轮、卷筒未安装钢丝绳防脱装置或不符合规范要求扣4分 滑轮及卷筒的裂纹、磨损达到报废标准扣6~8分 钢丝绳磨损、变形、锈蚀达到报废标准扣6~10分 钢丝绳的规格、固定、缠绕不符合说明书及规范要求扣5~8分	10		
5		多塔作业	多塔作业未制订专项施工方案扣10分,施工方案未经审批或方案针对性不强扣6~10分 任意两台塔式起重机之间的最小架设距离不符合规范要求扣10分	10		
6		安装、拆卸与验收	安装、拆卸单位未取得相应资质扣10分 未制订安装、拆卸专项方案扣10分,方案未经审批或内容不符合规范要求扣5~8分 未履行验收程序或验收表未经责任人签字扣5~8分 验收表填写不符合规范要求每项扣2~4分 特种作业人员未持证上岗扣10分 未采取有效联络信号扣7~10分	10		
	小计			60		

续表

序号	检查项目		扣分标准	应得分数	扣减分数	实得分数
7	一般项目	附着	塔式起重机高度超过规定不安装附着装置扣10分 附着装置水平距离或间距不满足说明书要求而未进行设计计算和审批的扣6~8分 安装内爬式塔式起重机的建筑承载结构未进行受力计算扣8分 附着装置安装不符合说明书及规范要求扣6~10分 附着后塔身垂直度不符合规范要求扣8~10分	10		
8		基础与轨道	基础未按说明书及有关规定设计、检测、验收扣8~10分 基础未设置排水措施扣4分 路基箱或枕木铺设不符合说明书及规范要求扣4~8分 轨道铺设不符合说明书及规范要求扣4~8分	10		
9		结构设施	主要结构件的变形、开焊、裂纹、锈蚀超过规范要求扣8~10分 平台、走道、梯子、栏杆等不符合规范要求扣4~8分 主要受力构件高强螺栓使用不符合规范要求扣6分 销轴连接不符合规范要求扣2~6分	10		
10		电气安全	未采用TN-S接零保护系统供电扣10分 塔式起重机与架空线路小于安全距离又未采取防护措施扣10分 防护措施不符合要求扣4~6分 防雷保护范围以外未设置避雷装置的扣10分 避雷装置不符合规范要求扣5分 电缆使用不符合规范要求扣4~6分	10		
小计				40		
检查项目合计				100		

附表 2.19　起重吊装检查评分表

序号	检查项目		扣分标准	应得分数	扣减分数	实得分数
1	保证项目	施工方案	为未编制专项施工方案或专项施工方案未经审核扣 10 分 采用起重拔杆或起吊重量超过 100 kN 及以上专项方案未按规定组织专家论证扣 10 分	10		
2		起重机械（起重机／起重拔杆）	未安装荷载限制装置或不灵敏扣 20 分 未安装行程限位装置或不灵敏扣 20 分 吊钩未设置钢丝绳防脱钩装置或不符合规范要求扣 8 分 未按规定安装荷载、行程限制装置每项扣 10 分 起重拔杆组装不符合设计要求扣 10～20 分 起重拔杆组装后未履行验收程序或验收表无责任人签字扣 10 分	20		
3		钢丝绳与地锚	钢丝绳磨损、断丝、变形、锈蚀达到报废标准扣 10 分 钢丝绳索具安全系数小于规定值扣 10 分 卷筒、滑轮磨损、裂纹达到报废标准扣 10 分 卷筒、滑轮未安装钢丝绳防脱装置扣 5 分 地锚设置不符合设计要求扣 8 分	10		
4		作业环境	起重机作业处地面承载能力不符合规定或未采用有效措施扣 10 分 起重机与架空线路安全距离不符合规范要求扣 10 分	10		
5		作业人员	起重吊装作业单位未取得相应资质或特种作业人员未持证上岗扣 10 分 未按规定进行技术交底或技术交底未留有记录扣 5 分	10		
	小计			60		
6	一般项目	高处作业	未按规定设置高处作业平台扣 10 分 高处作业平台设置不符合规范要求扣 10 分 未按规定设置爬梯或爬梯的强度、构造不符合规定扣 8 分 未按规定设置安全带悬挂点扣 10 分	10		
7		构件码放	构件码放超过作业面承载能力扣 10 分 构件堆放高度超过规定要求扣 4 分 大型构件码放未采取稳定措施扣 8 分	10		
8		信号指挥	未设置信号指挥人员扣 10 分 信号传递不清晰、不准确扣 10 分	10		
9		警戒监护	未按规定设置作业警戒区扣 10 分 警戒区未设专人监护扣 8 分	10		
	小计			40		
	检查项目合计			100		

附表2.20 施工机具检查评分表

序号	检查项目	扣分标准	应得分数	扣减分数	实得分数
1	平刨	平刨安装后未进行验收合格手续扣3分 未设置护手安全装置扣3分 传动部位未设置防护罩扣3分 未做保护接零、未设置漏电保护器每处扣3分 未设置安全防护棚扣3分 无人操作时未切断电源扣3分 使用平刨和圆盘锯合用一台电机的多功能木工机具,平刨和圆盘锯两项扣12分	12		
2	圆盘锯	电锯安装后未留有验收合格手续扣3分 未设置锯盘护罩、分料器、防护挡板安全装置和传动部位未进行防护每缺一项扣3分 未做保护接零、未设置漏电保护器每处扣3分 未设置安全防护棚扣3分 无人操作时未切断电源扣3分	10		
3	手持电动工具	Ⅰ类手持电动工具未采取保护接零或漏电保护器扣8分 使用Ⅰ类手持电动工具不按规定穿戴绝缘用品扣4分 使用手持电动工具随意接长电源线或更换插头扣4分	8		
4	钢筋机械	机械安装后未留有验收合格手续扣5分 未做保护接零、未设置漏电保护器每处扣5分 钢筋加工区无防护棚,钢筋对焊作业区未采取防止火花飞溅措施,冷拉作业区未设置防护栏每处扣5分 传动部位未设置防护罩或限位失灵每处扣3分	10		
5	电焊机	电焊机安装后未留有验收合格手续扣3分 未做保护接零、未设置漏电保护器每处扣3分 未设置二次空载降压保护器或二次侧漏电保护器每处扣3分 一次线长度超过规定或不穿管保护扣3分 二次线长度超过规定或未采用防水橡皮护套铜芯软电缆扣3分 电源不使用自动开关扣2分 二次线接头超过3处或绝缘层老化每处扣3分 电焊机未设置防雨罩、接线柱未设置防护罩每处扣3分	8		

续表

序号	检查项目	扣分标准	应得分数	扣减分数	实得分数
6	搅拌机	搅拌机安装后未留有验收合格手续扣4分 未做保护接零、未设置漏电保护器每处扣4分 离合器、制动器、钢丝绳达不到要求每项扣2分 操作手柄未设置保险装置扣3分 未设置安全防护棚和作业台不安全扣4分 上料斗未设置安全挂钩或挂钩不使用扣3分 传动部位未设置防护罩扣4分 限位不灵敏扣4分 作业平台不平稳扣3分	8		
7	气瓶	氧气瓶未安装减压器扣5分 各种气瓶未标明标准色标扣2分 气瓶间距小于5米、距明火小于10米又未采取隔离措施每处扣2分 乙炔瓶使用或存放时平放扣3分 气瓶存放不符合要求扣3分 气瓶未设置防震圈和防护帽每处扣2分	8		
8	翻斗车	翻斗车制动装置不灵敏扣5分 无证司机驾车扣5分 行车载人或违章行车扣5分	8		
9	潜水泵	未做保护接零、未设置漏电保护器每处扣3分 漏电动作电流大于15 mA、负荷线未使用专用防水橡皮电缆每处扣3分	6		
10	振捣器具	未使用移动式配电箱扣4分 电缆长度超过30 m扣4分 操作人员未穿戴好绝缘防护用品扣4分	8		
11	桩工机械	机械安装后未留有验收合格手续扣3分 桩工机械未设置安全保护装置扣3分 机械行走路线地耐力不符合说明书要求扣3分 施工作业未编制方案扣3分 桩工机械作业违反操作规程扣3分	6		
12	泵送机械	机械安装后未留有验收合格手续扣4分 未做保护接零、未设置漏电保护器每处扣4分 固定式混凝土输送泵未制作良好的设备基础扣4分 移动式混凝土输送泵车未安装在平坦坚实的地坪上扣4分 机械周围排水不通畅的扣3分、积灰扣2分 机械产生的噪声超过《建筑施工场界噪声限值》扣3分 整机不清洁、漏油、漏水每发现一处扣2分	8		
检查项目合计			100		

附录3 安全技术交底(摘选)

附表3.1 安全技术交底—钢筋作业

编号:

工程名称		交底日期	年 月 日
施工单位		分项工程名称	钢筋作业
交底提要			

交底内容:

1.进入施工现场的人员必须正确戴好合格的安全帽,系好下颚带,锁好带扣;

2.作业时必须按规定正确使用个人防护用品,着装要整齐,严禁赤脚和穿拖鞋、高跟鞋进入施工现场;

3.在没有可靠安全防护设施的高处(2 m以上含2 m)和陡坡施工时,必须系好合格的安全带,安全带要系挂牢固,高挂低用,同时高处作业不得穿硬底和带钉易滑的鞋,穿防滑胶鞋;

4.新进场的作业人员,必须首先参加入场安全教育培训,经考试合格后方可上岗,未经教育培训或考试不合格者,不得上岗作业;

5.从事特种作业的人员,必须持证上岗,严禁无证操作,禁止操作与自己无关的机械设备;

6.施工现场禁止吸烟,禁止追逐打闹,禁止酒后作业;

7.施工现场的各种安全防护设施、安全标志等,未经领导及安全员批准严禁随意拆除和挪动。

一、钢筋绑扎

1.绑扎基础钢筋,应按规定安放钢筋支架、马镫,铺设走道板(脚手板)。

2.在高处(2 m以上含2 m)绑扎柱和墙体钢筋时,不得站在钢筋骨架上或攀登骨架上,必须搭设脚手架或操作平台和马道。脚手架应搭设牢固,作业面脚手板要满铺、绑牢,不得有探头板、非跳板,临边应搭设防护栏杆和支挂安全网。

3.绑扎圈梁、挑梁、挑檐、外墙和边柱等钢筋时,应站在脚手架或操作平台上作业。

4.脚手架或操作平台上不得集中码放钢筋,应随使用随运送,不得将工具、箍筋或短钢筋随意放在脚手架上。

5.严禁从高处向下方抛扔或从低处向高处投掷物料。

6.在高处楼层上拉钢筋或钢筋调向时,必须事先观察运行上方或周围附近是否有高压线,严防碰触。

7.绑扎钢筋的绑丝头,应弯回至骨架内侧,暂停绑扎时,应检查所绑扎的钢筋或骨架,确认连接牢固后方可离开现场。

8.六级以上强风和大雨、大雪、大雾天气必须停止露天高处作业。在雨、雪后和冬季,露天作业时必须先清除水、雪、霜、冰,并采取防滑措施。

9.要保持作业面道路通畅,作业环境整洁。

10.作业中出现不安全险情时,必须立即停止作业,撤离危险区域,报告领导解决,严禁冒险作业。

续表

二、钢筋加工 （一）冷拉 1. 作业前，必须检查卷扬机钢丝绳、地锚、钢筋夹具、电气设备等，确认安全后方可作业； 2. 冷拉时，应设专人值守，操作人员必须位于安全地带，钢筋两侧3 m以内及冷拉线两端严禁有人，严禁跨越钢筋和钢丝绳，冷拉场地两端地锚以外应设置警戒区，装设防护挡板及警告标志； 3. 卷扬机运转时，严禁人员靠近冷拉钢筋和牵引钢筋的钢丝绳； 4. 运行中出现滑脱、绞断等情况时，应立即停机； 5. 冷拉速度不宜过快，在基本拉直时应稍停，检查夹具是否牢固可靠，严格按安全技术交底要求控制伸长值； 6. 冷拉完毕，必须将钢筋整理平直，不得相互乱压和单头挑出，未拉盘筋的引头应盘住，机具拉力部分均应放松再装夹具； 7. 维修或停机，必须切断电源，锁好箱门。 （二）切断 1. 操作前必须检查切断机刀口，确保安装正确，刀片无裂纹，刀架螺栓紧固，防护罩牢靠，空运转正常后再进行操作。 2. 钢筋切断应在调直后进行，断料时要握紧钢筋，螺纹钢一次只能切断一根。 3. 切断钢筋，手与刀口的距离不得小于15 cm。断短料手握端小于40 cm时，应用套管或夹具将钢筋短头压住或夹住，严禁用手直接送料。 4. 机械运转中严禁用手直接清除刀口附近的断头和杂物，在钢筋摆动范围内和刀口附近，非操作人员不得停留。 5. 作业时应摆直、紧握钢筋，应在活动切口向后退时送料入刀口，并在固定切刀一侧压住钢筋，严禁在切刀向前运动时送料，严禁两手同时在切刀两侧握住钢筋俯身送料。 6. 发现机械运转异常、刀片歪斜等，应立即停机检修。 7. 作业中严禁进行机械检修、加油、更换部件，维修或停机时，必须切断电源，锁好箱门。 （三）弯曲 1. 工作台和弯曲工作盘台应保持水平，操作前应检查芯轴、成型轴、挡铁轴、可变挡架有无裂纹或损坏，防护罩牢固可靠，经空运转确认正常后，方可作业； 2. 操作时要熟悉倒顺开关控制工作盘旋转的方向，钢筋放置要和挡架、工作盘旋转方向相配合，不得放反； 3. 改变工作盘旋转方向时，必须在停机后进行，即从正转—停—反转，不得直接从止转—反转或从反转—正转； 4. 弯曲机运转中严禁更换芯轴、成型轴和变换角度及调速，严禁在运转时加油或清扫； 5. 弯曲钢筋时，严格依据使用说明书要求操作，严禁超过该机对钢筋直径、根数及机械转速的规定； 6. 严禁在弯曲钢筋的作业半径内和机身不设固定销的一侧站人； 7. 弯曲未经冷拉或有锈皮的钢筋时，必须戴护目镜及口罩； 8. 作业中不得用手清除金属屑，清理工作必须在机械停稳后进行； 9. 检修、加油、更换部件或停机，必须切断电源，锁好箱门。 三、钢筋运输 1. 作业前应检查运输道路和工具，确保安全。 2. 搬运钢筋人员应协调配合，互相呼应。搬运时必须按顺序逐层从上往下取运，严禁从下抽取。

续表

3. 运输钢筋时,必须事先观察运行上方或周围附近是否有高压线,严防碰触。
4. 运输较长钢筋时,必须事先观察清楚周围的情况,严防发生碰撞。
5. 使用手推车运输时,应平稳推行,不得抢跑,空车应让重车。卸料时,应设挡掩,不得撒把倒料。
6. 使用汽车运输,现场道路应平整坚实,必须设专人指挥。
7. 用塔吊吊运时,吊索具必须符合起重机械安全规程要求,短料和零散材料必须要用容器吊运。

四、成品码放

1. 严禁在高压线下码放材料;
2. 材料码放场地必须平整坚实,不积水;
3. 加工好的成品钢筋必须按规格尺寸和形状码放整齐,高度不超过 150 cm,并且下面要垫枕木,标识清楚;
4. 弯曲好的钢筋码放时,弯钩不得朝上;
5. 冷拉过的钢筋必须将钢筋整理平直,不得相互乱压和单头挑出,未拉盘筋的引头应盘住;
6. 散乱钢筋应随时清理堆放整齐;
7. 材料分堆分垛码放,不可分层叠压;
8. 直条钢筋要按捆成行叠放,端头一致平齐,应控制在 3 层以内,并且设置防倾覆、滑坡设施。

注:班组长在给施工人员书面或口头交底后,所有接受交底人员在交底书最后一页的背面上签字后转交给工地安全员存档。

补充内容:(包括以下 8 项内容,由交底人负责编写)

1. 使用工具;
2. 涉及的防护用品;
3. 施工作业顺序;
4. 安全技术规范;
5. 作业环境要求和危险区域告知;
6. 旁站部位及要求;
7. 使用新材料、新设备、新技术的安全措施;
8. 其他要求。

| 审核人 | | 交底人 | | 接受交底人 | |

注:1. 本表头由交底人填写,交底人与接受交底人各保存一份,安全员一份;
2. 当作分部、分项施工作业安全交底时,应填写"分部、分项工程名称"栏;
3. 交底提要应根据交底内容把交底重要内容写上。

附表3.2　安全技术交底—混凝土施工作业

编号：

工程名称		交底日期	年　　月　　日
施工单位		分项工程名称	混凝土施工作业
交底提要			

交底内容：

1. 施工人员进入现场必须进行入场安全教育，经考核合格后方可进入施工现场。
2. 作业人员进入施工现场必须戴合格安全帽，系好下颚带，锁好带扣。
3. 施工人员要严格遵守操作规程，振捣设备安全可靠。
4. 泵送混凝土浇注时，输送管道头应紧固可靠，不漏浆，安全阀完好，管道支架要牢固，检修时必须卸压。
5. 浇注框架梁、柱、墙时，应搭设操作平台，铺满绑牢跳板，严禁直接站在模板或支架上操作。
6. 使用溜槽、串桶时必须固定牢固，操作部位应设护身栏，严禁站在溜槽上操作。
7. 用料斗吊运混凝土时，要与信号工密切配合，缓慢升降，防止料斗碰撞伤人。
8. 混凝土振捣时，操作人员必须戴绝缘手套，穿绝缘鞋，防止触电。
9. 夜间施工照明行灯电压不得大于36 V，行灯、流动闸箱不得放在墙模平台或顶板钢筋上，遇有大风、雨、雪、大雾等恶劣天气应停止作业。
10. 雨季施工要注意电气设备的防雨、防潮、防触电。
11. 浇注顶板时，外防护架搭设应超出作业面。
12. 振捣棒使用前检查各部位连接牢固，旋转方向正确，清洁。
13. 作业转移时，电机电缆线要保持足够的长度和高度，严禁用电缆线拖、拉振捣器。
14. 振捣工必须懂得振捣器的安全知识和使用方法，保养、作业后及时性清洁设备。
15. 振捣器接线必须正确，电机绝缘电阻必须合格，并有可靠的零线保护，必须装设合格漏电保护开关保护。
16. 插入式振捣器应2人操作，1人控制振捣器，1人控制电机及开关，棒管弯曲半径不得小于50 cm，且不能多于两个弯，振捣棒自然插入、拔出，不能硬插拔或推，不要蛮碰钢筋或模板等硬物，不能用棒体拔钢筋等。
17. 冬季施工如因润滑油凝结不易启动，可用火烤烤，不准用猛火烤或沸水冲烫。
18. 使用平板振捣器时，拉线必须绝缘干燥，移动或转向时，不得蹬踩电机，电源闸箱与操作点距离不得超过3 m，专人看管，检修时必须拉闸断电。
19. 泵送混凝土时，运行前检查各部件和连接是否完好无损。
20. 臂架管与配管制的连接必须通过连接软管连接，严禁臂管与配管直接连接，软管前端混凝土出口处应与混凝土浇灌面保持一定距离。
21. 应随时监视各种仪表和指示灯，发现不正常应及时调整处理。
22. 作业中，严禁用润滑油保养。保持水箱内储满清水，发现水质混浊并有较多砂粒时，应及时处理。
23. 料斗上的方格网在作业中不得随意移动。
24. 泵机运转时，严禁把手伸入料斗或用手抓握分配阀，若要在料斗或分配阀上工作时，应先关闭电机和消除蓄能器压力(按点动按钮即可)，并应认真执行工作前、压送中、停机后的各注意事项。

续表

25. 炎热天气要防止油温过高,如达到70 ℃或烫伤时,应停止运行。寒冷季节要采取防冻措施,以防冻坏机械。

26. 输送管路要固定、垫实,严禁将输送软管弯曲,以免软管爆炸,当采用空气清洗管理时,必须严格按操作规程进行。

27. 不得随意调整液压系统压力,不许吸空和无料泵送。

28. 作业完毕后要释放蓄能器的液压油压力,严禁非司机操作,工作时操作人员不得随意离岗。

29. 泵车司机要持证上岗。

30. 泵送结束后,要及时进行管道清洗,清洗输送管道的方法有两种:即水洗和气洗,分别用压力水或压缩空气推送海绵或塑料球进行。清洗之前应反转吸料,降低管路内的剩余压力,减少清洗力。(清洗时先将泵车尾部的大弯管卸下,在锥形球内塞入一些废纸或麻袋,然后塞入海绵球,将水洗槽加满水后盖紧盖子。若水洗,打开进水阀,关闭进、扩气阀;若气洗,打开进气阀,关闭进水阀)清洗时,注意压力表,应不超过规定的最高压力限值,防止爆管。水洗和气洗不准同时采用,清洗时,所有人员应远离管口,并在管口处加设防护装置,以防混凝土从管中突然冲出,造成人员伤害事故。

31. 泵管往楼上人力运输时,运输人员要量力而行,搬运时要注意脚下及周围环境,以防磕绊,两人合作时要相互步调一致,轻拿轻放,严禁抛扔;塔吊吊运时,要放在吊斗中,严禁超出吊斗口上,以防坠落伤人。

32. 泵管安装人员临边作业时,要挂好安全带,要将泵管拿稳抱牢,必要时将长泵管拴上安全绳,以防泵管脱落伤人,安装人员要精力集中,相互配合,安装时要放好各种连接件,严禁乱放乱扔,以防坠落伤人。

33. 要有专人经常检查泵管的连接情况,有异常情况及时修整,以防爆管伤人。

34. 严禁一切违章操作。

35. 工作前应确认所有管接头及连接件完好、牢固。

36. 布料杆工作时,四只腿底板必须固定,臂架下方不准站人并做好布料杆防倾倒措施。

37. 在高空定点浇筑时,必须用止动销轴将回转锁定。

38. 未加配重时不得打开或装上管梁。

39. 布料时工作人员应看得见工作范围。

40. 不准将管梁接长。

41. 软管长度不得超过3 m(带软管工作时,必须用5块280 kg的配重)。

42. 经常检查钢丝绳是否破损,各部件的紧固是否松动,定期活动部位加注润滑脂。

43. 定期检查输送管的磨损量,壁厚小于1 mm时,应及时更换。

44. 布料杆采用风洗时,端部橡胶管要拿开,并安上一个挡闸板,管端附近不许站人,以防混凝土残渣伤人。

45. 经常检查布料杆弯头,软管接头等处是否牢固,以免脱落。

46. 操作人员戴安全帽、口罩、手套等,临边、高空作业系好安全带。

47. 地下室施工要有足够的照明,使用低压电,非电工不得随便接电。

48. 正确使用磨光机械,防止机械伤人。

49. 在临边作业时要有必要的防护措施,防止高空坠落、物体打击。

50. 接受交底人在背面上签字后,转交安全员存档。

注:班组长在给施工人员书面或口头交底后,所有接受交底人员在交底书最后一页的背面上签字后转交给工地安全员存档。

续表

补充内容:(包括以下 8 项内容,由交底人负责编写)
1. 使用工具;
2. 涉及的防护用品;
3. 施工作业顺序;
4. 安全技术规范;
5. 作业环境要求和危险区域告知;
6. 旁站部位及要求;
7. 使用新材料、新设备、新技术的安全措施;
8. 其他要求。

审核人		交底人		接受交底人	

注:1. 本表头由交底人填写,交底人与接受交底人各保存一份,安全员一份;
  2. 当作分部、分项施工作业安全交底时,应填写"分部、分项工程名称"栏;
  3. 交底提要应根据交底内容把交底重要内容写上。

附表3.3 安全技术交底—木工支模作业

编号:

工程名称		交底日期	年　　月　　日
施工单位		分项工程名称	木工支模作业
交底提要			

交底内容:
1. 作业人员进入施工现场必须戴合格的安全帽,系好下颚带,锁紧带扣;
2. 施工现场严禁吸烟;
3. 登高作业必须系好安全带,高挂低用;
4. 电锯、电刨等要做到一机一闸一漏一箱,严禁使用一机多用机具;
5. 电锯、电刨等木工机具要有专人负责,持证上岗,严禁戴手套操作,严禁用竹编板等材料包裹锯体,分料器要齐全,不得使用倒顺开关;
6. 使用手持电动工具必须戴绝缘手套,穿绝缘鞋,严禁戴手套使用锤、斧等易脱手工具;
7. 圆锯的锯盘及传动部应安装防护罩,并设有分料器,其长度不小于50 cm,厚度大于锯盘的木料,严禁使用圆锯;
8. 支模时注意个人防护,不允许站在不稳固的支撑上或没有固定的木方上施工;
9. 支设梁、板、柱模板时,应先搭设架体和护身栏,严禁在没有固定的梁、板、柱上走动;
10. 搬运木料、板材和柱体时,根据其质量而定,超重时必须两人进行,严禁从上往下投掷任何物料,无法支搭防护架时要设水平等网或挂安全带;
11. 使用手锯时,防止伤手和伤别人,并有防摔落措施,锯料时必须站在安全可靠处。

注:班组长在给施工人员书面或口头交底后,所有接受交底人员在交底书最后一页的背面上签字后转交给工地安全员存档。

补充内容:(包括以下8项内容,由交底人负责编写)
1. 使用工具;
2. 涉及的防护用品;
3. 施工作业顺序;
4. 安全技术规范;
5. 作业环境要求和危险区域告知;
6. 旁站部位及要求;
7. 使用新材料、新设备、新技术的安全措施;
8. 其他要求。

审核人		交底人		接受交底人	

注:1. 本表头由交底人填写,交底人与接受交底人各保存一份,安全员一份;
2. 当作分部、分项施工作业安全交底时,应填写"分部、分项工程名称"栏;
3. 交底提要应根据交底内容把交底重要内容写上。

附表3.4 安全技术交底—砌筑工程作业

编号：

工程名称		交底日期	年　　月　　日
施工单位		分项工程名称	砌筑工程作业
交底提要			

交底内容：

1. 施工人员必须进行入场安全教育，经考试合格后方可进场。进入施工现场必须戴合格安全帽，系好下颌带，锁好带扣。
2. 在深度超过1.5 m的沟槽基础内作业时，必须检查槽帮有无裂缝，确定无危险后方可作业。距槽边1 m内不得堆放沙子、砌体等材料。
3. 砌筑高度超过1.2 m时，应搭设脚手架作业；高度超过4 m时，采用内脚手架必须支搭安全网，用外脚手架应设防护栏杆和挡脚板方可砌筑，高处作业无防护时必须系好安全带。
4. 脚手架上堆料量（均布荷载每 m^2 不得超过200 kg，集中荷载不超过150 kg），码砖高度不得超过3皮侧砖。同一块脚手板上不得超过两人，严禁用不稳固的工具或物体在架子上垫高操作。
5. 砌筑作业面下方不得有人，交叉作业必须设置可靠、安全的防护隔离层，在架子上斩砖必须面向里侧，把砖头斩在架子上。挂线的坠物必须牢固。不得站在墙顶上行走、作业。
6. 向基坑内运送材料、砂浆时，严禁向下猛倒和抛掷物料、工具。
7. 人工用手推车运砖，两车前后距离平地上不得小于2 m，坡道上不得小于10 m。装砖时应先取高处，后取低处，分层按顺序拿取。采用垂直运输，严禁超载；采用砖笼往楼上放砖时，要均匀分布；砖笼严禁直接吊放在脚手架上。吊砂浆的料斗不能装得过满，应低于料斗上沿10 cm。
8. 抹灰用高凳上铺脚手板，宽度不得少于两块脚手板（50 cm），间距不得大于2 m，移动高凳时上面不能站人，作业人员不得超过两人。高度超过2 m时，由架子工搭设脚手架，严禁脚手架搭在门窗、暖气片等非承重的物器上。严禁踩在外脚手架的防护栏杆和阳台板上进行操作。
9. 作业前必须检查工具、设备、现场环境等，确认安全后方可作业。要认真查看在施工程洞口、临边安全防护和脚手架护身栏、挡脚板、立网是否齐全、牢固；脚手板是否按要求间距放正、绑牢，有无探头板和空隙。
10. 作业中出现危险征兆时，作业人员应暂停作业，撤至安全区域，并立即向上级报告。未经施工技术管理人员批准，严禁恢复作业，紧急处理时，必须在施工技术管理人员指挥下进行作业。
11. 作业中发生事故，必须及时抢救受伤人员，迅速报告上级，保护事故现场，并采取措施控制事故。如抢救工作可能造成事故扩大或人员伤害时，必须在施工技术管理人员的指导下进行抢救。
12. 砌筑2 m以上深基础时，应设有爬梯和坡道，不得攀爬槽、沟、坑。
13. 在地坑、地沟砌筑时，严防塌方并注意地下管线、电缆等。
14. 脚手架未经交接验收不得使用，验收后不得随意拆改和移动，如作业要求必须拆改和移动时，须经工程技术人员同意，采取加固措施后方可拆除和移动。脚手架严禁搭探头板。
15. 不准用不稳固的工具或物体在脚手架面垫高操作。
16. 砌筑作业面下方不得有人，如在同一垂直作业面上下交叉作业时，必须设置安全隔离层。
17. 在架子上斩砖，操作人员必须面向里，把砖头斩在架子上。挂线的坠物必须绑扎牢固，作业环境中的碎料、落地灰、杂物、工具集中下运，做到日产日清、自产自清、活完料净场地清。
18. 不得站在墙顶上行走、作业。

续表

19. 向基坑(槽)内运送材料、砂浆应有溜槽,严禁向下猛倒和抛掷物料工具等。
20. 用于垂直运输的吊笼、滑车、绳索、刹车等,必须满足负荷要求,牢固无损,吊运时不得超载,并须经常检查,发现问题及时修理。
21. 用起重机吊砖要用砖笼,当采用砖笼往楼板上放砖时,要均匀分布,并预先在楼板底下加设支柱或横木承载。砖笼严禁直接吊放在脚手架上,吊砂浆的料斗不能装得过满,装料量应低于料斗上沿100 mm。吊件回转范围内不得有人停留,吊物在脚手架上方下落时,作业人员应躲开。
22. 运输中通过沟槽时应走便桥,便桥宽度不得小于1.5 m。
23. 不准在超过胸部的墙体上进行砌筑,以免墙体碰撞倒塌或上料时失手掉下造成安全事故。
24. 用锤打石时,应先检查铁锤有无破裂、锤柄是否牢固,打锤要按照石纹走向落锤,锤口要平,落锤要准,同时要看清附近情况有无危险,然后落锤,以免伤人。
25. 不准徒手移动上墙的料石,以免压破或擦伤手指。
26. 在屋面坡度大于25°时,挂瓦必须使用移动板梯,板梯必须有牢固挂钩,檐口应搭设防护栏杆,并挂密目安全网。
27. 冬季施工遇有霜、雪时,必须将脚手架上、沟槽内等作业环境内的霜、雪清除后方可作业。
28. 作业面暂停作业时,要对刚砌好的砌体采取防雨措施,以防雨水冲走砂浆,致使砌体倒塌。
29. 在台风季节,应及时进行圈梁施工,加盖楼板或采取其他稳定措施。

注:班组长在给施工人员书面或口头交底后,所有接受交底人员在交底书最后一页的背面上签字后转交给工地安全员存档。

补充内容:(包括以下8项内容,由交底人负责编写)
1. 使用工具;
2. 涉及的防护用品;
3. 施工作业顺序;
4. 安全技术规范;
5. 作业环境要求和危险区域告知;
6. 旁站部位及要求;
7. 使用新材料、新设备、新技术的安全措施;
8. 其他要求。

审核人		交底人		接受交底人	

注:1. 本表头由交底人填写,交底人与接受交底人各保存一份,安全员一份;
    2. 当作分部、分项施工作业安全交底时,应填写"分部、分项工程名称"栏;
    3. 交底提要应根据交底内容把交底重要内容写上。

附表3.5 安全技术交底—脚手架搭设、拆除作业

编号：

工程名称		交底日期	年　　月　　日
施工单位		分项工程名称	脚手架搭设、拆除作业
交底提要			

交底内容：

一、材料

1. 脚手架所使用的钢管、扣件及零配件等须统一规格，证件齐全，杜绝使用次品和不合格品的钢管。材料管理人员要依据方案和交底检查材料规格和质量，履行验收手续和收存证明材质资料。

2. 使用钢管质量应符合《碳素结构钢》(GB/T 700)中 Q235-A 级钢规定，应采用现行《直缝电焊钢管》(GB/T 13793)或《不锈钢小直径无缝钢管》(GB/T 3090)中规定的3号普通钢筋的要求，切口平整，严禁使用变形、裂纹和严重锈蚀钢管。

二、安全事项

1. 架子必须持有《特种作业人员操作证》的专业架子工进行，上岗前必须进行安全教育考试，合格后方可上岗。

2. 在脚手架上作业人员必须穿防滑鞋，正确佩戴使用安全带，着装灵便。

3. 进入施工现场必须佩戴合格的安全帽，系好下颌带，锁好带扣。

4. 登高(2 m以上)作业时必须系合格的安全带，系挂牢固，高挂低用。

5. 脚手板必须铺严、实、平稳。不得有探头板，要与架体拴牢。

6. 架上作业人员应做好分工、配合，传递杆件应把握好重心，平稳传递。

7. 作业人员应佩带工具袋，不要将工具放在架子上，以免掉落伤人。

8. 架设材料要随上随用，以免放置不当掉落伤人。

9. 在搭设作业中，地面上配合人员应避开可能落物的区域。

10. 严禁在架子上作业时嬉戏、打闹、躺卧，严禁攀爬脚手架。

11. 严禁酒后上岗，严禁高血压、心脏病、癫痫病等不适宜登高作业人员上岗作业。

12. 搭拆脚手架时，要有专人协调指挥，地面应设警戒区，要有旁站人员看守，严禁非操作人员入内。

13. 架子在使用期间，严禁拆除与架有关的任何杆件，必须拆除时，应经项目部主管领导批准。

14. 架子每步距均设一层水平安全网(随层)，以后每四层设一道。

15. 脚手架基础必须平整夯实，具有足够的承载力和稳定性，立杆下必须放置垫座和通板，有畅通的排水设施。

16. 搭、拆架子时必须设置物料提上、吊下设施，严禁抛掷。

17. 脚手架作业面外立面设挡脚板加两道护身栏杆，挂满立网。

18. 架子搭设完后，要经有关人员验收，填写验收合格单后方可投入使用。

19. 遇六级(含)以上大风天、雪、雾、雷雨等特殊天气应停止架子作业。雨雪天气后作业时必须采取防滑措施。

20. 脚手架必须与建筑物拉结牢固，需安设防雷装置，接地电阻不得大于4 Ω。

21. 扣件应采用锻铸铁制作的扣件，其材质应符合现行国家标准《钢管脚手架扣件》(GB 15831)的规定，采用其他材料制作的扣件，应有试验证明其质量符合该材料规定方可使用。搭设和验收必须符合《建筑施工扣件式钢管脚手架安全技术规范》(JGJ 130)。

续表

注:班组长在给施工人员书面或口头交底后,所有接受交底人员在交底书最后一页的背面上签字后转交给工地安全员存档。				
补充内容:(包括以下8项内容,由交底人负责编写) 1. 使用工具; 2. 涉及的防护用品; 3. 施工作业顺序; 4. 安全技术规范; 5. 作业环境要求和危险区域告知; 6. 旁站部位及要求; 7. 使用新材料、新设备、新技术的安全措施; 8. 其他要求。				
审核人		交底人		接受交底人

注:1. 本表头由交底人填写,交底人与接受交底人各保存一份,安全员一份;
    2. 当作分部、分项施工作业安全交底时,应填写"分部、分项工程名称"栏;
    3. 交底提要应根据交底内容把交底重要内容写上。

附表3.6 安全技术交底—防水作业

编号:

工程名称		交底日期	年　月　日
施工单位		分项工程名称	防水作业
交底提要			

交底内容：

1. 防水作业人员通过培训考试合格后方可持证上岗。
2. 防水卷材、辅助材料及燃料，应按规定分别存放并保持安全距离，设专人管理，发放应坚持领料登记制度。其中防水卷材应立放，汽油桶、燃气瓶必须分别放入专用库存放。
3. 材料堆放处、库房、防水作业区必须配备消防器材。
4. 施工作业人员必须持证上岗并穿戴防护用品（口罩、工作服、工作鞋、手套、安全帽等），按规程操作，不得违章。
5. 防水作业区必须保持通风良好。
6. 施工人员在基坑中休息时需远离防水保护墙，不得在防护墙上行走。
7. 出入基坑必须走规定的坡道爬梯，室内和容器内作防水必须保持良好的通风。
8. 高处作业必须有安全可靠的脚手架，并满铺脚手板绑扎牢固，作业人员必须系好安全带。
9. 施工用火必须取得现场用火动火证。
10. 火焰加热器必须专人操作，严禁使用碘钨灯。定时保养，禁止带故障使用。在加油、更换气瓶时必须关火，禁止在防水层上操作，喷头点火时不得正面对人并远离油桶、气瓶、防水材料及其他易燃易爆材料。
11. 严禁使用220 V电压照明和敞开式灯具。

注：班组长在给施工人员书面或口头交底后，所有接受交底人员在交底书最后一页的背面上签字后转交给工地安全员存档。

补充内容：（包括以下8项内容，由交底人负责编写）

1. 使用工具；
2. 涉及的防护用品；
3. 施工作业顺序；
4. 安全技术规范；
5. 作业环境要求和危险区域告知；
6. 旁站部位及要求；
7. 使用新材料、新设备、新技术的安全措施；
8. 其他要求。

审核人		交底人		接受交底人	

注：1. 本表头由交底人填写，交底人与接受交底人各保存一份，安全员一份；
　　2. 当作分部、分项施工作业安全交底时，应填写"分部、分项工程名称"栏；
　　3. 交底提要应根据交底内容把交底重要内容写上。

附表 3.7 安全技术交底—安全网支搭作业

编号：

工程名称		交底日期	年　　月　　日
施工单位		分项工程名称	安全网支搭作业
交底提要			

交底内容：

1. 组织参与施工人员进行班前安全教育。
2. 班组长传达技术指导书的要求。
3. 设警戒区域及标志牌。
4. 施工人员必须穿防滑鞋，带工具袋，戴好合格的安全帽并扣紧安全帽带，系好安全带并高挂低用。
5. 脚手架外侧水平接网：首层网应为双层，里低外高，里侧用小 10 钢丝绳与结构进行(20~30 cm 每扣距离)连接牢固，外侧与支撑架进行(不大于 30 cm 每扣距离)连接。双层网内侧连在一起，外侧下一层网应高于里侧 25 cm，上层网与下层之间距离为 50~60 cm，网不宜绷得太紧。高层网下净空 5 m 严禁堆放物料及设施，多层网下净空 3 m 严禁堆放物料及设施。支撑架要牢固稳定，支撑架根部应设 1.2 m 高防护栏杆和严禁人员通过标志牌，每 4 层或不超过 10 cm 设一道 3 m 宽水平接网。
6. 电梯井内应在首层顶板部支设双层水平安全网，四周必须紧靠井壁、网内、网下不得有物料，每 4 层或不超过 10 m 增设一道水平网，旋转楼梯口首层必须支搭双层水平网。
7. 楼层上，建筑物内 1.5 m×1.5 m 以上洞口必须支设水平安全网，四周设 1.2 m 高护身栏，首层设双水平安全网。
8. 地下工程施工期间，对层高较大工程施工时，在支设梁底模和绑扎梁钢筋前，必须支设水平安全网。
9. 标准层施工时，在混凝土浇筑前，必须对无操作平台部位支挂水平安全网。
10. 遇有出入口护头棚上支搭设水平安全网要求保持 3 m 净空。
11. 施工现场临时搭设的设施在塔吊下方或距离建筑物较近(10 m 内)应搭设的水平接网，搭设要求应保持 3 m 净空，网下设施应设防砸棚和安全通道。
12. 双排架子首层中间和每隔四层及随层作业面脚手板下方水平等网，架子与结构阳台之间间距过大时应加设水平等网，无法设等网的临边必须用脚手板铺严。

注：班组长在给施工人员书面或口头交底后，所有接受交底人员在交底书最后一页的背面上签字后转交给工地安全员存档。

补充内容：（包括以下 8 项内容，由交底人负责编写）

1. 使用工具；
2. 涉及的防护用品；
3. 施工作业顺序；
4. 安全技术其他要求；
5. 作业环境要求和危险区域告知；
6. 旁站部位及要求；
7. 使用新材料、新设备、新技术的安全措施；
8. 其他要求。

审核人		交底人		接受交底人	

注：1. 本表头由交底人填写，交底人与接受交底人各保存一份，安全员一份；
2. 当作分部、分项施工作业安全交底时，应填写"分部、分项工程名称"栏；
3. 交底提要应根据交底内容把交底重要内容写上。

附表3.8　安全技术交底—抹灰作业

编号：

工程名称		交底日期	年　　月　　日
施工单位		分项工程名称	抹灰作业
交底提要			

交底内容：

　　1.施工前班组长对所有人员进行有针对性的安全交底。

　　2.施工前对抹灰工进行必要的安全和技能培训，未经培训或考试不合格者，不得上岗作业。更不得使用童工、未成年工、身体有疾病的人员作业。

　　3.抹灰工要佩戴有效的防护用品，如安全帽、安全带、套袖、手套、风镜等，作业人员要正确佩戴和使用防护用品。

　　4.班组（队）长每日上班前，对作业环境、设施、设备等进行认真检查，发现问题及时解决。作业中对违章操作行为要制止。下班后做到断电、活完料净场地清。对全天情况作好讲评。

　　5.作业人员必须熟知本工种的安全操作规程和施工现场的安全生产管理制度，不违章作业，对违章作业的指令有权拒绝，并有责任制止他人违章作业。

　　6.进入施工现场的人员必须正确戴好安全帽，系好下颏带；按照作业要求正确穿戴个人防护用品，着装要整齐；在没有可靠安全防护设施的高处施工时，必须系好安全带；高处作业不得穿硬底和带钉易滑的鞋，不得向下投掷物料，严禁赤脚穿拖鞋、高跟鞋进入施工现场。

　　7.作业人员要服从领导和安全检查人员的指挥。工作时思想集中，坚守作业岗位，未经许可，不得从事非本工种作业，严禁酒后作业。

　　8.作业中出现危险征兆时，作业人员应暂停作业，撤至安全区域，并立即向上级报告。未经施工技术管理人员批准。严禁恢复作业。紧急处理时，必须在施工技术人员指挥下进行作业。

　　9.作业中发生事故，必须抢救人员，迅速报告上级，保护事故现场，并采取措施控制事故。抢救工作必须在施工技术管理人员的指导下进行施救。

　　10.脚手架使用前应检查脚手板是否有空隙、探头板、护身栏、挡脚板验收合格后方可使用。吊篮架子升降由架子工负责，非架子工不得擅自拆改或升降。

　　11.作业过程中遇有脚手架与建筑物之间拉接，未经领导同意，严禁拆除。必要时由架子工负责采取加固措施后方可拆除。

　　12.脚手架上的材料要分散放稳，不得超过允许荷载（装修架不得超过 200 kg/m²，集中载荷不得超过 150 kg/m²）。

　　13.使用井字架、龙门架、外用电梯垂直运送材料时，预先检查卸料平台通道的两侧边防护是否齐全、牢固，吊盘（笼）内小推车必须加挡车板，不得向井内探头张望。

　　14.使用吊篮进行外墙抹灰时，吊篮设备必须具备三证（检验报告、生产许可证、产品合格证），并对抹灰人员进行吊篮操作培训，专篮专人使用，更换人员必须经安全管理人员批准并重新培训、登记，吊篮架上作业必须系好安全带，必须系在专用保险绳上。

　　15.利用室外电梯运送水泥砂浆等抹灰材料时，严禁超载，并将遗撒的杂物清理干净。

　　16.外装饰为多工种立体交叉作业，必须设置可靠的安全防护隔离层。贴面使用的预制件、大理石、瓷砖等，应堆放整齐、平稳，边用边运。安装时要稳拿稳放，待灌浆凝固稳定后，方可拆除临时支撑。废料、边角料严禁随意抛掷。

17. 脚手架不得搭设在门窗、暖气片、洗脸池等非承重的物器上。阳台通廊部位抹灰,外侧必须挂设安全网。严禁踩踏脚手架的护身栏杆和阳台栏板进行操作。

18. 室内抹灰采用高凳上铺脚手板时,宽度不得少于两块脚手板,间距不得大于 2 m,移动高凳时上面不得站人,作业人员最多不得超过 2 人。高度超过 2 m 时,应由架子工搭设脚手架。

19. 室内推小车要稳,拐弯时不得猛拐。

20. 在高大门窗旁作业时,必须将门窗扇关好,并插上插销。

21. 夜间或阴暗处作业,应用 36 V 以下安全电压照明。

22. 瓷砖墙面作业时,瓷砖碎片不得向窗外抛扔。剔凿瓷砖应戴防护镜。

23. 使用电钻、砂轮等手持电动工具,必须装有漏电保护器,作业前应试机检查,作业时应戴绝缘手套。

24. 进行砂浆搅拌时必须设专人操作,并严格按照搅拌机操作规程执行。清理料斗下方散料时,料斗必须插好安全栓。

25. 遇有六级以上强风、大雨、大雾,应停止室外高处作业。

注:班组长在给施工人员书面或口头交底后,所有接受交底人员在交底书最后一页的背面上签字后转交给工地安全员存档。

补充内容:(包括以下 8 项内容,由交底人负责编写)

1. 使用工具;
2. 涉及的防护用品;
3. 施工作业顺序;
4. 安全技术规范;
5. 作业环境要求和危险区域告知;
6. 旁站部位及要求;
7. 使用新材料、新设备、新技术的安全措施;
8. 其他要求。

| 审核人 | | 交底人 | | 接受交底人 | |

注:1. 本表头由交底人填写,交底人与接受交底人各保存一份,安全员一份;
  2. 当作分部、分项施工作业安全交底时,应填写"分部、分项工程名称"栏;
  3. 交底提要应根据交底内容把交底重要内容写上。

附表3.9 安全技术交底—内外墙面砖、地砖粘贴作业

编号：

工程名称		交底日期	年　　月　　日
施工单位		分项工程名称	内外墙面砖、地砖粘贴作业
交底提要			

交底内容：

（一）施工现场安全注意事项

1. 进入施工现场必须戴好合格的安全帽，系好下颌带；
2. 入场前安全教育要求；
3. 严禁酒后作业；
4. 现场禁止吸烟；
5. 禁止私自拆除或移动防护设施、电气设备；
6. 禁止追逐打闹；
7. 禁止操作与自己无关的机械设备；
8. 高处作业必须系好合格的安全带，高挂低用；
9. 使用手持切割机必须戴绝缘手套。

（二）内（外）墙面砖、地砖粘贴

1. 检查脚手板是否有空隙，探头板、护身栏、挡脚板确认合格后方可使用；
2. 作业过程中遇到有脚手架与建筑物拉结点严禁拆除；
3. 脚手架上物料质量不得超过 200 kg/m²，集中载荷不得超过 150 kg/m²，供料人员不可任意抛掷，电动吊篮和外用电梯应按照操作规程要求操作使用；
4. 无证人员不许升降吊篮，上下吊篮走专用通道口，严禁攀爬或蹦跳上下吊篮；
5. 废料、边角料不许随意抛掷，吊篮不得超载使用；
6. 遇有六级以上强风、大雨、大雾应停止室外高处作业；
7. 吊篮下方必须设双层水平等网。

注：班组长在给施工人员书面或口头交底后，所有接受交底人员在交底书最后一页的背面上签字后转交给工地安全员存档。

补充内容：（包括以下8项内容，由交底人负责编写）

1. 使用工具；
2. 涉及的防护用品；
3. 施工作业顺序；
4. 安全技术其他要求；
5. 作业环境要求危险区域告知；
6. 旁站部位及要求；
7. 使用新材料、新设备、新技术的安全措施；
8. 其他要求。

审核人		交底人		接受交底人	

注：1. 本表头由交底人填写，交底人与接受交底人各保存一份，安全员一份；
　　2. 当作分部、分项施工作业安全交底时，应填写"分部、分项工程名称"栏；
　　3. 交底提要应根据交底内容把交底重要内容写上。

附表 3.10 安全技术交底—电焊作业

编号：

工程名称		交底日期	年　　月　　日
施工单位		分项工程名称	电焊作业
交底提要			

交底内容：

1. 作业人员必须是经过电、气焊专业培训和考试合格，取得特种作业操作证的电气焊工并持证上岗。(在有效期内)
2. 作业人员必须经过入场安全教育考核合格后才能上岗作业。
3. 电焊作业人员作业时必须使用头罩或手持面罩，穿干燥工作服、绝缘鞋，用耐火防护手套，耐火的护腿套、套袖及其他劳动防护，保护用品，安全用具。要求上衣不准扎在裤子里，裤脚不准塞在鞋(靴)里，手套套在袖口外。
4. 进入施工现场必须戴好合格的安全帽，系紧下颚带，锁好带扣，高处作业必须系好合格的防火安全带，系挂牢固，高挂低用。
5. 进入施工现场禁止吸烟，禁止酒后作业，禁止追逐打闹，禁止串岗，禁止操作与自己无关的机械设备，严格遵守各项安全操作规程和劳动纪律。
6. 进入作业地点时，先检查、熟悉作业环境。若发现不安全因素、隐患，必须及时向有关部门汇报，并立即处理，确认安全后再进行施工作业。对施工过程中发现危及人身安全的隐患，应立即停止作业，及时要求有关部门处理解决。现场所有安全防护设施和安全标志等，严禁私自移动和拆除，如需暂时移动和拆除的须报经有关负责人审批后，在确保作业人员及其他人员安全的前提下才能拆移，并在工作完毕(包括中途休息)后立即复原。
7. 严禁借用金属管道，金属脚手架、轨道、结构钢筋等金属物代替导线作用。
8. 焊接电缆横过通道时必须采取穿管，埋入地下，架空等保护措施。
9. 风力六级以上，雨雪天气不得露天作业，雨雪后应消除积水、积雪后方可作业。
10. 作业时如遇到以下情况必须切断电源：a.改变电焊机接头时；b.更换焊件需要改接二次回路时；c.转移工作地点搬运焊机时；d.焊机发生故障需要进行检修时；e.更换保险装置时；f.工作完毕或临时离开操作现场时。
11. 焊工高处作业时：a.高处必须使用标准的防火安全带并系在可靠的构件上；b.高处作业时必须在作业点下方 5 m 处设护栏专人监护，必须清除作业点下方区域易燃易爆物品并设置接火盘；c.焊接电缆应用电绝缘材料捆绑在固定处。严禁绕在身上、搭在背上或踩在脚下作业。焊钳不得夹在腋下，更换焊条不要赤手操作。
12. 焊工必须站在稳定的操作台上作业，焊机必须放置平稳、牢固，设有良好的接零(接地)保护。
13. 在狭小空间、金属容器内作业时，必须穿绝缘鞋，脚下垫绝缘垫。作业时间不能过长，应两人轮流作业，一人作业一人监护，监护人随时注意操作人员的安全及操作是否正确等情况。一旦发现危险情况应立即切断电源，进行抢救。身体出汗、衣服潮湿时，严禁将身体靠在金属及工件上，以防触电。
14. 电焊机及金属防护笼(罩)必须有良好的接零(接地)保护。
15. 电焊机必须使用防触电保护器，并须用开关箱控制。
16. 一、二次导线绝缘必须完好，接线正确，焊把线与焊机连接牢固可靠。一、二次接线处防护罩齐全。焊钳手柄绝缘良好，二次导线长度不大于 30 m 并且双线到达施焊部位。

续表

17. 严禁在起吊部件的过程中,边吊边焊。 18. 严禁露天冒雨进行作业。 19. 作业完毕必须及时切断电源、锁好开关箱。 补充内容:(包括以下 8 项内容,由交底人负责编写) 1. 使用工具; 2. 涉及的防护用品; 3. 施工作业顺序; 4. 安全技术其他要求; 5. 作业环境要求和危险区域告知; 6. 旁站部位及要求; 7. 使用新材料、新设备、新技术的安全措施; 8. 其他要求。					
审核人		交底人		接受交底人	

注:1. 本表头由交底人填写,交底人与接受交底人各保存一份,安全员一份;
  2. 当作分部、分项施工作业安全交底时,应填写"分部、分项工程名称"栏;
  3. 交底提要应根据交底内容把交底重要内容写上。

附表 3.11　安全技术交底—吊装作业（含群塔作业）

编号：

工程名称		交底日期	年　　月　　日
施工单位		分项工程名称	吊装作业（含群塔作业）
交底提要			

交底内容：

1. 塔吊在使用前，必须经公司验收合格后，签发塔吊验收合格证使用通知书，方可使用。
2. 作业前，检查现场环境，要保证安全作业距离及各种安全条件。
3. 检查各传动部分，结构部分的安全和润滑情况。
4. 检查各限位装置、安全装置是否灵活可靠。
5. 检查钢丝绳的磨损情况，有无损伤，是否要更换。
6. 开始操作时，先鸣笛发出警示，提醒注意。
7. 司机在作业中要按照信号指挥人员发出的信号、旗语、手势进行操作，操作前要鸣笛示意。如发现信号不清或指挥有误将引起事故时，司机有权拒绝执行并采取措施防止事故发生。
8. 群塔作业时，塔与塔之间的高度必须保持 2 m 以上足够的安全距离，低塔起重臂与高塔塔身保持 5 m 以上的距离。
9. 低塔顶升加节时，高塔停止作业。高塔顶升，低塔不得在高塔顶升范围内作业。
10. 塔机停用必须将吊钩和变幅小车收到规定位置。
11. 夜间施工必须有足够的照明，塔吊上要有警示灯。
12. 低塔让高塔：低塔在转臂前应先观察高塔运行情况再进行作业。
13. 后塔让先塔：在两塔机塔臂交叉区域内运行时，后进入该区域机避让先进入该区域的塔机。
14. 运行塔让静塔：在两塔机塔臂交叉区域内作业时，进行运转的塔机应避让处于静止状态的塔机。
15. 轻车让重车：在两塔机同时运行时，无载荷塔机应主动避让有载荷塔机，塔吊在转臂时，严禁与相邻塔吊在同一地点同时进行吊装作业。
16. 起重量必须严格按照原厂规定，不得超载。
17. 塔式起重机应按作业条件，依据有关标准，合理选择吊索具。严禁将不同种类或不同型号的索具连在一起使用。
18. 不准用吊钩直接吊拉重物，必须用索具或专用器具。
19. 细长易散的物品，要捆扎两道以上，并且要有两个吊点；在吊运的过程中，使吊运物品保持水平，不准偏斜，以免重物由于自重或振动等原因从捆扎中抽掉出来发生事故。
20. 吊运散碎物品时，要用网、篮或其他容器盛装，不可用绳索捆扎。
21. 吊运体积较大或较长的物体，应在被吊物体的两端各设一个防止摆动的溜绳。
22. 操作要按规定进行。应从止点零位开始逐挡操作，严禁越挡操作。在传运装置运转中变换方向时，先将控制器拨回零位，待传动停止后再逆向运转，严禁直接变换运转方向。操作要平稳。
23. 吊钩起升高度与起重臂头部之间距离最少不得小于 1 m。
24. 起吊重物平移时，其高度距所跨越物高度不得小于 1 m。
25. 对动臂变幅的起重机禁止悬挂重物调臂变幅。
26. 起重机在停工、休息或中途停电时，应放松抱闸，将重物卸下，不得使重物悬挂在空中。
27. 司机操作室冬季取暖必须采取安全措施，以防止火灾、触电事故。

续表

28. 起重吊装中要坚持"十不吊"的规定:①指挥信号不明不准吊;②斜面斜挂不准吊;③吊物质量不明或超负荷不准吊;④散物捆扎不牢或物料装放过满不准吊;⑤吊物上有人不准吊;⑥埋在地下物不准吊;⑦安全装置失灵或带病不准吊;⑧现场光线阴暗看不清吊物起落点不准吊;⑨棱刃物与钢丝绳直接接触无保护措施不准吊;⑩六级以上强风不准吊。

29. 六级(风速为 11~13 m/s,风压约 105 N/m²)以上强风及雨天时禁止作业。暴风雨时起重机需做特别处理。

30. 严禁利用起重机吊运人员。

31. 严禁酒后操作。

32. 严禁重物自由下落,当重物下降距就位点约 1 m 处时,必须采用慢速就位。

33. 在重物起吊或落吊时,在吊物下方不得有人停留和行走。

34. 起重机在运行中严禁修理、调整和保养作业,除必要情况外不准带电检查。

35. 司机必须由扶梯上下,且不准携带笨重物品。

36. 当塔式起重机结束作业后,司机应将起重机停放在不妨碍回转的位置。

37. 凡是回转机构带有制动装置或长闭式制动器的起重机,在停止作业后,司机必须松开制动,绝对禁止起重臂随风转动。

38. 对动臂变幅式起重机将起重臂放到最大幅度位置,小车变幅式起重机将小车开到说明书规定的位置,并将吊钩升到最高点,吊钩上严禁吊挂重物。

39. 下班后把各控制器拨回到零位,切断总电源,作好交接班记录,关好所有门窗并加锁。

40. 两台以上塔吊在同一工地吊运,必须制订群塔防碰撞措施方案,并传达到每个司机和信号工种。

注:班组长在给施工人员书面或口头交底后,所有接受交底人员在交底书最后一页的背面上签字后转交给工地安全员存档。

补充内容:(包括以下 8 项内容,由交底人负责编写)

1. 使用工具;
2. 涉及的防护用品;
3. 施工作业顺序;
4. 安全技术其他要求;
5. 作业环境要求和危险区域告知;
6. 旁站部位及要求;
7. 使用新材料、新设备、新技术的安全措施;
8. 其他要求。

审核人		交底人		接受交底人	

注:1. 本表头由交底人填写,交底人与接受交底人各保存一份,安全员一份;
2. 当作分部、分项施工作业安全交底时,应填写"分部、分项工程名称"栏;
3. 交底提要应根据交底内容把交底重要内容写上。

附表3.12 安全技术交底—塔机操作

编号:

工程名称		交底日期	年　月　日
施工单位		分项工程名称	塔机操作
交底提要			

交底内容:
　　1. 塔吊司机必须持证上岗,严格执行安全操作规程,进入现场必须带齐防护用品及劳保用品。
　　2. 司机每天班前、班后检查塔吊工作装置及安全装置的灵敏性,发现问题及时解决,不得带病作业,还应随时检查吊具是否达到安全使用标准。
　　3. 塔吊运转后,应按说明书的要求加注润滑油等,在高空作业前要系好安全带。
　　4. 司机在工作中要精神集中,不得打闹、开玩笑,不得饮酒,不得干与工作无关的事情。
　　5. 工作中要注意周围的环境,塔吊在运转中防止碰撞建筑物及附近高压线护架等。注意现场人员和各种设备。
　　6. 吊装重物要平衡,防止偏重,严禁超载作业。
　　7. 工作中发现信号不明,吊装重物质量不清及有违章指挥时,不得作业,情况弄清后再作业。
　　8. 要与现场信号工、挂钩工配合好,沟通信号的哨音、手势、旗语的指挥方式。
　　9. 遇有雷雨、刮风时,特别在风力超过六级不得作业,并做好塔吊的安全防护工作。
　　10. 队长、司机要认真填写履历书,及时书写运转记录,并做好交接班工作记录。
　　11. 认真做到"十不吊"的规定,塔吊各部件有异常时,要及时认真检查,处理不了时,要及时汇报,机长要随时和领导联系。
　　12. 信号工要持证上岗,无证的信号工给信号时,司机有权不吊,机长及时与项目经理联系做好协调工作。
　　13. 机长应组织协调有关人员对塔吊的防雷接地进行每月一次摇测,电阻 4Ω 以下。
注:班组长在给施工人员书面或口头交底后,所有接受交底人员在交底书最后一页的背面上签字后转交给工地安全员存档。
补充内容:(包括以下8点内容,由交底人负责编写)
　　1. 使用工具;
　　2. 涉及的防护用品;
　　3. 施工作业顺序;
　　4. 安全技术其他要求;
　　5. 作业环境要求和危险区域告知;
　　6. 旁站部位及要求;
　　7. 使用新材料、新设备、新技术的安全措施;
　　8. 其他要求。

审核人		交底人		接受交底人	

注:1. 本表头由交底人填写,交底人与接受交底人各保存一份,安全员一份;
　　2. 当作分部、分项施工作业安全交底时,应填写"分部、分项工程名称"栏;
　　3. 交底提要应根据交底内容把交底重要内容写上。

附表3.13　安全技术交底—搅拌作业

编号：

工程名称		交底日期	年　　月　　日
施工单位		分项工程名称	搅拌作业
交底提要			

交底内容：

1. 搅拌机操作人员必须持证上岗。
2. 搅拌机安装时必须稳固，并设防雨、防尘、防砸棚，传动部分的防护应齐全。
3. 空车运转，检查搅拌叶的转动方向，各工作装置的操作制动，确认正常，方可作业。
4. 进料时严禁将头或手伸入料斗与机架之间察看或探摸进料情况，运转中不得用手或工具等物伸入搅拌筒内扒料出料。
5. 料斗升起时严禁在其下方工作或穿行。料坑底部要设料的枕垫，清理料坑时必须将料用链条扣牢。
6. 向搅拌筒内加料，应运转中添加新料，必须先将搅拌机内原有的混凝土全部卸出后，才能进行，不得中途停机或在满载负荷时启动搅拌机，反转出料者除外。
7. 作业中如发生故障不能继续运转，应立即切断电源，将搅拌筒内的混凝土清除干净，然后进行检修。
8. 作业后必须对搅拌机进行全面清洗，操作人员对搅拌机维修保养时必须切断电源，设专人在外监护或卸下熔断器并锁好电闸箱，然后方可进入搅拌筒内维修保养。
9. 作业后，应将料斗降落到料斗坑，如需升起则应用链条扣牢，锁好闸箱切断电源，班前班后要检查。

注：班组长在给施工人员书面或口头交底后，所有接受交底人员在交底书最后一页的背面上签字后转交给工地安全员存档。

补充内容：（包括以下8项内容，由交底人负责编写）

1. 使用工具；
2. 涉及的防护用品；
3. 施工作业顺序；
4. 安全技术其他要求；
5. 作业环境要求和危险区域告知；
6. 旁站部位及要求；
7. 使用新材料、新设备、新技术的安全措施；
8. 其他要求。

审核人		交底人		接受交底人	

注：1. 本表头由交底人填写，交底人与接受交底人各保存一份，安全员一份；
　　2. 当作分部、分项施工作业安全交底时，应填写"分部、分项工程名称"栏；
　　3. 交底提要应根据交底内容把交底重要内容写上。

附录4 施工现场检查评分记录

附表4.1 施工现场检查评分记录
（安全管理）

施工单位：_____ 工程名称：_____

序号		检查项目	检查情况	标准分值	评定分值
1	资料	项目部安全生产责任制		10	
2		项目部安全管理机构设置		5	
3		目标管理		5	
4		总包与分包安全管理协议书		5	
5		施工组织设计		5	
6		冬、雨季施工方案		5	
7		安全教育		10	
8		安全资金投入		5	
9		工伤事故资料		5	
10		特种作业上岗证书		5	
11		地下设施交底资料及保护措施		10	
12		安全防护用品合格证及检测资料		5	
13		生产安全事故应急预案		10	
14		安全标志		5	
15		违章处理记录		5	
16		文明安全施工检查记录		5	

应得分： 实得分： 得分率： 折合标准分：

检查员签字： 年 月 日

附表4.2 施工现场检查评分记录
（生活区管理）

施工单位：_____ 工程名称：_____

序号		检查项目	检查情况	标准分值	评定分值
1	施工现场	生活区设置符合标准		5	
2		生活区内无污水、污物,垃圾及时清理		5	
3		生活垃圾存放符合标准		5	
4		办公室内清洁整齐		5	
5		宿舍内整洁,有防暑降温或取暖措施		5	
6		宿舍符合居住要求		8	
7		食堂符合卫生标准		5	
8		食堂有卫生许可证,炊事人员有健康证、卫生意识培训证		6	
9		炊事人员上岗穿戴工作服、帽,保持个人卫生		5	
10		食品及炊具、用具等存放符合标准		6	
11		为施工人员提供卫生饮水		5	
12		厕所符合标准,专人定期保洁		8	
13		有灭鼠、蚊、蝇等措施		5	
14		配备药品和急救器材		6	
15		急性职业中毒应急措施		6	
16	资料	卫生管理制度		5	
17		检查及整改记录		5	
18		职工应知应会		5	

应得分：_____ 实得分：_____ 得分率：_____ 折合标准分：_____

检查员签字：   年 月 日

附表4.3 施工现场检查评分记录
（现场、料具管理）

施工单位：＿＿＿＿＿＿＿＿＿＿＿＿＿＿＿＿ 工程名称：＿＿＿＿＿＿＿＿＿＿＿＿＿＿＿＿

序号		检查项目	检查情况	标准分值	评定分值
1	施工现场	设居民来访接待室		5	
2		施工区、生活区划分明确,责任明确		5	
3		施工现场大门、围挡牢固整齐		5	
4		现场清洁、整齐,道路硬化,有排水措施		5	
5		临设工程牢固整齐		5	
6		施工现场主要出入口有施工单位标牌		5	
7		工地大门内有一图四版		5	
8		材料存放布置图		5	
9		料场应平整坚实,有排水措施		5	
10		料具结构、配件码放整齐,符合标准		5	
11		成品保护		5	
12		建筑物内外零散物料和垃圾渣土及时清理,不得晾晒衣服被褥		5	
13		施工现场无长流水、长明灯等浪费现象		5	
14		建筑垃圾、生活垃圾不能混放,并及时清理		5	
15		材料保存、保管应有相应保护措施		5	
16	资料	施工组织设计、审批手续齐全		5	
17		施工日志及文明施工管理机构		5	
18		居民来访记录		5	
19		检查及整改记录		5	
20		职工应知应会		5	

应得分：　　　实得分：　　　得分率：　　　折合标准分：

检查员签字：　　　　　　　　　　　　　　　　　　　　　　　　　年　　月　　日

附表4.4 施工现场检查评分记录
（环境保护）

施工单位：_____ 工程名称：_____

序号		检查项目	检查情况	标准分值	评定分值
1	防大气污染	搭设封闭式垃圾道或用容器吊运，禁止高空抛掷		7	
2		主要道路硬化		6	
3		土方集中存放覆盖或固化，细颗粒材料密闭存放		6	
4		专人清扫保洁洒水压尘		5	
5		工地出口有冲洗车辆设施，车轮不带泥沙出场		5	
6		茶炉、大灶使用清洁燃料		5	
7		搅拌机封闭使用，并安装除尘装置		5	
8	防水污染	搅拌机前台、混凝土泵、车辆清洗处应设沉淀池		5	
9		储存和使用油料应有防止污染土壤、水体措施		5	
10		食堂污水按规定设隔油池		5	
11	防噪声污染	强噪声机具采取封闭措施		5	
12		夜间施工无违规		5	
13		人为活动噪声应有控制措施		5	
14	资料	环保管理组织机构及责任划分		5	
15		治理大气、水、噪声污染的措施		5	
16		施工噪声监测记录		5	
17		夜间施工审批手续		6	
18		检查、整改记录		5	
19		职工应知应会		5	

应得分：　　　　实得分：　　　　得分率：　　　　折合标准分：

检查员签字：　　　　　　　　　　　　　　　　　　　　年　　月　　日

附表4.5 施工现场检查评分记录
(脚手架)

施工单位：_____ 工程名称：_____

序号		检查项目	检查情况	标准分值	评定分值
1	脚手架	脚手架所用材质符合规范		5	
2		使用荷载符合标准		5	
3		脚手架基础符合标准		5	
4		架体结构符合标准		5	
5		架体与建筑物拉接符合标准		5	
6		高大脚手架有可靠的卸荷措施		5	
7		作业面防护齐全有效		5	
8		护线架使用非导电材质,支搭符合标准		5	
9		附着升降脚手架施工有专业施工资质		5	
10		挑梁符合设计要求牢固可靠		5	
11		穿墙螺栓有足够的强度满足施工需要		5	
12		架子升降设备安全可靠,统一指挥升降作业		5	
13		保险绳使用正确,保险装置安全可靠		5	
14		马道搭设符合要求,防护齐全,有防滑措施		5	
15		悬挑钢平台制作、使用符合规范		5	
16	资料	脚手架施工及设计方案、审批手续		5	
17		脚手架验收记录		5	
18		安全技术交底		5	
19		脚手架检查记录,隐患整改记录		5	
20		职工应知应会		5	
应得分：		实得分：	得分率：	折合标准分：	

检查员签字：　　　　　　　　　　　　　　　　　　　　　　　　　　年　月　日

附表4.6 施工现场检查评分记录
（安全防护）

施工单位：_____ 工程名称：_____

序号	检查项目		检查情况	标准分值	评定分值
1	土方、基坑	土方施工及支护符合规范和施工方案要求		5	
2		坑、沟、槽邻边防护符合标准		5	
3		坑、沟上、下人设马道或梯子		3	
4		坑边堆放物、料及机具符合安全距离		4	
5		地下维护墙有防坍塌措施		5	
6		基坑施工有排水措施		5	
7	模板工程	模板工程施工符合施工方案		5	
8		模板支撑系统牢固可靠，防护措施齐全有效		5	
9		模板的支、拆有防倾覆措施，模板拆除时应设警戒区		5	
10		模板存放符合标准要求		5	
11	防护用品、洞口、临边	安全帽、安全带等防护用品应按规定使用，方法正确		3	
12		楼外沿、电梯井、回转楼梯支搭水平安全网符合标准，脚手架立网封闭严密		5	
13		楼梯口、电梯井口有防护措施，预留洞口、后浇带、坑井防护严密		5	
14		防护棚搭设符合要求		5	
15		阳台、楼层、屋面、卸料平台等临边防护符合标准		5	
16		现场物料存放安全可靠		5	
17	资料	土方施工有方案、有审批		4	
18		模板施工有方案、有审批		4	
19		土方、模板施工安全交底及验收记录		4	
20		基坑支护监测记录		3	
21		检查及隐患整改记录		5	
22		职工应知应会		5	

应得分：_____ 实得分：_____ 得分率：_____ 折合标准分：_____

检查员签字： 　　　　　　　　　　　　　　　　　　　　　年　　月　　日

附表4.7 施工现场检查评分记录
(施工用电)

施工单位:_____ 工程名称:_____

序号		检查项目	检查情况	标准分值	评定分值
1	线路与照明	施工区、生活区架设配电线路符合标准		4	
2		施工区、生活区按规范标准装设照明设备		5	
3		低压照明灯具和变压器安装、使用符合标准		4	
4		特殊部位的内外电线路采用安全防护措施		4	
5	配电箱	施工区实行分级配电,配电箱、开关箱安装位置合格,采用"一机、一闸、一漏、一箱"		5	
6		配电箱、开关箱安装和箱内配置符合规范,选型合理,器件标明用途		5	
7		配电箱、开关箱内无带电体明露及一闸多用		4	
8		箱体牢固、防雨,箱内无杂物、整洁、编号,停用后断电加锁		3	
9	保护	配电系统按规范采用三相五线制TN-S接零保护系统		5	
10		电力施工机具有可靠接零或接地		4	
11		现场的高大设施按标准装设避雷装置		4	
12		配电箱、开关箱内保护装置灵敏有效		5	
13		电工熟知本工程的用电情况,防护用品穿戴齐全,检修时断电,挂警示牌		4	
14	用电设备	施工机具电源入线压接牢固,无乱拉、扯、压、砸、裸露破损现象		4	
15		手持电动工具绝缘良好,电源线无接头、损坏		4	
16		电焊机安装、使用符合标准		5	
17	资料	临时用电施工组织设计、变更资料及审批手续		5	
18		临时用电管理协议、电气安全技术交底		5	
19		临时用电器材产品合格证		3	
20		电工值班、维修记录、临时用电验收记录		4	
21		电气设备测试、调试记录、接地电阻测试记录		4	
22		检查及隐患整改记录		5	
23		职工应知应会		5	

应得分:_____ 实得分:_____ 得分率:_____ 折合标准分:_____

检查员签字: 年 月 日

附表4.8 施工现场检查评分记录
(塔吊、起重吊装)

施工单位：_____ 工程名称：_____

序号		检查项目	检查情况	标准分值	评定分值
1	塔式起重机	基础、轨道敷设符合规定		5	
2		安全装置齐全有效		5	
3		卷线器运转正常,电源线无破损,压接、固定牢固		5	
4		起重机的锚固符合规定		5	
5		安装、顶升、拆除符合规定		5	
6		多台起重机械作业有安全保证措施		5	
7		操作人员持证上岗,执行操作规程		5	
8	起重吊装	吊装作业符合规范		5	
9		吊索具按规定使用,吊具符合要求		5	
10		多机抬吊符合规定要求		5	
11		起重吊装作业设警戒标志和专职监护人员		5	
12		吊装作业人员应有可靠安全措施		5	
13	资料	机械设备平面布置图		5	
14		机械租赁、拆装合同及安全管理协议书,出租、承租双方共同对塔机组和信号工交底		5	
15		机械拆装方案,安装验收记录,设备统一编号、检测报告		5	
16		塔吊拆装单位应具备相应资质		5	
17		起重、吊装施工方案及审批		5	
18		机械操作人员、起重吊装人员花名册及操作证复印件		5	
19		检查记录,隐患整改记录		5	
20		职工应知应会		5	

应得分： 实得分： 得分率： 折合标准分：

检查员签字： 年 月 日

附表4.9 施工现场检查评分记录
(机械安全)

施工单位:_____ 工程名称:_____

序号		检查项目	检查情况	标准分值	评定分值
1	物料提升机等	架体安装符合标准		6	
2		限位、保险装置齐全有效		6	
3		吊笼防护门齐全,进、出料口防护设置齐全		5	
4		钢丝绳、传动装置符合规定要求;卸料平台搭设符合要求		5	
5		卷扬机地锚牢固,操作棚按规定设置,机械人员持证上岗		4	
6		电动吊篮安装、使用符合有关规定		4	
7	外用电梯	基础、安装和使用符合规定		4	
8		安全装置齐全有效		6	
9		锚固符合规定,附墙拉接牢固		6	
10		地面出入口及吊笼防护设置齐全		4	
11		电气控制系统完好		4	
12		司机持证上岗执行操作规程		4	
13	施工机具	中小型机械的使用存放符合规定		4	
14		机械传动外露部分有防护装置		4	
15		机械设备按规定维护保养		4	
16		机械设备电气控制箱齐全有效		4	
17		设备操作场所应悬挂操作规程,明确责任人,设备停用后关机上锁		4	
18	资料	现场设备平面布置图		4	
19		物料提升机、外用电梯、电动吊篮拆装方案,租赁合同、安全交底		4	
20		操作人员花名册及操作证复印件		4	
21		设备验收记录,机械出租单位安全检查记录及隐患整改记录		5	
22		职工应知应会		5	

应得分:_____ 实得分:_____ 得分率:_____ 折合标准分:_____

检查员签字: 年 月 日

附表4.10 施工现场检查评分记录
（保卫消防）

施工单位：＿＿＿＿＿＿＿＿＿＿＿＿＿＿＿＿＿＿ 工程名称：＿＿＿＿＿＿＿＿＿＿＿＿＿＿＿＿＿＿

序号		检查项目	检查情况	标准分值	评定分值
1	现场保卫	工地出入口有警卫室，昼夜有人值班		3	
2		工程内不准住人		4	
3		建筑材料、机具和成品保卫措施有效		3	
4		要害部门、要害部位防范措施有效		4	
5	现场消防	建筑物内外消防道路、通道畅通		5	
6		现场有明显的防火标志		3	
7		消防设施器材设置符合标准，重点部位消防器材配备符合标准		5	
8		施工现场严禁吸烟		4	
9		工程内不准做仓库，不准存放易燃可燃材料		4	
10		易燃易爆物品存放、搬运、使用符合标准		4	
11		油漆库和油工配料房分开设置		4	
12		氧气瓶、乙炔瓶、明火作业之间距离符合标准		4	
13		24 m以上建筑设置消防立管，器材符合要求		5	
14		明火作业符合标准		4	
15		施工现场未经批准不准使用电热器等		3	
16		现场临时建筑符合防火规定		4	
17	资料	保卫、消防设施平面图、审批手续齐全		4	
18		现场保卫消防制度、方案、预案、协议		4	
19		保卫消防组织机构及活动记录		4	
20		施工用保温材料产品检验及验收资料		4	
21		消防设施、器材验收、维修记录		3	
22		防水施工有措施和交底		4	
23		警卫人员值班、巡查工作记录		4	
24		检查及隐患整改记录		5	
25		职工应知应会		5	

应得分：＿＿＿＿＿ 实得分：＿＿＿＿＿ 得分率：＿＿＿＿＿ 折合标准分：＿＿＿＿＿

检查员签字： 年 月 日

参考文献

[1] 王先恕.建筑工程质量控制[M].北京:化学工业出版社,2009.
[2] 齐秀梅.建筑工程质量控制[M].北京:北京理工大学出版社,2009.
[3] 施骞,胡文发.工程质量管理[M].上海:同济大学出版社,2006.
[4] 苑敏.建设工程质量控制[M].北京:中国电力出版社,2008.
[5] 李明,冯军武.建设工程项目质量与安全管理[M].北京:中国铁道出版社,2007.
[6] 杨文柱.建筑安全工程[M].北京:机械工业出版社,2004.
[7] 丁士昭.建设工程项目管理[M].北京:中国建筑工业出版社,2004.
[8] 廖品槐.建筑工程质量与安全管理[M].北京:中国建筑工业出版社,2005.
[9] 任宏,兰定筠.建设工程施工安全管理[M].北京:中国建筑工业出版社,2005.
[10] 毛海峰.现代安全管理理论与实务[M].北京:首都经济贸易大学出版社,2000.
[11] 赵挺生,李小瑞,邓明.建筑工程安全管理[M].北京:中国建筑工业出版社,2006.
[12] 武明霞.建筑安全技术与管理[M].北京:机械工业出版社,2007.
[13] 郭秋生,邓伟安,李欣.建筑工程安全管理[M].北京:中国建筑工业出版社,2006.
[14] 曾跃飞.建筑工程质量检验与安全管理[M].北京:高等教育出版社,2005.
[15] 李世蓉,兰定筠.建筑工程安全生产管理条例实施指南[M].北京:中国建筑工业出版社,2004.
[16] 何向红,徐猛勇,吝杰.建筑工程质量控制[M].郑州:黄河水利出版社,2011.
[17] 周连起,刘学应.建筑工程质量与安全管理[M].北京:北京大学出版社,2010.